高等学校新工科计算机类专业系列教材

大数据分析技术

蒋剑军 著

西安电子科技大学出版社

内 容 简 介

本书主要介绍机器学习与大数据分析技术，共分为十章，系统地介绍了数据预处理、插值与拟合、回归分析、Logistic 回归、树结构模型、支持向量机、特征降维、聚类分析、复杂网络分析、深度学习。书中力求阐明各种机器学习模型“是什么”，并用丰富的案例介绍各种机器学习模型“怎么用”。

本书可以作为应用型本科院校数据科学与大数据技术、应用统计学等相关专业的本科生教材，也可以作为相关专业的研究生教辅，以及高校教师、科研人员和相关培训机构的参考资料，还可以作为人工智能、智能制造等工程应用方面的技术资料。

图书在版编目（CIP）数据

大数据分析技术 / 蒋剑军著. -- 西安 ：西安电子科技大学出版社，2024. 12. -- ISBN 978-7-5606-7422-3

Ⅰ. TP274

中国国家版本馆 CIP 数据核字第 20242XL371 号

策　　划　明政珠
责任编辑　许青青
出版发行　西安电子科技大学出版社（西安市太白南路 2 号）
电　　话　（029）88202421　88201467　　邮　　编　710071
网　　址　www.xduph.com　　电子邮箱　xdupfxb001@163.com
经　　销　新华书店
印刷单位　陕西日报印务有限公司
版　　次　2024 年 12 月第 1 版　　2024 年 12 月第 1 次印刷
开　　本　787 毫米×1092 毫米　1/16　　印　张　20
字　　数　475 千字
定　　价　57.00 元

ISBN 978-7-5606-7422-3

XDUP 7723001-1

*** 如有印装问题可调换 ***

Preface 前 言

当前，大数据驱动的科技创新风暴迅速蔓延全球，已渗透到医疗诊断、智能制造、人工智能等各个方面。我国通过在高校布局数据科学与大数据技术、大数据管理与应用、大数据技术与应用、人工智能等专业为国家大数据战略培养应用型人才。大数据分析技术是这些专业的核心课程。本书以大数据分析为核心轴线，介绍以机器学习(包含深度学习)为主的数据分析技术的概念、实现及应用。

与一般机器学习教材不同，本书关于机器学习模型的介绍侧重于应用，所以在介绍各类机器学习模型时假设它是一个灰箱，即注重对其外壳的深入讲解(输入是什么，输出是什么，怎么输入，怎么输出，对结果怎么解读)，对其内核和原理仅粗略介绍。

为了快速提升学生和初学者应用机器学习模型的能力，作者结合多年的教学经验和学科竞赛指导经验，对机器学习模型进行了二次开发，简化了输入和输出，并尽量做到符合习惯且简单、直观，在培养学生大数据分析能力的同时，提升其机器学习模型二次开发水平和编程能力，从而面向应用提高其实践创新能力。

本书对各种机器学习模型的介绍具有较强的理论性，用丰富的案例介绍各种机器学习模型的应用，具有鲜明的实践特色。

本书内容包括绪论、数据预处理、插值与拟合、回归分析、Logistic 回归、树结构模型、支持向量机、特征降维、聚类分析、复杂网络分析和深度学习。每章末都配有习题，课外配备了相应的实验课题以及课程设计课题(需要者可从出版社网站下载)，以有效提高读者的理解和实践能力。

本书是作者多年数学建模竞赛、市场调查与分析大赛、统计建模大赛、大数据技能竞赛等学科竞赛指导经验的积累。本书是安徽铜陵学院、铜陵有色金属集团股份有限公司、安徽陆科光电科技有限公司三方校企合作的成果。

作　者

2024 年 8 月

目　　录

Contents

绪论……1
0.1　大数据简史……1
0.1.1　美国的大数据发展简史……1
0.1.2　中国的大数据发展简史……2
0.2　大数据的概念……3
0.2.1　数据……3
0.2.2　大数据……4
0.3　机器学习……5
0.3.1　变量……6
0.3.2　机器学习的分类……6
0.3.3　机器学习在数据分析中的应用流程……8
习题 0……9
第 1 章　数据预处理……11
1.1　数据预处理的必要性及流程……11
1.1.1　数据预处理的必要性……11
1.1.2　数据预处理的流程……12
1.2　数据集成……12
1.2.1　数据集成的概念……13
1.2.2　合并数据……13
1.3　数据清洗……19
1.3.1　可简单处理的清洗项……19
1.3.2　重复值的检测与处理……20
1.3.3　缺失值的检测与处理……22
1.3.4　异常值的检测与处理……26
1.3.5　含噪声数据的处理方法……28
1.4　数据变换……33
1.4.1　定性变量的赋值方法……33
1.4.2　连续型数据的离散化……36
1.4.3　数据变换……38
习题 1……50
第 2 章　插值与拟合……52
2.1　插值……52
2.1.1　数据填充问题……52

2.1.2 插值的概念 53
2.1.3 插值方法 54
2.1.4 插值法的实现 56
2.2 曲线拟合 64
2.2.1 曲线拟合的概念 64
2.2.2 曲线拟合的实现 66
习题 2 78
第 3 章 回归分析 79
3.1 线性回归分析 79
3.1.1 一元线性回归 79
3.1.2 多元线性回归 85
3.2 非线性回归分析 95
3.2.1 一元非线性回归 96
3.2.2 多元非线性回归 106
习题 3 116
第 4 章 Logistic 回归 118
4.1 Logistic 回归的类型 118
4.2 Logistic 回归的概念 119
4.2.1 Logistic 回归的思想 119
4.2.2 Logistic 回归模型 120
4.3 Logistic 回归的实现 121
习题 4 126
第 5 章 树结构模型 128
5.1 决策树 129
5.1.1 决策树的概念 129
5.1.2 决策树的数学原理 138
5.1.3 决策树的实现 142
5.2 随机森林 146
5.2.1 随机森林的概念 146
5.2.2 随机森林的生成 148
5.2.3 特征重要度 152
5.2.4 随机森林的 Python 实现 154
5.3 轻梯度提升机器 159
5.3.1 LightGBM 的概念 159
5.3.2 LightGBM 计算特征重要性的方法 166
5.3.3 LightGBM 的安装及使用方法简介 166
习题 5 174
第 6 章 支持向量机 175
6.1 数学原理 175

6.1.1 支持向量......175
6.1.2 对偶问题......178
6.1.3 SVM 优化......180
6.1.4 软间隔......182
6.1.5 核函数......184
6.2 Python 实现......186
习题 6......192
第 7 章 特征降维......193
7.1 主成分分析......193
7.1.1 主成分分析的概念......193
7.1.2 主成分分析的 Python 实现......199
7.2 独立成分分析......204
7.2.1 独立成分分析的概念......205
7.2.2 独立成分分析的 Python 实现......206
7.3 *t* 分布随机邻近嵌入......210
7.3.1 *t*-SNE 基本理论......210
7.3.2 *t*-SNE 的 Python 实现......211
习题 7......212
第 8 章 聚类分析......214
8.1 聚类分析的一般理论......214
8.1.1 聚类分析的概念......214
8.1.2 聚类分析的步骤......215
8.1.3 聚类评估......217
8.2 模糊 *c* 均值聚类......218
8.2.1 模糊 *c* 均值聚类算法简介......218
8.2.2 模糊 *c* 均值聚类算法的 Python 实现......219
8.3 k-Means 和 k-Means++......220
8.3.1 k-Means 算法描述......221
8.3.2 k-Means++算法描述......221
8.3.3 k-Means 聚类算法的实现......221
8.4 密度聚类算法......223
8.4.1 基于密度的带噪声的应用空间聚类......223
8.4.2 基于层次密度的带噪声的应用空间聚类......228
习题 8......232
第 9 章 复杂网络分析......234
9.1 复杂网络的概念......234
9.1.1 复杂网络的定义......234
9.1.2 复杂网络的特性......237
9.1.3 复杂网络的应用......238

9.2 复杂网络的分析方法 239
9.2.1 中心性分析 239
9.2.2 社区检测 241
9.3 复杂网络分析的 Python 实现 242
9.3.1 网络可视化 242
9.3.2 查看网络基本信息 247
9.3.3 中心性分析 248
9.3.4 社区检测 248
习题 9 251
第 10 章 深度学习 253
10.1 神经网络 253
10.1.1 神经网络原理 253
10.1.2 神经网络的极简入门 263
10.1.3 神经网络的 Python 实现 267
10.2 深度学习 271
10.2.1 PyTorch 介绍 271
10.2.2 循环神经网络 276
10.2.3 卷积神经网络 296
习题 10 310
参考文献 311
后记 312

绪　论

在绪论中我们将概述性地介绍三个方面的内容：大数据简史、大数据的概念、机器学习。

0.1　大数据简史

当前，大数据科技主要集中在中美两国，下面以时间为序分别介绍美国和中国大数据科技发展中的重大事件。

0.1.1　美国的大数据发展简史

1997 年，NASA 的艾姆斯研究中心首次使用了“大数据”这一概念。

1998 年，美国《自然》杂志发表了一篇文章《大数据科学的可视化》，大数据正式作为一个专用名词出现在公共刊物中。

2001 年，麦塔集团分析师道格·莱尼指出了大数据的三个特征：① 数据量大(volume)；② 数据产生速度快(velocity)；③ 数据类型多(variety)。这三个特征称为大数据的“3V”特征。此后不久，麦肯锡公司指出了大数据的一个新特征：价值密度低(value)。该特征与“3V”特征共同构成了大数据的“4V”特征。

2006—2009 年期间，谷歌发表了“三驾马车”：分布式文件系统 GFS、大数据分布式计算框架 MapReduce、NoSQL 数据库系统 BigTable。它们正好构建了一个完整的大数据技术生态。

2009 年，针对 MapReduce 的不足，加州大学伯克利分校开发了 Spark 计算引擎。其计算效率大大提高，迅速取代了 Hadoop 的 MapReduce 计算层，并构建了统一的数据分析平台，解决了 Hadoop 生态系统分裂的难题。

2010 年美国总统信息技术顾问委员会(PITAC)发布了一篇名为《规划数字化未来》的报告，其中详细叙述了政府工作中对大数据的收集和使用。可见，此时美国政府已经高度关注大数据的发展。

2012 年 1 月，世界经济论坛在瑞士小镇达沃斯召开，大会发布了名为《大数据，大影响》的报告，向全球正式宣布大数据时代的到来。

2012 年 3 月，奥巴马签署“大数据研究和发展计划”，宣布大数据是“未来的新石油”，并将“大数据研究”上升为国家意志。

2016年，人工智能崛起。DeepMind公司开发的AlphaGo系统在围棋比赛中战胜了人类顶尖棋手，人工智能在围棋领域做到了超越人类的智能，震惊全球。

2018年6月，开放智能(OpenAI)发布人工智能作品GPT1.0版，参数量为1.17亿，预训练数据量约5 GB，开启了AI大模型的帷幕。大模型作为一种新型算法成为人工智能技术新的制高点。2022年11月发布GPT3.5版，参数量为1750亿，预训练数据量在百T级，其因更接近人类对话与思考方式而名噪一时。2023年3月发布GPT4.0版，参数规模在万亿级。

2022年5月，谷歌发布人工智能大模型PaLM，参数规模为5400亿。

2022年11月，亚马逊云科技为应对数据爆炸构建了云原生数据战略，即发布了一系列新的服务和功能，涵盖底层基础设施、计算、数据库、数据分析、AI/ML、安全、工业应用等，通过持续创新，帮助全球客户重塑未来。

0.1.2 中国的大数据发展简史

我国大数据发展起步较晚，但起点高，场景广，发展快。

2008年9月，阿里巴巴确定“云计算”和“大数据”战略，决定自主研发大规模分布式计算操作系统“飞天”，开启中国的大数据征程。

2012年6月，中国计算机学会成立了“大数据专家委员会”，探讨大数据的核心科学与技术问题，推动大数据学科方向的建设与发展。

2013年被称为我国的“大数据元年”，国家自然科学基金、973计划、核高基①、863计划等重大研究计划都把大数据列为重大研究课题，百度、阿里、腾讯等信息技术头部企业各显身手，分别推出了创新性大数据应用。

2013年12月，中国计算机学会发布了《中国大数据技术与产业发展白皮书(2013)》，目的是为业界梳理大数据应用现状及发展趋势，为政府制定推动大数据产业发展的政策提供建议，探讨大数据研究面临的科学问题和技术挑战，为研究机构和研究人员提供参考指南。

2014年“大数据”首次写入我国政府工作报告，大数据上升为国家战略。

2015年，李国杰院士在《对大数据的再认识》中称：“数据是与物质、能源一样重要的战略资源，数据的采集和分析涉及每一个行业，是带有全局性和战略性的技术。从硬技术到软技术的转变是当今全球性的技术发展趋势，而从数据中发现价值的技术正是最有活力的软技术，数据技术与数据产业的落后将使我们像错过工业革命机会一样延误一个时代。”

2015年4月，全国首个大数据交易所——贵阳大数据交易所，正式挂牌运营并完成首批大数据交易。

2015年8月国务院印发的《促进大数据发展行动纲要》是迄今我国促进大数据发展的第一份权威性、系统性文件。它从国家大数据发展战略全局的高度，提出了我国大数据发展的顶层设计，是指导我国未来大数据发展的纲领性文件。

2016年11月，阿里云“飞天”系统入选2016年世界互联网最有代表性的15项科技创新成果。“飞天”是由阿里云自主研发的服务全球的超大规模通用计算操作系统，它可以将遍

---

① 核高基是“核心电子器件、高端通用芯片及基础软件产品”的简称，是2006年国务院发布的《国家中长期科学和技术发展规划纲要(2006—2020年)》中与载人航天、探月工程并列的16个重大科技专项之一。

布全球的百万级服务器连成一台超级计算机。

2017 年 12 月 8 日，习近平在中共中央政治局第二次集体学习时强调，我们应该审时度势、精心谋划、超前布局、力争主动实施国家大数据战略，加快建设数字中国。

2021 年 10 月 26 日，在北京举行的 2021 人工智能计算大会(AICC 2021)上，浪潮人工智能研究院发布的“源 1.0”是当时全球最大规模的中文 AI 巨量模型，其参数规模高达 2457 亿，训练采用的中文数据集达 5000 GB，相比 GPT3 模型的 1750 亿参数量和 570 GB 训练数据集，“源 1.0”的参数规模领先 40%，训练数据集规模领先近 10 倍。

2022 年 2 月 17 日，国家规划在京津冀、长三角、粤港澳大湾区、成渝、内蒙古、贵州、甘肃、宁夏 8 地建设国家算力枢纽节点，并规划了 10 个国家数据中心集群。至此，全国一体化大数据中心体系完成总体布局设计，“东数西算”工程正式全面启动。

2022 年 12 月 19 日，《中共中央、国务院关于构建数据基础制度更好发挥数据要素作用的意见》发布，标志着数据基础制度体系高规格顶层设计重磅出台。

2023 年，中国版 ChatGPT 迸发：

(1) 百度“文心一言”，其训练数据包括万亿级网页数据、数十亿搜索数据和图片数据、百亿级语音日均调用数据及 5500 亿事实的知识图谱，具备知识增强、检索增强和对话增强的技术特色，是一个有着多样化输出、人性化交互、多模态生成等优势的大预言模型。

(2) 阿里“通义千问”，其参数为 720 亿级，是国内首个 AI 统一底座、借鉴人脑的模块化设计，是一个具有多领域知识覆盖、强大的自然语言处理能力、实用工具性功能、高情商交互与个性化回复、智能应用集成等多个功能的知识库和智能助手。

另外，还有中国科学院全模态大模型“紫东太初”、华为面向行业的大模型“盘古”、腾讯“混元”等，可谓百花齐放、争奇斗艳。

0.2 大数据的概念

在介绍大数据的概念之前，应先了解一下什么是数据。数据是国家基础性战略资源，是 21 世纪的“钻石矿”。那么，什么是数据呢？

0.2.1 数据

所谓数据，是指描述客观事物的未经加工的原始素材。

比如，第一届大数据专业开设于 2016 年。这个语句描述的对象是“大数据专业”，用了两个变量来描述：① 界别，取值为“第一届”；② 开设时间，取值为“2016 年”。界别、开设时间以及它们的取值都是数据。

数据经过加工后就成了信息。

从输入计算机并被计算机程序处理的角度看，数据有五种形式。

(1) 数字：数学中的数和字符(变量符号)，这是最简单的数据类型。

(2) 文本：txt、doc、pdf 等格式的文档。

(3) 图片：图形和图像。

(4) 音频：存储在计算机里的声音。

(5) 视频：一系列连续的图像或画面通过播放形成的动态影像。

在数据分析中，常用的样本数据有三种类型：时间序列数据、截面数据和面板数据。

(1) 时间序列数据：一批按时间先后排列的数据。例如，音频数值化后是一个时间序列。

(2) 截面数据：是一批发生在同一时间截面上的数据。例如，图片数值化后是一个截面数据。

(3) 面板数据：计算机科学中常称为立方体数据，是一批按时间先后排列的截面数据。例如，视频数值化后是立方体数据。

0.2.2 大数据

1. 大数据的定义

因为大数据是当前仍处于发展中的概念和技术，所以业界至今还没有给出一个完整准确的大数据定义，不同领域的专家学者都从各自的视角诠释大数据的基本含义。

麦肯锡公司是研究大数据的先驱。该公司在报告《大数据：创新、竞争和生产力的下一个前沿领域》中给出的定义是：大数据指的是大小超出常规的数据库工具获取、存储、管理和分析能力的数据集。

国际数据公司从四个特征方面定义大数据，即海量的数据规模(volume)、快速的数据流转和动态的数据体系(velocity)、多样的数据类型(variety)和巨大的数据价值(value)。

亚马逊大数据科学家 John Rauser 给出了大数据简单的定义：大数据是任何超过了一台计算机处理能力的数据量。

综合上述观点，“大数据”是指难以在可接受的时间内用传统数据库系统或常规应用软件处理的巨量而复杂的数据集。

2. 从采集到应用的流程

挖掘数据的价值并应用于决策，是当前理论研究和科技应用的热点。数据从采集到应用遵循的流程如图 0.1 所示。

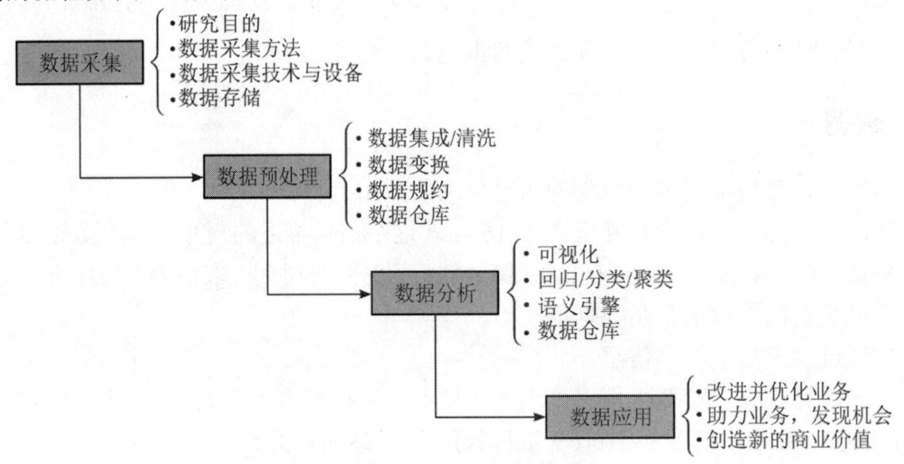

图 0.1　数据从采集到应用的流程图

本书不介绍数据采集的相关知识，主要关注数据采集之后的流程：数据预处理→数据分析→数据应用。

1) 数据预处理

第一手数据是不能直接应用于分析的，主要是因为数据分散，含有脏信息，特征太多，质量较低。数据必须经预处理之后才能形成高质量的数据，高质量的数据才能挖掘出高质量的价值，高质量的价值才能产生高质量的决策。

数据预处理是数据分析过程中最费时费力的工作，也是对机器学习模型质量、数据分析质量、数据价值应用于决策影响极大的一项工作。

2) 数据分析

李国杰院士指出，数据背后的共性问题是关系网络。因此，数据分析就是挖掘这个共性问题的方法。数据分析通过建立数据之间的联系，厘清数据之间的逻辑关系，挖掘数据的价值，从而使数据成为生产力应用于科技、经济和社会的发展。

数据分析是本课程的主要任务。从面对的问题看，目前各行各业碰到的数据处理多数还是“小数据”问题，所以不能抛弃“小数据”方法。从价值密度看，大数据价值密度也遵循二八法则：20%的小数据具有 80%的价值密度，80%的大数据具有 20%的价值密度；换言之，20%的小数据将引爆 80%的大数据价值。所以本书将主要介绍小数据分析技术，用一章的篇幅介绍近年来开始应用的不同于传统事务处理和小样本分析的大数据处理新方法——深度学习，作为从传统的数据分析转向大数据处理的过渡。

3) 数据应用

数据分析挖掘出了数据的价值，数据的价值只有应用于决策，才能将数据转化为生产力，从而促进科技、经济和社会的发展。数据应用就是指将数据蕴含的规律应用于实际的业务场景中，以解决实际问题。大数据的应用非常广泛，包括智能制造、智能交通、智慧医疗、智慧教育、智慧城市、智慧养老等领域。

在计算机科学中，数据应用主要是预测。

0.3 机器学习

机器学习是数据分析的主要技术，是当前人工智能、智能制造的核心技术。

机器学习的材料是数据，那么机器是如何从数据中学得知识的呢？

首先简略了解一下我们人是如何学习知识的。我们学习知识的过程是：首先通过感官(视觉、听觉、触觉、嗅觉等)获取信息，信息是零碎的，其经过大脑加工后整合为经验，经验日积月累沉淀为知识，进而提炼为系统的理论；然后将理论知识应用于指导生产实践。

机器学习知识与人类学习知识的道理基本相同。机器每接收一条数据，便从中获得一点经验，将数据一条一条地学完，也就将经验一点一点积累成了知识，然后将学得的知识应用于解决相关问题。

下面简要介绍机器学习的相关概念：变量、机器学习的分类以及机器学习在数据分析中的应用流程。

0.3.1　变量

对象一般由一组变量来刻画。比如，高考理科成绩由语文、数学、外语、物理、化学、生物六个变量来描述；一个人的体检信息由性别、年龄、身高、体重等变量来描述。

变量根据取值情况分为定量变量和定性变量。

(1) 定量变量：取值为实数的变量称为定量变量，也称为连续变量。比如，高考成绩及相关各门课程的成绩，体检信息中的年龄、身高、体重等变量，都是定量变量。

(2) 定性变量：是相对于定量变量而言的，其取值不是实数，而是文本或符号。比如，性别取值是“男”或“女”；新冠肺炎核酸检测结果取值是“阴性”或“阳性”；课程的五级制成绩取值是“优”“良”“中”“及格”或“不及格”，这样的变量数不胜数。定性变量也称为离散变量。

数据之间的关系网络，从变量的角度看有两个体现：一是描述对象的变量其地位不平等，其中某个或某些变量可由其余变量所表达，也就是说变量之间存在相关关系或因果关系，比如上面提及的高考成绩由语文、数学、外语、物理、化学、生物六门课程的成绩所决定；二是描述对象的变量之间地位是平等的，彼此之间相互独立，比如描述一个人的性别、身高、体重，这三个变量地位平等，彼此之间不互为因果。

在计算机学科中，非因变量的变量也称为特征。

0.3.2　机器学习的分类

机器学习主要有两大类：有监督学习和无监督学习。

1. 有监督学习

有监督学习是关系网络的第一个方面：因果推断。

1) 有监督学习的概念

有监督学习的基本特征是关系网络中的变量地位不平等，有目标变量(target)和特征变量(feature)之分。

机器通过对采自关系网络的数据集学习得到一个函数 $y = f(X)$，该函数称为经验函数(就是机器学得的知识)，其中 y 称为目标变量，X 称为特征变量，当新的数据 $X = X_0$ 到来时，机器可通过所学知识 $y = f(X)$ 预测相应的结果 $y_0 = f(X_0)$ (应用学到的知识来解决问题)。

经验函数中的目标变量 y 也称为监督变量。当 y 是连续变量时称为回归分析；当 y 是离散变量时称为分类，此时 y 又称为定类变量。

【例 0.1】 回归问题——房价预测。机器通过对历史房价数据的学习获得房价随时间变化的曲线 $p = f(x)$，预测在今后某个时刻 t_0 的房价。

【例 0.2】 分类问题——肿瘤判别分析。根据肿瘤特征 X 判断肿瘤是良性还是恶性，得到的结果 y 是“良性”或“恶性”，是离散的，机器通过对历史诊断数据的学习得到判断函数 $y = f(X)$，当之后出现特征 X_0 时，就可通过判断函数 $y = f(X)$对 X_0 进行识别，得到 $y_0 = f(X_0)$。

2) 损失函数

机器是按照人设定的规则学习的。那么这个学习规则是什么呢？

首先来看机器学习中因变量值的对比，见表 0.1。

表 0.1 因变量值的对比

因变量观测值序列	y_1	y_2	…	y_i	…	y_n
机器学习获得的结果	$\hat{y}_1$	$\hat{y}_2$	…	$\hat{y}_i$	…	$\hat{y}_n$
学习误差	$y_1-\hat{y}_1$	$y_2-\hat{y}_2$	…	$y_i-\hat{y}_i$	…	$y_n-\hat{y}_n$

机器学习的规则就是让机器学习的结果和观测值的误差越小越好，于是构造学习总误差函数：

$$L_p=\frac{1}{n}\sum_{i=1}^{n}|y_i-\hat{y}_i|^p \tag{0.1}$$

称式(0.1)为损失函数。

当 $p=1$ 时，即

$$L_1=\frac{1}{n}\sum_{i=1}^{n}|y_i-\hat{y}_i| \tag{0.2}$$

称式(0.2)为平均绝对误差(简称 l_1 损失)。

当 $p=2$ 时，即

$$L_2=\frac{1}{n}\sum_{i=1}^{n}|y_i-\hat{y}_i|^2 \tag{0.3}$$

称式(0.3)为均方误差(简称 l_2 损失)。

耳熟能详的最小二乘法的损失函数使用的是 l_2 损失。

随着数据量越来越大，机器学习模型的参数越来越多，为了使损失函数的参数求解过程快速收敛，损失函数的表达形式也相对丰富且复杂起来了。

2. 无监督学习

无监督学习是关系网络的第二个方面：非因果推断。

1) 无监督学习的概念

无监督学习的基本特征是关系网络中的变量没有目标变量和特征变量之分。

假设样本数据是截面数据，每一行是一个对象，每一列是一个变量，没有任何一个变量可以对对象进行标记，所有变量之间地位平等、相互独立。

2) 无监督学习的内容

下面从对象和变量两个角度看无监督学习的内容。

(1) 从对象角度，无监督学习可分为聚类分析和复杂网络分析。

① 聚类分析：根据对象在各变量上的观测值对对象进行聚类。

当设计好聚类算法，机器通过聚类算法将对象聚类完成后，每个类称为一个标准模式，于是得到一个标准模式库 C_2，C_2，…，C_k。当一个新对象 O_{new} 到来时，机器可通过计算 O_{new} 到各标准模式的距离来识别 O_{new} 属于哪个标准模式。

② 复杂网络分析：以对象为节点进行复杂网络分析，以发现重要对象。

(2) 从特征角度，无监督学习可分为特征降维和复杂网络分析。

① 特征降维：对特征进行融合以降维。

特征降维通过主成分分析、独立成分分析、*t*-随机邻近嵌入等算法将高维数据融合为维数较低的数据，以达到降维的目的。

② 复杂网络分析：以特征为节点进行复杂网络分析，以发现重要特征。

3. 有监督学习和无监督学习的差异

我们将二者的差异列于表 0.2 中，以便于对比。

表 0.2 有监督学习与无监督学习的差异

对比项目	有监督学习	无监督学习
样本	(1) 样本数据中的变量并非相互独立，有明显地位上的差异，其中某个或某些变量随其他变量的变化而变化。 (2) 样本被分为训练集与测试集。机器通过训练集找规律，然后应用测试集对学习所得规律进行评估	(1) 样本数据中各变量地位平等、相互独立。 (2) 样本不分为训练集和测试集，在样本数据内寻找规律
目标	给待识别的数据贴上标签(函数值)。因此训练样本必须由带标签(函数值)的样本组成。总体来说，目标是“对于输入数据 *X* 能预测变量 *Y*”	如果发现数据集呈现某种聚集性，则可按自然的聚集性分类。总体来说，目标是“从数据 *X* 中能发现什么”
结果	因果关系：$y = f(x)$	(1) 标准模式库。 (2) 特征降维。 (3) 复杂网络的重要节点

0.3.3 机器学习在数据分析中的应用流程

在 Python 中，应用某个机器学习方法进行数据分析的基本流程如下所述。

(1) **建模**：建立机器学习模型。

将所用机器学习方法(一般是类)导入环境，建立机器学习模型。

(2) **训练**：调用模型的 fit 方法对模型进行训练。

训练就是机器从数据中获取知识的过程。

(3) **评估**：对机器学习的效果进行评估。

只有通过了评估的模型才能应用于解决实际问题。Python 中针对回归、分类、聚类的评估方法是不同的，可在 sklearn.metric 模块中详细了解。为了减轻学生的编程负担，本书对模型评估进行了重新封装，相应的自建库函数已上传。

(4) **应用**：将模型应用于解决实际问题。

机器学习的应用场景非常广泛，但应用的核心是“预测”，此时调用模型的 predict 方法对未知模型进行预测。

上述四个步骤是基本流程，总结起来就是：建模→训练→评估→应用。

在第一步之前，必须导入数据；在第四步之后还可添加可视化分析结果等细节。

下面以应用随机森林分类器进行数据分析为例展示上述流程(程序范本)。

```
…
## 第一步，建模
# 1.1 导入分类器
from sklearn.ensemble import RandomForestClassifier
# 1.2 按默认参数建模
model = RandomForestClassifier()
## 第二步，训练
model.fit(X，y)
## 第三步，评估
# 3.1 导入分类评估器(自建)
from model_evaluator import classifition_evaluator
# 3.2 对模型进行评估
results = classifition_evaluator(y_true，y_pred)
## 第四步，应用：预测 X_new 对应的 Y_new
Y_new = model.predict(X_new)
…
```

习 题 0

1. 判断题

(1) 数据背后的共性问题是关系网络。 (　　)

(2) 机器学习中描述对象的变量分为定量变量和定性变量两个类型。 (　　)

(3) 有监督学习有学习规则，无监督学习没有学习规则。 (　　)

(4) 在对数据的学习中，有监督学习需要将数据分割为训练集与测试集，而无监督学习则不必将数据分割为训练集与测试集。 (　　)

(5) 有监督学习中的变量分为目标变量和特征变量，而无监督学习中的变量之间没有目标变量和特征变量的区别。 (　　)

2. 选择题

(1) 被誉为我国的大数据元年的年份是__________。

A. 2012 年　　B. 2013 年　　C. 2014 年　　D. 2015 年

(2) 我国首个大数据交易所是__________，挂牌运营时间是__________年。

A. 贵阳大数据交易所，2015　　B. 北京大数据交易所，2021

C. 上海大数据交易所，2021　　D. 深圳大数据交易所，2022

(3) 机器学习模型的应用流程是__________。

A. 建模、训练、评估、应用　　B. 建模、评估、训练、应用

C. 导入数据、建模、训练、应用　　D. 导入数据、建模、评估、应用

(4) 模型评估是机器学习模型应用于数据分析的重要环节。基于 Python 的模型评估模块是__________。

A. sklearn.tree　　B. sklearn.metric

C. sklearn.ensemble　　D. sklearn.multiclass

(5) 有监督学习的目标是__________。

A. 对于输入数据 X 能对变量 Y 进行预测　　B. 从数据 X 中发现 X 的内在结构

C. 对 X 所含对象进行聚类　　D. 发现 X 中的重要对象

3. 简答题

简述数据有哪些形式以及有哪些类型。

第1章 数据预处理

数据采集完成后所获得的数据是对研究对象的第一手资料，称为原始数据。原始数据一般要经过预处理之后才能用于数据分析。

1.1 数据预处理的必要性及流程

由于原始数据多源，多模态，含有大量的脏信息等，因此其不能直接用于数据分析。

1.1.1 数据预处理的必要性

一般来说，原始数据具有下述几个特征，这也正是原始数据需要预处理的原因。

(1) 原始数据一般有多个来源，不同来源的数据往往有不同的格式，需要将这些不同源、不同格式的数据集成为一个整体。

(2) 原始数据含有脏信息，需要清洗。

所谓数据含有脏信息，是指数据具有下列性质。

① 不完整：在数据中没有基于分析目的的重要属性。

② 有缺失：有些属性的个别值没有采集到导致数据表中出现空白项。

③ 有重复：操作失误，重复记录。

④ 有异常值：一是离群点；二是不一致数据。

⑤ 含噪声：数据中存在随机干扰。

⑥ 不一致：包括量纲不一致、尺度不一致、时段不一致、数据格式不一致等。

⑦ 值唯一：有些变量的值是唯一的，这样的变量在进行数据分析时没有意义。

⑧ 数据有误：数据采集不准确，出现错误数据。

⑨ 有冗余信息：比如交易管理系统对每笔交易时间的记录“2011/2/20 00:00:00”，该时间型数据含年、月、日、时、分、秒。实际上，进行客户流分析时，时、分、秒信息是冗余的。

⑩ 有特殊符号：数据值带有#、$、￥等符号，不利于数据分析，需要清洗。

(3) 原始变量中的属性变量需要转换为数值型数据之后才能用于分析。

比如，在推断身高与“性别”的相关关系时，需要将变量“性别”数值化才能引入模型中，详见1.3节。

(4) 某些连续型数据离散化为属性变量对于挖掘数据的价值更有意义。

比如，在研究年龄对高血压、糖尿病等慢性病的影响时，将“年龄”离散化为“青年、中年、老年”比将“年龄”作为连续型数据更有意义。

(5) 有时原始数据中的变量太多，在实际分析时有不少特征用不上，此时需要通过对变量进行筛选、删除、主成分分析(PCA)或线性判别分析(LDA)等进行降维。

(6) 原始数据应用于数据分析时，需消除量纲和量级的影响。

具有上述特征的数据的质量是低劣的，而质量低劣的数据不可能挖掘出高质量的结果，进而就不可能有高质量的应用，更不可能有高质量的决策。

数据预处理的一个环节就是清洗上述脏信息，让数据适应模型以匹配模型的需求。

1.1.2　数据预处理的流程

数据预处理的流程如图 1.1 所示。

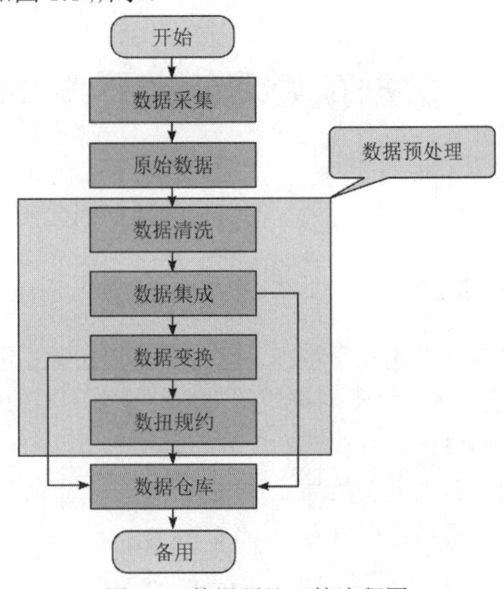

图 1.1　数据预处理的流程图

图 1.1 中，数据预处理中各模块的含义如下：

(1) 数据集成：将多源数据整合在一起，将多个数据表整合为一个数据表。

(2) 数据清洗：清洗数据中的脏信息。

(3) 数据变换：把原始数据转换成适合数据分析的形式。

(4) 数据规约：在尽可能保持数据原貌的前提下最大限度地精简数据量。

(5) 数据仓库：数据预处理好之后，存储于数据仓库备用。

后续各节将详细介绍数据预处理各步骤中的操作及基于 Python 的实现。

1.2　数据集成

数据预处理的第一个步骤是数据集成。

1.2.1 数据集成的概念

简单来说，数据集成就是将多个数据集整合为一个数据集。

这些数据集或有着共同的研究对象，或描述的对象有着基于研究目的的共性，但它们或来源不同(比如，基于体检数据的慢性病研究，体检数据来自不同的医院)，或格式不同(比如 xls、xlsx、txt、csv、mat、db 等)，或变量名称不一致，或数据尺度不一致，等等。

一般下面的操作就是典型的数据集成：

(1) 将来自不同数据源的数据整合在一起。

(2) 将格式不同的数据文件整合为相同的格式，然后合并在一起。

(3) 清洗多个数据集的不一致性，然后整合为一个数据集。

我们主要讲解第一型数据集成方法及其 Python 实现，即数据合并。

1.2.2 合并数据

多源原始数据首先需要合并，即将两个或多个表的数据合并为一张表。

下面介绍 pandas 的数据合并功能。

1. 堆叠合并数据

堆叠合并数据是指将两个或多个表的数据沿 x 轴或 y 轴合并起来。

将两个或多个表沿 X 轴方向(横向增列)或 Y 轴方向(纵向增行)拼接在一起，可用 pandas 库中的 concat 函数来实现。concat 函数的主要参数如表 1.1 所示。

表 1.1 concat 函数的主要参数介绍

<table>
<tr><td rowspan="3">pd.concat(objs,
axis=0,
join='outer')</td><td>objs 表示要拼接的对象</td></tr>
<tr><td>axis 取值分别为“0”，“1”，表示拼接方向，其中 0 表示上下(增加行)，1 表示左右(增加列)</td></tr>
<tr><td>Join 取值分别为“inner”“outer”，表示拼接轴之外另一个轴的合并方式，其中 Inner 表示交集，outer 表示并集</td></tr>
</table>

上述参数中 axis 和 join 在不同设置下的结果见表 1.2。

表 1.2 concat 合并结果

<table>
<tr><td rowspan="2">axis</td><td colspan="2">join</td></tr>
<tr><td>inner</td><td>outer</td></tr>
<tr><td>0</td><td>增加行，列取交集</td><td>增加行，列取并集</td></tr>
<tr><td>1</td><td>增加列，行取交集</td><td>增加列，行取并集</td></tr>
</table>

【例 1.1】 下面程序中，数据框 a、b 分别见表 1.3 和表 1.4。

表 1.3 数据框 a

	A	B	C	D
1	A1	B1	C1	D1
2	A2	B2	C2	D2
3	A3	B3	C3	D3
4	A4	B4	C4	D4

表 1.4 数据框 b

	B	D	F
2	B2	D2	F2
4	B4	D4	F4
6	B6	D6	F6
8	B8	D8	F8

(1) 按“axis=0，join='outer'”合并 a、b，结果如表 1.5 所示。

表 1.5　按“axis=0，join='outer'”合并 a、b

	A	B	C	D	F
1	A1	B1	C1	D1	
2	A2	B2	C2	D2	
3	A3	B3	C3	D3	
4	A4	B4	C4	D4	
2		B2		D2	F2
4		B4		D4	F4
6		B6		D6	F6
8		B8		D8	F8

(2) 按“axis=1，join='outer'”合并 a、b，结果如表 1.6 所示。

表 1.6　按“axis=0，join='outer'”合并 a、b

	A	B	C	D	B	D	F
1	A1	B1	C1	D1			
2	A2	B2	C2	D2	B2	D2	F2
3	A3	B3	C3	D3			
4	A4	B4	C4	D4	B4	D4	F4
6					B6	D6	F6
8					B8	D8	F8

(3) 按“axis=0，join='inner'”合并 a、b，结果如表 1.7 所示。

表 1.7　按“axis=0，join='inner'”合并 a、b

	B	D
1	B1	D1
2	B2	D2
3	B3	D3
4	B4	D4
2	B2	D2
4	B4	D4
6	B6	D6
8	B8	D8

(4) 按“axis=1，join='inner'”合并 a、b，结果如表 1.8 所示。

表 1.8　按“axis=1，join='inner'”合并 a、b

	A	B	C	D	B	D	F
2	A2	B2	C2	D2	B2	D2	F2
4	A4	B4	C4	D4	B4	D4	F4

通过上述合并示例可知，合并中没有元素的地方用空值补全。

例 1.1 的完整程序如下：

```
#%% 数据合并
### 例 1.1 concat 数据合并示例
## 生成数据
import pandas as pd
# 生成数据框 a
acol = ['A','B','C','D']
arow = range(1,5)
a = [['A1','B1','C1','D1'], ['A2','B2','C2','D2'], ['A3','B3','C3','D3'], ['A4','B4','C4','D4']]
a = pd.DataFrame(data=a, index=arow, columns=acol)
# 生成数据框 b
bcol = ['B','D','F']
brow = [2,4,6,8]
b = [['B2','D2','F2'], ['B4','D4','F4'], ['B6','D6','F6'], ['B8','D8','F8']]
b = pd.DataFrame(data=b, index=brow, columns=bcol)
## 数据合并
# axis=0,join='outer'：纵向增行、横向并集
axb_0_outer = pd.concat([a, b], axis=0, join='outer')
# axis=1,join='outer'：横向增列、纵向并集
axb_1_outer = pd.concat([a, b], axis=1, join='outer')
# axis=0,join='inner'：纵向增行、横向交集
axb_0_inner = pd.concat([a, b], axis=0, join='inner')
# axis=1,join='inner'：横向增列、纵向交集
axb_1_inner = pd.concat([a, b], axis=1, join='inner')
```

2. 主键合并数据

主键合并即通过一个或多个键将两个数据集的行连接起来。

实现主键合并的函数是 merge，它有五种连接方式：左连接(left)、右连接(right)、内连接(inner)、外连接(outer)和交叉连接(cross)。我们介绍其中最简单的合并方式——inner 和 outer，涉及的主要参数及其含义见表 1.9。

表 1.9　merge 函数的主要参数介绍

参数	说明
pd.merge(left，right，	left 和 right 分别表示要合并的左表和右表
how = 'inner',	how 取为“left”“right”“outer”“inner”“cross”，表示数据连接方式
on = None)	on 表示两个表合并的主键(两表的主键必须一致)

当合并方式是 inner 或 outer 时，两表的列按并集合并，行则按 on 指定的主键进行交集(inner)或并集(outer)合并。

【例 1.2】 将例 1.1 中的数据框 a、b 两张表以列键 B、D 为主键进行交集合并和并集合并。

在例 1.1 的程序后继续添加下述代码：

```
# 例 1.2 merge 数据合并示例
axb_merge_inner = a.merge(b, how='inner', on=['B', 'D'])
axb_merge_outer = a.merge(b, how='outer', on=['B', 'D'])
```

合并结果如表 1.10 所示。

表 1.10(a) how='inner'，on=['B'，'D']

	A	B	C	D	F
0	A2	B2	C2	D2	F2
1	A4	B4	C4	D4	F4

表 1. 10(b) how='outer'，on=['B'，'D']

	A	B	C	D	F
0	A1	B1	C1	D1	
1	A2	B2	C2	D2	F2
2	A3	B3	C3	D3	
3	A4	B4	C4	D4	F4
4		B6		D6	F6
5		B8		D8	F8

需要特别注意 concat 与 merge 在合并数据时的差异。

3. 重叠数据合并

数据分析和处理过程中若出现两份数据的内容几乎一致，但是某些特征在其中一张表上的数据是完整的，而在另外一张表上的数据则是缺失的，则可以用 combine_first 方法进行重叠数据合并，其原理示意如表 1.11～表 1.13 所示。

表 1.11 数据框 a

	0	1	2
0	NaN	3.0	5.0
1	NaN	4.6	NaN
2	NaN	7.0	NaN

表 1.12 数据框 b

	0	1	2
1	42	NaN	8.2
2	10	7.0	4.0

表 1.13 重叠合并

	0	1	2
0	NaN	3.0	5.0
1	42	4.6	8.2
2	10	7.0	4.0

combine_first 的具体用法见表 1.14。

表 1.14 combine_first 的用法

df=df1.combine_first(df2)	对 df1 和 df2 进行重叠合并为 df

【例 1.3】 下述程序中数据框 c 和 d 如表 1.15 和表 1.16 所示。

对数据框 c 和 d 进行重叠合并，得到表 1.17 所示的数据框。

表 1.15 数据框 c

	id	cpu
0	1	
1		i3
2	3	i5
3		
4	5	

表 1.16 数据框 d

	Id	cpu
0		i7
1	2	i3
2	3	
3		i5
4	5	i3

→

表 1.17 重叠合并

	id	cpu
0	1	i7
1	2	i3
2	3	i5
3		i5
4	5	i3

例 1.3 实现合并的代码如下：

```
# 例 1.3 - 重叠合并示例
import pandas as pd
import numpy as np
c = pd.DataFrame({'id': [ 1, np.nan, 3, np.nan, 5], 'cpu':[np.nan, 'i3', 'i5', np.nan, np.nan]})
d = pd.DataFrame({'id': [np.nan, 2, 3, np.nan, 5], 'cpu':[ 'i7', 'i3', np.nan, 'i5', 'i3']})
# 对 c 和 d 进行重叠合并
cxd = c.combine_first(d)
```

【实验 1.1】 数据集“第 1.2 节-运筹学成绩.xlsx”是某校“金融数学”和“应用数学”两个专业五个年级的运筹学成绩，五个年级的成绩分别保存在不同的表中。试将五张表格的成绩合并在一张表中。

【实验过程】

将合并成绩输出为数据框，该数据框有三列：“年级”“金融数学”“应用数学”。五张表有相同的列标签“金融数学”“应用数学”，因此既可用 concat 也可用 merge 将五张表整合在一张表中。

【实验结果】

实验结果见表 1.18。

表 1.18　成绩合并结果

序号	年级	金融数学	应用数学
1	2015	71	68
2	2015	78	82
…	…	…	…
55	2015	74	NaN
56	2015	91	NaN
57	2016	61	4
58	2016	52	57
…	…	…	…
114	2016	45	NaN
115	2016	50	NaN
116	2017	72	90
117	2017	98	63
…	…	…	…
201	2017	74	NaN
202	2017	97	NaN
203	2018	84	58
204	2018	60	49
…	…	…	…
269	2018	72	NaN

续表

序号	年级	金融数学	应用数学
270	2018	74	NaN
271	2019	90	97
272	2019	83	96
…	…	…	…
367	2019	NaN	43
368	2019	NaN	39

【实验程序】

实验 1.1 的完整程序如下：

```
#%% 实验 1.1 案例分析-数据集成示例
## 导库
import pandas as pd
import numpy as np
## 生成一个空数据框，用于保存五张表的集成结果
data = pd.DataFrame(columns=["金融工程","数学"])
## 数据文件及其路径
path = r'..\讲义所用数据\第 1 章'
file = r'\第 2 节-运筹学成绩.xlsx'
## grade 用于记录各表格所属年级
grade = [ ]
for k in range(2015,2020):
    # 逐一读入五张表的数据
    temp = pd.read_excel(path+file, sheet_name=str(k))
    # concat 逐一合并数据
    data = pd.concat([data, temp])
    # 生成“年级”列
    r = temp.shape[0]
    grade = np.r_[grade, k*np.ones(r)]
## 生成合并的成绩数据框
score = pd.DataFrame()
score["年级"] = grade
score["金融工程"] = list(data["金融工程"])
score["数学"] = list(data["数学"])
## 将合并成绩输出到 excel
score.to_excel("运筹学合并成绩.xlsx")
```

1.3　数 据 清 洗

原始数据在集成之后需要进行补充完整数据、填补缺失数据或删除空白数据、删除重复数据、消除异常数据、平滑噪声数据、纠正不一致数据等一系列清洗操作。

数据清洗的流程如图 1.2 所示。

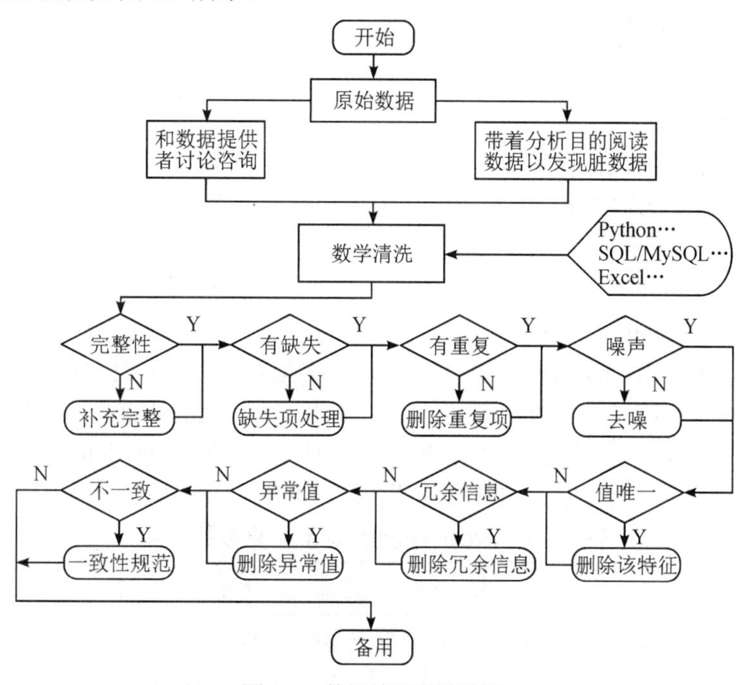

图 1.2　数据清洗的流程图

1.3.1　可简单处理的清洗项

如下几种情形的数据清洗可通过补充采集、仿真或模拟、删除等操作简单处理。

(1) 数据不完整：进行补充采集或仿真。

① 为分析需要，对重要而又缺失的变量或值进行补充采集，无其他替代方法。

比如，在研究慢性病的影响因素时，若没有采集体质指数(BMI)的数据，则需要补充采集，否则会丢失慢性病至关重要的影响因素。

② 通过计算机仿真或模拟补充重要变量的值。

(2) 属性值唯一：这样的属性对分析没有意义，直接删除该属性。

(3) 属性值含冗余信息：应直接删除冗余信息。

冗余信息有两类：一是数据采集过细，比如前面所描述的交易系统中交易发生时间在客户流分析中的应用，时、分、秒信息是冗余的；二是因变量之间的相关性过强，故有些变量是冗余的。

(4) 属性值含$、*等特殊符号：根据分析需要直接删除特殊符号或通过标准化数据来消除特殊符号。

1.3.2 重复值的检测与处理

1. 重复数据的概念

所谓重复数据，是指一个或者多个特征中出现了完全相同的观测值。

关于重复数据，要注意以下几点：

(1) 弄清楚产生重复数据的原因。

(2) 如何找到重复数据。

(3) 找到重复数据后如何处理。

2. 数据去重方法

数据去重包含以下几种方法：

(1) 使用 unique 函数去重。

(2) 使用 set 函数去重。

注意，set 函数去重应用的是集合元素的唯一性，该法会导致数据的排列发生改变。

(3) 使用 drop_duplicates 方法去重。

第(3)种方法只对 pandas 中的数据框或 Series 类型有效，不会改变数据的原始排列，且兼具代码简洁和运行稳定的特点。该方法不仅支持单一特征的数据去重，还能够依据数据框的其中一个或者几个特征进行去重操作。需特别提醒的是，drop_duplicates 方法去重是按某一列或某几列的重复元素**删去重复数据所在的行**！其主要参数见表 1.19。

表 1.19 drop_duplicates 主要参数介绍

<table>
<tr><td rowspan="3">df(Series).drop_duplicates(subset=None,
keep='first',
inplace=False)</td><td>subset 表示需要去重列的列名，默认表示删除重复的行</td></tr>
<tr><td>keep 取为“first”“last”“False”，表示重复时保留第几个数据。first 表示保留第一个；last 表示保留最后一个；False 表示只要有重复，则一个都不保留</td></tr>
<tr><td>inplace 取为“True”“False”，表示是否在原表上进行操作</td></tr>
</table>

【例 1.4】 随机生成两个介于 5～15 之间的整数 m 和 n，再随机生成一个元素介于 10～20 之间的 $m \times n$ 整数矩阵 $\boldsymbol{M}$。应用三种去重方法对 $\boldsymbol{M}$ 的每列元素去重。

首先给出例 1.4 的实现程序如下：

```
#%% 例 1.4 程序 - 数据去重示例
## 导库
import numpy as np, pandas as pd
## 生成数据
np.random.seed(2)
m = np.random.randint(10,15,size=1)
n = np.random.randint( 5, m,size=1)
```

```
M = np.random.randint(10,20,size=(m[0],n[0]))
print('\n',"生成的矩阵为：M =",'\n', M)
## 1.  unique 去重
# 1.1 numpy 中的 unique 函数
A = np.unique(M)
print('\n',"矩阵 M 元素经 np.unique 函数去重后的数据：", '\n', A)
# 此时输出的是一个一维数组，包含 M 中全部的互异元素
# 1.2 pandas 中的 unique 方法
df = pd.DataFrame(data=M)
col = df.shape[1]
B = [[] for i in range(col)]
for i in range(col):
    B[i] = df.iloc[i].unique()
print('\n',"矩阵 M 元素经 df.unique()方法去重后的数据：",'\n',B)
# 此时输出项 B 是个列表，第 i 个元素就是 M 第 i 列的全部互异值
## 2.  set 去重
# set 只能去一维数据的重复元素，所以用 set 去重前需将数据转化为一维数据
C = set(M.flatten())
print('\n',"矩阵 M 元素经 set 函数去重后的数据：",'\n',C)
# 此时输出的是一个集合，包含 M 中全部的互异元素
## 3.  drop_duplicate 去重
# 按第 2 列重复元素去行
D = df.drop_duplicates(subset=1)
print('\n',"矩阵 M 元素经 drop_duplicates 函数按第 2 列重复元素删去行的数据：",'\n',D)
```

例 1.4 的结果如下：

```
0.生成的矩阵为：M =
 [[16 12 18 17 12]
 [11 15 14 14 15]
 [17 13 16 14 13]
 [17 16 11 13 15]
 [18 14 16 13 19]
 [12 10 14 12 14]
 [11 17 18 12 19]
 [18 17 11 16 18]
 [15 19 19 19 13]
 [10 10 12 18 18]]
1.矩阵 M 元素经 np.unique 函数去重后的数据：
 [10 11 12 13 14 15 16 17 18 19]
```

```
2.矩阵 M 元素经 df.unique()方法去重后的数据：
 [array([16, 12, 18, 17]), array([11, 15, 14]),
array([17, 13, 16, 14]), array([17, 16, 11, 13, 15]),
array([18, 14, 16, 13, 19])]
3.矩阵 M 元素经 set 函数去重后的数据：
 {10, 11, 12, 13, 14, 15, 16, 17, 18, 19}
4.矩阵 M 元素经 drop_duplicates 函数按第 2 列重复元素删去行的数据：
    0   1   2   3   4
0  16  12  18  17  12
1  11  15  14  14  15
2  17  13  16  14  13
3  17  16  11  13  15
4  18  14  16  13  19
5  12  10  14  12  14
6  11  17  18  12  19
8  15  19  19  19  13
```

1.3.3 缺失值的检测与处理

数据中某个或某些特征的值是不完整的，这些值称为缺失值。

1. 缺失值的处理方法

缺失值一般有以下三种处理方法。

(1) 直接删除：简单粗暴。

(2) 直接忽略：既不删除，也不填充。

(3) 填充：有不光滑填充和光滑填充两种方法，两种方法之下的小方法很多。

① 不光滑填充。

a. 前邻近点填充：用相邻的前一个值填充。

b. 后邻近点填充：用相邻的后一个值填充。

c. 众数、中位数或中列数填充(中列数=[最大值+最小值)/2]。

d. 固定值填充：所有缺失值都填充为一个固定值。固定值填充方法简单，但不可靠，故不建议使用。

② 光滑填充。

a. 前后邻近点的平均值填充(算术平均值或加权平均值)。

b. 预测法填充：包括插值法、拟合法或回归法，这是比较流行的做法。

2. pandas 对缺失值的检测与处理

1) pandas 对缺失值的检测

pandas 提供了识别缺失值的方法 isnull 以及识别非缺失值的方法 notnull，这两种方法在使用时返回的都是布尔值 True 或 False。

由于 isnull 和 notnull 返回的结果正好相反，因此使用其中任意一个都可以判断出数据中哪些特征有缺失值。结合 sum 函数还可以检测数据中一共含有多少缺失值以及缺失值的分布。

2) pandas 处理缺失值的方法

(1) 删除法。删除法分为删除观测记录和删除特征两种，它属于利用减少样本量来换取信息完整度的一种方法，是一种最简单的缺失值处理方法。

pandas 提供了简便的删除缺失值的方法——dropna。该方法既可以删除观测记录，也可以删除特征，其用法见表 1.20。

表 1.20　dropna 的主要参数介绍

语法	参数说明
df.dropna(axis=0, how='any', thresh=None, subset=None, inplace=False)	axis 取值为“0”“1”，0 表示删除观测记录(行)，1 表示删除特征(列)
	how 取值为“any”“all”，any 表示只要有缺失值就执行删除操作，all 则表示删除全部为缺失值的行或列
	thresh 取为 *n*，表示保留至少含有 *n* 个非 na 数值的行
	subset 表示进行删除缺失值操作的列或行，默认表示所有列或行
	inplace 取为“True”“False”，表示是否在原表上操作

(2) 填充法。填充法是指用一个特定的值填充缺失值。

特征可分为数值型和类别型，两者出现缺失值时的处理方法也是不同的。

当缺失值所在特征为**数值型**时，通常利用其均值、中位数和众数等描述其集中趋势的统计量来填充缺失值；当缺失值所在特征为**类别型**时，则选择使用众数来填充缺失值。

pandas 提供了缺失值填充的方法——fillna。其基本语法见表 1.21。

表 1.21　fillna 的主要参数介绍

语法	参数说明
df.fillna(value=None, method=None, axis=1, inplace=False, limit=None)	value 表示用来替换缺失值的值
	method：取值为“backfill/bfill”“pad/ffill”，bfill/ffill 表示使用下/上一个非缺失值填充缺失值
	axis 取值为“0”“1”，表示填充方向
	inplace 取值为“True”“False”，表示是否在原表上操作
	limit 表示填补缺失值个数的上限，超过则不进行填补

【例 1.5】 数据框 a 如表 1.22 所示。

表 1.22　数据框 a

	id	cpu
0	1	
1		i3
2	3	i5
3		i3
4	5	
均值	3	
众数		i3

填充 ⟹

表 1.23　填充后

	id	cpu
0	1	i3
1	3	i3
2	3	i5
3	3	i3
4	5	i3

① 对缺失值进行填充。

数据框 a 中的第 1 列是数值型数据，用均值或中位数填充(程序中用均值填充)；第 2 列是类别型数据，用众数填充。填充后如表 1.23 所示。

② 对缺失值进行删除，即删除有缺失值的行。

对表 1.22 所示的数据框中有缺失值的行进行删除，结果如下：

```
删除有缺失值的行：
     id   cpu
2   3.0   i5
```

例 1.5 的实现程序如下：

```
# 例 1.5-缺失值处理示例
import pandas as pd
import numpy as np
a = pd.DataFrame({'id' :[ 1, np.nan, 3, np.nan, 5], 'cpu':[np.nan, 'i3', 'i5', 'i3', np.nan]})
# 1. 填充
b = a.copy()
#--数值型数据
id_mean = a['id'].mean()
# 均值填充缺失值
b['id'].fillna(id_mean, inplace=True)
#--类别型数据
cpu_mode = a['cpu'].value_counts().index[0]
# 众数填充缺失值
b['cpu'].fillna(cpu_mode, inplace=True)
# 2. 删除：删除有缺失值的行
c = a.dropna()
print('\n', "删除有缺失值的行：", '\n', c)
```

(3) 插值法。删除法简单易行，但是会导致数据结构变动，样本减少；填充法使用难度较低，但是会影响数据的标准差，导致信息量变动。在面对数据缺失问题时，除了这两种方法之外，还有一种常用的方法——插值法。插值法是一种通过已知的、离散的数据点，计算新数据点的方法。常用的插值法有线性插值法、多项式插值法和样条插值法等。

我们将在第二章详细介绍插值法，此处举例说明插值法在数据填充中的应用。

【例 1.6】 某仪表局部轮廓曲线数据如表 1.24 所示。

表 1.24 局部轮廓线数据

	观测数据								推断			
x	1	2	3	4	5	6	7	8	0.4	2.7	6.3	8.2
y	15.3	20.5	27.4	36.6	49.1	65.6	87.87	117.6				

试推断当 $x = 0.4$，2.7，6.3，8.2 时对应的 y 值。

【插值过程】 首先，可视化表 1.24 中的观测数据，观测 y 随 x 变化的趋势，见图 1.3。

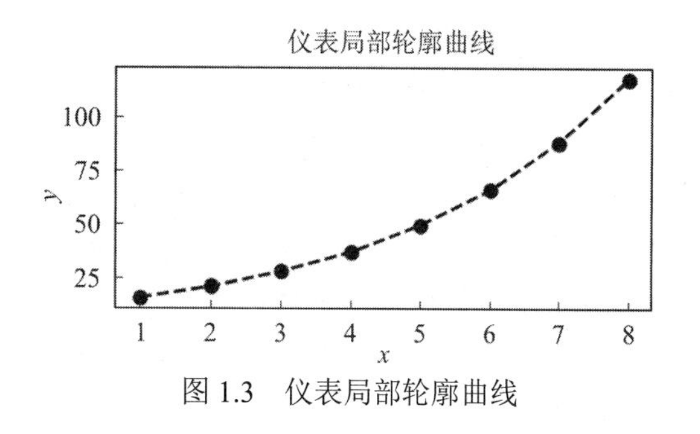

图 1.3　仪表局部轮廓曲线

现在通过表 1.24 中的数据推断 x 在 0.4、2.7、6.3、8.2 处的 y 值，也就是要填充表 1.24 右边的四个空值，这就是典型的插值问题

调用科学计算库 scipy 插值模块 interpolate 中的 UnivariateSpline 函数进行插值，插值结果如表 1.25 所示。

表 1.25　插 值 结 果

x	0.4	1	2	2.7	3	4	5	6	6.3	7	8	8.2
y	12.81	15.3	20.5	25.12	27.4	36.6	49.1	65.6	71.59	87.87	117.6	124.58

可视化插值结果见图 1.4。

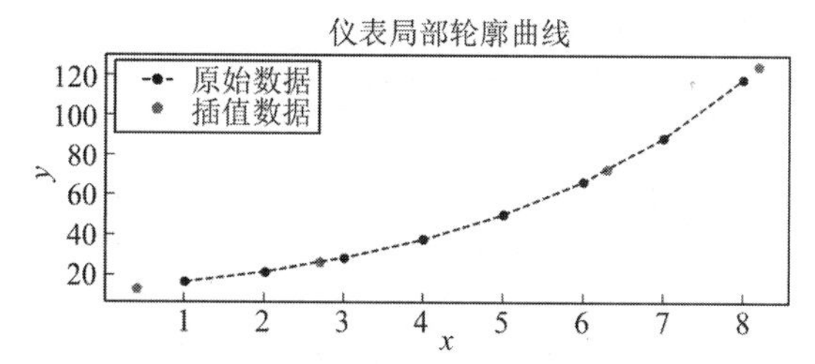

图 1.4　仪表局部轮廓曲线的插值结果

从图 1.4 中可以看出，插值结果符合 y 随 x 变化的趋势。

例 1.6 的实现程序如下：

```
#%% 例 1.6 插值法填补数据示例
## 1. 导库
import numpy as np, matplotlib.pyplot as plt
plt.rcParams['font.sans-serif'] = 'SimHei'
plt.rcParams['axes.unicode_minus'] = False
plt.rc('text', usetex=True)
## 2. 导入轮廓线数据并可视化
x0=range(1,9)
y0=[15.3,20.5,27.4,36.6,49.1,65.6,87.87,117.6]
plt.figure(figsize=(8,5), dpi=150)
plt.plot(x0,y0, 'bp--', label="原始数据")
plt.xlabel("$x$", fontdict={"fontsize":14, "fontname":"kaiti"})
plt.ylabel("$y$", fontdict={"fontsize":14, "fontname":"kaiti"})
plt.title("仪表局部轮廓曲线", fontdict={"fontsize":16, "fontname":"FZHuangCao-S09S"})
## 3. 插值
# 3.1 加细自变量
```

```
n = 83
x = np.linspace(0, 8.2, n) # 包含了[0.4, 2.7, 6.3, 8.2]
# 3.2 导入插值函数
from scipy.interpolate import UnivariateSpline
# 3.3 建立插值模型，命名为 model
model = UnivariateSpline(x0, y0, s=0)
# 3.4 计算模型 model 在加细数据 x 上的值
y = model(x)
# 3.5 可视化插值结果
plt.plot(x,y,'r-')
tx = [x[4],x[27],x[63],x[82]]
ty = [y[4],y[27],y[63],y[82]]
plt.scatter(tx,ty,s=50,c="cyan",marker="h",label="插值数据")
plt.legend(prop={'family':'kaiti'})
print('\n', "插值结果为：", '\n', np.array(ty).round(2))
```

1.3.4 异常值的检测与处理

设有序列：

$$X: x_1, x_2, \cdots, x_n \tag{1.1}$$

所谓序列X的异常值，是指其中过大或过小、偏离常态的值，也称为离群点。

重视异常值并分析挖掘其产生的原因，常常成为发现问题进而改进决策的契机。

1. 简单统计量分析

简单统计量分析是指判断最大值和最小值是否超出了合理范围。

2. 3σ 原则

3σ 原则又称为拉依达法则，它将异常值定义为一组测定值中与平均值的偏差超过 3 倍标准差的值。距离平均值 3σ 之外的值的概率为 $P\{|x-\mu|>3\sigma\}<0.003$，是属于极个别的小概率事件。$3\sigma$ 原则如图 1.5 所示。

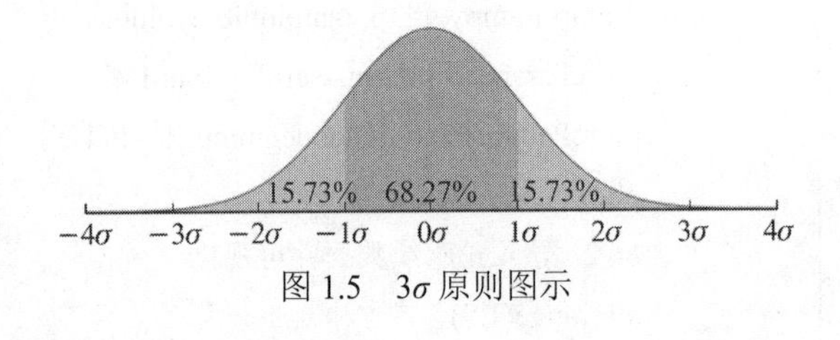

图 1.5 3σ 原则图示

根据图 1.5 可知，3σ 原则对数据奇异性的识别如表 1.26 所示。

表 1.26 3σ 原则分布

数值分布	数据在区间中的占比	数据在区间外的概率	
$(\mu-\sigma, \mu+\sigma)$	0.6827	0.3173	较大概率
$(\mu-2\sigma, \mu+2\sigma)$	0.9545	0.0455	小概率
$(\mu-3\sigma, \mu+3\sigma)$	0.9973	0.0027	极小概率

因此，当某个值落在 3σ 区间之外时极小概率事件发生，这说明数据发生了奇异性。因为 3σ 原则中均值和标准差受奇异值的影响，所以 3σ 原则的稳健性相对较弱。

3. 箱线图识别

1) 异常值的定义

箱线图将异常值定义为不在式(1.1)中闭区间

$$[Q_l - 1.5\text{IQR},\ Q_u + 1.5\text{IQR}] \tag{1.2}$$

内的值，其中各量的含义如下：

(1) Q_l 为下四分位数，表示全部观察值中有四分之一的数据取值比它小。

(2) Q_u 为上四分位数，表示全部观察值中有四分之一的数据取值比它大。

(3) IQR 称为四分位数间距，是上四分位数 Q_u 和下四分位数 Q_l 之差，即

$$\text{IQR} = Q_u - Q_l \tag{1.3}$$

它包含了全部观察值的一半。

结合式(1.2)和式(1.3)，可等价描述奇异值：所谓奇异值，是指不在区间

$$[2.5Q_l - 1.5Q_u,\ 2.5Q_u - 1.5Q_l] \tag{1.4}$$

范围内的值。

四分位数具有一定的强健性，25%的数据可以变得任意远而不会很大地扰动四分位数，所以异常值很难对这个标准施加影响，而箱形图识别异常值的结果比较客观，识别异常值有优越性。

2) 箱线图对异常值识别的图示

箱线图识别异常值的原理如图 1.6 所示。图 1.6 中给出了与 3σ 原则的对比。

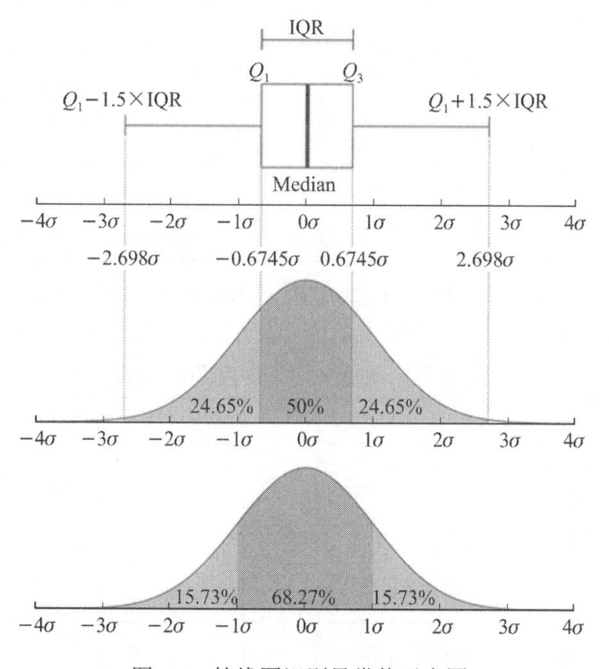

图 1.6 箱线图识别异常值示意图

3) 箱线图的 Python 实现

箱线图的实现途径有两个：

(1) 由可视化模块 matplotlib.pyplot 的 boxplot 函数来实现。

(2) 由 pandas 序列 Series 的 boxplot 方法来实现。

Series 的 boxplot 方法不仅能输出箱线图，还能输出奇异值的坐标，语法如下：

```
bx = series.boxplot(return_type='dict')
sigulary = bx['fliers'][0].get_ydata()
```

其中，输出项 bx 是一个字典，其“fliers”键对应的值包含了奇异值的坐标，get_ydata()是获取奇异值 y 坐标的方法。

1.3.5 含噪声数据的处理方法

噪声是指随机误差。数据含有噪声，是指数据的观测值偏离真实值，出现了随机误差。数据一般都要去噪处理，也称为数据的平滑处理。

Python 使用 rolling 方法来平滑数据，其主要参数见表 1.27。

表 1.27 rolling 的主要参数

函数	参数说明
df.rolling(window, min_periods=none, center=False, win_type=none, on=none, axis=0, closed=none)	window 表示时间窗的大小，取为 int 或 offset，int 表示移动窗向前几个数据。offset 则针对 datetime 格式的 index 进行范围限定
	min_periods 表示每个窗口最少包含的观测值数量，小于这个值的窗口结果为 NA。其值可以是 int，默认为 None。 在 offset 情况下，默认为 1
	center 表示把窗口的标签设置为居中，默认为 False，居右
	win_type 表示窗口的类型，即截取窗的各种函数，默认为 None
	On 为可选参数。对于 dataframe 而言，指定要计算滚动窗口的列，值为列名
	axis 默认为 0，即对列进行计算
	closed 定义区间的开闭，支持 int 类型的 window。对于 offset 类型，默认是左开右闭的，即默认为 right，可以根据情况指定为 left 或 both 等

【实验 1.2】 关于 titanic 数据集的预处理。titanic 数据集记录了 titanic 号游轮上 891 位乘客的 12 个方面的信息。此处截取了前面 12 条记录，如表 1.28 所示。

表 1.28 titanic 数据集部分数据

PassengerID	Survived	Pclass	Name	Sex	Age	SibSp	Parch	Ticket	Fare	Cabin	Embarked
1	0	3	Braund，**Mr.** Owen Harris	male	22	1	0	A/5 21171	7.25		S
2	1	1	Cumings，**Mrs.** John Bradley (Florence Briggs Thayer)	female	38	1	0	PC 17599	71.2833	C85	C
3	1	3	Heikkinen，**Miss.** Laina	female	26	0	0	STON/O2. 3101282	7.925		S

续表

PassengerID	Survived	Pclass	Name	Sex	Age	SibSp	Parch	Ticket	Fare	Cabin	Embarked
4	1	1	Futrelle，**Mrs.** Jacques Heath (Lily May Peel)	female	35	1	0	113803	53.1	C123	S
5	0	3	Allen，**Mr.** William Henry	male	35	0	0	373450	8.05		S
6	0	3	Moran，**Mr.** James	male		0	0	330877	8.4583		Q
7	0	1	McCarthy，Mr. Timothy J	male	54	0	0	17463	51.8625	E46	S
8	0	3	Palsson，**Master.** Gosta Leonard	male	2	3	1	349909	21.075		S
9	1	3	Johnson，**Mrs.** Oscar W (Elisabeth Vilhelmina Berg)	female	27	0	2	347742	11.1333		S
10	1	2	Nasser，**Mrs.** Nicholas (Adele Achem)	female	14	1	0	237736	30.0708		C
11	1	3	Sandstrom，**Miss.** Marguerite Rut	female	4	1	1	PP 9549	16.7	G6	S
12	1	1	Bonnell，**Miss.** Elizabeth	female	58	0	0	113783	26.55	C103	S

数据集共有12个因素(变量、特征或字段)，各因素的含义如表1.29所示。

表1.29 titanic数据集因素的含义

序号	因素	含义
1	PassengerId	乘客编号
2	Survived	乘客是否存活：1表示存活，0表示死亡
3	Pclass	乘客所在船舱的等级：1表示一等舱，2表示二等舱，3表示三等舱
4	Name	乘客姓名
5	Sex	乘客性别
6	Age	乘客年龄：若Age<1，则年龄为分数；若Age为xx.5，则是估计年龄
7	SibSp	乘客的兄弟姐妹和配偶数量(同辈直系亲属数量)
8	Parch	乘客的父母与子女数量(不同辈直系亲属数量)
9	Ticket	船票编号
10	Fare	船票票价
11	Cabin	船舱座位号
12	Embarked	乘客登船码头： 出发地点：S表示英国南安普敦(Southampton)。 途经地点：C表示法国瑟堡市(Cherbourg)，Q表示爱尔兰昆士敦(Queenstown)。

注：SibSp = Sibling(兄弟姐妹) + Spouse(丈夫、妻子)，Parch = Parents(父母) + Children(子女)。若孩子仅由保姆带着出行，则他们的Parch = 0。

关于titanic数据集，我们想了解存活Survived与哪些因素相关，以备后患。

下面介绍对titanic数据集的基于研究目的的数据清洗过程。

1. 缺失值的填充

1) 缺失值查看

应用 pandas 查看数据集基本信息及数据缺失情况，结果如下：

RangeIndex: 891 entries，0 to 890

Data columns (total 12 columns):

#	Column	Non-Null Count	Dtype	缺失量	缺失率
0	PassengerId	891 non-null	int64	0	0
1	Survived	891 non-null	int64	0	0
2	Pclass	891 non-null	int64	0	0
3	Name	891 non-null	object	0	0
4	Sex	891 non-null	object	0	0
5	Age	714 non-null	float64	177	0.198 653
6	SibSp	891 non-null	int64	0	0
7	Parch	891 non-null	int64	0	0
8	Ticket	891 non-null	object	0	0
9	Fare	891 non-null	float64	0	0
10	Cabin	204 non-null	object	687	0.771 044
11	Embarked	889 non-null	object	2	0.002 245

从数据集的基本信息中获知：

(1) 数据集有 891 行(样本)、12 列(变量)。

(2) 数据缺失情况：年龄(Age)、船舱座位号(Cabin)和登船码头(Embarked)三个变量有缺失项，其他变量没有缺失值。

(3) 年龄：有 177 位乘客的数据缺失，缺失率为 19.8653%；

船舱座位号：687 位乘客的数据缺失，缺失率为 77.1044%；

登船码头：2 位乘客的数据缺失，缺失率为 0.2245%。

2) 缺失值填充

(1) 对 Cabin 的处理。

在本数据集中，Cabin 是定性变量，具有下述特征：

① Cabin 是座位号，所以是互异的，互异性文本填充通过随机赋值实现。

② Cabin 缺失率太高(＞77%)，将缺失值填充完整对数据分析没有多大意义。

基于上述特点，在数据分析时直接删除 Cabin 这个变量而不必进行填充。

(2) 对 Embarked 的处理。

在本数据集中，Embarked 也是定性变量，其含义是出发港口(数据显示有三个港口，简记为 C、Q 和 S)。因为缺失率低(＜0.3%)，因此可按 C、Q、S 三者随机填充或众数填充。

(3) 对 Age 的处理。

在本数据集中，Age 是定量变量。在研究存活情况与年龄的关系时，将年龄离散化为定性数据更有价值[①]。所以在对 Age 进行填充前，首先将年龄离散化为未成年人(年龄<18，有 113 名乘客)、青年(18≤年龄<35，有 366 名乘客)、中年(35≤年龄<60，有 209 名乘客)、老年(≥60，有 26 名乘客)；然后根据在 Name 列对乘客的称谓按常识对缺失项进行填充：master 直接填充为未成年人，Miss. 填充为青年，Mr. 和 Mrs. 随机填充为“青年”“中年”或“老年”。

填充结果如表 1.30 所示(有底色的数据是填充数据)。

表 1.30　titanic 数据集填充结果(部分展示)

PassengerID	Survived	Pclass	Name	Sex	Age	SibSp	Parch	Ticket	Fare	Cabin	Embarked
1	0	3	Braund，Mr. Owen Harris	male	青年	1	0	A/5 21171	7.25		S
18	1	2	Williams，**Mr.** Charles Eugene	male	青年	0	0	244373	13		S
19	0	3	Vander Planke，**Mrs.** Julius	female	青年	1	0	345763	18		S
20	1	3	Masselmani，**Mrs.** Fatima	female	青年	0	0	2649	7.225		C
27	0	3	Emir，**Mr.** Farred Chehab	male	中年	0	0	2631	7.225		C
62	1	1	Icard，**Miss.** Amelie	female	中年	0	0	113572	80	B28	S
65	0	1	Stewart，**Mr.** Albert A	male	中年	0	0	PC 17605	27.7208		C
66	1	3	Moubarek，**Master.** Gerios	male	未成年人	1	1	2661	15.2458		C

实验 1.2 的完整程序如下：

```
#%% 实验 1.2-titanic 数据集缺失值填充
## 1. 对数据集进行了解
# 1.1 读入数据
import pandas as pd
path = r'..\PythonFiles\spyder'
file = r'\Titanic_train.csv'
data = pd.read_table(path+file, sep=',')
# 1.2 查看数据集基本信息
data.info()
# 1.3 计算缺失量和缺失率
values = data.values
row, col = values.shape
print("样本数：", row)
L = data.isnull().sum()
R = L/row
```

① 连续数据离散化将在 1.4 节进行详细介绍。

```
Loss = pd.DataFrame(index=data.columns)
Loss["缺失量"] = L
Loss["缺失率"] = R
print(" 缺失值情况 ".center(30,"*"), '\n', Loss)

## 2. 填充数据
import numpy as np
df1 = data.copy()
# 2.1 Embarked 列的填充
# 2.1.1 众数填充
Emfilled = df1["Embarked"].mode()[0]
df1["Embarked"].fillna(Emfilled,inplace=True)
# 2.1.2 随机填充 - 需要计算频率
df2 = data.copy()
# 2.1.2.1 计算频数和频率
temp      = df2["Embarked"]
Embarked = list(temp[pd.notnull(temp)])
Em_uniq   = np.unique(Embarked)
# （1）频数
frq = []
for ii in Em_uniq:
    nii = Embarked.count(ii)
    frq.append(nii)
# （2）频率
p = np.array(frq)/sum(frq)
# （3）按频率填充
fillval = []
for ll in range(len(temp[pd.isnull(temp)])):
    x = np.random.choice(Em_uniq, p=p)
    fillval.append(x)
df2["Embarked"][pd.isnull(temp)] = fillval
# 2.2 Age 列的填充
Name = df1["Name"]
Age   = df1["Age"]
for k in range(row):
    if np.isnan(Age[k]): # 填充
        if "master" in Name[k]:
            Age[k] = "未成年人"
        elif "Miss" in Name[k]:
```

```
                Age[k] = "青年"
            else:
                test = np.random.choice(["青年","中年","老年"], p=[366/601, 209/601, 26/601])
                Age[k] = test
        # 下面几个条件：定量离散化为定性
        elif Age[k]<18:
            Age[k] = "未成年人"
        elif Age[k]<35:
            Age[k] = "青年"
        elif Age[k]<60:
            Age[k] = "中年"
        else:
            Age[k] = "老年"
    df1["Age"] = Age
    ## 3. 将填充后的数据输出为excel文件
    df1.to_excel("titanic_已填充.xlsx")
```

1.4　数据变换

数据变换包括定性变量赋值、连续变量的离散化及标准化。

1.4.1　定性变量的赋值方法

在数据分析时，任何变量都要量化之后才能引入到模型中。那么，定性变量如何量化呢？这就是定性变量的赋值问题。

调查问卷是数据获取的途径之一。在调查问卷的选择题中，有些问题是单选的，有些问题是多选的。比如，“性别”“当前就读年级”这样的问题是单选的；“你认为适用于翻转课堂的课程有哪些”，这样的问题一般是多选的。

定性变量都可归为“单选”和“多选”的情形。对于“单选”变量，赋值方法是“独热编码”；对于“多选”变量，赋值方法是“多热编码”。

1. 独热编码

1) 定义

对于有 n 个取值的定性变量，独热编码时需要引入 n 个符号变量，其特征如下：

(1) 每个符号变量都对应原定性变量的一个取值。

(2) 每个符号变量的取值都是一个n维布尔向量，其中有且仅有一个“1”(这个唯一的“1”就是独热的含义所在)。

(3) 每个符号变量中那个仅有的“1”对应着原定性变量的一个取值。

举例说明如下。

【例 1.7】 “性别”取值为“男”或“女”，引入两个符号变量 X_1 和 X_2，分别对应“男”和“女”，赋值如表 1.31 所示。

表 1.31 变量“性别”取值的量化

原变量及其取值		引入的符号变量	
		$X=(X_1, X_2)$	
		X_1	X_2
性别	男	1	0
	女	0	1

表 1.31 中，“1”所在的位置就对应着原定性变量“性别”的取值。

【例 1.8】 “季节”取值为“春”“夏”“秋”和“冬”，引入四个符号变量 X_1、X_2、X_3 和 X_4，分别对应“春”“夏”“秋”和“冬”，赋值如表 1.32 所示。

表 1.32 变量“季节”取值的量化

原变量及其取值		引入的符号变量			
		$X=(X_1, X_2, X_3, X_4)$			
		X_1	X_2	X_3	X_4
季节	春	1	0	0	0
	夏	0	1	0	0
	秋	0	0	1	0
	冬	0	0	0	1

表 1.32 中，“1”所在的位置就对应着原定性变量“季节”的取值。

需要说明的是，独热编码将使模型中的解释变量显著成倍增加。比如，在数据分析时若要考虑“性别”“季节”这两个特征，则必须在模型中引入六个符号变量，两个用于“性别”，四个用于“季节”。这对样本容量的要求变得更高。

2) pandas 的 get_dummies 函数

独热编码中引入的符号变量又称为哑变量(dummy)或虚拟变量，可以利用 pandas 中 get_dummies 函数对类别型特征进行哑变量处理。get_dummies 语法如表 1.33 所示。

表 1.33 get_dummies 的主要参数介绍

<table>
<tr><td rowspan="7">pd.get_dummies(data,
prefix=None,
prefix_sep='_',
dummy_na=False,
columns=None,
sparse=False,
drop_first=False)</td><td>data 表示需要哑变量处理的数据</td></tr>
<tr><td>Prefix 表示哑变量后列名的前缀</td></tr>
<tr><td>prefix_sep 表示前缀的连接符</td></tr>
<tr><td>dummy_na 取值为“True”“False”，表示是否为 NaN 值增加一列</td></tr>
<tr><td>columns 表示 dataframe 中需要编码的列名，默认为 None，表示对所有 object 和 category 类型进行编码</td></tr>
<tr><td>spare 表示虚拟列是不是稀疏的</td></tr>
<tr><td>drop_first 取值为“True”“False”，表示是否通过从 k 个分类级别中删除第一级获得 k-1 个分类级别</td></tr>
</table>

【例 1.9】 第 1.3 节案例分析中 titanic 数据集的 Embarked 列是属性变量，试引入哑变量对该属性变量数值化。

【实验过程】 已知 Embarked 取值为 *C*、*Q* 和 *S*，引入哑变量的前缀为 X，连接符用默认的下画线_，应用 get_dummies 对该属性变量数值化，程序如下：

```
#%% 例 1.9-哑变量示例
# 数据文件所在路径及文件名
path = r'..\讲义所用数据集\第 1 章'
file = r'\titanic_已填充.xlsx'
# 对 Embarked 列独热编码
import pandas as pd
data = pd.read_excel(path+file)
dval = pd.get_dummies(data["Embarked"],
                      prefix="X",
                      prefix_sep='_')
print('\n', "Embarked 独热编码结果如下：", '\n', dval)
```

运行上述程序，结果如下：

```
Embarked 独热编码结果如下：
       X_C   X_Q   X_S
0       0     0     1
1       1     0     0
2       0     0     1
..    ...   ...   ...
888     0     0     1
889     1     0     0
890     0     1     0
[891 rows x 3 columns]
```

2. 多热编码

对于有 *n* 个选项的定性变量，多热编码时需要引入 *n* 个符号变量，其特征如下：

(1) 每个符号变量都对应原定性变量的一个取值。

(2) 对每个参与调研的个体给出的选项，符号变量中对应选项赋值为“1”，未被选择的选项，赋值为“0”。

【例 1.10】 表 1.34 是“大学生课余生活研究”中的一个问题。

表 1.34 大学生课余生活研究

你的课余时间主要用于做什么或在什么地方？[多选题]
A．学习　B．兼职　C．社团　D．追剧　E．打游戏
F．与男朋友或女朋友在一起　G．窝在宿舍无事可做

一部分参与调研的同学回答如表 1.35 所示。

表 1.35　被调研者的回答

参与调研者	甲	乙	丙
选项	A，B，C	D，G	B，D，F

此时，该问题共有七个选项，引入七个符号变量 X_1、X_2、X_3、X_4、X_5、X_6、X_7，分别对应七个选项 A，…，G，对甲乙丙三人的回答赋值如表 1.36 所示。

表 1.36　多热编码量化

参与调研者的回答	原变量取值/符号变量						
	A	B	C	D	E	F	G
	X_1	X_2	X_3	X_4	X_5	X_6	X_7
甲	1	1	1	0	0	0	0
乙	0	0	0	1	0	0	1
丙	0	1	0	1	0	1	0

1.4.2　连续型数据的离散化

某些算法，特别是某些分类算法，如决策树的 ID3 算法和关联规则挖掘的 Apriori 算法等要求数据是离散的，此时就需要将连续型特征(数值型)变换成离散型特征(类别型)。

连续特征的离散化就是在数据的取值范围内设定若干个离散的划分点，将取值范围划分为一些离散化的区间，最后用不同的符号或整数值代表落在每个子区间中的数据值。因此离散化涉及两个子任务：**确定分类数**以及**如何将连续型数据映射到这些类别型数据上**。

1. 等宽离散化

将数据的值域分成具有相同宽度的区间，区间的个数由数据本身的特点决定或者用户指定，与制作频率分布表类似。pandas 提供了 cut 函数用来实现连续型数据的等宽离散化，语法见表 1.37。

表 1.37　cut 的主要参数介绍

<table>
<tr><td rowspan="8">pandas.cut(x,
bins,
right = True,
labels = None,
retbins = False,
precision = 3,
include_lowest = False,
duplicates = 'raise')</td><td>x 表示需要进行离散化处理的数据</td></tr>
<tr><td>bins 表示接收 int，list，array 或 tuple。
若为 int，代表离散化后的类别数。
若为序列类型的数据，则表示切分区间</td></tr>
<tr><td>right 取值为“True”“False”，表示右侧是否闭区间</td></tr>
<tr><td>labels 表示离散化后各类别的名称</td></tr>
<tr><td>retbins 取值为“True”“False”，是否返回区间标签</td></tr>
<tr><td>precision：显示标签的精度</td></tr>
<tr><td>include_lowest：取值为“True”“False”，表示区间的左边是开还是闭</td></tr>
<tr><td>duplicates：取值为“raise”“drop”，表示重复值处理。当值为 raise 时不忽略，当值为 drop 时忽略</td></tr>
</table>

等宽离散化有下述缺陷：等宽离散化对数据分布具有较高要求，若数据分布不均匀，那么各个类的数目也会变得非常不均匀，导致有些区间包含许多数据，而另外一些区间的

数据极少，这会严重损坏所建立的模型。

2. 等频离散化

等频离散化是指每个类别区间中含有数据的个数相同。pandas 提供了 qcut 函数用来实现连续型数据的基于百分位数的等频离散化，语法见表 1.38。

表 1.38　qcut 的主要参数介绍

语法	说明
pd.qcut(x, q, labels = None, retbins = False, precision = 3, duplicates = 'raise')	x 表示需要进行离散化处理的数据
	q 接收 int，list，array 或 tuple。 若为 int，则 q 既表示离散化后的类别数，又表示按百分位数为 0，$1/q$，…，$(q-1)/q$，1 的等频离散化。 若为百分位数序列类型的数据，则表示百分位数切分区间
	labels 表示离散化后各类别的名称
	retbins 取值为“True”“False”，是否返回区间标签
	precision 显示标签的精度
	duplicates 取值为“raise”“drop”，表示重复值处理。当值为 raise 时不忽略，当值为 drop 时忽略

等频离散化相较于等宽离散化而言避免了类分布不均匀的问题，但却也有可能将数值非常接近的两个值分到不同的类别区间以满足每个区间中固定的数据个数。

除上面两种方法外，还可通过聚类对连续型数据离散化，比如单变量的 Fisher 最优分割法、多变量的 k-Means 聚类法等，在此从略。

【例 1.11】 采集到如下一组年龄：

1，5，10，40，36，12，58，62，77，89，100，18，20，25，30，32

试将这组年龄作如下离散化处理。

(1) 离散化为 3 个类别：青少年、中年、老年。

(2) 离散化为 5 个类别：婴幼儿、青年、中年、中老年、老年。

【实验过程】 按等宽和等频两种方法解决上面两个问题。

离散化结果如表 1.39 所示。

表 1.39　年龄离散化结果

序号	年龄	等宽 3 类	等宽 5 类	等频 3 类	等频 5 类
0	1	青少年	婴幼儿	青少年	婴幼儿
1	5	青少年	婴幼儿	青少年	婴幼儿
2	10	青少年	婴幼儿	青少年	婴幼儿
3	40	中年	青年	中年	中老年
4	36	中年	青年	中年	中年
5	12	青少年	婴幼儿	青少年	婴幼儿
6	58	中年	中年	老年	中老年
7	62	中年	中老年	老年	中老年
8	77	老年	中老年	老年	老年

续表

序号	年龄	等宽 3 类	等宽 5 类	等频 3 类	等频 5 类
9	89	老年	老年	老年	老年
10	100	老年	老年	老年	老年
11	18	青少年	婴幼儿	青少年	青年
12	20	青少年	婴幼儿	青少年	青年
13	25	青少年	青年	中年	青年
14	30	青少年	青年	中年	中年
15	32	青少年	青年	中年	中年

例 1.11 的实现程序如下：

```
#%% 例 1.11 连续性数据离散化示例
ages = [1, 5, 10, 40, 36, 12, 58, 62, 77, 89, 100, 18, 20, 25, 30, 32]
import pandas as pd
lab3 = ["青少年","中年","老年"]
lab5 = ["婴幼儿","青年","中年","中老年","老年"]
# 1. 等宽离散化
X   = pd.cut(ages,3,labels=lab3)
Y   = pd.cut(ages,5,labels=lab5)
# 2. 等频离散化
P   = pd.qcut(ages,3,labels=lab3)
Q   = pd.qcut(ages,5,labels=lab5)
#  输出离散化结果
col = ["年龄","等宽 3 类","等宽 5 类","等频 3 类","等频 5 类"]
data = pd.DataFrame(columns=col)
data["年龄"] = ages
data["等宽 3 类"] = X
data["等宽 5 类"] = Y
data["等频 3 类"] = P
data["等频 5 类"] = Q
print('\n',"离散化的结果为：",'\n',data)
data.to_excel("年龄离散化结果.xlsx")
```

1.4.3 数据变换

1. 数据变换的概念

原始数据经过集成、清洗、属性变量赋值之后都变成了数值化数据。但即便如此数值化数据也未必就适合于数据分析。

将数值化数据变换为或统一成适合于数据分析的形式，称为数据变换。

实际上，上面介绍的独热编码和多热编码就是一种数据变换——从文本型数据(或称字符型数据)变换为数值型数据。这类数据变换称为属性构造或特征构造，引入的0-1变量相当于构造了新的属性并添加到了属性集中，以帮助数据挖掘。

数据清洗环节提及的数据平滑处理也是数据变换的一种。

狭义上的数据变换，是指原始数据经过集成、清洗、连续变量离散化、属性变量赋值之后，对数值化数据进行“去量纲”和“去量级”处理。

“去量纲”的目的是消除量纲带来的对数据分析的影响，解决性质不同的数据的可比性问题。“去量级”的目的是消除数量级过大或过小对数据分析的影响，让所有变量在数据分析模型中有相同的影响力。

狭义上的数据变换仅针对连续型数据。

2. 数据变换的方法

数据变换的方法有标准化和标准化的特殊情形——归一化。

1) 标准化

(1) 概念。标准化(standardization)又称为规范化或特征缩放(feature scaling)，是指将数值化数据按比例缩放，使之落入一个合适的或事先设定的区间。

常用的标准化方法是z-score标准化(zero-mean standardization)，其定义如下：

设序列如式(1.1)所示，该序列的均值为μ，标准差为σ，称下述变换

$$z_j = \frac{x_j - \mu}{\sigma}, \quad j = 1, 2, \cdots, n \tag{1.5}$$

为数据的标准化变换，也称为数据的z-score标准化或“均值-标准差”标准化。

经过z-score标准化处理的数据均值为0，标准差为1。

一些数据分析软件，比如SPSS，默认的标准化方法就是z-score标准化。

从定义可以看出，标准化变换能同时消除数据的量纲和量级的影响，将原数据转化为无量纲的纯数值，从而便于不同单位或量级的指标能够进行比较和加权。

(2) 适用范围。z-score标准化方法适用于连续型变量的最大值和最小值未知的情况，或有超出取值范围的离群数据的情况，并要求原始数据的分布近似于高斯分布，否则效果会变得不理想。

(3) 是否标准化。

① 什么时候需要标准化？

有些模型在各个维度进行不均匀伸缩后最优解与原来不等价，如支持向量机。对这样的模型，除非本来各维数据的分布范围就比较接近，否则必须进行标准化，以免模型参数被分布范围较大或较小的数据所主导。

有些模型在各个维度进行不均匀伸缩后最优解与原来等价，如逻辑回归。对这样的模型，是否标准化理论上不会改变最优解。但因实际求解往往使用迭代算法，如果目标函数的形状太“扁”，则迭代算法可能收敛得很慢甚至不收敛(模型结果不精确)。所以对于具有伸缩不变性的模型，最好也进行数据标准化。

需要标准化的模型总结如下：

a. 涉及或隐含距离计算的算法，比如k-Means、KNN、PCA、SVM等。

b. 损失函数中含有正则项时，一般需要标准化。

c. 梯度下降算法，需要标准化。

② 什么时候不需要标准化？

a. 0/1 取值的特征通常不需要标准化，标准化会破坏它的稀疏性。

b. 与距离计算无关的概率模型，不需要标准化，比如朴素贝叶斯算法。

c. 与距离计算无关的基于树的模型，不需要标准化，比如决策树、随机森林等，树中节点的选择只关注当前特征在哪里切分对分类更好，即只在意特征内部的相对大小，而与特征间的相对大小无关。

d. 基于平方损失(即不含正则项)的最小二乘法不需要标准化。

(4) 操作步骤。

设有形状为(m，n)型的二维数组

$$\boldsymbol{X}=\begin{pmatrix} x_{11} & \cdots & x_{1j} & \cdots & x_{1n} \\ \vdots & & \vdots & & \vdots \\ x_{i1} & \cdots & x_{ij} & \cdots & x_{in} \\ \vdots & & \vdots & & \vdots \\ x_{m1} & \cdots & x_{mj} & \cdots & x_{mn} \end{pmatrix}=(x_{ij})_{m\times n} \tag{1.6}$$

我们对 $\boldsymbol{X}$ 进行列标准化，其步骤如下所述。

① 求出式(1.6)中第 j 列的均值 $\bar{x}_j$ 和标准差 s_j

$$\begin{cases} \bar{x}_j=\dfrac{1}{m}\displaystyle\sum_{i=1}^{m}x_{ij} \\ s_j=\sqrt{\dfrac{1}{m-1}\displaystyle\sum_{i=1}^{m}(x_{ij}-\bar{x}_j)^2} \end{cases} \tag{1.7}$$

② 进行标准化变换：

$$z_j=\frac{x_j-\bar{x}_j}{s_j}，j=1，2，\cdots，n \tag{1.8}$$

其中，z_j 为式(1.6)中第 j 列的标准化数据，$j=1，2，\cdots，n$。

标准化后的数据围绕 0 上下波动，大于 0 则高于平均水平，小于 0 则低于平均水平。

2) 归一化

归一化(normalization)是特殊情形的标准化，是将原数据缩放至 0～1 之内，使得各变量在模型中有可比性和相同的影响力。

目前数据归一化有多种，归结起来可以分为直线型方法(如极差法)、折线型方法(如三折线法)、曲线型方法(如半正态分布)。不同的归一化方法对系统的评价结果会产生不同的影响。

(1) 归一化的目标。

① 把数据缩放至 0～1 之内。主要是为了数据处理方便提出来的，把数据映射到 0～1

范围之内处理，使得各变量在模型中的影响力是相同的，从而在优化迭代时更加便捷快速。

② 把有量纲表达式变为无量纲表达式。归一化是一种简化计算的方式，即将有量纲的表达式，经过数据变换化为无量纲的表达式成为纯量，以便于变量之间进行比较和运算。

(2) 归一化的好处。

① 提升模型的收敛速度。在机器学习中，数据归一化后损失函数最优解的寻优过程明显会变得平缓，更容易正确地收敛到最优解如图 1.7 所示。

从图 1.7(a)中可知，x_1 指面积，取值在 0～2000 平方米之间；x_2 指卧室数量，取值在 1～5 之间。假如只有这两个特征，则对其进行优化时，会得到一个窄长的椭圆形，导致在梯度下降时，梯度的方向为垂直等高线的方向而走之字形路线，这样会使迭代很慢。

相比之下，图 1.7(b)的迭代就会很快(即步长走多走少方向总是对的，不会走偏)。

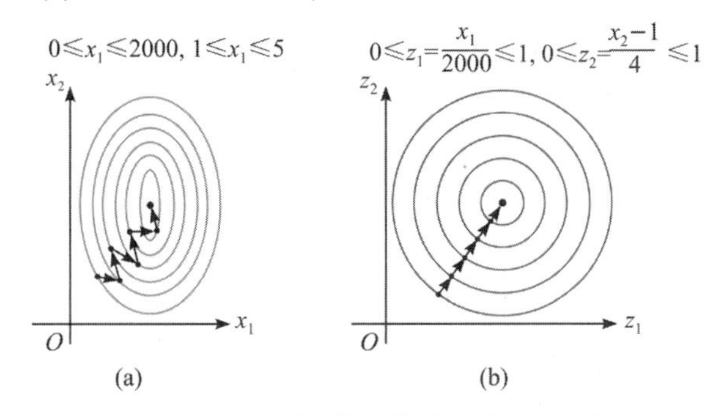

图 1.7 归一化利于快速收敛于最优解示意图

② 提升模型的精度。归一化的另一好处是提高精度。这在涉及一些距离计算的算法时效果显著。比如算法要计算欧氏距离，图 1.7(a)中 x_2 的取值范围比较小，涉及距离计算时其对结果的影响远比 x_1 带来的小，所以这就会造成精度的损失。而归一化的目的之一就是让各个特征对结果做出的贡献相同。

③ 深度学习中数据归一化可以防止模型梯度爆炸。

(3) 常见的数据归一化方法。

① min-max 归一化变换。

min-max 标准化(min-max normalization)是对原始数据的线性变换，使结果落到[0，1]区间，定义如下所述。

序列见式(1.1)，该序列的最小值为 m，最大值为 M，称下述变换

$$z_j = \frac{x_j - m}{M - m}，\ j = 1，2，\cdots，n \tag{1.9}$$

为序列(1.1)的 min-max 归一化变换。

易知，数据经 min-max 归一化变换后，原数据中的最小值和最大值分别对应着归一化数据的 0 和 1，且数据是保序的。

min-max 归一化方法有一个比较严重的**缺陷**，就是**当有新数据加入时，可能导致 max 和 min 的变化，因此需要重新定义**。

② logistic 归一化变换。

logistic 函数就是 sigmoid 函数(神经网络最常用的传递函数)，函数形式为

$$f(x)=\frac{1}{1+e^{-x}} \tag{1.10}$$

它的几何形状是一条S形曲线，如图1.8所示。

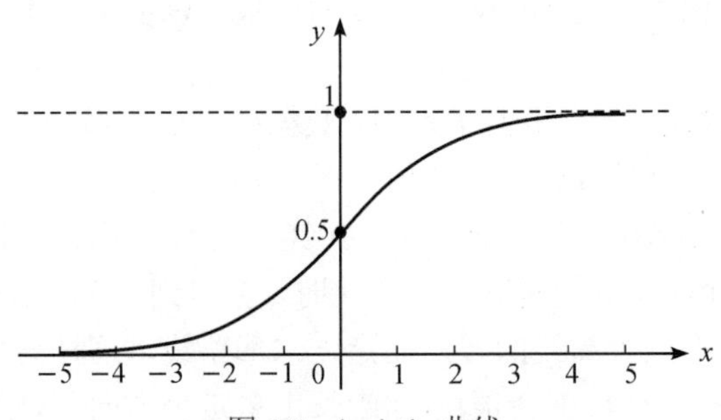

图1.8　logistic 曲线

通过logistic变换可将连续值数据轻易变换到区间(0，1)内。

logistic变换有一个独有的优势，即对数据的均值、标准差、最大值、最小值都不依赖，从而增加或删减数据对结果的影响很小。

若数据全是正向的，则经logistic归一化变换后数据将缩放至区间(0.5，1)。此时再施加一个变换$\phi(x)=2x-1$，则可将原始数据缩放至(0，1)内。只是，此时归一化数据将会失去logistic非常有用的“拐点”特征，这在二分类问题中会带来较大的影响。

③ arctan归一化变换。

arctan归一化变换的函数形式为

$$z=\frac{1}{2}+\frac{\arctan x}{\pi} \tag{1.11}$$

原始数据通过arctan归一化变换被缩放至区间(0，1)内。

arctan归一化变换的函数也是一条S形曲线，如图1.9所示。

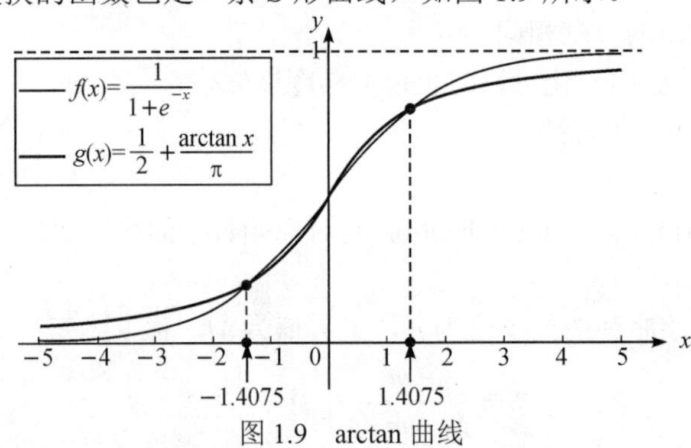

图1.9　arctan 曲线

如logistic变换一样，arctan变换也不依赖于数据的均值、标准差、最大值、最小值，从而增加或删减数据对结果的影响很小。

另外，根据图1.9可知，与logistic变换相比，arctan变换在区间[−1.4075，1.4075]上更陡峭，更适合二分类问题；但在该区间之外，logistic变换更快地趋于0和1。

综合起来，logistic变换和arctan变换各有千秋，但logistic具有良好的光滑性，这让logistic变换知名度更高、应用性更广。

④ 小数定标归一化变换(decimal scaling)。这种方法通过移动数据的小数点位置来进行

归一化。小数点移动多少位取决于变量取值的绝对值的最大者。

当原始数据都是非负实数时，该方法将原始数据归一化到[0，1]内；当原始数据有正有负时，该方法将原始数据归一化到[-1，1]。比如，设变量 X 的值由 −986 到 917，X 的最大绝对值为 986，为使用小数定标标准化，我们用每个值除以 1000，即 10^3(绝对最小指数为 3)，这样 −986 被标准化为 −0.986，则 X 就被规范化到区间(−1，1)内了。

变量 X 的原始值 x 使用小数定标归一化到 z 的计算方法是：

$$z = \frac{x}{10^j} \tag{1.12}$$

其中，j 是满足条件的绝对最小整数，在上面的例子中 $j = 3$。

3) 将数据变换到闭区间[a，b]上

将序列(1.1)变换到闭区间[a，b]上的方法如下所述：

(1) 找到序列 X 的最小值 m 及最大值 M。

(2) 计算系数：$k = \frac{b-a}{M-m}$。

(3) 数据变换：$Y = a + k(X - m)$ 或 $Y = b + k(M - X)$。

则区间[m，M]上的序列 X 即变换为了区间[a，b]上的序列 Y。

3. 数据变换的 Python 实现

Python 实现数据变换的模块是 sklearn.preprocessing，该模块的主要功能就是数据预处理。该模块有四个类用于数据标准化：StandardScaler()、MinMaxScaler()、Normalizer()和 RobustScaler()。这些类配合 fit_transform 等方法即能高效地实现标准化。

这四种数据变换方法从应用的角度看非常简单。

1) 标准化 StandardScaler

(1) 功能：实现“均值-标准差”标准化。

(2) 奇异值的影响：奇异值会影响均值和标准差，所以会影响标准化效果。

(3) 使用方法：应用 StandardScaler 对数据集进行标准化的语句，见表 1.40。

表 1.40　StandardScaler 标准化语句及其含义

语　　句	语 句 含 义
scaler = StandardScaler()	建模：建立“均值-标准差”标准化模型 scaler
X_scaled = scaler.fit_transform(X)	变换：应用模型对数据 X 进行标准化，标准化结果为 X_scaled

此外，还可应用标准化模型 scaler 的 mean_和 std_方法提取数据集 X 每列的均值和标准差，如表 1.41 所示。

表 1.41　用标准化模型 scaler 的 mean_和 std_方法提取的均值和标准差

语　　句	语 句 含 义
X_mean_ = scaler.mean_	提取数据集 X 每列的均值
X_std = scaler.std_	提取数据集 X 每列的标准差

2) 归一化 MinMaxScaler

(1) 功能：基于最大值和最小值的归一化方法，将数据变换到区间[0，1]上。

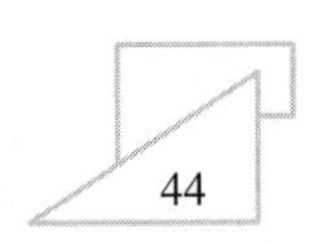

(2) 奇异值的影响：因为奇异值会影响最大值或最小值，因此对奇异值非常敏感。

(3) 使用方法：应用 MinMaxScaler 对数据集进行标准化的语句，见表 1.42。

表 1.42　StandardScaler 标准化语句及其含义

语　　句	语 句 含 义
scaler =MinMaxScaler() X_scaled = scaler.fit_transform(X)	建模：建立“极小-极大”归一化模型 scaler 变换：应用模型对数据 X 进行归一化，归一化结果为 X_scaled

3) 正则标准化 Normalizer

StandardScaler 和 MinMaxScaler 都是对列进行数据变换，而 Normalizer 则是针对矩阵的行进行标准化，称为正则标准化。

(1) 功能：将矩阵的行变换为单位向量。

(2) 思想：Normalizer 的主要思想是对每行计算其 p-范数，然后对该行每个元素除以该范数，这样处理的结果是每行的 p-范数都等于 1。

p-范数的计算公式：

$$\|X\|_p=\sqrt[p]{|x_1|^p+|x_2|^p+\cdots+|x_n|^p} \tag{1.13}$$

当 $p=1$ 时称为 L_1 范，$p=2$ 时称为 L_2 范，$p=\infty$时称为 $L\infty$范或 max 范：

$$\begin{cases}\|X\|_1=|x_1|+|x_2|+\cdots+|x_n|\\ \|X\|_2=\sqrt{|x_1|^2+|x_2|^2+\cdots+|x_n|^2}\\ \|X\|_\infty=\max\{|x_1|,|x_2|,\cdots,|x_n|\}\end{cases} \tag{1.14}$$

(3) 适用范围：主要应用于分类和聚类中，方便计算两行间的余弦相似性。

(4) 使用方法：应用 Normalizer 对数据集进行正则标准化的语句，见表 1.43。

表 1.43　Normalizer 正则标准化语句及其含义

语　　句	语 句 含 义
scaler = Normalizer() X_scaled = scaler.fit_transform(X)	建模：以默认的 L_2 范数建立正则化模型 scaler。 变换：应用模型对数据 X 进行归一化，归一化结果为 X_scaled

4) 稳健标准化 RobustScaler

(1) 功能：使用具有鲁棒性的统计量缩放带有异常值的数据。

(2) 适用范围：适用于包含许多异常值的数据。

(3) 奇异值的影响：RobustScaler 利用 IQR 进行缩放来弱化奇异值的影响。

(4) 使用方法：应用 RobustScaler 对数据集进行数据变换的语句，见表 1.44。

表 1.44　RobustScaler 标准化语句及其含义

语　　句	语 句 含 义
scaler = RobustScaler() X_scaled = scaler.fit_transform(X)	建模：以默认参数建立稳健标准化模型 scaler。 变换：应用模型对数据 X 进行归一化，归一化结果为 X_scaled

【实验 1.3】 关于红葡萄酒质量数据集标准化。红葡萄酒质量数据集是 UCI 网站提供的机器学习样本，包含了 1599 个葡萄酒样本的 11 个化学特征及 1 个质量等级的描述。表 1.45 给出了该数据集的部分数据。

表 1.45 红葡萄酒质量数据集

ID	fixed acidity	volatile acidity	citric acid	residual sugar	chlorides	Free sulfur dioxide	Total sulfur dioxide	density	pH	sulphates	alcohol
1	7.4	0.7	0	1.9	0.076	11	34	0.9978	3.51	0.56	9.4
2	7.8	0.88	0	2.6	0.098	25	67	0.9968	3.2	0.68	9.8
3	7.8	0.76	0.04	2.3	0.092	15	54	0.997	3.26	0.65	9.8
4	11.2	0.28	0.56	1.9	0.075	17	60	0.998	3.16	0.58	9.8
5	7.4	0.7	0	1.9	0.076	11	34	0.9978	3.51	0.56	9.4
…	…	…	…	…	…	…	…	…	…	…	…
1596	5.9	0.55	0.1	2.2	0.062	39	51	0.995 12	3.52	0.76	11.2
1597	6.3	0.51	0.13	2.3	0.076	29	40	0.995 74	3.42	0.75	11
1598	5.9	0.645	0.12	2	0.075	32	44	0.995 47	3.57	0.71	10.2
1599	6	0.31	0.47	3.6	0.067	18	42	0.995 49	3.39	0.66	11

表 1.45 中各特征的含义见表 1.46。

表 1.46 红葡萄酒质量数据集中各特征的含义

序 号	特 征	含 义
1	fixed acidity	非挥发性酸度
2	volatile acidity	挥发性酸度
3	citric acid	柠檬酸
4	residual sugar	残留糖
5	chlorides	氯化物
6	free sulfur dioxide	游离二氧化硫
7	total sulfur dioxide	总二氧化硫
8	density	浓度
9	pH	pH 值
10	sulphates	硫酸盐
11	alcohol	酒精度
12	quality	质量(得分在 0～10 之间)

【分析过程】

(1) 查看有没有缺失值，结果如表 1.47 所示。

表 1.47 红葡萄酒质量数据集缺失值情况一览

dtypes: float64(11), int64(2) Data columns (total 12 columns):			
#	column	non-null count	dtype
0	fixed acidity	1599 non-null	float64
1	volatile acidity	1599 non-null	float64
2	citric acid	1599 non-null	float64
3	residual sugar	1599 non-null	float64
4	chlorides	1599 non-null	float64
5	free sulfur dioxide	1599 non-null	float64
6	total sulfur dioxide	1599 non-null	float64
7	density	1599 non-null	float64
8	pH	1599 non-null	float64
9	sulphates	1599 non-null	float64
10	alcohol	1599 non-null	float64
11	quality	1599 non-null	int64
dtypes: float64(11)，int64(1)			

由上面查看结果可知，1599 个红葡萄酒样本在 12 个变量上的观测值都没有缺失值。

(2) 查看有没有离群点，结果如表 1.48 所示。

表 1.48 红葡萄酒质量数据集异常值情况一览

序号	特　征	离群点个数/占比		离 群 点
1	fixed acidity	49	3.06%	15.9，15.6，15.6，…，12.4，12.4
2	volatile acidity	19	1.19%	1.58，1.33，1.33，…，1.02，1.02
3	citric acid	1	0.06%	1
4	residual sugar	155	9.69%	15.5，15.4，15.4，…，3.7，3.7
5	chlorides	112	7.00%	0.611，0.61，0.467，…，0.012，0.012
6	free sulfur dioxide	30	1.88%	72.0，68.0，68.0，…，43.0，43.0
7	total sulfur dioxide	55	3.44%	289.0，278.0，165.0，…，124.0，124.0
8	density	45	2.81%	1.003 69，1.003 69，1.0032，…，0.990 07，0.990 07
9	pH	35	2.19%	4.01，4.01，3.9，…，2.86，2.74
10	sulphates	59	3.69%	2.0，1.98，1.95，…，1.01，1.0
11	alcohol	13	0.81%	14.9，14.0，14.0，…，13.6，13.5667

相应的箱线图如图 1.10 所示。

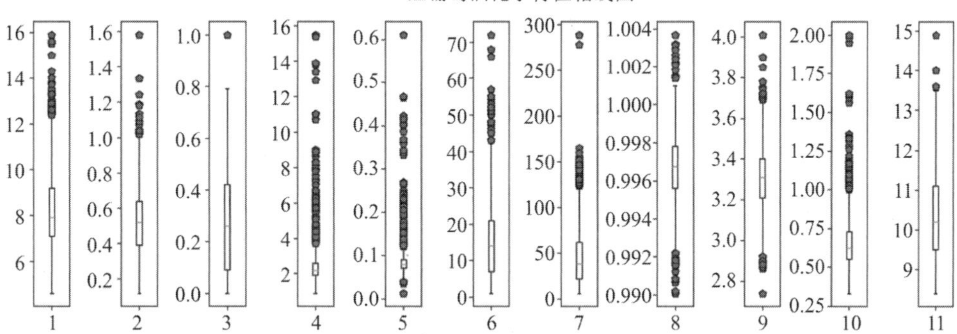

图 1.10 箱线图对奇异值的识别

根据 11 个化学特性的离群点分布情况选用合适的列标准化方法。

(3) 施行标准化。

① 列标准化：按离群点数占比超过 3%应用 RobustScaler()方法施行标准化，其余应用 MinMaxScaler()方法施行标准化，结果见表 1.49。

表 1.49 红葡萄酒质量数据集列标准化结果

ID	fixed acidity	volatile acidity	citric acid	residual sugar	chlorides	free sulfur dioxide	total sulfur dioxide	density	pH	sulphates	alcohol
1	−0.2381	0.3973	0	−0.4286	−0.15	0.1408	−0.1	0.5675	0.6063	−0.3333	0.1538
2	−0.0476	0.5205	0	0.5714	0.95	0.3380	0.725	0.4941	0.3622	0.3333	0.2154
…	…	…	…	…	…	…	…	…	…	…	…
1599	−0.9048	0.1301	0.47	2	−0.6	0.2394	0.1	0.3979	0.5118	0.2222	0.4

② 行标准化：应用 Normalizer 对数据集进行行标准化，结果见表 1.50。

表 1.50 红葡萄酒质量数据集行标准化结果

ID	fixed acidity	volatile acidity	citric acid	residual sugar	chlorides	free sulfur dioxide	total sulfur dioxide	density	pH	sulphates	alcohol
1	0.1952	0.0185	0	0.0050	0.0020	0.2901	0.8966	0.0263	0.0926	0.0148	0.2479
2	0.1072	0.0121	0	0.0357	0.0013	0.3437	0.9212	0.0137	0.0440	0.0093	0.1347
…	…	…	…	…	…	…	…	…	…	…	…
1599	0.1259	0.0065	0.0099	0.0755	0.0014	0.3777	0.8813	0.0209	0.0711	0.0138	0.2308

【实验程序】 本实验分析程序如下：

```
#%% 实验 1.3 红葡萄酒数据集的标准化
## ---- 0.导库
# 0.1 导入数据计算与分析基本库
import pandas as pd
import numpy as np
# 0.2 导入 matplotlib.pyplot 模块，并做好基本设置
import matplotlib.pyplot as plt
```

```
plt.rcParams['font.sans-serif'] = ['SimHei']
plt.rcParams['axes.unicode_minus'] = False
# 0.3 导入数据预处理模块 sklearn.preprocessing
from sklearn import preprocessing
## ---- 1. 读入数据
path = r'..\大数据分析技术'
file = r'\winequality-red.xlsx'
data = pd.read_excel(path+file)
# ---- 查看数据基本信息
data.info()
# ---- 2. 查看数据缺失值情况：计算各变量数据缺失量和缺失率
# 2.1 删除 ID 列
data.drop(labels="ID",axis=1,inplace=True)
row,_=data.shape
# 2.2 计算缺失量及缺失率
print("样本数：",row)
L = data.isnull().sum()
R = L/row
Loss = pd.DataFrame(index=data.columns)
Loss["缺失量"] = L
Loss["缺失率"] = R
print(" 缺失值情况 ".center(30,"*"),'\n', Loss)
# ---- 3. 查看异常值情况，并按列标准化
temp = data.drop(labels="quality", axis=1)
col    = temp.columns
l      = len(col)
# axisy = 用于保存离群点 y 坐标
axisy   = [[] for _ in range(l)]
# nratio = 用于保存离群点个数及占比
nratio = np.zeros([l,2])
# data_col = 用于保存列标准化数据
data_col = pd.DataFrame(columns=col)
# XXX = 提取数据框 temp 中的数据
XXX = temp.values
for k in range(l):
    bx = temp.boxplot(column=col[k],return_type='dict')
    # 获取离群点 y 坐标
    y = bx['fliers'][0].get_ydata().reshape(-1,1)
```

```
        # 对 y 坐标升序排列
        z = sorted(y.ravel(),reverse=True)
        axisy[k] = z
        nratio[k,:] = [len(z),len(z)/row]
        # 数据标准化：当离群点占比<0.03 时应用 MinMaxScaler 归一化
        #                  否则，应用 RobustScaler 归一化
        if len(z)/row < 0.03:
            # 建立 MinMaxScaler 归一化算子
            minmax = preprocessing.MinMaxScaler()
            # 应用建立的算子对数据进行归一化处理
            X = XXX[:,k].reshape(-1,1)
            data_col[col[k]] = minmax.fit_transform(X).ravel()
        else:
            # 建立 RobustScaler 归一化算子
            robust = preprocessing.RobustScaler()
            # 应用建立的算子对数据进行归一化处理
            X = XXX[:,k].reshape(-1,1)
            data_col[col[k]] = robust.fit_transform(X).ravel()
print("离群点个数及占比：",'\n',nratio.round(2))
# 将标准化数据输出到 excel 文件
data_col.to_excel("红葡萄酒标 col 准化数据.xlsx")
# 4. 对 XXX 进行行标准化
# 建立 Normalizer 归一化算子
normal = preprocessing.Normalizer()
# 应用建立的算子对数据进行行归一化处理
data_row = pd.DataFrame(data=normal.fit_transform(XXX),
                                    columns=col)
# 将标准化数据输出到 excel 文件
data_row.to_excel("红葡萄酒 row 标准化数据.xlsx")
# 5. 画箱线图
fig,ax = plt.subplots(1,11, figsize=(11,4), dpi=150)
for k in range(l):
    ax[k].boxplot(temp[col[k]],
                  flierprops={'marker'           :'p',
                              'markerfacecolor':'red',
                              'color'            :'black',
                              'markersize'      :6})
    ax[k].set_xticks(ticks=[1], labels=[str(k+1)], fontsize=10)
```

```
plt.suptitle("红葡萄酒化学特征箱线图",
             fontsize = 12,
             color = 'blue',
             family = "FZQiTi-S14S")
plt.tight_layout()
```

习 题 1

1. 判断题

(1) 之所以要对原始数据进行预处理，是因为原始数据含有大量的脏信息。 ( )

(2) 数据集成是将多个数据集整合为一个数据集。 ( )

(3) 对缺失值的处理，pandas 提供了 isnull 和 notnull 两种方法。 ( )

(4) 所谓异常值，是指数据的观测值偏离了真实值。 ( )

(5) 箱形图识别异常值的结果比较客观，又具有强健性，所以识别异常值有优越性。( )

(6) 实际上只要是让观测值发生变化的操作都可以称为数据变换。 ( )

2. 选择题

(1) 下述操作中不属于数据集成范畴的是__________。

A. 将来自不同数据源的数据整合在一起

B. 将格式不同的数据文件整合为相同的格式，然后合并在一起

C. 清洗多个数据集的不一致性，然后整合为一个数据集

D. 将预处理完成的数据保存至数据仓库

(2) 下述操作中不属于 pandas 合并数据的方法的是__________。

A. 堆叠合并　　B. 主键合并

C. 重叠数据合并　　D. 分组聚合

(3) 下列数据去重方法中，由 pandas 提供的是__________。

A. unique　　B. set

C. fillna　　D. drop_duplicates

(4) pandas 中对定性变量进行独热编码的函数是__________。

A. combine_first　　B. concat

C. get_dummies　　D. rolling

(5) 连续特征的离散化涉及的两个子任务是__________。(双选)

A. 确定分类数

B. 确定用哪个函数实现

C. 确定离散化方法

D. 如何将连续型数据映射到这些类别型数据上

(6) 狭义上的数据变换是针对连续变量的操作，其目的是__________。(双选)

A. 消除量纲对数据分析的影响，解决性质不同的数据的可比性问题

B. 某些算法仅针对离散型变量，所以连续变量需离散化

C. 消除量级对数据分析的影响，让所有变量在数据分析模型中有相同的影响力

D. 加快模型训练速度

(7) Python 实现“均值-标准差”标准化的函数是__________。

A. z-score　　B. split　　C. StandardScaler　　D. mean

(8) Python 中正则化与标准化的根本区别在于__________。

A. 正则化是对行进行标准化，一般的标准化是针对列

B. Python 实现的函数不同

C. 二者没有显著区别

D. 适用场景不同

3. 简答题

简述 Python 中四种标准化方法的内容。

第2章 插值与拟合

在第 1 章介绍了缺失值的填充方法。连续型数据填充方法推荐使用光滑填充。本章将介绍光滑填充法中的插值法和拟合法。

2.1 插　　值

我们已在第 1 章数据缺失值的填充中使用过插值，本节介绍其概念及实现。

2.1.1 数据填充问题

1. 人口问题

据中国人口编年史记载，我国人口演化情况如表 2.1 所示。

表 2.1 中国人口演化

时间	人口数量/亿人	备　注
1381 年	0.5989	明太祖洪武十四年
1403 年	0.6658	明太宗永乐元年
1479 年	0.7186	明宪宗成化十五年
1685 年	1.0172	清圣祖康熙二十四年
1794 年	3.1304	清高宗乾隆五十九年
1851 年	4.3219	清文宗咸丰元年
1896 年	?	“四万万人齐下泪，天涯何处是神州”
1901 年	3.9013	清德宗光绪二十七年
1908 年	3.8231	清逊帝宣统元年
1933 年	4.3726	中华民国二十二年
1939 年	4.7359	中华民国二十八年
1949 年 10 月 1 日	?	“中华人民共和国中央人民政府今天成立了！”
1953 年 6 月 30 日	6.0191	第一次人口普查
1964 年 7 月 1 日	6.9458	第二次人口普查

续表

时间	人口数量/亿人	备　注
1982 年 7 月 1 日	10.0818	第三次人口普查
1989 年 7 月 1 日	11.3368	第四次人口普查
2000 年 7 月 1 日	12.4260	第五次人口普查
2005 年 11 月 1 日	13.0628(？)	1%抽样调查
2010 年 7 月 1 日	13.3972	第六次人口普查
2020 年 7 月 1 日	?	第七次人口普查

请依据上述数据回答以下几个问题：

(1) 1896 年面对山河破碎、民不聊生的国家，谭嗣同悲恸写下“四万万人齐下泪，天涯何处是神州”！请估计当年的人数究竟是多少，与谭嗣同所言“四万万人”差异几何。

(2) 1949 年 10 月 1 日，毛主席在天安门城楼庄严宣布“中华人民共和国中央人民政府今天成立了！”请估计当年有多少人口庄严地成为新中国国民。

(3) 2005 年 11 月 1 日，按 1%抽样调查得到当时人口数量为 13.0628 亿。请估计当年人口数量，并与抽样数量相比较，误差是多少。

(4) 2020 年 7 月 1 日，或许会开展第七次人口普查。请预测到时全国人口数量是多少。

上述问题是典型的数据缺失项填充的问题。

2. 数据填充问题

已知一对变量(x, y)的一组观测值如表 2.2 所示。

表 2.2　(x, y)的观测值

x	x_1	x_2	x_3	…	x_i	x_n
y	y_1	y_2	y_3	…	y_i	y_n

注：$x_1 < x_2 < \cdots < x_n$。

问题：现有变量 x 的另一组与 x_1，x_2，…，x_n 完全互异的值 t_1，t_2，…，t_m，请根据表 2.2 提供的信息计算或估计 t_1，t_2，…，t_m 的 y 值 $y(t_1)$，$y(t_2)$，…，$y(t_m)$。也就是问，如何填充表 2.3？

表 2.3　观测数据外函数值的计算

x	t_1	t_2	…	t_m
y				

下面介绍插值法处理这类问题的原则、方法和步骤。

2.1.2　插值的概念

1. 插值法所遵循的原则

插值法处理数据填充问题的一个基本原则是表 2.2 中的数据是无偏差数据，因而任何用插值法来填充 t_1，t_2，…，t_m 处的 y 值的函数 $I(x)$都必须通过表 2.2 中的 n 个点，即

$$y_i = I(x_i), \quad i = 1, 2, \cdots, n \tag{2.1}$$

2. 插值的描述

真相：设表 2.2 确定的真实函数为 $f(x)$，即

$$y_i = f(x_i), \quad i = 1, 2, \cdots, n \tag{2.2}$$

我们可以称 $f(x)$为描述表 2.2 的**真相**。

注意：真相 $f(x)$是永远存在的，只是我们不知道。我们能做的及要做的就是对真相 $f(x)$的近似，即用一个函数 $I(x)$逼近真相 $f(x)$。

目的：计算 $f(t_1)$，$f(t_2)$，…，$f(t_m)$。

因为真相不得而知，所以 $f(t_1)$，$f(t_2)$，…，$f(t_m)$是无法获得的。此时我们只能按一定的规则寻找一个函数 $I(x)$来逼近 $f(x)$，从而用 $I(t_i)$来近似 $f(t_i)$，$i = 1, 2, \cdots, m$。

逼近真相：事先选定一个初等函数类 H，比如 H 是线性函数的全体：

$$H = \{kx + b | k, b \in \mathbb{R}, k \neq 0\}$$

从 H 中找出满足条件的函数 $I(x)$，即

$$I(x_i) = f(x_i), \quad i = 1, 2, \cdots, n \tag{2.3}$$

以 $I(x)$来逼近 $f(x)$，从而用 $I(t_i)$来近似 $f(t_i)$，$i = 1, 2, \cdots, m$。

式(2.3)的含义是：用于逼近真相的函数 $I(x)$必须经过表 2.2 中的所有已知点，即插值原则是不可破坏的。等式组(2.3)称为**插值条件**。

真相 $f(x)$的专业称谓是被**插值函数**；x_1，x_2，…，x_n 称为**插值节点**，$[x_1, x_2]$称为插值区间。H 称为**插值函数类**，一般含有待定参数 c_1，c_2，…，c_l，于是插值函数类一般记为 $H(c_1, c_2, \cdots, c_l)$。比如上面的线性函数类可记为 $H(k, b)$。

插值函数类 $H(c_1, c_2, \cdots, c_l)$中满足插值条件的函数 $I(x)$称为**插值函数**。

t_1，t_2，…，t_m 称为**插值点**。

当插值点 $t \in [x_1, x_n]$时，称 t 为内插值点，相应的插值称为**内插值**。

当插值点 $t \notin [x_1, x_n]$时，称 t 为外插值点，相应的插值称为**外插值**。

表 2.1 中，已知人口年份从 1381 年到 2010 年，所以插值区间为[1381，2010]。

有 1896、1949、2005 和 2020 共四个年份的人口是未知的，其中 1896、1949 和 2005 在年份区间[1381，2010]内，2020 则在[1381，2010]外。所以估计 1896、1949 和 2005 这三个年份的人口数量是内插值，2020 年的人口数量是外插值。

2.1.3 插值方法

本节介绍如何寻找用于逼近真相 $f(x)$的插值函数 $I(x)$。

1. Lagrange 多项式插值法

设观测值如表 2.2 所示。有 n 个节点的插值问题，用作插值函数的多项式一般是 $n-1$ 次的，即形如

$$L_{n-1}(x) = a_{n-1}x^{n-1} + a_{n-2}x^{n-2} + a_1x + a_0 \tag{2.4}$$

其中，a_0，a_1，…，a_{n-1} 是待定参数。对于节点(x_i, y_i)，$i = 1, 2, \cdots, n$，由插值条件得

$$L_{n-1}(x_i) = a_{n-1}x_i^{n-1} + a_{n-2}x_i^{n-2} + a_1x_i + a_0 = y_i,\ i=1,\ 2,\ \cdots,\ n \tag{2.5}$$

根据上述条件即可求得 $L_{n-1}(x)$。

不难推得，$L_{n-1}(x)$还可取为

$$L_{n-1}(x) = \sum_{j=1}^{n} y_j \prod_{i=1, i\neq y}^{n} \frac{x - x_i}{x_j - x_i} \tag{2.6}$$

多项式插值的优点：光滑；缺点：不具收敛性，一般不宜采用高次多项式。

2. 分段线性插值

设已知 n+1 个观测点$(x_i,\ y_i)$，$i = 0,\ 1,\ \cdots,\ n$，其中 $x_0 < x_1 < \cdots < x_{n-1} < x_n$。

所谓分段线性插值，是指将两个相邻的节点用直线段连起来，如此形成的一条折线所在的函数就取为分段线性插值函数 $I_n(x)$，如图 2.1 所示。

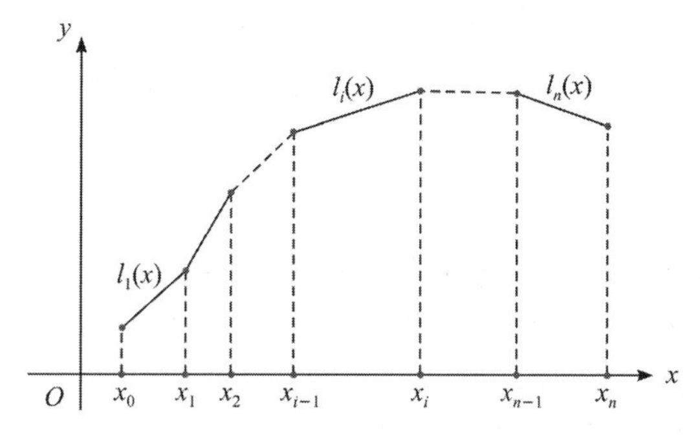

图 2.1 分段线性插值示意图

不难推得，$I_n(x)$的表达式为 $I_n(x) = \sum_{i=0}^{n} y_i l_i(x)$，其中，$l_0(x)$，$l_1(x)$，$\cdots$，$l_n(x)$称为插值基函数，表达式如下：

$$\begin{cases} l_0(x) = \begin{cases} \dfrac{x - x_1}{x_0 - x_1}, & x \in [x_0,\ x_1] \\ 0, & x \notin [x_0,\ x_1] \end{cases} \\ l_i(x) = \begin{cases} \dfrac{x - x_{i-1}}{x_i - x_{i-1}}, & x \in [x_{i-1},\ x_i] \\ \dfrac{x - x_{i+1}}{x_i - x_{i+1}}, & x \in [x_i,\ x_{i+1}] \\ 0, & x \notin [x_{i-1},\ x_{i+1}] \end{cases} \\ l_n(x) = \begin{cases} \dfrac{x - x_{n-1}}{x_n - x_{n-1}}, & x \in [x_{n-1},\ x_n] \\ 0, & x \notin [x_{n-1},\ x_n] \end{cases} \end{cases} \tag{2.7}$$

式中，$i = 1,\ 2,\ \cdots,\ n-1$。

分段线性插值的优点：收敛；缺点：不光滑。

3. 三次样条插值

观测点如分段线性插值。

由节点 $a = x_0 < x_1 < \cdots < x_{n-1} < x_n = b$ 得到 n 个区间$[x_i,\ x_{i+1}]$，$i = 0$，1，…，$n-1$。

三次样条函数记作 $S(x)$，是满足以下条件的一个函数。

(1) 在每个小区间上$[x_i,\ x_{i+1}]$都是一个三次多项式：

$$p_3^{(i)}(x) = a_3^{(i)}x^3 + a_2^{(i)}x^2 + a_1^{(i)}x + a_0^{(i)},\quad i = 0,\ 1,\ 2,\ \cdots,\ n \tag{2.8}$$

(2) 满足插值条件，即 $S(x_i) = y_i$，$i=0$，1，2，…，n。

(3) 曲线光滑，即 $S(x)$，$S'(x)$，$S''(x)$连续。

样条插值的特点：既光滑又收敛，是推荐的插值方法。

2.1.4 插值法的实现

Python 中 scipy.interpolate 模块提供了丰富的插值函数，比如 interp1d、UnivariateSpline、lagrange、griddata 等，在实际应用中可根据不同的场景选择合适的插值函数。

1. 一维插值

1) 命令

在 scipy.interpolate 模块中，interp1d 是使用较为广泛的插值函数。但它有一个缺陷，就是不能外插值。UnivariateSpline 是应用较广，既可内插值也可外插值的样条插值函数。另外还有三个附加插值函数，lagrange 是其中典型的一个。

表 2.4 给出了 interp1d、UnivariateSpline、lagrange 三个一维插值函数的调用格式及相应参数的意义。

表 2.4 常用一维插值函数命令一览

<table>
<tr><th>函 数</th><th colspan="2">语 法 及 功 能</th></tr>
<tr><td rowspan="10">interp1d</td><td colspan="2">fun=interp1d(x，y，kind='linear')
输出项：fun，插值函数。
输入项：(1) x，y：观测点坐标。
(2) kind：插值方法，有如下取值</td></tr>
<tr><td>'linear'</td><td>线性插值</td></tr>
<tr><td>'nearest'</td><td>最近点插值(向下舍入)</td></tr>
<tr><td>'nearest-up'</td><td>最近点插值(向上舍入)</td></tr>
<tr><td>'zero'</td><td>0 阶样条插值</td></tr>
<tr><td>'slinear'</td><td>1 阶样条插值</td></tr>
<tr><td>'quadratic'</td><td>2 阶样条插值</td></tr>
<tr><td>'cubic'</td><td>3 阶样条插值</td></tr>
<tr><td>'previous'</td><td>前点插值</td></tr>
<tr><td>'next'</td><td>后点插值</td></tr>
</table>

续表

函　数	语法及功能
UnivariateSpline	fun=UnivariateSpline(x，y，k = 3，s = None) 输出项：fun，插值函数。 输入项：(1) x，y 表示观测点坐标。 (2) k 表示样条多项式的阶数，默认为 3。 (3) s 表示平滑度，s 大时平滑度高。 $s = 0$，插值函数过样本点。 $s>0$，残差平方和 $\sum_{i=0}^{n}(y_i - S(x_i))^2 \leqslant s$
lagrange	poly = scipy.interpolate.lagrange(x，y) 输出项：poly-lagrange 插值多项式。 输入项：x，y 表示观测点坐标

2) 一维插值案例分析

【实验 2.1】 试回答 2.1.1 小节中人口问题中的各个问题。

【实验过程】

首先，输入已知数据到变量 x 和 y 中，并可视化已知数据。

然后，列出内插值点和外插值点 x_i = [1896，1949，2005，2020]。

最后，因为有外插值，所以应用 UnivariateSpline 或 lagrange 进行插值。

【实验结果】

(1) 应用 UnivariateSpline 和 lagrange 分别插值，结果如表 2.5 所示。

表 2.5　插 值 结 果

t_i	1896 年	1949 年	2005 年	2020 年
UnivariateSpline y_i	3.97	5.66	12.83	15.61
lagrange y_i	−2.2560e+09	−2.7569e+09	−3.4016e+09	−3.6113e+09

由上述结果看出，lagrange 插值结果可靠性低。

(2) 可视化原始观测值和插值结果，见图 2.2。

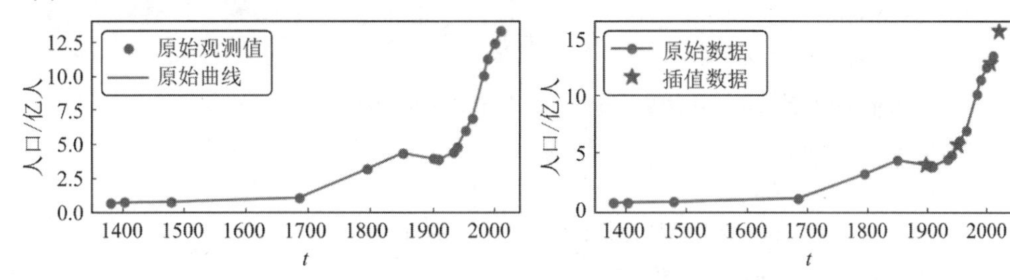

图 2.2　分段线性插值示意图

实验 2.1 的实现程序如下：

```
## 实验 2.1-人口问题
```

```
import numpy as np
from scipy import interpolate
import matplotlib.pyplot as plt
plt.rcParams['font.sans-serif']=['SimHei']
plt.rcParams['axes.unicode_minus'] = False
font = {'family' : 'kaiti', 'weight' : 'normal', 'size' : 13 }
x = np.array([1381, 1403, 1479, 1685, 1794, 1851, 1901, 1908, 1933, 1939, 1953, 1964, 1982, 1989,
2000, 2010])
y = np.array([0.5989, 0.6658, 0.7186, 1.0172, 3.1304, 4.3219, 3.9013, 3.8231, 4.3726, 4.7359,
6.0191, 6.9458, 10.0818, 11.3368, 12.426, 13.3972])
# 1. 原始观测值可视化
plt.figure(figsize=(10,3), dpi=100)
plt.subplot(1,2,1)
plt.plot(x, y, 'ro', label="原始观测值")
plt.plot(x, y, label="原始曲线")
plt.legend(prop={'family':'kaiti','size':14})
plt.xlabel(r'$t$ (/年)', font)
plt.ylabel('人口(万人)', font)
# 2. 插值节点
xi = np.array([1896, 1949, 2005, 2020])
# 3. UnivariateSpline 插值
# 3.1 建立 UnivariateSpline 插值模型并计算插值节点处的值
fun = interpolate.UnivariateSpline(x,y,s=0)
yi = fun(xi)
# 3.2 可视化插值结果
plt.subplot(1,2,2)
plt.plot(x,y, 'ro-', label="原始数据")
plt.plot(xi, yi, 'g*', markersize=12, label="插值数据")
plt.legend(prop={'family':'kaiti','size':14})
plt.xlabel(r'$t$ (/年)', font)
plt.ylabel('人口(万人)', font)
plt.suptitle('中国人口演化历史', fontname="kaiti", fontsize=15)
plt.tight_layout()
# 4. lagrange 插值
# 4.1 建立 lagrange 插值模型并计算插值节点处的值
lun = interpolate.lagrange(x,y)
# 4.2 应用 lagrange 插值模型计算插值节点处的值
zi = lun(xi)
```

【实验 2.2】 温度变化曲线。

从 1:00 到 12:00 的 11 个小时内每隔 1 小时测量一次温度，测得数据如表 2.6 所示。

表 2.6　温度测量数据

时刻	1：00	2：00	3：00	4：00	5：00	6：00	7：00	8：00	9：00	10：00	11：00	12：00
温度/℃	5	8	9	15	25	29	31	30	22	25	27	24

试估计从 0：00 到 14：00 每隔 0.1 小时的温度值。

【实验过程】

首先，将时间 t 从 0：00 到 14：00 分割为间隔 0.1 的数组。

然后，因为有外插值，所以用 UnivariateSpline 函数求解 t 对应的温度 w，其中 0：00 到 0：54 及 12：06 到 14：00 是外插值，其余为内插值。

最后，可视化插值结果。

【实验结果】

(1) Python 插值部分结果见表 2.7(运行本实验程序可见完整结果)。

表 2.7　温度插值结果

插值类型	插值点	插值结果
外插值	0	−8.217 76
	0.1	−6.201 98
	…	…
	0.8	3.436 84
	0.9	4.273 62
内插值	1.1	5.624 21
	1.2	6.154 45
	…	…
	11.8	24.9653
	11.9	24.5044
外插值	12.1	23.4529
	12.2	22.8637
	…	…
	13.9	7.115 92
	14	5.893 67

(2) 可视化原始观测值及插值结果，见图 2.3。

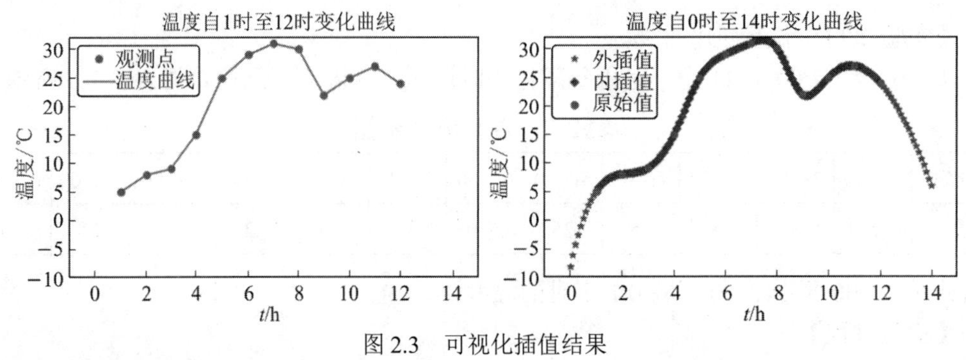

图 2.3　可视化插值结果

实验 2.2 的实现程序如下：

```
#%% 实验 2.2 温度插值问题
# 0. 导库并做好设置
import numpy as np
from scipy import interpolate
import matplotlib.pyplot as plt
plt.rcParams['font.sans-serif']=['SimHei']
plt.rcParams['axes.unicode_minus'] = False
font = { 'family' : 'kaiti', 'weight' : 'normal', 'size' : 18 }
# 1. 观测数据及可视化
# 1.1 输入数据
x0 = range(1,13)
y0 = np.array([5,8,9,15,25,29,31,30,22,25,27,24])
# 1.2 可视化观测数据
plt.figure(figsize=(12,4), dpi=150)
plt.subplot(121)
plt.plot(x0,y0, 'ro', label="观测点")
plt.plot(x0,y0, label="温度曲线")
plt.legend(prop={'family':'kaiti', 'size':14})
plt.title('温度自 1 时至 12 时变化曲线',font)
plt.xlabel(r'$t$ (h)', fontsize=16)
plt.ylabel('温度(℃)', font)
plt.xticks(fontsize=14)
plt.yticks(fontsize=14)
plt.xlim(( -1,15))
plt.ylim((-10,32))
# 2. 插值及可视化
# 2.1 建立插值节点
x11 = np.arange(0,1,0.1)
x12 = np.arange(12.1,14.1,0.1)
```

```
# 2.1.1 x1=外插值点
x1   = np.r_[x11, x12]
# 2.1.2 x2=内插值点
x2   = np.array(list(set(np.arange(1,12.1,0.1).round(1))-set(x0)))
# 2.2 应用 UnivariateSpline 建立样条插值模型
fun = interpolate.UnivariateSpline(x0,y0, s=0)
# 2.3 应用模型计算插值节点处的值
y1, y2 = fun(x1), fun(x2)
# 2.4 插值可视化
plt.subplot(122)
plt.plot(x1, y1, 'g*', markersize=6, label="外插值")
plt.plot(x2, y2, 'bD', markersize=5, label="内插值")
plt.plot(x0,y0, 'ro', label="原始值")
plt.legend(prop={'family':'kaiti', 'size':14})
plt.title('温度自 0 时至 14 时变化曲线',font)
plt.xlabel(r'$t$ (h)', fontsize=16)
plt.ylabel('温度(℃)', font)
plt.xticks(fontsize=14)
plt.yticks(fontsize=14)
plt.xlim(( -1,15))
plt.ylim((-10,32))
# 自动调整子图参数，使得子图显示更合理
plt.tight_layout()
# 3. 输出插值结果
x, y = np.r_[x1,x2], np.r_[y1,y2]
xy = np.c_[x,y]
import pandas as pd
data = pd.DataFrame(data=xy,columns=["插值节点","插值结果"])
data.to_excel("实验 2 插值结果.xlsx")
```

2. 多维插值

1) 多维插值函数

表 2.8 给出了常用的多维插值函数。

表 2.8 常用的多维插值函数一览

函 数	语 法 及 功 能
	二维插值
interp2d	fun=interp2d(x，y，z，kind='linear') 输出项：fun，插值函数，输出二维数组(矩阵)。 输入项：(1) x，y 表示一维数组。

续表

函　数	语 法 及 功 能
	(2) z 表示形状为(len(y)，len(x))的二维数组。 (3) kind 取值分别为“linear”“cubic”“quintic”
SmoothBivariateSpline	fun=SmoothBivariateSpline(x，y，z，s=None) 输出项：fun，插值函数，输出一维数组(向量)。 输入项：(1) x，y，z 表示一维数据点序列。 (2) s 表示平滑度
LSQBivariateSpline	vals=LSQBivariateSpline(x，y，z，tx，ty) 输入项：(1) x，y，z 表示一维数据点序列。 (2) tx，ty 表示严格的一维插值节点序列。 输出项：vals 表示 tx，ty 对应的插值，一维数组
griddata	多维插值
	vali=griddata(points，values，xi，method='linear') 输入项：(1) points 表示数据点坐标。 (2) values 表示数据点坐标对应的值。 (3) vali 是 xi 对应的插值，一维数组。 (4) method 取值分别为“linear”“nearest”“cubic”

从表 2.4 和表 2.8 所列各插值函数的使用方法可知，LSQBivariateSpline 和 griddata 是直接输出插值结果，而其他函数是先建立插值模型，再由模型计算输出插值结果。须注意这个差别，谨防失误。

2) 多维插值案例分析

【实验 2.3】 平板温度分布曲面。测得平板表面 3×5 网格点处的温度分别为

82	81	80	82	84
79	63	61	65	81
84	84	82	85	86

试作出平板表面的温度分布曲面 $z = f(x，y)$的图形。

【实验过程及相应结果】

(1) 可视化原始数据得到粗糙的温度分布曲面图，见图 2.4。

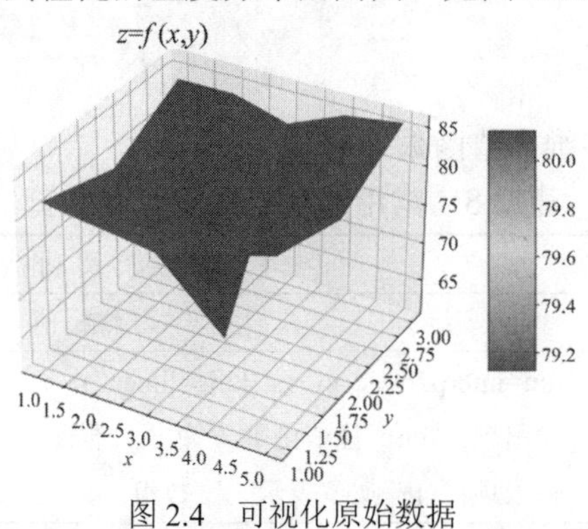

图 2.4　可视化原始数据

(2) 对 x，y 进行细化以平滑数据。

分别在 x 轴、y 轴上应用 linspace 函数对 x，y 进行均匀采样，在采样点处插值。运行本实验程序获得完整的插值的数值结果。

(3) 可视化插值数据，得到较光滑的温度分布曲面图，见图 2.5。

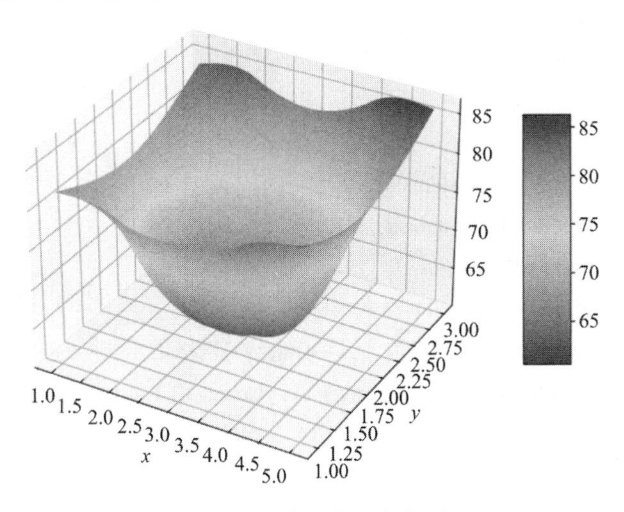

图 2.5 插值后的温度曲面

【实验程序】 实验 2.3 的实现程序如下：

```
#%% 实验 2.3 温度分布曲面
# 0. 导库并做好设置
import numpy as np
import scipy.interpolate as interp
import matplotlib.pyplot as plt
import matplotlib.cm as cm
plt.rcParams['font.sans-serif'] = ['SimHei']
plt.rcParams['axes.unicode_minus'] = False
plt.rc('text', usetex=True)
font = {'family' : 'kaiti', 'weight' : 'normal', 'size'      : 18 }
# 1. 输入原始数据并可视化
# 1.1 输入原始温度值
x0, y0 = np.arange(1,6), np.arange(1,4)
# 把 x0,y0 网格化
xx, yy = np.meshgrid(x0, y0)
fvals = np.array([[82,81,80,82,84], [79,63,61,65,81], [84,84,82,85,86]])
# 1.2 可视化原始数据
plt.figure(figsize=(9,6), dpi=150)
ax1 = plt.subplot(projection = '3d')
surf1 = ax1.plot_surface( xx, yy, fvals, cmap=cm.coolwarm, linewidth=0.5, antialiased=True )
```

```
ax1.set_xlabel('$x$', fontsize=16)
ax1.set_ylabel('$y$', fontsize=16)
plt.title('$z=f(x,y)$', fontsize=20)
plt.colorbar(surf1, shrink=0.5, aspect=5)
plt.tight_layout()
# 2. 二维插值及可视化
# 2.1 加细 x,y，得 Tx,Ty
n = 201
Tx = np.linspace(x0.min(), x0.max(), n)
Ty = np.linspace(y0.min(), y0.max(), n)
# 2.2 将加细的数据 Tx,Ty 网格化
xi,yi = np.meshgrid(Tx,Ty)
# 2.3 应用 griddata 进行二维插值，并将插值结果网格化
zi = interp.griddata(np.array([xx.ravel(), yy.ravel()]).T, fvals.ravel(), np.array([xi.ravel(), yi.ravel()]).T, 'cubic')
# 2.4 对插值数据网格化
zi.shape = xi.shape
# 2.5 可视化插值数据
plt.figure(figsize=(9,6), dpi=150)
ax2 = plt.subplot(projection='3d')
surf2 = ax2.plot_surface(xi,yi,zi, cmap=cm.coolwarm)
ax2.set_xlabel('$x$', fontsize=16)
ax2.set_ylabel('$y$', fontsize=16)
plt.title('$z=f(x,y)$', fontsize=20)
plt.colorbar(surf2, shrink=0.5, aspect=5)
plt.tight_layout()
```

2.2 曲线拟合

曲线拟合，简称拟合，是数据分析基础技术之一。

我们也可从数据填充问题引出拟合的概念。

拟合和插值都能应用于解决数据填充问题，但拟合更多地聚焦于讨论表 2.2 中 y 随 x 变化的规律，所以研究范围更广一些，技术实现更难一些。

2.2.1 曲线拟合的概念

下面介绍曲线拟合法解决数据填充问题的原则、方法和步骤。

1. 拟合所遵循的原则

拟合法解决数据填充问题的基本原则是表2.2中的数据是可能有偏差的，即真相$y=f(x)$不必通过表2.2中的所有点：

$$y_i = f\left(x_i\right)+\varepsilon_i,\ i=1,2,3,\cdots,n \tag{2.9}$$

其中，ε_i是真相$f(x_i)$与观测数据y_i的偏差，是由系统误差和随机误差所导致的。

2. 逼近真相

表2.2中的数据是我们仅有的关于x和y的信息。与插值不同，由拟合原则知，拟合中的真相$y=f(x)$对这仅有的信息也是不满足的，即实际上我们无法从表2.2中的数据获得x和y之间的真实依赖关系$y=f(x)$。

虽然我们无法从表2.2中获知$y=f(x)$的真实表达式，但我们可以由表2.2中的数据找到一个连续函数$y=\phi(x)$来最大程度地逼近$y=f(x)$，也就是说虽然我们**无法获知真相，却可以无限地逼近真相**。用于逼近真相的函数$y=\phi(x)$一般具有“形式已知、参数未知”的特点，即$y=\phi(x)$的表达式可由我们自己设定，只是其中含有待定参数。

曲线拟合就是我们逼近真相的相对简单而又常用的方法。

3. 拟合的步骤

下面通过案例详述曲线拟合的步骤，这些步骤构成了曲线拟合的定义。

【例2.1】 设有一组实验观测数据如表2.9所示。

表2.9 一组实验观测数据

序号	x	y
1	0	1.7086
2	0.2618	1.7048
3	0.5236	0.5946
4	0.7854	−0.2841
5	1.0472	−1.2979
6	1.309	−2.2186
7	1.5708	−2.2619
8	1.8326	−1.4278
9	2.0944	−0.3589
10	2.3562	1.5756
11	2.618	2.7453
12	2.8798	3.7628
13	3.1416	4.4986

表2.9中的数据必然唯一确定了一个y与x的函数关系：$y=f(x)$。

曲线拟合的步骤如下所述。

(1) 描绘散点图，观察y随x的变化趋势。

描绘表2.9中数据的散点图，如图2.6所示。

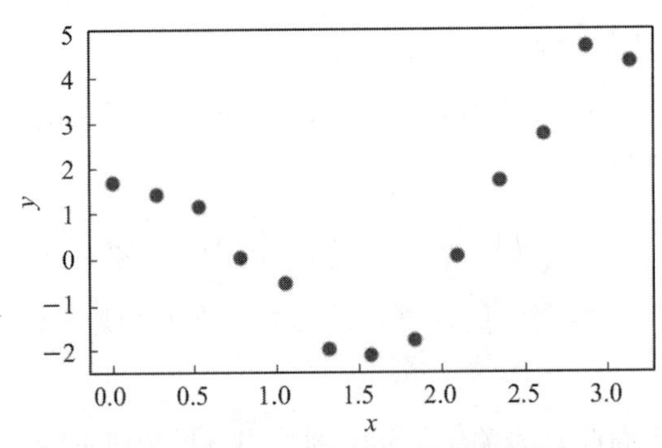

图 2.6　表 2.9 中数据对应的散点图

(2) 根据观察所得 y 随 x 的变化趋势，确定逼近函数族：

$$H(c_1, c_2, \cdots, c_l)=\{\phi(x; c_1, c_2, \cdots, c_l)|(c_1, c_2, \cdots, c_l)\in \mathbf{R}^l-\mathbf{0}\}$$

这是最难的一步，因为需要根据散点图从脑海中搜索什么样的函数其曲线与散点图较为吻合，经验不足或储备不够在这一步都将举步维艰。

一般地，$H(c_1, c_2, \cdots, c_l)$选择为多项式函数、基本初等函数的简单组合、可线性化函数(见表 2.10)、logistic 函数、双曲函数等。

表 2.10　可线性化模型

编号	模 型 名 称	模型表达式
1	“倒数-倒数”模型：因变量 y 和自变量 x 都取倒数	$\frac{1}{y}=a\frac{1}{x}+b$
2	“对数-对数”模型：因变量 y 和自变量 x 都取对数	$\ln y=a\ln x+b$
3	“对数-线性”模型：y 取对数，x 是线性的	$\ln y=ax+b$
4	“对数-倒数”模型：y 取对数，x 取倒数	$\ln y=a\frac{1}{x}+b$
5	“线性-对数”模型：y 是线性的，x 取对数	$y=a\ln x+b$

表 2.10 中第 1 个逼近函数族是 $H(a, b)=\left\{\frac{1}{y}=a\frac{1}{x}+b \middle| a, b\in\mathbb{R}\right\}$

其他四个模型类似理解。

(3) 确定待定参数。

只有确定了逼近函数中的参数值以后，才能得到逼近真相的具体函数。

在步骤 2 的函数族中确定最优逼近函数，确定参数的方法一般是 Gauss 于 1809 年发表在《天体运动论》中的最小二乘法。

确定参数的算法已集成在 Python 相应的函数中，我们只需会调用这些函数即可。

上述确定最优逼近函数的步骤统称为曲线拟合，它是各种实验和统计问题有关变量的多次观测数据的常用处理方法。

2.2.2　曲线拟合的实现

Python 中常用的拟合函数(包括所在的库或模块)罗列在表 2.11 中。

表 2.11 常用曲线拟合命令一览

函数(库.模块)	语法及功能
polyfit (numpy)	poly=polyfit(x，y，d) 输出项：poly，拟合多项式的系数(降幂排列)。 输入项：(1) x，y 表示一维数组。 (2) d 表示多项式次数。 备注：配合 polyval 函数可求多项式的函数值
least_squares (scipy.optimize)	xopt=least_squares(fun，x0，args=()，bounds=(-inf，inf)，method='trf'，loss='linear') 输出项：xopt.x，最优参数值。 输入项：(1) **fun 表示残差函数**。 (2) x_0 表示迭代初值。 (3) args()表示传递样本观测数据及其他参数值。 (4) bounds 表示约定参数取值范围。 (5) method 取值分别为“trf”“dogbox”“lm”。 (6) loss 表示损失函数形式{linear，soft_l1，huber，cauchy，arctan}
curve_fit (scipy.optimize)	popt，pcov=curve_fit(fun，xdata，ydata，p0=None，bounds=(-inf，inf)，method=None) 输出项：popt 是最优参数值。 输入项：(1) **fun 表示拟合函数**。 (2) xdata，ydata 表示样本数据。 (3) p_0 表示迭代初值。 (4) bounds，method 表示同 least_squares
leastsq (scipy.optimize)	xopt=leastsq(fun，x0，args=()) 输出项：xopt，最优参数值。 输入项：(1) **fun 表示残差函数**。 (2) x_0 表示迭代初值。 (3) args()表示传递样本观测数据及其他参数值

【实验 2.4】 为了测定刀具的磨损速度，做如下实验：每经过时间 t 测量一次刀具的厚度 d。根据实验得到一组实验数据见表 2.12。

表 2.12 刀具厚度随使用时间的变化数据

t	0	1	2	3	4	5	6	7
d	27	26.8	26.5	26.3	26.1	25.7	25.3	24.8

试分析刀具磨损速度。

【实验过程】

这是一个探索刀具厚度 d 与使用时间 t 的函数关系的问题，是一个典型的曲线拟合问题。因此按曲线拟合的步骤一步步进行。

(1) 描散点图，观察 d 随 t 的变化趋势，如图 2.7 所示。

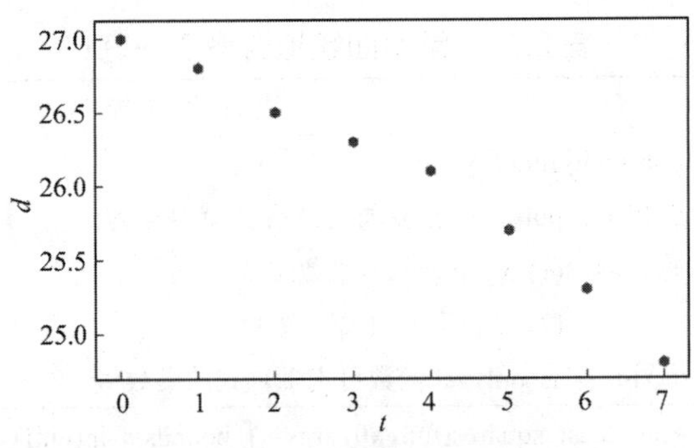

图 2.7　表 2.12 中数据对应的散点图

(2) 根据变化趋势选择逼近函数族。

根据图观察，d 随 t 呈近似线性变化趋势，故逼近函数选择为

$$d = kt + b$$

其中，k，b 为待定参数。

(3) 确定逼近函数族中的待定参数，得到逼近函数族中对真相的最佳逼近。

应用表 2.11 中的拟合函数求解参数 k，b 的估计值，对四个函数的结果进行比较。

【实验结果】

(1) 参数拟合结果见表 2.13。

表 2.13　四个拟合函数所得的最优参数值

参数	polyfit	least_squares	leastsq	curve_fit
k	−0.3036	−0.3036	−0.3036	−0.3036
b	27.125	27.125	27.125	27.125

经过对比，四个函数拟合结果相同。相应的可视化结果如图 2.8 所示。

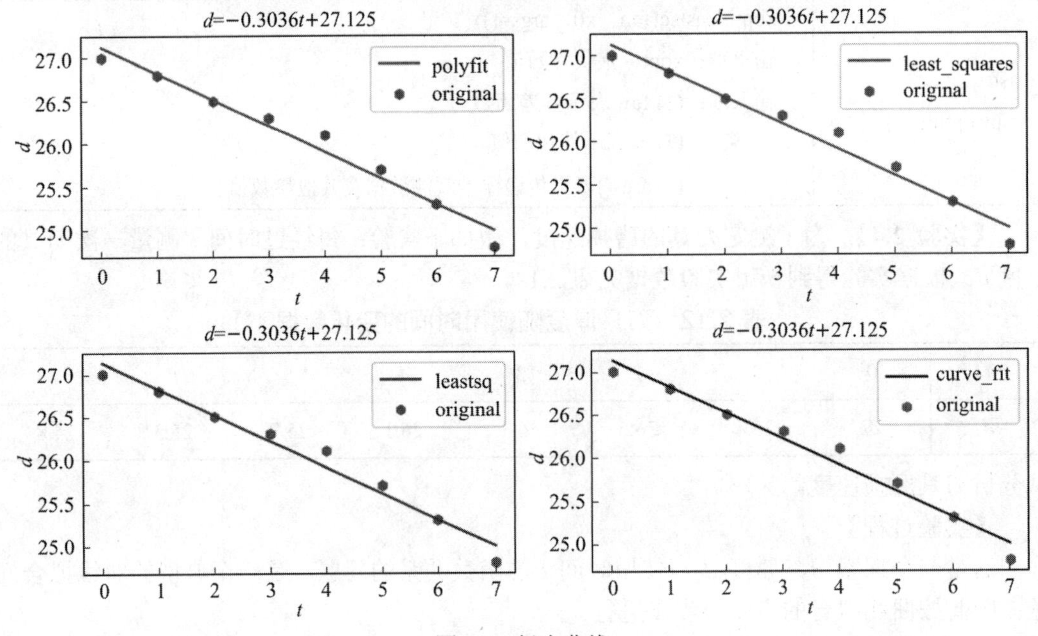

图 2.8　拟合曲线

(2) 刀具磨损的速度曲线为

$$d = -0.3036t + 27.125$$

【实验程序】

实验 2.4 的完整程序如下：

```
#%% 实验 2.4 刀具厚度随使用时间变化情况
# 0. 导库
import numpy as np
import matplotlib.pyplot as plt
plt.rcParams['font.sans-serif']=['SimHei']
plt.rcParams['axes.unicode_minus'] = False
plt.rc('text',usetex=True)
from scipy.optimize import least_squares, curve_fit, leastsq
# 1. 输入观测数据，并画散点图
x = np.arange(0, 8, 1)
y = np.array([27,26.8,26.5,26.3,26.1,25.7,25.3,24.8])
plt.figure(figsize=(7,4.2),dpi=150)
plt.scatter(x, y, s=40, c='r', marker='h')
plt.xlabel('$t$',fontsize=16)
plt.ylabel('$d$',fontsize=16)
# 2. 线性拟合
# 2.1 polyfit
poly   = np.polyfit(x,y,1)
k1, b1 = poly
y1val = k1*x+b1
# 2.2 least_squares, leastsq
# 2.2.1 目标函数
def afun(p, x, y):
    return p[0]*x + p[1] - y
# 2.2.2 迭代初值
p0 = np.array([1.0, 1.0])
# 2.2.3 拟合，并计算拟合值
#    least_squares 中 pval.x 是拟合参数值
pval = least_squares(afun, p0, args=(x, y))
k2, b2 = pval.x
y2val = k2*x+b2
#    leastsq 中 qval[0]是拟合参数值
qval = leastsq(afun, p0, args=(x, y))
k3, b3 = qval[0]
```

```
y3val = k3*x+b3
# 2.3 curve_fit
# 2.3.1 目标函数
def bfun(x,k,b):
    return k*x+b
# 2.3.2 拟合：popt 里面是拟合系数
popt, pcov = curve_fit(bfun, x, y)
k4,b4 = popt
y4val = k4*x+b4
# 3. 输出四个拟合结果
xopt = np.array([[k1,k2,k3,k4],[b1,b2,b3,b4]]).round(4)
# 4. 可视化拟合曲线
plt.figure(figsize=(10,6), dpi=150)
plt.subplot(221)
plt.plot(x, y1val, 'r', label='polyfit')
plt.scatter(x, y, s=40, c='r', marker='h', label='original')
plt.title('$d$='+str(k1.round(4))+'$t$+'+str(b1.round(4)),fontsize=18)
plt.xlabel('$t$',fontsize=16)
plt.ylabel('$d$',fontsize=16)
plt.legend(prop={'family':'hack','size':14})
plt.subplot(222)
plt.plot(x, y2val, 'g', label='least_squares')
plt.scatter(x, y, s=40, c='r', marker='h', label='original')
plt.title('$d$='+str(k2.round(4))+'$t$+'+str(b2.round(4)),fontsize=18)
plt.xlabel('$t$',fontsize=16)
plt.ylabel('$d$',fontsize=16)
plt.legend(prop={'family':'hack','size':14})
plt.subplot(223)
plt.plot(x, y3val, 'b', label='leastsq')
plt.scatter(x, y, s=40, c='r', marker='h', label='original')
plt.title('$d$='+str(k3.round(4))+'$t$+'+str(b3.round(4)),fontsize=18)
plt.xlabel('$t$', fontsize=16)
plt.ylabel('$d$', fontsize=16)
plt.legend(prop={'family':'hack', 'size':14})
plt.subplot(224)
plt.plot(x, y4val, 'k', label='curve_fit')
plt.title('$d$='+str(k4.round(4))+'$t$+'+str(b4.round(4)),fontsize=18)
plt.scatter(x, y, s=40, c='r', marker='h', label='original')
```

```
    plt.xlabel('$t$', fontsize=16)
    plt.ylabel('$d$', fontsize=16)
    plt.legend(prop={'family':'hack', 'size':14})
    plt.tight_layout()
```

【实验 2.5】 测得某零件局部轮廓线的坐标如表 2.14 所示。

表 2.14 局部轮廓线数据

x	0.04	0.35	0.67	0.98	1.30	1.61	1.92	2.24	2.55	2.87	3.18
y	0.02	0.12	0.39	0.78	1.21	1.59	1.81	1.80	1.50	0.89	0.02

试问该零件边沿线大致是一条什么曲线？

【实验过程】

(1) 描散点图，观察y随x的变化趋势如图 2.9 所示。

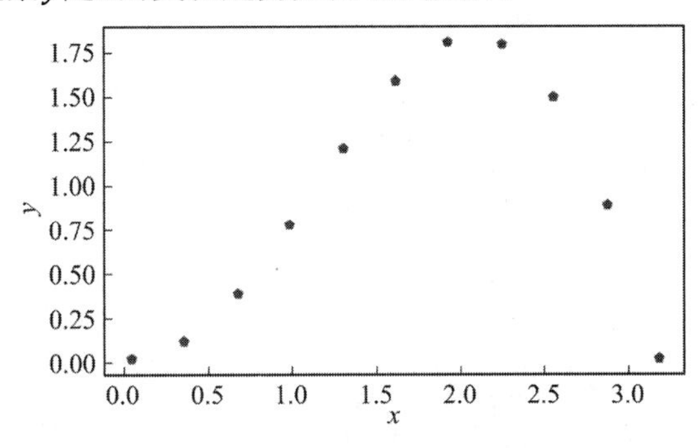

图 2.9 表 2.14 中数据对应的散点图

(2) 根据变化趋势选择逼近函数族。

根据图观察，y 随 x 近似呈三次曲线变化趋势，故逼近函数选择为

$$y= ax^3 + bx^2 + cx + d$$

其中，a，b，c，d 为待定参数。

(3) 确定逼近函数族中的待定参数，得到逼近函数族中对真相的最佳逼近函数。

应用表 2.14 中的拟合函数求解参数 a，b，c，d 的估计值。

【实验结果】

(1) curve_fit 在不同方法(method)下的拟合结果见表 2.15。

表 2.15 curve_fit 在不同方法下的拟合结果

method	参数			
	a	b	c	d
trf	−0.382 702	1.213 61	0.002 684 35	−0.005 428 72
dogbox	−0.382 702	1.213 61	0.002 684 33	−0.005 428 71
lm	−0.382 702	1.213 61	0.002 683 96	−0.005 428 66

可以看出，curve_fit 的三种方法(method)拟合结果仅有十分微小的差异。

所以，在 curve_fit 下轮廓线局部方程可取为

$$y = -0.3827x^3 + 1.2136x^2 + 0.0027x - 0.0054$$

(2) least_squares 在不同损失(loss)下的拟合结果见表 2.16。

表 2.16 least_squares 在不同损失下的拟合结果

loss	参数			
	a	b	c	d
linear	−0.382 702	1.213 61	0.002 684 35	−0.005 428 72
soft_l1	−0.382 716	1.213 68	0.002 590 24	−0.005 408 65
huber	−0.382 702	1.213 61	0.002 684 38	−0.005 428 73
cauchy	−0.382 731	1.213 76	0.002 496	−0.005 388 56
arctan	−0.382 702	1.213 61	0.002 683 72	−0.005 428 59

可以看出，least_squares 的五种损失(loss)拟合结果也仅有些微小的差异。

所以，在 least_squares 下轮廓线局部方程与 curve_fit 是一致的。

相应的可视化结果如图 2.10 和图 2.11 所示。

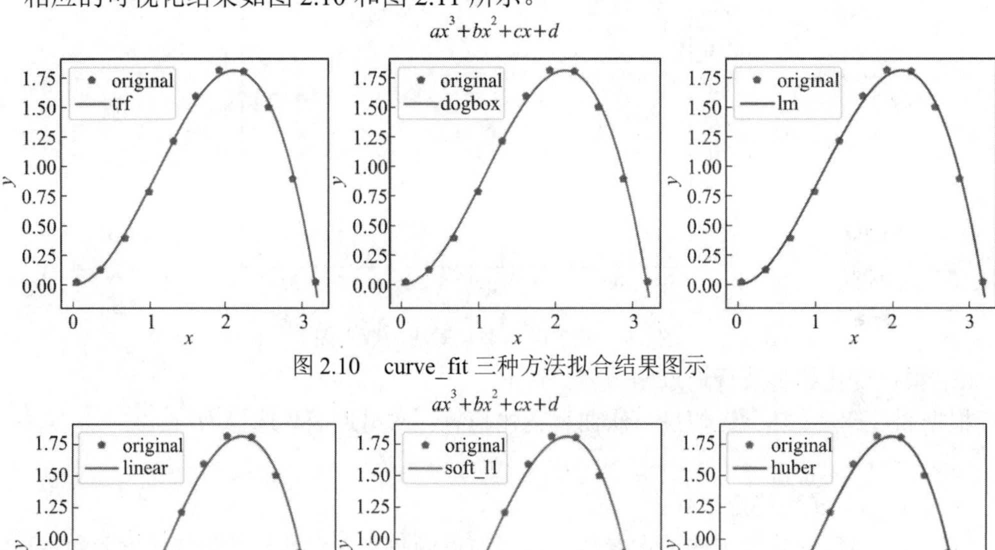

图 2.10 curve_fit 三种方法拟合结果图示

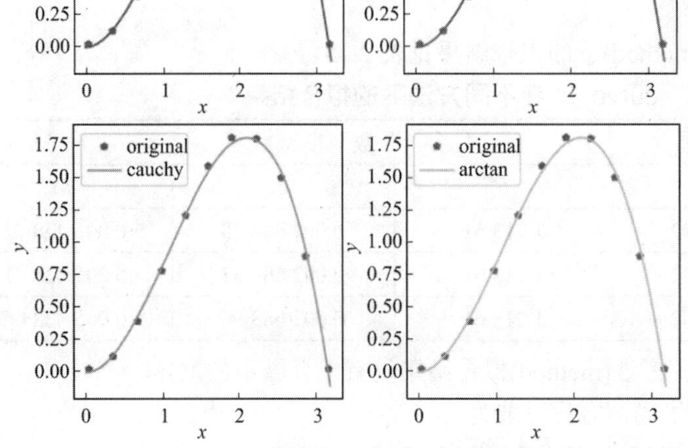

图 2.11 least_squares 五种损失拟合结果图示

实验 2.5 的完整程序如下：

```
#%% 实验 2.5 零件局部轮廓线
# 0. 导库
import numpy as np
import matplotlib.pyplot as plt
plt.rc('text',usetex=True)
from scipy.optimize import curve_fit,least_squares
# 1. 输入观测数据，并画散点图
x = np.array([0.04,0.35,0.67,0.98,1.30,1.61,1.92,2.24,2.55,2.87,3.18])
y = np.array([0.02,0.12,0.39,0.78,1.21,1.59,1.81,1.80,1.50,0.89,0.02])
plt.figure(figsize=(7,4.2), dpi=150)
plt.scatter(x, y, s=40, c='r', marker='p')
plt.xlabel('$x$', fontsize=16)
plt.ylabel('$y$', fontsize=16)
# ---------------------------------------------------------------------
# 2. 应用 curve_fit 的不同 method 进行拟合
# 2.1 加细自变量，并定义空列表用于保存拟合函数值
n = 321
tx = np.linspace(0, 3.2, n)
yvals = [[],[],[]]
# 2.2 定义目标函数
def fun(x,a,b,c,d):
    return a*x**3+b*x**2+c*x+d
# 2.3 curve_fit：trf
popt1, _ = curve_fit(fun, x, y, method='trf')
a11,b11,c11,d11 = popt1
yvals[0] = fun(tx,a11,b11,c11,d11)
# 2.4 curve_fit：dogbox
popt2, _ = curve_fit(fun, x, y, method='dogbox')
a12,b12,c12,d12 = popt2
yvals[1] = fun(tx,a12,b12,c12,d12)
# 2.5 curve_fit：lm
popt3, _ = curve_fit(fun, x, y, method='lm')
a13,b13,c13,d13 = popt3
yvals[2] = fun(tx,a13,b13,c13,d13)
# 2.6 可视化拟合结果
plt.figure(figsize=(12,4), dpi=150)
lab = ['trf','dogbox','lm']
```

```
col = ['r','g','b']
for k in range(3):
    plt.subplot(1,3,k+1)
    plt.plot(x, y, 'p', label='original')
    plt.plot(tx, yvals[k], color=col[k], label=lab[k])
    plt.legend(loc=2, prop={'family':'Times New Roman', 'size':14})
    plt.xlabel( '$x$', fontsize=14)
    plt.ylabel( '$y$', fontsize=14)
# 定义总标题
plt.suptitle('$a x^3+b x^2+cx+d$', fontsize=18)
plt.tight_layout()
# 2.7 输出结果
xopt_cuf = np.array([popt1,popt2,popt3])
# -------------------------------------------------------------------------
# 3. 应用 least_squares 的不同 loss 进行拟合
# 3.1 定义空列表用于保存拟合函数值
yhats = [[],[],[],[],[]]
# 3.2 定义目标函数
def errfun(p,x,y):
    return p[0]*x**3+p[1]*x**2+p[2]*x+p[3] - y
p0 = np.ones(4)
# 3.3 loss = 'linear'
pval1 = least_squares(errfun, p0, args=(x, y), loss='linear')
a21,b21,c21,d21 = pval1.x
yhats[0] = fun(tx,a21,b21,c21,d21)
# 3.4 loss = 'soft_l1'
pval2 = least_squares(errfun, p0, args=(x, y), loss='soft_l1')
a22,b22,c22,d22 = pval2.x
yhats[1] = fun(tx,a22,b22,c22,d22)
# 3.5 loss = 'huber'
pval3 = least_squares(errfun, p0, args=(x, y), loss='huber')
a23,b23,c23,d23 = pval3.x
yhats[2] = fun(tx,a23,b23,c23,d23)
# 3.6 loss = 'cauchy'
pval4 = least_squares(errfun, p0, args=(x, y), loss='cauchy')
a24,b24,c24,d24 = pval4.x
yhats[3] = fun(tx,a24,b24,c24,d24)
# 3.7 loss = 'arctan'
```

```
pval5 = least_squares(errfun, p0, args=(x, y), loss='arctan')
a25,b25,c25,d25 = pval5.x
yhats[4] = fun(tx,a25,b25,c25,d25)
# 3.8 可视化拟合结果
plt.figure(figsize=(12,8),dpi=150)
lab = ['linear','soft_l1','huber','cauchy','arctan']
col = ['r','g','b','coral','gold']
for k in range(5):
    plt.subplot(2,3,k+1)
    plt.plot(x, y, 'p', label='original')
    plt.plot(tx, yhats[k], color=col[k], label=lab[k])
    plt.legend(loc=2,prop={'family':'Times New Roman', 'size':14})
    plt.xlabel( '$x$', fontsize=14)
    plt.ylabel( '$y$', fontsize=14)
# 定义总标题
plt.suptitle('$a x^3+b x^2+cx+d$', fontsize=18)
plt.tight_layout()
# 3.9 输出结果
xopt_lsq = np.array([pval1.x,pval2.x,pval3.x,pval4.x,pval5.x])
```

【实验 2.6】 应用不同的拟合函数拟合表 2.14 中的数据。

【实验过程】

(1) 散点图如图 2.9 所示，观察 y 随 x 的变化趋势。

(2) 根据变化趋势选择逼近函数族。

从散点图来看，可以用三次多项式

$$p(x) = ax^3 + bx^2 + cx + d$$

或形如

$$q(x) = (ax + b)\sin(cx + d)$$

这样的函数族来逼近真相 $f(x)$，其中 a，b，c，d 为待定参数。

(3) 确定逼近函数族中的待定参数，得到逼近函数族中对真相的最佳逼近函数。

就上面两族函数，拟合得到的结果如表 2.17 所示。

表 2.17 不同拟合函数对应的结果

参数	函 数 族	
	$p(x) = ax^3 + bx^2 + cx + d$	$q(x) = (ax + b)\sin(cx + d)$
a	−0.1109	−3.022
b	2.6546	1.9573
c	−6.4081	0.902
d	2.5721	1.1431

(4) 分别可视化两个拟合函数，与原始数据进行对比，图形如图 2.12 所示。

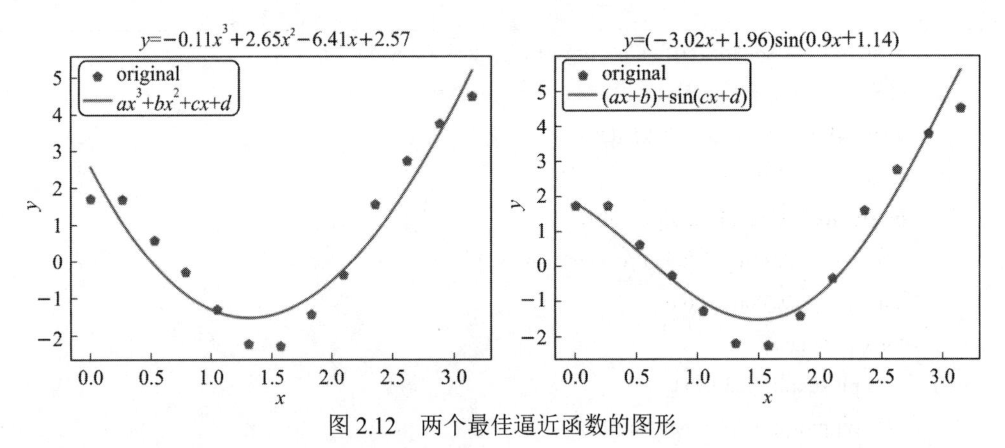

图 2.12　两个最佳逼近函数的图形

问题：两个逼近函数族，谁更优呢？

实验 2.6 的完整程序如下：

```
#%% 实验 2.6 表 2.14 数据的拟合
# 0. 导库
import numpy as np
import matplotlib.pyplot as plt
plt.rc('text', usetex=True)
from scipy.optimize import least_squares
# 1. 两族拟合函数的代表图示
n = 201
tx = np.linspace(-3,3,n)
# 1.1 三次多项式的代表
y1 = tx**3-6*tx
# 1.2 多项式与三角函数的乘积的代表
y2 = tx*np.sin(tx)
# 1.3 可视化两族函数的代表
plt.figure(figsize=(10,4),dpi=150)
plt.subplot(1,2,1)
plt.plot(tx,y1)
plt.title('$y=x^3-6x$', fontsize=18)
plt.xlabel('$x$', fontsize=14)
plt.ylabel('$y$', fontsize=14)
plt.subplot(1,2,2)
plt.plot(tx,y2)
plt.title('$y=x\sin x$', fontsize=18)
plt.xlabel('$x$', fontsize=14)
plt.ylabel('$y$', fontsize=14)
# 2. 对表 2.14 数据的拟合
```

```
# 2.1 导入数据
data=np.loadtxt("第 2 章实验 3 数据.txt",delimiter='\t')
x0, y0 = data[:,0], data[:,1]
# 2.2 加细 x0
dx = np.linspace(x0.min(), x0.max(), n)
# 2.3 多项式拟合
poly = np.polyfit(x0,y0,3)
y1hat = np.polyval(poly,dx)
# 2.4 多项式与三角函数的乘积拟合
# 2.4.1 目标函数
def errorfun(p,x,y):
    return (p[0]*x+p[1])*np.sin(p[2]*x+p[3]) - y
# 2.4.2 迭代初值
p0 = np.ones(4)
# 2.4.3 least_squares 拟合
pval = least_squares(errorfun, p0, args=(x0,y0), loss='soft_l1')
# 2.4.4 计算拟合函数值
def fun(p,x):
    return (p[0]*x+p[1])*np.sin(p[2]*x+p[3])
y2hat = fun(pval.x,dx)
# 2.4.5 可视化结果
plt.figure(figsize=(10,4),dpi=150)
plt.subplot(1,2,1)
plt.scatter(x0, y0, s=40, c='r', marker='p', label='$original$')
plt.plot(dx,y1hat,label='$ax^3+bx^2+cx+d$')
plt.legend()
tl1 = '$y=-0.11x^3+2.65x^2-6.41x+2.57$'
plt.title(tl1, fontsize=18)
plt.xlabel('$x$', fontsize=14)
plt.ylabel('$y$', fontsize=14)
plt.subplot(1,2,2)
plt.scatter(x0, y0, s=40, c='r', marker='p', label='$original$')
plt.plot(dx,y2hat,label='$(ax+b)\sin(cx+d)$')
plt.legend()
tl2 = '$(-3.02x+1.96)\sin(0.9x+1.14)$'
plt.title(tl2, fontsize=18)
plt.xlabel('$x$', fontsize=14)
plt.ylabel('$y$', fontsize=14)
```

```
plt.tight_layout()
# 3. 输出结果
xopt = np.array([poly,pval.x]).round(4).T
```

习 题 2

1. 判断题

(1) 插值是一项数据填充技术，其基本原则是观测数据是没有偏差的。 ( )

(2) 插值函数是真实描述观测数据的函数。 ( )

(3) 插值原则与插值条件是等价的。 ( )

(4) 根据插值点是否在插值区间内，插值分为内插值和外插值两类。 ( )

(5) 线性插值中插值函数是一个线性函数，所以是光滑的。 ( )

(6) 曲线拟合与插值的根本差异是对观测数据的观点不一样，曲线拟合认为观测数据是有偏差的，插值则认为观测数据是没有偏差的。 ( )

(7) 拟合的第一个步骤是描点，观察因变量随自变量的变化趋势。 ( )

(8) 拟合中最困难的步骤是拟合函数待定系数的求解。 ( )

(9) 拟合的 Python 实现是指让 Python 自动选择最优逼近函数。 ( )

(10) 实现拟合的 Python 模块是 scipy.optimize。 ( )

2. 填空题

设有某工件轮廓线测量数据如表 2.18 所示，请完成以下填空题目(结果保留小数点后 4 位有效数字)。

表 2.18 轮廓线测量数据

x	0.04	0.35	0.67	0.98	1.30	1.61	1.92	2.24	2.55	2.87	3.18
y	0.02	0.12	0.39	0.78	1.21	1.59	1.81	1.80	1.50	0.89	0.02

(1) 插值：设插值点为 1、2。

① 应用 interp1d 进行线性插值，得

1 处的函数值为__________，2 处的函数值为__________；

② 应用 UnivariateSpline 进行三次样条插值，得

1 处的函数值为__________，2 处的函数值为__________。

(2) 拟合：假设拟合函数选择为 $y=(ax^2+bx+c)\sin(wx+\theta)+d$，应用 leastsq 函数求解该模型，得到：

① $a=$__________；② $b=$__________；③ $c=$__________；④ $d=$__________；

⑤ $w=$__________；⑥ $\theta=$__________。

3. 简答题

简述插值与拟合的异同。

第 3 章　回 归 分 析

本章所说的回归分析是指因变量仅能为连续变量的机器学习方法，包括线性回归分析和非线性回归分析，它们又分别有一元和多元的情形，其中多元非线性回归是相对困难的数据分析技术。

3.1　线性回归分析

3.1.1　一元线性回归

1. 引例：消费支出与可支配收入的关系问题

某社区由 99 户家庭组成，为了了解该社区消费支出与可支配收入之间的关系，调研得到每个家庭每月可支配收入 X 及每月消费支出 Y 的情况，如表 3.1 所示。

表 3.1　某社区家庭可支配收入 X 和消费支出 Y 统计表　　单位：元/月

X	800	1100	1400	1700	2000	2300	2600	2900	3200	3500
Y	561	638	869	1023	1254	1408	1650	1969	2089	2299
	594	748	913	1100	1309	1452	1738	1991	2134	2321
	627	814	924	1144	1364	1551	1749	2046	2178	2530
	638	847	979	1155	1397	1595	1804	2068	2267	2629
		935	1012	1210	1408	1650	1848	2101	2354	2860
		968	1045	1243	1474	1672	1881	2189	2486	2871
			1078	1254	1496	1683	1925	2233	2552	
			1122	1298	1496	1716	1969	2244	2585	
			1155	1331	1562	1749	2013	2299	2640	
			1188	1364	1573	1771	2035	2310		
			1210	1408	1606	1804	2101			
				1430	1650	1870	2112			
				1485	1716	1947	2200			

(1) 试分析每月消费支出 Y 与每月可支配收入 X 之间的线性关系。

(2) 在各可支配收入 X 下随机抽取一个样本，对这个样本再分析消费支出 Y 与可支配收入 X 之间的关系。

(3) 对所得关系进行整体线性关系检验，对线性关系中的参数进行 t 检验，并给出参数的 0.95 置信区间。

(4) 预测当月可支配收入 $X_0 = 3050$ 元的家庭的平均消费水平及相应的消费区间。

对上述消费支出与可支配收入之间的关系问题的解决就需要用到回归分析方法。

2. 数据分析技术之间的关系

在学习回归分析之前，先说明一下插值、曲线拟合和回归分析之间的关系，有助于我们对回归分析的理解，降低学习难度。

1) 相同点

(1) 插值、曲线拟合和回归分析都是数据分析技术，合称数据建模的三大基础技术。

(2) 插值、曲线拟合和回归分析都有观测数据。

(3) 插值、曲线拟合和回归分析都可用于缺失数据的填充(统称为预测法填充)。

2) 不同点

(1) 观测数据的形式可能不一样。

就最简单的情形来说，插值和曲线拟合的数据形式如表 3.2 所示。

表 3.2　插值和曲线拟合中(x, y)的观测值

x	x_1	x_2	x_3	…	x_i	…	x_n
y	y_1	y_2	y_3	…	y_i	…	y_n

由于 y 与 x 是一一对应的，因而 y 与 x 之间就存在函数关系，这个函数关系就是我们常说的**真相**。对插值和曲线拟合而言，真相是永远存在的，却又是难以获知的，需要我们去推断，推断结果都是对真相的近似，而不是真相本身。

然而，回归分析的观测数据如表 3.3 所示。

表 3.3　回归分析中(x, y)的观测值

x	x_1	x_2	…	x_n
y	$y_{11}, \cdots, y_{1i_1}$	$y_{21}, \cdots, y_{2i_2}$	…	$y_{n1}, \cdots, y_{ni_n}$

由于 y 与 x 之间不是一一对应的，因而 y 与 x 之间的关系就不是函数关系。此时我们如何探索 x 对 y 的影响呢？由于 y 的个体值与 x 之间没有函数关系，因此我们就要考虑 y 的平均值与 x 的函数关系，如表 3.4 所示。

表 3.4　回归分析中(x, y)的观测值

x	x_1	x_2	…	x_n
y	$y_{11}, \cdots, y_{1i_1}$	$y_{21}, \cdots, y_{2i_2}$	…	$y_{n1}, \cdots, y_{ni_n}$
$\overline{y}$	$\overline{y}_1$	$\overline{y}_2$	…	$\overline{y}_n$

从这个视角看，$\overline{y}$与x就是一一对应的了。我们记x_i对应的y的平均值为$E(y/x_i)$，它称为x_i对应的**条件均值**，即$E(y/x_i)$随着x_i的变化而变化，从而$\overline{y}$与x之间就存在函数关系了。

在线性回归分析中有模型设定假设，即$\overline{y}$与x之间的函数关系(真相)是已知的，为$\overline{y}=\beta_0+\beta_1 x$。

数据形式不同引起分析方法的差异以及真相已知，这两点是回归分析与插值、曲线拟合内涵上的根本差别。

一般来说，回归分析中的观测数据多数是表3.2(而非表3.3)的形式。

(2) 对观测数据的认知不同。

插值认为观测数据是无误差的，所以要求插值曲线必须经过所有观测点。曲线拟合和回归分析则都认为观测数据是存在误差的，所以拟合曲线和回归方程都不必过观测点；但曲线拟合和回归分析对待误差又有根本差别：曲线拟合选择忽略误差，而对误差的深刻分析则构成了回归分析的主要内容，衍生出了一系列统计可靠性检验。

(3) 曲线的表达方式不同。

插值曲线不必知道其表达式(虽然插值曲线的解析表达式是存在的，也可以显式表达，不过很复杂)，而拟合曲线和回归曲线则必须将其表达式显式给出。

(4) 难易程度不同。

从技术上看，插值比曲线拟合容易，体现在两个方面：① 插值只需选用已知的插值方法(线性、样条等)，而曲线拟合中对拟合曲线的揣度是一件相当困难的事情；② 插值没有参数估计的环节，而曲线拟合的主要任务则是需要估计拟合曲线中的待定参数，这也是一件相对困难的事情。

仍然从技术上看，曲线拟合比回归分析容易，主要是回归分析在曲线拟合的基础上增加了统计可靠性分析，也就是各种可靠性检验，包括拟合优度检验、回归方程的整体线性关系的显著性检验、变量的显著性检验、参数的置信区间估计、点预测及给定置信度下的区间预测等。

3. 一元线性回归分析的概念

1) 定义

一元线性回归分析是研究一个变量Y对另一个变量X的依赖关系的计算方法和理论。其目的在于通过X的已知值或设定值去估计或预测Y的**均值**。Y称为被解释变量或因变量，X称为解释变量或自变量。

一元线性回归模型是被解释变量Y对解释变量X的表达式：

$$Y=\beta_0+\beta_1 X+\mu \tag{3.1}$$

其中，β_0、β_1称为线性回归系数，μ称为随机干扰项(用来表示观测误差)。

随机干扰项μ是回归模型区别于插值和曲线拟合的显著特征，是回归分析各项统计检验的基础和依据。

注意，式(3.1)不是函数关系。

回归分析的目的是通过样本数据(观测值)估计回归系数。为保证参数估计量具有良好的性质，需对模型提出若干基本假设。

此处我们仅介绍关于随机干扰项μ的最重要的基本假设(其他更丰富的内容见“计量经

济学”这门课程)。

2) 基本假设

随机干扰项 μ 服从均值为 0、方差为 σ^2 的正态分布，即 $\mu \sim N(0, \sigma^2)$。

为了获得 Y 关于 X 的函数关系，在基本假设下对式(3.1)两端取均值，得

$$E(Y) = \beta_0 + \beta_1 X \tag{3.2}$$

式(3.2)称为线性回归方程，表达的正是 $\overline{Y}$ 关于 X 的函数关系。

所以，线性回归模型不是函数关系，线性回归方程才是函数关系；线性回归方程是线性回归模型两端取均值得到的。

注意：μ 的方差为 σ^2，也称为**总体方差**，是一个非常重要的量。

4. 回归分析的主要任务

回归分析是数据分析的方法论基础，其主要任务包括：

(1) 根据样本观测值对回归模型的参数进行估计，求得回归方程。

(2) 对回归方程、参数估计值进行显著性检验(统计检验)。

(3) 应用回归方程进行分析、评价及预测。

5. 线性回归模型的 Python 求解

Python 求解线性回归模型的模块主要有两个：statsmodels.regression.linear_model 和 sklearn.linear_model。推荐应用前者求解，因为能对求解结果进行完整的统计检验，其中相关求解函数是 OLS，其主要参数及其含义见表 3.5。

表 3.5　OLS 的主要参数

model = OLS(Y，X)	X 表示解释变量对应的数据，首列是全 1 向量；若首列不是全 1 向量，则通过 add_constant 添加首列为全 1。 Y 表示被解释变量对应的数据。 语句含义：以 Y 为被解释变量、以 X 为解释变量建立线性回归模型

下面实验 3.1 的程序可作为应用 statsmodels 求解线性规划的模板程序，其流程依然是建模→训练→提取结果和评估→应用。对初学者或统计学基础较薄弱的读者来说，“提取结果和评估”是比较烦琐且相对困难的，我们基于 OLS 重新封装了线性回归求解器，以减轻学习负担。

【实验 3.1】 下面详述引例的求解过程。

(1) 问题分析。

每个可支配收入 X 下都有若干消费情况。比如，在月可支配收入 $X = 800$ 下有 4 种消费情况 $Y = 561$，594，627，638。从函数的角度看，这是一个自变量的取值($X = 800$)对应**多**个函数值($Y = 561$，594，627，638)的情形，是不合理的。所以我们不可能给出每种消费对 X 的依赖关系，只能讨论消费的平均情况 $\overline{Y}$ 对 X 的依赖关系。这正是回归分析不同于曲线拟合的根本之所在。于是，我们首先计算各种可支配收入X对应的平均消费 $\overline{Y}$，并计算各种消费情况对平均消费情况的偏差 μ，即 $Y = E(Y) + \mu$。

计算结果详见表 3.6。

表 3.6　关于表 3.1 的计算表　　单位：元/月

X	800		1100		1400		1700		2000		2300		2600		2900		3200		3500	
	金额	μ	金额	μ	1400	μ	1700	μ	2000	μ	2300	μ	2600	μ	2900	μ	3200	μ	3500	μ
	561	−44	638	−187	869	−176	1023	−242	1254	−231	1408	−275	1650	−275	1969	−176	2089	−276	2299	−286
	594	−11	748	−77	913	−132	1100	−165	1309	−176	1452	−231	1738	−187	1991	−154	2134	−231	2321	−264
	627	22	814	−11	924	−121	1144	−121	1364	−121	1562	−121	1749	−176	2046	−99	2178	−187	2530	−55
	638	33	847	22	979	−66	1155	−110	1397	−88	1595	−88	1804	−121	2068	−77	2267	−98	2629	44
			935	110	1012	−33	1210	−55	1408	−77	1650	−33	1848	−7	2101	−44	2354	−11	2860	275
			968	143	1045	0	1243	−22	1474	−11	1672	−11	1881	−44	2189	44	2486	121	2871	286
Y					1078	33	1254	−11	1496	11	1683	0	1925	0	2233	88	2552	187		
					1122	77	1298	33	1496	11	1716	33	1969	44	2244	9	2585	220		
					1155	11	1331	66	1562	77	1749	66	2013	88	2299	154	2640	275		
					1188	143	1364	99	1573	88	1771	88	2035	110	2310	165				
					1210	165	1408	143	1606	121	1804	121	2101	176						
							1430	165	1650	165	1870	187	2112	187						
							1485	220	1716	231	1947	264	2100	275						
$E(Y)$	605		825		1045		1265		1485		1683		1925		2145		2365		2585	

从表 3.6 中可知，平均消费 $\bar{Y}$ 与可支配收入 X 之间是一一对应关系，因此就可以讨论二者之间的依赖关系了。

(2) 建立模型。

居民消费 Y 与可支配收入 X 之间的线性回归模型为

$$Y=\beta_0+\beta_1X+\mu \tag{3.3}$$

其中，β_0、β_1 为线性回归系数，μ 为随机干扰项。对应的线性回归方程为

$$Y=\beta_0+\beta_1X \tag{3.4}$$

(3) 模型的 Python 求解。

① 应用 statsmodels 的 OLS 函数求解模型，回归系数的值见表 3.7。

表 3.7　参 数 估 计 值

参数	值	0.95 置信区间
β_0	18.3333	[18.3333，18.3333]
β_1	0.7333	[0.7333，0.7333]

从表 3.7 中得，回归方程为

$$\bar{Y}=0.7333X+18.3333 \tag{3.5}$$

模型评估指标见表 3.8。

表 3.8　模型评估指标

R 方	调整 R 方	均方差	F 统计量	F 检验概率
1	1	6.6239e-26	6.028e+31	8.48e-125

② 回归方程的可视化。

可视化回归方程(3.5)见图 3.1。

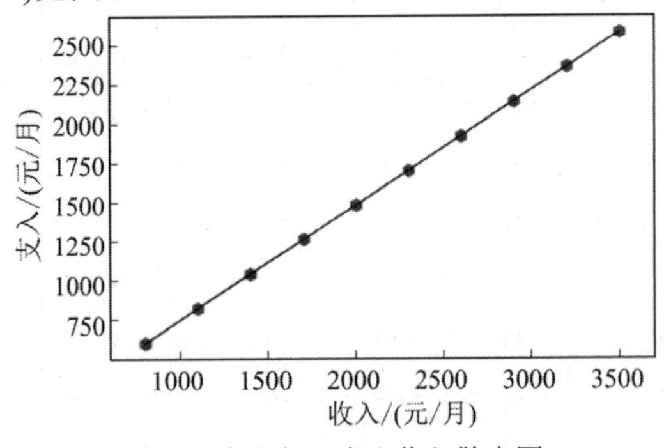

图 3.1 支出与可支配收入散点图

(4) 结果解读。

① 变量的显著性。

在第 3.1.2 节中将解释变量的显著性。

本实验中，回归系数的 0.95 置信区间为

$$\beta_0 \in [18.3333，18.3333]，\beta_1 \in [0.7333，0.7333]$$

两个参数的置信区间中都不含 0，故变量 X 和常值项都是显著的。也就是说，可支配收入 X 对消费支出 Y 的影响是显著的。

② 参数的经济学意义。

a. $\beta_1 = 0.7333$ 的含义是：可支配收入每增加 1 个单位，平均消费支出将增加 0.7333 个单位。

b. $\beta_0 = 18.3333$ 表明即便没有可支配收入，为维持生活所必需的消费支出也有 18.3333 个单位。这个具有极其重要的现实意义，为地方政府制定最低工资标准，或为低保人群制定最低生活保障提供了极具参考意义的依据。

实验 3.1 的完整求解程序如下：

```
#%% 实验 3.1 引例的求解过程
import matplotlib.pyplot as plt
import numpy as np
import statsmodels.api as sm
plt.rcParams['font.sans-serif'] = 'kaiti'
plt.rcParams['axes.unicode_minus'] = False
# 解释变量
X0 = np.array([800,1100,1400,1700,2000,2300,2600,2900,3200,3500])
# 加截距项
X = sm.add_constant(X0)
# 被解释变量
Y = np.array([605, 825,1045,1265,1485,1705,1925,2145,2365,2585])
# 建模
```

```
model = sm.OLS(Y, X)
# 参数估计
results = model.fit()
# 输出参数估计和模型评估的摘要
print(results.summary())
# 模型参数
print(" 1. 模型参数 ".center(30,"*"))
print("1. 参数估计值：", results.params)
# 模型评估
print(" 2. 模型评估 ".center(30,"*"))
print("2.1 R2(R 方)：", results.rsquared)
print("2.2 标准误差：", results.bse)
print("2.3 F 统计量值：", res.fvalue)
print("2.4 F 检验概率：", results.f_pvalue)
print("2.5 残差均方差：", results.mse_resid)
# 模型预测
print(" 3. 模型预测 ".center(30,"*"))
print("模型预测值：", results.predict())
# 可视化
Yhat = results.predict()
plt.figure(figsize=(8,5), dpi=150)
plt.plot(X0,Y     , 'rh', markersize=10, label="原始数据")
plt.plot(X ,Yhat, label="回归数据")
plt.xlabel("收入(元/月)", fontsize=14)
plt.ylabel("支出(元/月)", fontsize=14)
plt.xlim(600, 3700)
plt.title("支出与收入关系分析", fontsize=16)
```

3.1.2 多元线性回归

1. 多元线性回归的定义

所谓多元线性回归，是指被解释变量 Y 由多个解释变量 X_1，X_2，…，$X_k(k\geqslant2)$来解释，即

$$Y=\beta_0+\beta_1X_1+\beta_2X_2+\cdots+\beta_kX_k+\mu \tag{3.6}$$

其中，β_0，β_1，β_2，…，β_k 称为回归系数，是模型的待定参数；μ 称为随机干扰项。

2. 变量的显著性检验

1) 准备——回归系数的最小二乘估计量

设多元线性回归模型如式(3.6)所示。

回归分析的主要任务之一是估计回归系数 β_0，β_1，β_2，…，β_k 的值。为此随机抽样获得

一个样本，其观测值为

$$\{(Y_i,\ X_{i1},\ X_{i2},\ \cdots,\ X_{ik})|\ i=1,\ 2,\ \cdots,\ n\}$$

把样本数据写成表 3.9 所示的二维数表形式更直观。

表 3.9 二 维 数 表

个体编号	观 测 值				
	Y	X_1	X_2	…	X_k
1	Y_1	X_{11}	X_{21}	…	X_{1k}
2	Y_2	X_{21}	X_{22}	…	X_{2k}
3	Y_3	X_{31}	X_{32}	…	X_{3k}
⋮	⋮	⋮	⋮		⋮
n	Y_n	X_{n1}	X_{n2}	…	X_{nk}

将上述样本观测值代入式(3.6)中，得

$$Y_i = \beta_0 + \beta_1 X_{i1} + \beta_2 X_{i2} \cdots + \beta_k X_{ik} + \mu_i,\ i = 1,\ 2,\ \cdots,\ n$$

把上述样本回归模型矩阵化，令

$$\boldsymbol{X} = \begin{bmatrix} 1 & X_{11} & \cdots & X_{1k} \\ 1 & X_{21} & \cdots & X_{2k} \\ \vdots & \vdots & & \vdots \\ 1 & X_{n1} & \cdots & X_{nk} \end{bmatrix}_{n\times(k+1)},\ \boldsymbol{Y} = \begin{bmatrix} Y_1 \\ Y_2 \\ \vdots \\ Y_n \end{bmatrix},\ \boldsymbol{\beta} = \begin{bmatrix} \beta_1 \\ \beta_2 \\ \vdots \\ \beta_k \end{bmatrix},\ \boldsymbol{\mu} = \begin{bmatrix} \mu_1 \\ \mu_2 \\ \vdots \\ \mu_n \end{bmatrix}$$

于是，样本回归模型的矩阵表达形式为

$$\boldsymbol{Y} = \boldsymbol{X\beta} + \boldsymbol{\mu} \tag{3.7}$$

现在准备工作已经完成，直接给出结果：回归系数 $\boldsymbol{\beta}$ 的最小二乘估计量为

$$\hat{\boldsymbol{\beta}} = (\boldsymbol{X'X})^{-1}\boldsymbol{X'Y} \tag{3.8}$$

式(3.8)称为**正规方程**。知道正规方程就可以直接编程计算回归系数的估计值了。

2) 显著性检验的概念

所谓变量的显著性检验，是一个统计学概念，是指对每个变量的系数是否显著为 0 进行检验，即对下述原假设进行统计检验：

$$H_0\text{：}\ \beta_j = 0,\ j = 1,\ 2,\ \cdots,\ k$$

若检验结果是 β_j 显著异于 0，则说明变量 X_j 对 Y 的影响是**显著**的，否则 X_j 对 Y 的影响是**不显著**的，从而可以将 X_j 从模型中剔除。

3) t 检验

对原假设 H_0 的检验(即变量 X_j 的显著性检验)，需借助 β_j 的估计量 $\hat{\beta}_j$ 的概率分布。我们忽略 $\hat{\beta}_j$ 概率分布的推导而直接写出结果：

$$\hat{\beta}_j \sim N(\beta_j,\ \sigma^2 c_{jj})$$

其中，c_{jj} 是矩阵 $(\boldsymbol{X'X})^{-1}$ 对角线上的第 j+1 个元素。

因为总体方差 σ^2 是未知的，所以 $\hat{\beta}_j$ 的概率分布不能直接用于 $\hat{\beta}_j$ 的检验，需要转折一下，借助下面的 t 统计量及其服从的 t 分布进行检验：

$$t=\frac{\hat{\beta}_j-\beta_j}{S_{\hat{\beta}_j}}=\frac{\hat{\beta}_j-\beta_j}{\sqrt{c_{jj}\hat{e}^2}}\sim t(n-k-1)$$

其中，$\hat{e}^2$ 是总体方差 σ^2 的估计值。上述t统计量服从自由度为 $n-k-1$ 的 t 分布，是 $\hat{\beta}_j$ 所服从的正态分布的近似。

t 检验的流程简述如下。

(1) 给定显著性水平 α(一般取 $\alpha=0.05$ 或 $\alpha=0.1$)，此时置信水平为 $1-\alpha$，查阅 t 分布表得临界值 $t_{\frac{\alpha}{2}}(t-k-1)$。

(2) 在假设 $\beta_j=0$ 下计算样本的t统计量的估计值：

$$t=\frac{\hat{\beta}_j}{\sqrt{c_{jj}\hat{e}^2}}$$

(3) 比较 t 值与临界值 $t_{\frac{\alpha}{2}}(t-k-1)$的大小，得检验结论，即若

$$|t|>t_{\frac{\alpha}{2}}(t-k-1)$$

则拒绝原假设 H_0，从而判定 β_j 显著异于 0($\beta_j\neq0$ 的概率为 $1-\alpha$)，进而得变量 X_j 对 Y 的影响是显著的；否则不能拒绝原假设 H_0，即不能拒绝 $\beta_j=0$，从而得变量 X_j 对 Y 的影响是不显著的，需将 X_j 从模型中剔除。

在线性回归分析中，除变量的显著性检验以外，还有整体线性关系检验(F 检验)、拟合优度检验(R^2 检验)等统计检验。很明显，这些检验需要比较深厚的统计学基础。所幸的是，t 检验、F 检验及 R^2 检验等已完全可以由软件自动完成且输出检验结果。

【实验 3.2】 城乡居民收入与消费关系分析。

表 3.10 给出了 2013 年我国内地 31 个省、自治区、直辖市的农村居民家庭和城镇居民家庭人均工资收入、其他收入及生活消费支出的相关数据。试由表 3.10 中的数据建模分析 2013 年中国农村居民与城镇居民不同的收入对生活支出的影响是否有显著差异。

表 3.10 2013 年中国居民人均收入与人均生活消费支出数据 单位：元

地区	农村居民			城镇居民		
	生活消费	工资收入	其他收入	生活消费	工资收入	其他收入
北　京	13 553.2	12 034.9	6302.6	26 274.9	30 273.0	15 000.8
天　津	10 155.0	9091.5	6749.5	21 711.9	23 231.9	12 423.7
河　北	6134.1	5236.7	3865.2	13 640.6	14 588.4	9554.4
山　西	5812.7	4041.1	3112.4	13 166.2	16 216.4	7797.2
内蒙古	7268.3	1694.6	6901.1	19 249.1	18 377.9	8600.1

续表

地区	农村居民			城镇居民		
	生活消费	工资收入	其他收入	生活消费	工资收入	其他收入
辽　宁	7159.0	4209.4	6313.3	18 029.7	15 882.0	12 022.9
吉　林	7379.7	1813.2	7808.0	15 932.3	14 388.3	9155.9
黑龙江	6813.6	1991.4	7642.8	14 161.7	12 525.8	8623.4
上　海	14 234.7	12 239.4	7355.6	28 155.0	33 235.4	15 643.9
江　苏	9909.8	7608.5	5989.2	20 371.5	21 890.0	13 241.0
浙　江	11 760.2	9204.3	6901.7	23 257.2	24 453.0	16 788.0
安　徽	5724.5	3733.5	4364.3	16 285.2	15 535.3	9470.8
福　建	8151.2	5193.9	5990.2	20 092.7	21 443.4	11 939.3
江　西	5653.6	4422.1	4359.4	13 850.5	14 767.5	8181.9
山　东	7392.7	5127.2	5492.8	17 112.2	21 562.1	9066.0
河　南	5627.7	3581.6	4893.8	14 822.0	14 704.2	8982.3
湖　北	6279.5	3868.2	4998.7	15 749.5	15 571.8	9608.7
湖　南	6609.5	4595.6	3776.6	15 887.1	13 951.4	10 691.6
广　东	8343.5	7072.4	4596.9	24 133.3	25 286.5	11 217.5
广　西	5205.6	2712.3	4078.6	15 417.6	15 647.8	9381.0
海　南	5465.6	3001.5	5341.0	15 593.0	15 773.0	9146.8
重　庆	5796.4	4089.2	4242.8	17 813.9	16 654.7	10 195.7
四　川	6308.5	3542.8	4352.6	16 343.5	14 976.0	8917.9
贵　州	4740.2	2572.6	2861.4	13 702.9	13 627.6	7785.5
云　南	4743.6	1729.2	4412.1	15 156.1	15 140.7	9557.6
西　藏	3574.0	1475.3	5102.9	12 231.9	19 604.0	2956.7
陕　西	5724.2	3151.2	3351.4	16 679.7	16 441.0	7667.8
甘　肃	4849.6	2203.4	2904.4	14 020.7	13 329.7	6819.3
青　海	6060.2	2347.5	3848.9	13 539.5	14 015.6	8115.4
宁　夏	6489.7	2878.4	4052.6	15 321.1	15 363.9	8402.8
新　疆	6119.1	1311.8	5984.6	15 206.2	15 585.3	6802.6

下面详述城乡居民收入与消费关系问题的建模及求解过程。

(1) 问题分析。

这是一个分析生活消费支出与收入关系的问题。由题意知，收入分为两类：人均工资收入及其他收入。此外，生活消费支出还与城乡二元结构有关，即与居民是农村居民还是城镇居民有关。“居民”是一个定性变量，需引入虚拟变量来描述。

一般来说，生活消费支出与收入为线性关系。而居民结构关系复杂，因为居民结构不仅影响消费支出，还影响相应的收入。为此我们需要提出相应的假设以应对建模的困难。

根据以上分析，为建模方便，我们将原数据表预处理为如表 3.11 所示的形式。

表 3.11 2013 年中国居民人均收入与人均生活消费支出数据 单位：元

地区	生活消费	工资收入	其他收入	居民
北 京	13 553.2	12 034.9	6302.6	农村
天 津	10155	9091.5	6749.5	农村
河 北	6134.1	5236.7	3865.2	农村
山 西	5812.7	4041.1	3112.4	农村
内蒙古	7268.3	1694.6	6901.1	农村
辽 宁	7159	4209.4	6313.3	农村
吉 林	7379.7	1813.2	7808	农村
黑龙江	6813.6	1991.4	7642.8	农村
上 海	14 234.7	12 239.4	7355.6	农村
江 苏	9909.8	7608.5	5989.2	农村
浙 江	11 760.2	9204.3	6901.7	农村
安 徽	5724.5	3733.5	4364.3	农村
福 建	8151.2	5193.9	5990.2	农村
江 西	5653.6	4422.1	4359.4	农村
山 东	7392.7	5127.2	5492.8	农村
河 南	5627.7	3581.6	4893.8	农村
湖 北	6279.5	3868.2	4998.7	农村
湖 南	6609.5	4595.6	3776.6	农村
广 东	8343.5	7072.4	4596.9	农村
广 西	5205.6	2712.3	4078.6	农村
海 南	5465.6	3001.5	5341	农村
重 庆	5796.4	4089.2	4242.8	农村
四 川	6308.5	3542.8	4352.6	农村
贵 州	4740.2	2572.6	2861.4	农村
云 南	4743.6	1729.2	4412.1	农村
西 藏	3574	1475.3	5102.9	农村
陕 西	5724.2	3151.2	3351.4	农村
甘 肃	4849.6	2203.4	2904.4	农村
青 海	6060.2	2347.5	3848.9	农村
宁 夏	6489.7	2878.4	4052.6	农村
新 疆	6119.1	1311.8	5984.6	农村
北 京	26 274.9	30 273	15 000.8	城镇
天 津	21 711.9	23 231.9	12 423.7	城镇
河 北	13 640.6	14 588.4	9554.4	城镇
山 西	13 166.2	16 216.4	7797.2	城镇
内蒙古	19 249.1	18 377.9	8600.1	城镇

续表

地区	生活消费	工资收入	其他收入	居民
辽　宁	18 029.7	15 882	12 022.9	城镇
吉　林	15 932.3	14 388.3	9155.9	城镇
黑龙江	14 161.7	12 525.8	8623.4	城镇
上　海	28 155	33 235.4	15 643.9	城镇
江　苏	20 371.5	21 890	13 241	城镇
浙　江	23 257.2	24 453	16 788	城镇
安　徽	16 285.2	15 535.3	9470.8	城镇
福　建	20 092.7	21 443.4	11 939.3	城镇
江　西	13 850.5	14 767.5	8181.9	城镇
山　东	17 112.2	21 562.1	9066	城镇
河　南	14 822	14 704.2	8982.3	城镇
湖　北	15 749.5	15 571.8	9608.7	城镇
湖　南	15 887.1	13 951.4	10 691.6	城镇
广　东	24 133.3	25 286.5	11 217.5	城镇
广　西	15 417.6	15 647.8	9381	城镇
海　南	15 593	15 773	9146.8	城镇
重　庆	17 813.9	16 654.7	10 195.7	城镇
四　川	16 343.5	14 976	8917.9	城镇
贵　州	13 702.9	13 627.6	7785.5	城镇
云　南	15 156.1	15 140.7	9557.6	城镇
西　藏	12 231.9	19 604	2956.7	城镇
陕　西	16 679.7	16 441	7667.8	城镇
甘　肃	14 020.7	13 329.7	6819.3	城镇
青　海	13 539.5	14 015.6	8115.4	城镇
宁　夏	15 321.1	15 363.9	8402.8	城镇
新　疆	15 206.2	15 585.3	6802.6	城镇

表 3.11 表明，这是一个容量 $n = 62$ 的样本观测值。

(2) 模型建立。

① 符号系统。支出与收入居民结构关系模型需要用到表 3.12 中的符号。

表 3.12　符 号 系 统

序号	符号	含　义	量纲	属性
1	X_1	人均工资收入	(元/年)/人	变量
2	X_2	人均其他来源收入	(元/年)/人	
3	X_3	虚拟变量，X_3=1 表示农村居民，X_3=0 表示城镇居民	—	
4	Y	生活消费支出	元/年	
5	β_j	回归系数	—	参数

② 合理假设。居民结构对生活消费支出有线性影响，又对收入有乘积效应。

③ 模型推导，由分析知，收入与支出为线性关系；由居民结构的影响假设知，居民结构对消费支出和收入均有相应影响。综合起来，线性回归模型为

$$Y=\beta_0+\beta_1X_1+\beta_2X_2+\beta_3X_3+\beta_4X_3X_1+\beta_5X_3X_2+\mu$$

这是一个含 $k=5$ 元的线性回归模型。

(3) 模型求解。

① 求解准备。为了计算方便，我们把表 3.11 整理为表 3.13 的形式。从表 3.13 中可以看出，第 2 列(Y)是第 3～7 列的线性表达式。

表 3.13 模型计算数据

地区	Y	X_1	X_2	X_3	X_3X_1	X_3X_2
北 京	13 553.2	12 034.9	6302.6	1	12 034.9	6302.6
天 津	10 155	9091.5	6749.5	1	9091.5	6749.5
河 北	6134.1	5236.7	3865.2	1	5236.7	3865.2
山 西	5812.7	4041.1	3112.4	1	4041.1	3112.4
内蒙古	7268.3	1694.6	6901.1	1	1694.6	6901.1
辽 宁	7159	4209.4	6313.3	1	4209.4	6313.3
吉 林	7379.7	1813.2	7808	1	1813.2	7808
黑龙江	6813.6	1991.4	7642.8	1	1991.4	7642.8
上 海	14 234.7	12 239.4	7355.6	1	12 239.4	7355.6
江 苏	9909.8	7608.5	5989.2	1	7608.5	5989.2
浙 江	11 760.2	9204.3	6901.7	1	9204.3	6901.7
安 徽	5724.5	3733.5	4364.3	1	3733.5	4364.3
福 建	8151.2	5193.9	5990.2	1	5193.9	5990.2
江 西	5653.6	4422.1	4359.4	1	4422.1	4359.4
山 东	7392.7	5127.2	5492.8	1	5127.2	5492.8
河 南	5627.7	3581.6	4893.8	1	3581.6	4893.8
湖 北	6279.5	3868.2	4998.7	1	3868.2	4998.7
湖 南	6609.5	4595.6	3776.6	1	4595.6	3776.6
广 东	8343.5	7072.4	4596.9	1	7072.4	4596.9
广 西	5205.6	2712.3	4078.6	1	2712.3	4078.6
海 南	5465.6	3001.5	5341	1	3001.5	5341
重 庆	5796.4	4089.2	4242.8	1	4089.2	4242.8
四 川	6308.5	3542.8	4352.6	1	3542.8	4352.6
贵 州	4740.2	2572.6	2861.4	1	2572.6	2861.4
云 南	4743.6	1729.2	4412.1	1	1729.2	4412.1
西 藏	3574	1475.3	5102.9	1	1475.3	5102.9

续表

地区	Y	X_1	X_2	X_3	X_3X_1	X_3X_2
陕　西	5724.2	3151.2	3351.4	1	3151.2	3351.4
甘　肃	4849.6	2203.4	2904.4	1	2203.4	2904.4
青　海	6060.2	2347.5	3848.9	1	2347.5	3848.9
宁　夏	6489.7	2878.4	4052.6	1	2878.4	4052.6
新　疆	6119.1	1311.8	5984.6	1	1311.8	5984.6
北　京	26 274.9	30 273	15 000.8	0	0	0
天　津	21 711.9	23 231.9	12 423.7	0	0	0
河　北	13 640.6	14 588.4	9554.4	0	0	0
山　西	13 166.2	16 216.4	7797.2	0	0	0
内蒙古	19 249.1	18 377.9	8600.1	0	0	0
辽　宁	18 029.7	15 882	12 022.9	0	0	0
吉　林	15 932.3	14 388.3	9155.9	0	0	0
黑龙江	14 161.7	12 525.8	8623.4	0	0	0
上　海	28 155	33 235.4	15 643.9	0	0	0
江　苏	20 371.5	21 890	13 241	0	0	0
浙　江	23 257.2	24 453	16 788	0	0	0
安　徽	16 285.2	15 535.3	9470.8	0	0	0
福　建	20 092.7	21 443.4	11 939.3	0	0	0
江　西	13 850.5	14 767.5	8181.9	0	0	0
山　东	17 112.2	21 562.1	9066	0	0	0
河　南	14 822	14 704.2	8982.3	0	0	0
湖　北	15 749.5	15 571.8	9608.7	0	0	0
湖　南	15887.1	13 951.4	10 691.6	0	0	0
广　东	24 133.3	25 286.5	11 217.5	0	0	0
广　西	15 417.6	15 647.8	9381	0	0	0
海　南	15 593	15 773	9146.8	0	0	0
重　庆	17 813.9	16 654.7	10 195.7	0	0	0
四　川	16 343.5	14 976	8917.9	0	0	0
贵　州	13 702.9	13 627.6	7785.5	0	0	0
云　南	15 156.1	15 140.7	9557.6	0	0	0
西　藏	12 231.9	19 604	2956.7	0	0	0
陕　西	16 679.7	16 441	7667.8	0	0	0
甘　肃	14 020.7	13 329.7	6819.3	0	0	0
青　海	13 539.5	14 015.6	8115.4	0	0	0
宁　夏	15 321.1	15 363.9	8402.8	0	0	0
新　疆	15 206.2	15 585.3	6802.6	0	0	0

② 求解结果。样本容量 $n = 62$，变量 $k = 5$，给定显著性水平 $\alpha = 0.05$。

查阅相应 t 分布，$t(n-k-1) = t(56)$的临界值为 $t_{0.025}(56) = 2.00$，这个临界值用于变量的显著性检验。

查阅相应 F 分布，$F(k，n-k-1) = F(5，56)$的临界值为 $F(5，56) = 2.38$，这个临界值用于整体线性关系的显著性检验。

a. 参数估计结果。

调用 sklearn 库 linear_model 模块中的命令 LinearRegression 求解，结果见表 3.14。

表 3.14　参数估计结果

回归系数	估计值
β_0	2599.1455
B_1	0.4865
B_2	0.6017
B_3	−1573.8949
B_4	0.1896
B_5	−0.0059

b. 预测结果的 0.95 置信区间的可视化如图 3.2 所示。

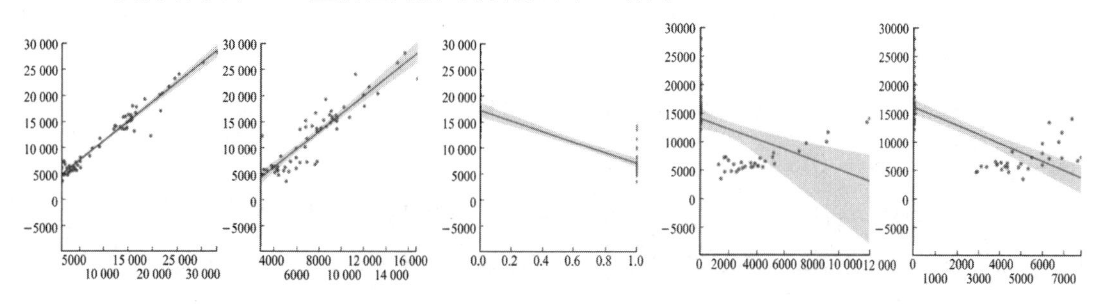

图 3.2　置信区间可视化

③ 模型的经济学意义。由求解结果知，生活消费支出模型为

$$\bar{Y} = 2599.15 + 0.49X_1 + 0.60X_2 - 1573.89X_3 + 0.19X_3X_1 - 0.006X_3X_2$$

从模型得出城乡生活消费支出的异同如下：

a. 2013 年中国农村居民的平均消费支出要比城镇居民少 1573.89 元。

b. 在其他条件不变的情况下，农村居民与城镇居民的工资收入都增加 100 元时，农村居民要比城镇居民多支出 19 元用于生活消费。

c. 农村居民与城镇居民在其他来源的收入方面有相同的增加量时，两者增加的消费支出没有显著差异(由变量 X_3X_2 不显著得出的结论)。

实验 3.2 的完整求解程序如下：

```
#%% 实验 3.2 城乡居民收入与消费关系分析
import pandas as pd
```

```
import seaborn as sns
from sklearn.linear_model import LinearRegression
import matplotlib.pyplot as plt
# 通过 read_excel 来读取数据集
path = r'..\讲义所用数据集\第 3 章'
file = r'\第 1 节-城乡居民收入和消费关系分析.xlsx'
data = pd.read_excel(path+file)
# 输出数据集，查看其前几列以及数据形状
print(' head:', data.head(),'\n Shape:', data.shape)
# 数据的描述性统计
print(data.describe())
# 缺失值检验
print(data[data.isnull()==True].count())
plt.figure(figsize=(8,5), dpi=150)
data.boxplot()
plt.savefig("boxplot.jpg")
plt.show()
# 相关系数：0~0.3 弱相关；0.3~0.6 中等程度相关；0.6~1 强相关
print(data.corr())
# 通过加入参数 kind='reg'，seaborn 可以添加一条最佳拟合直线和 95%的置信带
sns.pairplot( data, x_vars=['X1','X2','X3','X1X3','X2X3'], y_vars='Y', size=7, aspect=0.8, kind =
'reg' )
plt.savefig( "pairplot.jpg" )
plt.show()
x = data.iloc[:,1:]
y = data.iloc[:,0]
model = LinearRegression()
model.fit(x,y)
a = model.intercept_ # 提取截距
b = model.coef_ # 提取回归系数
print("最佳拟合线:\n  截距  \n", a,"\n  回归系数  \n ", b)
```

3.2　非线性回归分析

非线性回归分析比线性回归要困难得多。Python 进行非线性回归分析时有一定的局限，为此我们介绍一些 Matlab 在非线性回归分析中的应用。

1. Python 求解非线性回归模型

Python 求解非线性回归的命令来自曲线拟合，即以 scipy.optimize 模块的 least_squares、leastsq、curve_fit 为主。这些工具不能满足对非线性回归模型评估的需要，特别是不能对模型进行统计检验，所以需引入更强大的工具。

2. Matlab 求解非线性回归模型

在非线性回归方面，当前 Matlab 比 Python 更有优势，主要是 Matlab 能进行相关的统计检验，比如能输出待估计参数和预测值的置信区间。

Matlab 进行非线性回归求解主要分为如下两步：

(1) 求解非线性回归模型，用到 3 个函数：lsqcurvefit、fitnlm 和 nlinfit。

(2) 对模型进行评估，用到 2 个函数：nlparci 和 nlpredci。

lsqcurvefit 来自优化工具箱(Optimization Toolbox)，当模型中待估计参数限定在某一范围内取值时需选用它来求解。fitnlm、nlinfit、nlparci 和 nlpredci 这四个函数都来自统计工具箱(Statistics Toolbox)。fitnlm 求解非线性回归模型时提供了统计分析功能，如假设检验(t 检验和 F 检验)等；nlinfit 的输入项与 fitnlm 的相同，输出项则与 lsqcurvefit 的相近，也是一个强大的非线性回归模型求解器；nlparci 用于计算参数的置信区间，nlpredci 则用于计算预测值的置信区间，二者都用于评估模型的精确性和可靠性。

两组函数的相关用法及参数含义见表 3.15。

表 3.15　Matlab 非线性回归分析函数

函数	说明
[beta, ~, R, ~, ~, ~, J] = lsqcurvefit(fun, beta0, xdata, ydata, LB, UB)	输入参数：fun = 非线性回归模型，由@函数来表达； beta0 = 迭代初值； xdata 和 ydata = 自变量和因变量的观测值； LB 和 UB = 参数的取值下界和上界。 输出项：beta = 模型参数估计值； R, J = 残差项，Jacobi 矩阵。 **注**：beta、R 和 J 用于区间估计
[beta, R, J] = nlinfit(xdata, ydata, fun, beta0)	输入项和输出项的含义都同 lsqcurvefit。 与 lsqcurvefit 不同的是，nlinfit 不能限定待估计参数的取值范围

续表

mdl = fitnlm(xdata, ydata, fun, beta0)	输入参数：同 nlinfit。 输出项：mdl = 丰富的输出内容，有模型表达式、t 检验、F 检验、R_2 值等
ci = nlparci(beta, R, J, alpha)	输入参数：beta, R, J = lsqcurvefit 或 nlinfit 的输出项； alpha = 置信水平。 输出项：ci = 参数的(1-alpha)置信区间
[Ypred, delta] = nlpredci(fun, X, beta, R, J)	输入参数：fun = 参数已白化的非线性回归模型； X = 自变量的采样。 输出项：Ypred = X 对应的预测值； delta = 置信半径。 注：0.95 区间是[Ypred-delta, Ypred+delta]

3.2.1　一元非线性回归

一元非线性回归分析与曲线拟合相比多一个参数检验的环节。

1. 与线性回归模型的差异

与线性回归模型相比，非线性回归模型的分析要困难得多。这主要体现在以下几个方面。

1) 关于真相

线性回归模型已设定模型的形式，所以真相是已知的(只是其中所含参数待定)；而非线性回归模型中的真相是未知的。

2) 真相探索的方法

既然非线性回归模型的真相是未知的，那么如何寻找真相呢？其方法与曲线拟合完全一致，流程如下：

散点图 ⟹ 观察变化趋势 ⟹ 设定逼近曲线形式 ⟹ 参数估计

3) 实现方法

非线性回归的实现比线性回归的实现更困难，主要在于三个方面：① 用到更多的函数；② 有更多更难理解的输出项；③ 统计检验和预测更加困难。

2. 一元非线性回归模型

1) 一般形式

一元非线性回归模型的形式如下：

$$Y = f(X) + \mu \tag{3.9}$$

其中，$f(X)$是非线性函数，称为回归函数或回归方程(也就是所谓的**真相**)，μ 是随机干扰项且 $\mu \sim N(0，\sigma^2)$。

我们的主要任务是对回归函数 $f(X)$进行推断。

2) 多项式回归及其求解

(1) 定义。顾名思义，多项式推断就是用多项式来逼近 $f(X)$。用于推断的多项式次数不能太高，否则会出现高次项系数过小及过拟合等问题。

(2) 本质。设用于逼近真相 $f(X)$的多项式为

$$y = a_0x^k + a_1x^{k-1} + \cdots + a_{k-1}x + a_k \tag{3.10}$$

其中，a_0，a_1，…，a_k 为多项式回归系数，是待定参数。

为了求得式(3.10)中多项式回归系数 a_0，a_1，…，a_k，我们随机抽样得到一个样本：

$$\{(x_i，y_i)|i = 1，2，\cdots，n\}$$

将样本代入式(3.10)，得到关于 a_0，a_1，…，a_k 的线性方程组(即含 $k + 1$ 个未知量、n 个方程的方程组，该方程组含误差项)：

$$y_i = a_0x_i^k+a_1x_i^{k-1}+\cdots+ a_{k-1}x_i + a_k+ \varepsilon_i，i = 1，2，2，\cdots，n \tag{3.11}$$

在式(3.11)中，记

$$X_{ij} = x_i^j，j = k，k - 1，\cdots，1 \tag{3.12}$$

将式(3.12)代入式(3.11)，则式(3.11)变为

$$y_i= a_0X_{ik} + a_1X_{i,k-1} + \cdots + a_{k-1}X_{i1} + a_k+ \varepsilon_i，i = 1，2，\cdots，n \tag{3.13}$$

进一步令 $\beta_j = a_{k-j}\,(j = 0，1，2，\cdots，k)$，$Y_i = y_i$，则式(3.13)变为

$$Y_i = \beta_0 + \beta_1X_{i1} + \beta_2X_{i2} + \cdots + \beta_kX_{ik} + \varepsilon_i，i = 1，2，\cdots，n \tag{3.14}$$

矩阵化式(3.14)，得

$$\boldsymbol{Y} = \boldsymbol{X\beta} + \boldsymbol{\varepsilon} \tag{3.15}$$

其中：

$$\boldsymbol{X}=\begin{bmatrix}1 & x_1 & \cdots & x_1^k\\ 1 & x_2 & \cdots & x_2^k\\ \vdots & \vdots & & \vdots\\ 1 & x_n & \cdots & x_n^k\end{bmatrix}_{n\times(k+1)}，\boldsymbol{Y}=\begin{bmatrix}y_1\\ y_2\\ \vdots\\ y_n\end{bmatrix}，\boldsymbol{\beta}=\begin{bmatrix}a_k\\ a_{k-1}\\ \vdots\\ a_0\end{bmatrix}，\boldsymbol{\varepsilon}=\begin{bmatrix}\varepsilon_1\\ \varepsilon_2\\ \vdots\\ \varepsilon_n\end{bmatrix}$$

式(3.15)正是我们熟知的k元线性回归模型。

至此多项式回归的本质一目了然：k 次多项式回归本质上就是 k 元线性回归。所以，**多项式回归的求解**可与多元线性回归的求解完全一致，此处就不再赘述了。

3. 非多项式回归及其求解

1) 非多项式回归的定义

顾名思义，非多项式推断就是用来逼近$f(X)$的函数，不是多项式函数。

2) 可线性化的非线性回归模型

这类模型已罗列在表 2.10 中，线性化之后按**线性回归模型求解**。

3) 不可线性化的非线性回归模型及其求解方法

(1) 类型：有如表 3.16 所示的 3 类不可线性化的回归模型(还有其他形式，从略)。

(2) 求解。这类回归的求解方法是需要特别介绍的，它既是重点，也是难点。

表 3.16　不可线性化的非线性回归分析模型

序号	模型名称	说明或模型
1	有位移的可线性化模型	比如 $y-y_0=\alpha(x-x_0)^\beta$，其中 x_0，y_0，α，β 都是待定参数，不能线性化
2	悬链式曲线类	$y=\beta_1+\beta_2 e^{\beta_4 x}+\beta_3 e^{-\beta_4 x}$
3	周期函数类	比如 $y=A\cos(\omega x+\theta)+b$，其中 A，ω，θ，b 都是待定参数

【实验 3.3】 混凝土的抗压强度随养护时间的延长而增加，现将一批混凝土做成 12 个试块，表 3.17 记录了养护时间 x(日)及抗压强度 y(kg/cm^2)的数据。

表 3.17　养护时间及抗压强度的数据

养护时间 x/日	2	3	4	5	7	9	12	14	17	21	28	56
抗压强度 y/(kg/cm^2)	35	42	47	53	59	65	68	73	76	82	86	99

试分析抗压强度 y 与养护时间 x 之间的关系。

下面给出实验 3.3 的详细解答过程。

前期工作与曲线拟合是一致的，即作散点图，根据散点趋势设定回归方程，之后进行参数估计。

首先，绘制散点图，如图 3.3 所示。

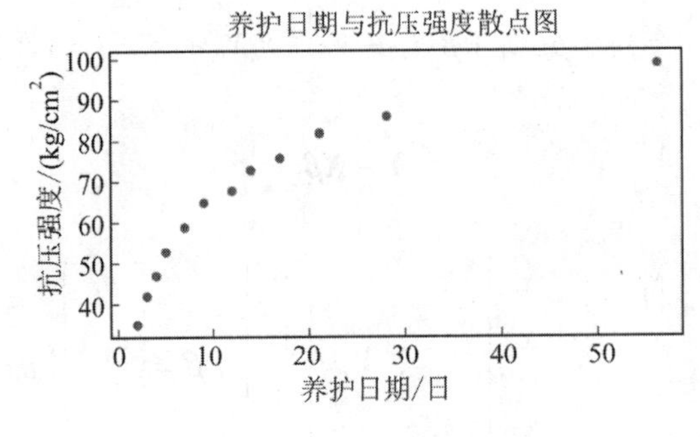

图 3.3　(x，y)散点图

然后，根据散点图设定模型。对比可线性化模型，这种趋势与模型 $\frac{1}{y}=a\frac{1}{x}+b$ 有一定程度的相似性，于是设定模型为

$$\frac{1}{y}=\beta_0+\beta_1\frac{1}{x} \tag{3.16}$$

其中，β_0、β_1 为待定参数。

最后，应用 statsmodels 求解式(3.16)，结果见表 3.18。

表 3.18　参数估计结果

参数	值	检验	
β_0	0.0109	R^2	0.9904
β_1	0.0378	$\hat{e}^2$	0.0017

结果可视化如图 3.4 所示。

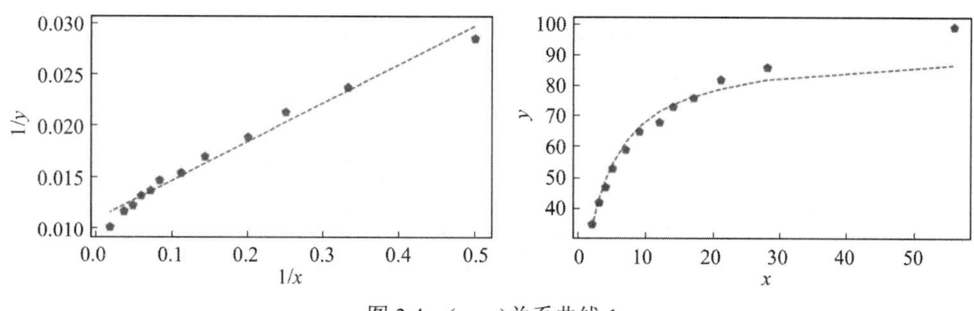

图 3.4　(x，y)关系曲线 1

【模型评价】 虽然该模型通过了所有检验，但可以明显看出模型曲线与样本点随 x 增大其趋势差异也变大，原因是随着 x 增大，样本点明显有上扬趋势，而所选模型有上界压制。因此所选模型还可以改进。

下面我们选择不可线性化的模型中的悬链式曲线类来逼近样本点，即设定模型为

$$y = \beta_1 + \beta_2 e^{\beta_4 x} + \beta_3 e^{-\beta_4 x} \tag{3.17}$$

其中，β_1、β_2、β_3、β_4 为待定参数。

(1) 参数的显著性(t 检验)。

应用 Matlab 非线性拟合函数 fitnlm 求解式(3.17)，结果如表 3.19 所示。

表 3.19　参数估计及显著性检验结果

参数	估计值	t统计量	p值	显著性
β_1	87.2359	42.6878	9.9975e-11	显著
β_2	0.0261	1.9179	0.0914	?
β_3	−62.8818	−31.7779	1.0468e-09	显著
β_4	0.1094	9.5065	1.237e-05	显著

t 检验结果表明，参数 β_2 在显著性水平为 0.05 时不显著，其余各参数是显著的。

(2) 模型的其他评估。

统计检验结果如表 3.20 所示。

表 3.20　统计检验结果

F 检验		拟合优度检验		均方根误差
F 统计量	F 检验 p 值	R 方	调整 R 方	
509	1.81e-09	0.995	0.993	1.62

表 3.20 中的模型评估结果表明，悬链式曲线模型优良。

回归曲线(悬链式曲线类)与样本点的逼近程度如图 3.5 所示。图 3.5 从可视化角度说明，悬链式曲线的逼近程度已远远好于第一次选取的模型。所以，可用模型

$$y = 87.2359 + 0.0261e^{0.1094x} - 62.8818e^{-0.1094x}$$

作为抗压强度 y 与养护时间 x 之间的关系。

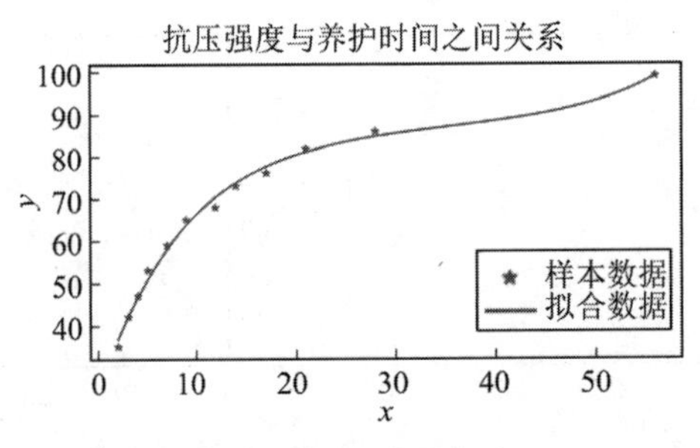

图 3.5 (x，y)关系曲线 2

实验 3.3 的 Python 求解程序如下：

```
#%% 实验 3.3 混凝土抗压强度与养护时间的关系研究
import numpy as np
from scipy import stats
import matplotlib.pyplot as plt
plt.rcParams['font.sans-serif']   = 'SimHei' # 设置中文显示
plt.rcParams['axes.unicode_minus'] = False
font = {'family' : 'Times New Roman', 'fontstyle' : 'italic', 'size' : 12 }
# 输入数据：xdata = 养护时间，ydata = 抗压强度
xdata = np.array([2,3,4,5,7,9,12,14,17,21,28,56])
ydata = np.array([35,42,47,53,59,65,68,73,76,82,86,99])
# 画原始数据散点图
plt.figure(figsize=(8,4), dpi=150)
plt.scatter(xdata, ydata, s=40)
plt.title('抗压强度与养护日期散点图', fontdict={'fontname':'kaiti','fontsize':14})
plt.xlabel( '抗压强度', fontdict={'fontname':'kaiti','fontsize':12})
plt.ylabel( '养护日期', fontdict={'fontname':'kaiti','fontsize':12})
# ---- 倒数模型【可线性化模型】 --------------------------------------------------
x, y = 1/xdata, 1/ydata
(a_s,b_s,r,tt,stderr) = stats.linregress(x,y)
print( '\n Linear regression using stats.linregress\n' )
print( 'a=%.4f b=%.4f, std error= %.4f, r^2 coefficient= %.4f' % (a_s,b_s,stderr,r) )
yhat = a_s*x + b_s
plt.figure(figsize=(12,3), dpi=150)
plt.subplot(1,2,1)
plt.scatter(x,y, marker='p')
plt.plot(x,yhat, color='r', linestyle='--', linewidth=1)
plt.title('1/y ~ 1/x', font)
plt.xlabel( '1/x', font)
plt.ylabel( '1/y', font)
```

```
plt.subplot(1,2,2)
plt.scatter(xdata,ydata, marker='p')
plt.plot(xdata,xdata/(b_s*xdata+a_s), color='r', linestyle='--', linewidth=1)
plt.title('y ~ x', font)
plt.xlabel( 'x', font)
plt.ylabel( 'y', font)
# ---- 悬链式曲线拟合 ---------------------------------------------------------
from scipy.optimize import curve_fit
# 用悬链线形式来拟合
def func(x,a,b,c,d):
    return a+b*np.exp(d*x)+c*np.exp(-d*x)
popt, pcov = curve_fit(func, xdata, ydata)
print('参数估计值：a,b,c,d=\n', popt)
# popt 里面是拟合系数
a,b,c,d = popt[0], popt[1], popt[2], popt[3]
#yvals = func(xdata,a,b,c,d)
f = lambda x : a+b*np.exp(d*x)+c*np.exp(-d*x)
t = np.linspace(xdata.min(), xdata.max(), 251)
yvals = f(t)
plt.figure(figsize=(8,4), dpi=150)
plot1 = plt.plot(xdata, ydata, '*', label='样本数据')
plot2 = plt.plot(t, yvals, 'r', label='拟合数据')
plt.xlabel('x', font)
plt.ylabel('y', font)
plt.legend(loc=4,prop={'family':'kaiti','size':10})
plt.title('抗压强度与养护时间之间关系', fontdict={'fontname':'kaiti','fontsize':14})
```

实验 3.3 的 Matlab 求解程序如下：

```
% 实验 3.3-混凝土的抗压强度随养护时间的关系研究
clear, clc
x=[2 3 4 5 7 9 12 14 17 21 28 56];
y=[35 42 47 53 59 65 68 73 76 82 86 99];
fun = @(beta,x) beta(1)+beta(2)*exp(beta(4)*x)+beta(3)*exp(-beta(4)*x);
beta0 = [87.2359 0.0261 -62.8818 0.1094];
mdl = fitnlm(x, y, fun, beta0)
```

【实验 3.4】 质点位移变化规律探究。为了研究某质点变速运动中位移x随时间t的变化规律，从实验室获得一组观测数据，如表 3.21 所示。

表 3.21 质点位移数据

t/s	x/m	t/s	x/m	t/s	x/m
1.0675	0.2612	7.5119	0.5411	14.1489	0.6362
1.68	0.3517	8.0469	0.5384	14.5377	0.5391
2.0738	0.3878	8.5706	0.4665	15.1373	0.4915
2.5222	0.476	9.1642	0.4888	15.5367	0.6368
3.156	0.4922	9.503	0.526	16.0736	0.653
3.5779	0.4788	10.0086	0.4808	16.6251	0.5461
4.0483	0.4393	10.5337	0.6063	17.156	0.4816
4.5807	0.5373	11.1298	0.4789	17.5162	0.5121
5.0192	0.4911	11.6463	0.4874	18.1858	0.5432
5.5263	0.463	12.1295	0.4785	18.6551	0.5814
6.1884	0.5878	12.5901	0.4919	19.0973	0.5158
6.6912	0.5814	13.1094	0.5354	19.5871	0.5848
7.115	0.5217	13.5592	0.5122	20.0893	0.6073

(1) 建立模型 $x=f(\beta,t)$；

(2) 估计模型中参数 β 的值，并给出其置信区间；

(3) 预测当 $t=[5,10,20,40]$时质点的位移x。

实验 3.4 的详细解答过程如下所述。

(1) 问题分析。

根据问题要求给出参数的置信区间；由题可知，这是回归问题，所以根据数据推断回归方程。推断回归方程的前期工作与曲线拟合一致，此后进行统计检验。

(2) 模型建立。

① 散点图。根据表 3.21 所给数据作质点轨迹散点图，如图 3.6 所示。

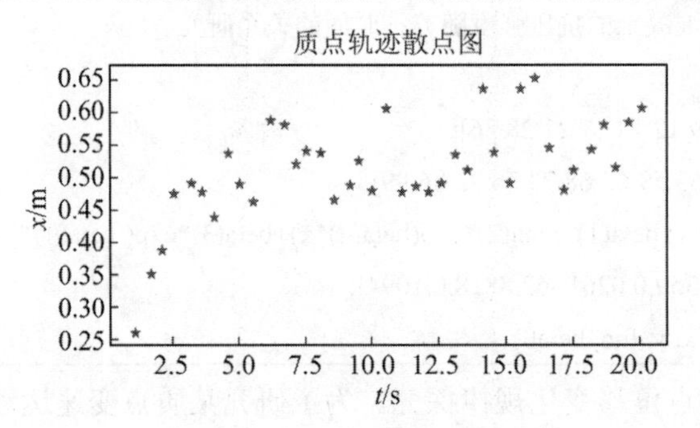

图 3.6 质点轨迹散点图

散点具有这样的趋势：前期($t<7$)是凸增长，之后具有一定的波浪线变化。具有这种特征曲线的，一是多项式(广泛一点的是有理式)，二是多项式与弦函数的乘积形式。

② 模型设定。

a. 将模型设定为多项式。多项式次数的确定原则如下：

若曲线具有 m 个波峰、n 个波谷，则次数设定为 $m+n+1$。

上述散点图具有 1 个波峰、1 个波谷，所以模型设定为 3 次多项式：

$$x = a_0t^3 + a_1t^2 + a_2t + a_3 \tag{3.18}$$

b. 将模型设定为多项式与弦函数的乘积形式：

$$x = (a_0t^2 + a_1t + a_2)\sin(a_3t + a_4) + a_5 \tag{3.19}$$

(3) 模型求解。

应用 Matlab 非线性回归套件“nlinfit+nlparci+nlpredci”求解式(3.18)和式(3.19)。

① 多项式模型的求解结果。

a. 参数估计值及显著性见表 3.22。

表 3.22　多项式模型参数的估计值及显著性

参数	估计值	0.95 置信区间		显著性
a_0	0.000 177	0.0001	0.0003	显著
a_1	−0.006 35	−0.0104	−0.0023	显著
a_2	0.072 955	0.0353	0.1106	显著
a_3	0.267 283	0.1710	0.3636	显著

参数的显著性检验表明，多项式模型是成立的。

b. 三次多项式回归结果见图 3.7。

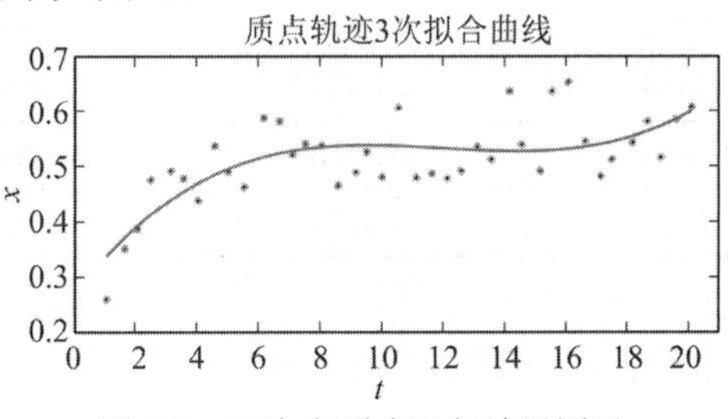

图 3.7　三次多项式回归结果图示

c. 预测结果见表 3.23。

表 3.23　多项式回归模型预测结果

t	x	Δ	0.95 置信区间	
5	0.4953	0.0305	0.4648	0.5258
10	0.5381	0.0265	0.5116	0.5646
20	0.5977	0.0612	0.5365	0.6589
40	4.3209	3.0236	1.2973	7.3445

②“多项式 × 弦函数”模型的求解结果。

a. 参数估计值及显著性见表 3.24。

表 3.24 “多项式×弦函数”模型的参数估计值及显著性

参数	估计值	0.95 置信区间		显著性
a_0	0.0021	−0.0008	0.004 964	不显著
a_1	−0.0512	−0.100 52	−0.001 81	显著
a_2	0.2639	0.119 109	0.408 637	显著
a_3	0.4427	0.315 412	0.570 042	显著
a_4	10.4449	9.468 96	11.420 89	显著
a_5	0.5311	0.446 853	0.615 296	显著

b. “多项式×弦函数”回归结果见图 3.8。

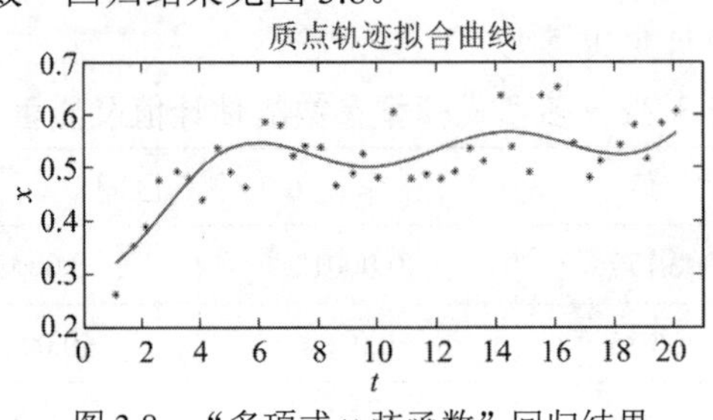

图 3.8　“多项式×弦函数”回归结果

c. 预测结果见表 3.25。

表 3.25 “多项式×弦函数”模型预测结果

t	x	Δ	0.95 置信区间	
5	0.5366	0.0324	0.5042	0.5690
10	0.5016	0.0320	0.4697	0.5336
20	0.5628	0.0710	0.4917	0.6338
40	0.7167	8.6161	−7.8994	9.3329

(4) 结论。

式(3.18)和式(3.19)的白化方程分别如下所示。

① 多项式模型：

$$x = 0.000\,177t^3 - 0.006\,35t^2 + 0.072\,955t + 0.267\,283 \tag{3.20}$$

②“多项式×弦函数”模型：

$$x = (0.0021t^2 - 0.0512t + 0.2639)\sin(0.4427t + 10.4449) + 0.5311 \tag{3.21}$$

总体来说，上述两个白化方程都可用来描述质点轨迹方程。但从预测效果看，式(3.21)比式(3.20)更好一些。

实验 3.4 的 Matlab 程序如下：

```
%% 实验 3.4-质点位移变化规律探究
clear, clc
% 1.读入数据，并可视化
data = readtable("..\表 3.21-质点位移研究.xlsx");
t = data.t;
```

```
x = data.x;
plot(t,x,'k*')
% 2. 三次多项式模型
% 2.1 建模
poly = @(p,t) p(1)*t.^3+p(2)*t.^2+p(3)*t+p(4);
% 2.2 初值
p0 = [1,1,1,1];
% 2.3 参数点估计
[beta, R, J] = nlinfit(t, x, poly, p0);
% 2.4 参数区间估计
alpha = 0.05;
ci = nlparci(beta, R, J, alpha);
% 2.5 回代预测
x_pred = nlpredci(poly, t, beta, R, J, alpha);
% 2.6 可视化预测曲线
figure
plot(t, x, 'k*')
hold on
plot(t, x_pred, 'LineWidth', 2)
xlim([0,21])
title('质点轨迹 3 次拟合曲线', 'FontSize', 12, 'FontName', 'kaiti')
xlabel('$t$', Interpreter='latex')
ylabel('$x$', Interpreter='latex')
% 2.7 预测
t_new = [5,10,20,40];
[x_new, delta] = nlpredci(poly, t_new, beta, R, J, alpha);
% 3. "多项式×弦函数"模型
% 3.1 建模
model = @(p,t) (p(1)*t.^2+p(2)*t+p(3)).*sin(p(4)*t+p(5))+p(6);
% 3.2 初值
b0 = [1,1,1,1,1,1];
% 3.3 参数点估计
[b, R0, J0] = nlinfit(t, x, model, b0);
% 3.4 参数区间估计
cI = nlparci(b, R0, J0, alpha);
% 3.5 回代预测
xpred = nlpredci(model, t, b, R0, J0, alpha);
% 3.6 可视化预测曲线
```

```
figure
plot(t, x, 'k*')
hold on
plot(t, xpred, 'LineWidth',2)
xlim([0,21])
title('质点轨迹拟合曲线','FontSize',12,'FontName','kaiti')
xlabel('$t$', Interpreter='latex')
ylabel('$x$', Interpreter='latex')
[xnew, Delta] = nlpredci(model, t_new, b, R0, J0, alpha);
```

3.2.2　多元非线性回归

一元非线性回归已经比较难了，而多元非线性回归又难上一个层次。

下面简述多元非线性回归的概念。

1. 多元非线性回归模型的定义

多元非线性回归模型的形式如下：

$$Y=f(X_1, X_2, \cdots, X_k)+\mu \tag{3.22}$$

其中，$f(x_1, x_2, \cdots, x_k)$称为回归函数(**真相**)；μ 是随机干扰项且 $\mu \sim N(0, \sigma^2)$。

我们的主要任务是对回归函数 $f(x_1, x_2, \cdots, x_k)$进行推断。

2. 多项式回归及其求解

1) 定义

顾名思义，多项式推断就是用多项式来逼近 $f(x_1, x_2, \cdots, x_k)$。

用于推断的多项式次数不能太高，否则会出现高次项系数过小及过拟合等问题。

2) 本质

如一元情形一样，多元多项式推断的本质也是线性回归模型。

设用于逼近真相 $f(x_1, x_2, \cdots, x_k)$的 k 元 $d(\geqslant 1)$次多项式为

$$y=a_0+\sum_{i_1+i_2+\cdots+i_k=1}^{d} a_{i_1+i_2\cdots i_k} x_1^{i_1} x_2^{i_2} \cdots x_k^{i_k}$$

其中，a_0、$a_{i_1+i_2+\cdots+i_k}$ 为多项式回归系数，是待定参数。

我们以$d=2$为例说明多元多项式回归的本质。当 $d=2$ 时，上述多项式简化为

$$y=a_0+\sum_{i=1}^{k} a_i x_i+\sum_{1 \leqslant i \leqslant j \leqslant k} a_{ij} x_i x_j$$

该式为有 $\frac{k(k+3)}{2}$ 个项、$\frac{k(k+3)}{2}+1$ 个参数的 k 元**完全**二次模型。

因在模型求解时 $(x_1, x_2, \cdots, x_k; y)$ 来自于样本，是已知的，未知项只是模型中的参数，而参数都是以线性形式出现在模型中的，故：

> k 元二次多项式回归本质上是 $\frac{k(k+3)}{2}$ 元线性回归，进而 k 元多项式回归本质上是多元线性回归。

所以，**多元多项式回归的求解**与多元线性回归的求解完全一致，这里就不再赘述了。

3. 非多项式的非线性回归模型

1) 定义

顾名思义，非多项式推断就是用非多项式函数来逼近 $f(x_1, x_2, \cdots, x_k)$。

2) 典型类型

非多项式的非线性回归模型主要考虑两类，列于表 3.26 中。

表 3.26 典型非多项式的非线性回归模型

函数类	形 式
有理函数类	$\dfrac{b_0 + \sum\limits_{j_1+j_2+\cdots+j_k=1}^{n} b_{j_1+j_2+\cdots+j_k} X_1^{j_1} X_2^{j_2} \cdots X_k^{j_k}}{1 + \sum\limits_{i_1+i_2+\cdots+i_k=1}^{m} a_{i_1+i_2+\cdots+i_k} X_1^{i_1} X_2^{i_2} \cdots X_k^{i_k}}$
“有理+悬链”组合类	$\beta_0 + P_1(X)\mathrm{e}^{Q(\vec{X})} + P_2(X)\mathrm{e}^{-Q(\vec{X})}$ 其中，$P_1(X)$、$P_2(X)$、$Q(X)$ 是含待定参数的有理函数

3) 求解

如一元情形一样，多元非多项式的非线性回归模型的求解既是重点，也是难点。

下面通过实验来说明非线性回归模型的建模和求解过程。

【实验 3.5】 口罩销量与空气质量之间的关系。

众所周知，空气质量对呼吸道疾病影响极大。当空气质量不好时，人的应激反应是购买口罩以实现自我保护。为了研究空气质量、天气、地区等因素对口罩销量的影响，对甲、乙、丙三个地区进行调研，获得了空气质量指标(“两尘四气”)、相应天气(晴、阴、雨)及相应的口罩销售数据(部分)如表 3.27 所示。

表 3.27 口罩销量与空气质量数据(部分)

口罩销量	PM2.5	PM10	CO	NO_2	SO_2	O_3	天气	地区
67.26	33	71	0.756	9	25	80	阴	甲
21.28	32	69	0.736	9	22	86	晴	甲
53.72	33	64	0.804	9	26	88	雨	甲
…	…	…	…	…	…	…	…	…
80.76	35	45	0.97	24	10	69	雨	乙
36.86	30	46	1.03	29	9	62	雨	乙
88.69	33	48	1.14	39	9	51	雨	乙
…	…	…	…	…	…	…	…	…
3.65	74	133	1.62	49	23	154	阴	丙
20.91	71	138	1.55	40	19	181	晴	丙
46.09	73	114	1.36	25	14	212	雨	丙
…	…	…	…	…	…	…	…	…

(1) 根据所给因素建立口罩销量的回归分析模型。

(2) 对模型中的参数进行估计。

(3) 对模型进行统计检验以评价模型。

(4) 三个地区的空气质量及天气对口罩销量的影响是否有显著差异？

(5) 甲、乙、丙三个地区的空气质量及天气如表 3.28 所示，试预测相应的口罩销量。

表 3.28　甲乙丙三地区新观测天气及空气质量数据

地区	PM2.5	PM10	CO	NO_2	SO_2	O_3	天气
甲	52	101	0.7	57	15	53	晴
乙	120	253	1.2	73	19	96	雨
丙	40	79	0.6	68	14	82	晴

下面给出实验 3.5 的详细解答过程。

(1) 问题分析。

问题涉及的因素有空气污染物(“两尘四气”)、地区及天气，其中空气污染物是定量变量，地区和天气则是定性变量。对于定性变量，需要引入虚拟变量来量化。所以需要对数据集预处理之后才能用于分析。

① 数据预处理。

数据预处理的目标是：将所有定性变量通过引入虚拟变量来量化；甲、乙、丙三个地区的空气质量及天气数据表通过引入虚拟变量后集成为一个表格。

天气有三个值——晴、阴、雨，需要引入两个虚拟变量来描述：

$$X_7=\begin{cases}1, & \text{晴}\\0, & \text{其他}\end{cases},\quad X_8=\begin{cases}1, & \text{阴}\\0, & \text{其他}\end{cases}$$

地区有三个值——甲、乙、丙，需要引入两个虚拟变量来描述，如下：

$$X_9=\begin{cases}1, & \text{甲}\\0, & \text{其他}\end{cases},\quad X_{10}=\begin{cases}1, & \text{乙}\\0, & \text{其他}\end{cases}$$

需要说明的是，变量如此编号，一方面是$X_1,\cdots,X_6$已预留给“两尘四气”，另一方面是为了使模型的形式统一。预处理完成后的数据见表 3.29。

表 3.29　预处理后的数据(部分)

Y	X_1	X_2	X_3	X_4	X_5	X_6	X_7	X_8	X_9	X_{10}
67.26	33	71	0.756	9	25	80	0	1	1	0
21.28	32	69	0.736	9	22	86	1	0	1	0
53.72	33	64	0.804	9	26	88	0	0	1	0
…	…	…	…	…	…	…	…	…	…	…
80.76	35	45	0.97	24	10	69	0	0	0	1
36.86	30	46	1.03	29	9	62	0	0	0	1
88.69	33	48	1.14	39	9	51	0	0	0	1
…	…	…	…	…	…	…	…	…	…	…

续表

Y	X_1	X_2	X_3	X_4	X_5	X_6	X_7	X_8	X_9	X_{10}
3.65	74	133	1.62	49	23	154	0	1	0	0
20.91	71	138	1.55	40	19	181	1	0	0	0
46.09	73	114	1.36	25	14	212	0	0	0	0
…	…	…	…	…	…	…	…	…	…	…

② 影响因素关系分析。

地区不同，空气质量可能不一样，天气不同，空气质量可能也不一样，故地区和天气对空气质量都有影响。我们通过乘法方式将虚拟变量引入模型中，表示地区和天气对空气质量的影响，从而得到对口罩销量的影响。

(2) 模型建立。

① 合理假设。

地区天气对空气质量影响假设：地区和天气对空气质量都有影响，且有乘积效应。

空气质量对口罩销量影响假设：空气质量对口罩销量有线性影响。

② 模型推导。

由假设知，口罩销量是空气质量的线性回归模型：

$$Y=\beta_0+\sum_{j=1}^{10}\beta_j X_j+\sum_{i=7}^{10}\sum_{j=1}^{6}\beta_{6(i-7)+j+11}X_iX_j+\mu \tag{3.23}$$

这是一个含 $k=34$ 元的线性回归模型。

(3) 模型求解。

① 求解准备。

首先将应变量 Y 和自变量(X_1，…，X_{10})从预处理好的数据中分离出来；然后计算出天气(X_7，X_8)及地区(X_9，X_{10})对两尘四气(X_1，…，X_6)的影响，共有24列数据；最后再和自变量数据整合为一个矩阵 $\boldsymbol{X}$(含34列)，备用。

以 $\boldsymbol{Y}$ 为因变量，$\boldsymbol{X}$ 为自变量，应用 regstats 中的 linear 方法求解。

② 求解结果。

a. 检验准备。

样本容量为 $n=4200$，变量 $k=34$，给定显著性水平 α=0.05。

查阅相应 t 分布的临界值 $t(n-k-1)=t(4165)=1.96$，用于变量的显著性检验。

查阅相应 $\boldsymbol{F}$ 分布的临界值 $F(k，n-k-1)=F(34，4165)=1.69$，用于整体线性关系的显著性检验。

b. 回归系数及t检验结果见表3.30。

表3.30 参数估计值(仅输出显著项)

回归系数	估计值	t值	p值	检验结果
β_0	35.3633	8.7014	4.6451e-18	显著
β_9	26.2047	6.1901	6.5923e-10	显著
β_{10}	19.7672	4.3579	1.3445e-05	显著

这就完成了问题(2)的回答。

c. F 检验和拟合优度检验结果见表 3.31。

表 3.31　F 检验和拟合优度检验

F 检验				拟合优度检验	
F 值	p 值	F 临界值	检验结果	R^2	$\overline{R}^2$
11.1215	9.4127e-57	1.69	显著	0.0832	0.0757

(4) 对问题的回答

根据上述求解结果，下面展开对各结果的解读，并对各问题进行回答。

① 口罩销量模型

由变量的显著性检验结果知，仅 X_9 和 X_{10} 两个变量在模型中显著。因此，剔除不显著因素后重新求解，结果如表 3.32 和表 3.33 所示。

表 3.32　剔除不显著因素后参数估计值(仅输出显著项)

回归系数	估计值	t值	p值	t临界值	检验结果
β_0	37.6169	40.1465	1.5115e-298	1.96	显著
β_9	19.8393	18.5843	3.7799e-74		显著
β_{10}	16.5285	15.0537	6.4191e-50		显著

表 3.33　剔除不显著因素后 F 检验和拟合优度检验

F 检验				拟合优度检验	
F 值	p 值	F 临界值	检验结果	R^2	$\overline{R}^2$
174.1519	2.1961e-73	2.99	显著	0.0766	0.0762

将表 3.31 的参数估计值代入式(3.23)，得到口罩销量的模型为

$$Y = 37.6169 + 19.8393X_9 + 16.5285X_{10} \tag{3.24}$$

变量的显著性检验结果表明，口罩销量仅有地区差异，天气及空气质量对口罩销量的影响并不显著。**无疑，这与事实严重不符**。

② 统计检验

a. 剔除不显著变量前后 t 检验结果已如上述。

b. 剔除不显著变量前后 F 检验结果都表明，模型整体线性关系是显著成立的。

c. 剔除不显著变量前后的拟合优度检验的 R^2 值都很小。诚然，拟合优度检验对模型精度仅起辅助作用，但这么低的可解释程度也能部分说明模型很不理想。

综合上述统计检验得到如下结论：模型可靠性低，不能用于解释口罩销量随空气质量变化的关系。

③ 预测

将相关数据代入模型，预测结果见表 3.34。

表 3.34　线性模型预测结果

地区	PM2.5	PM10	CO	NO_2	SO_2	O_3	天气	口罩销量
甲	52	101	0.7	57	15	53	晴	57.4562
乙	120	253	1.2	73	19	96	雨	54.1454
丙	40	79	0.6	68	14	82	晴	37.6169

(5) 模型对口罩销量的解释。

由口罩销量模型(3.24)知，地区丙(X_9=X_{10}=0)的口罩销量为 37.62 万只，地区甲(X_9=1，X_{10}=0)的口罩销量为 57.46 万只，地区乙(X_9=0，X_{10}=1))的口罩销量为 54.15 万只。X_9 的系数是地区甲比地区丙多销售的数量，X_{10} 的系数是地区乙比地区丙多销售的数量。

(6) 模型的改进。

“口罩销售仅与地区相关，而与天气及空气质量无关”严重违背事实，所以模型不恰当，不恰当的原因来自第二个基本假设——空气质量对口罩销售起线性影响。为此我们将假设二修定为：空气质量对口罩销量起非线性影响。在此假设下建立有理超曲面模型

$$Y=\frac{\beta_0+\sum_{j=1}^{34}\beta_j X_j}{1+\sum_{j=35}^{68}\beta_j X_{j-34}}+\mu \tag{3.25}$$

式(3.25)共有待定参数 69 个。求解得显著项如表 3.35 所示。

表 3.35　有理超曲面模型参数估计结果

参数		估计值	SE	t 值	p 值	显著性
分子	b_0	39.567	3.4504	11.467	5.44e-30	显著
	b_9	15.905	3327	4.7806	1.81e-06	显著
	b_{10}	284.2	409.33	694.3	0	显著
	b_{20}	1.7533	542.45	3.2323	0.001 238	显著
	b_{22}	3.4049	530.47	6.4186	1.53e-10	显著
	b_{24}	0.7606	215.53	3.5292	0.000 421	显著
	b_{25}	35.126	4633.9	7.5802	4.23e-14	显著
	b_{26}	0.4176	206.43	2.0232	0.043 115	显著
	b_{31}	32.022	3320.6	9.6435	8.87e-22	显著
	b_{34}	0.3028	73.283	4.1324	3.66e-05	显著
分母	b_{42}	4.8227	225.86	21.353	4.74e-96	显著
	b_{54}	0.0258	11.232	2.2941	0.021 836	显著
	b_{56}	0.063	9.5263	6.6085	4.38e-11	显著
	b_{58}	0.0136	3.7508	3.622	0.000 296	显著
	b_{59}	0.649	72.873	8.9058	7.79e-19	显著
	b_{60}	0.0085	3.6019	2.3477	0.018 938	显著
	b_{65}	0.543	57.921	9.3749	1.11e-20	显著
	b_{66}	0.004	1.9574	2.0706	0.038 458	显著
	b_{68}	0.0055	1.4934	3.7114	0.000 209	显著

推得模型为

$$Y=\frac{39.567+15.905X_9+284.2X_{10}+1.7533X_{10}X_4+3.4049X_{10}X_6+0.7606X_7X_2+35.126X_7X_3+0.4176X_7X_4+32.022X_8X_3+0.3028X_8X_6}{1+4.8227X_{10}+0.0258X_{10}X_4+0.063X_{10}X_6+0.0136X_7X_2+0.649X_7X_3+0.0085X_7X_4+0.543X_8X_3+0.004X_8X_4+0.0055X_8X_6}$$

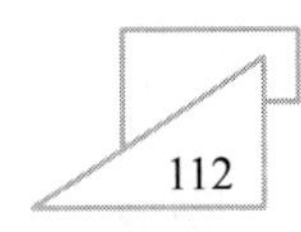

预测相应的口罩销量如表 3.36 所示。

表 3.36　有理超曲面模型预测结果

地区	PM2.5	PM10	CO	NO_2	SO_2	O_3	天气	口罩销量
甲	52	101	0.7	57	15	53	晴	54.6143
乙	120	253	1.2	73	19	96	雨	42.22
丙	40	79	0.6	68	14	82	晴	27.5565

明显，有理回归模型比线性回归模型预测结果更加合理。

实验 3.5 的求解程序如下：

```
function [mdl, YX] = shiyan7cx % [stats, YX] = shiyan7cx
%%% 对原始数据作如下预处理：
% (1)去表头
% (2)将“甲乙丙”替换为“ABC”
% (3)晴=0；阴=1；雨=2
% (4)对地区引入两个虚拟变量，地区独热编码：
%        A = 1 0 ---- 虚拟变量 D1
%        B = 0 1 ---- 虚拟变量 D2
%        C = 0 0
% (5)对天气引入虚拟变量，天气独热编码：
%        晴 = 1 0 ---- 虚拟变量 D3
%        阴 = 0 1 ---- 虚拟变量 D4
%        雨 = 0 0
%%%%%%%%%%%%%%%%%%%% 预处理完毕 %%%%%%%%%%%%%%%%%%%%
% 读入数据
% 地区甲数据
A=xlsread('E:\ShiYan7Data.xlsx','A');
% 地区乙数据
B=xlsread('E:\ShiYan7Data.xlsx','B');
% 地区丙数据
C=xlsread('E:\ShiYan7Data.xlsx','C');
% (1)将 A、B、C 中“两尘四气”的数据组合在一起
lcsq = [A(:,2:7); B(:,2:7); C(:,2:7)];
% (2)独热编码地区
% 地区 A
rA = size(A,1);
a = repmat([1,0],rA,1);
% 地区 B
rB = size(B,1);
b = repmat([0,1],rB,1);
```

```
% 地区 C
rC = size(C,1);
c = repmat([0,0],rC,1);
%%% 将地区独热编码组合起来
dq = [a;b;c];
% (3)独热编码各地区天气
% 地区 A 的天气
a0 = length(find(A(:,8)==0));
atemp(A(:,8)==0,:)=repmat([1 0],a0,1);
a1 = length(find(A(:,8)==1));
atemp(A(:,8)==1,:)=repmat([0 1],a1,1);
a2 = length(find(A(:,8)==2));
atemp(A(:,8)==2,:)=repmat([0 0],a2,1);
% 地区 B 的天气
b0 = length(find(B(:,8)==0));
btemp(B(:,8)==0,:)=repmat([1 0],b0,1);
b1 = length(find(B(:,8)==1));
btemp(B(:,8)==1,:)=repmat([0 1],b1,1);
b2 = length(find(B(:,8)==2));
btemp(B(:,8)==2,:)=repmat([0 0],b2,1);
% 地区 C 的天气
c0 = length(find(C(:,8)==0));
ctemp(C(:,8)==0,:)=repmat([1 0],c0,1);
c1 = length(find(C(:,8)==1));
ctemp(C(:,8)==1,:)=repmat([0 1],c1,1);
c2 = length(find(C(:,8)==2));
ctemp(C(:,8)==2,:)=repmat([0 0],c2,1);
%%% 将天气独热编码组合起来
tq = [atemp;btemp;ctemp];
% (4)地区对空气质量的影响
dq_lcsq_A = repmat(dq(:,1),1,6).*lcsq;
dq_lcsq_B = repmat(dq(:,2),1,6).*lcsq;
% (5)天气对空气质量的影响
tq_lcsq_A = repmat(tq(:,1),1,6).*lcsq;
tq_lcsq_B = repmat(tq(:,2),1,6).*lcsq;
%%%%%%%%%%%%%%%%%%%% 建模数据表 %%%%%%%%%%%%%%%%%%%%
% 被解释变量(因变量)——口罩销量
Y=[A(:,1);B(:,1);C(:,1)];
```

```
% 解释变量(自变量)：共 34 个——两尘四气(6 个)、地区(2 个)、(天气 2 个)、
%                    地区对两尘四气的影响(12 个)、天气对两尘四气的影响(12 个)
% 这是一个有 34 个解释变量、35 个参数的线性回归模型
X=[lcsq dq tq dq_lcsq_A dq_lcsq_B tq_lcsq_A tq_lcsq_B];
myfunc=@(p,x)(X*p(    1: 34)+p(69))./(1+X*p( 35: 68));
mdl = fitnlm(X, Y, myfunc, zeros(69,1));
% 在 mdl 中找需要的结果-参数估计值、t 值、F 值及 R 方
% regstats 求解模型
% stats = regstats(Y, X, 'linear', 'all');
% 在 stats 中找需要的结果-参数估计值、t 值、F 值及 R 方
YX = [Y X];
% 保存计算模型的数据
```

【实验 3.6】 产出与经济刺激政策之间的关系。

从经济政策实验室获得一组数据如表 3.37 所示，其中 x_1，x_2，x_3 表示三项经济刺激政策，y 表示在 x_1，x_2，x_3 综合作用下的产出。

表 3.37　经济政策与产出数据

y	x_1	x_2	x_3
22.1152	3.53	3.67	2.89
21.3415	4.83	1.79	2.75
9.064 567	0.74	3.71	3.31
28.549 79	3.86	4.63	3.31
18.037 23	3.31	3.48	2.13
14.399 96	1.69	4.03	2.96
17.508 92	2.56	3.72	2.83
22.959 38	3.34	2.69	3.62
43.522 43	6.57	3.29	4.09
35.849 02	5.76	2.21	4.10
11.223 01	1.65	3.88	2.13
27.309 81	6.03	1.85	3.07
14.308 74	3.72	1.93	1.78
13.683 23	2.93	2.19	1.88
6.488 88	3.71	0.05	2.99
29.709 08	2.79	4.43	4.53
15.863 33	2.87	3.32	2.23
25.341 65	4.48	2.24	3.37
26.523 78	4.40	4.37	2.77
24.977 45	4.41	1.28	4.11

由表 3.36 中的数据完成：

(1) 建立模型 $y = f(\beta, X)$。

(2) 估计模型中参数 β 的值，并给出其置信区间。

(3) 预测当 X_0=[3.85，2.74，3.26]时的产出量 y。

下面详述以上各问的解决过程。

(1) 模型建立。

视经济政策 x_1，x_2，x_3 为投入项，对应着产出量 y，则可借鉴投入产出模型来描述上述问题。由计量经济学相关知识，投入产出模型为

$$y = \beta_0 x_1^{\beta_1} x_2^{\beta_2} e^{\beta_3 x_3} \mu \tag{3.26}$$

其中，$\beta_j (j = 0, 1, 2, 3)$为待定系数，μ 为随机干扰项。

这是可线性化的非线性回归模型，但我们不用线性化而是直接求解。

(2) 模型求解。

① 求解工具。应用 Matlab 非线性回归命令 nlinfit 进行参数估计，应用 nlparci 求解参数的置信区间，应用 nlpredci 进行预测。这三个命令构成非线性回归求解套装。

② 求解结果。参数估计值、0.95 置信区间及 t 检验的结果如表 3.38 所示。

表 3.38 参数估计结果

参数	估计值	0.95 置信区间		t检验
β_0	3.2486	3.1231	3.3741	显著
β_1	0.6734	0.6548	0.6920	显著
β_2	0.3046	0.2900	0.3191	显著
β_3	0.2366	0.2277	0.2456	显著

由表 3.38 可知，式(3.26)的白化方程为

$$\hat{y} = 3.2486 x_1^{0.6734} x_2^{0.3046} \mathrm{e}^{0.2366 x_3} \tag{3.27}$$

③ 预测结果。应用式(3.27)进行预测，得到的预测结果见表 3.39。

表 3.39 参数估计结果

X	预测值	0.95 预测区间	
[3.85，2.74，3.26]	23.6750	23.5201	23.8299

(3) 结论。

从变量显著性检验及预测结果看，式(3.27)可用于评估经济政策对产出的影响。

实验 3.6 的求解程序如下：

```
data=[ ];
y = data(:,1);
x = data(:,2:end);
% the model defined by myfunc.
myfunc=@(p,x)p(1)*x(:,1).^p(2).*x(:,2).^p(3).*exp(p(4)*x(:,3));
% find the values of parameters by nlinfit.
```

```
[beta,r,J] = nlinfit(x,y,myfunc,ones(4,1));
% find the confidence intervals of parameters by nlparci.
betaCI = nlparci(beta,r,'jacobian',J);
x0 = [3.85 2.74 3.26];
% prediction by nlpredci.
[Y,D] = nlpredci(myfunc,x0,beta,r,J);
Ypred = [Y Y-D Y+D];
```

习 题 3

1. 判断题

(1) 回归分析属于统计学内容，其中涉及很多的统计检验知识。　(　　)

(2) 线性回归分析需要进行变量的显著性水平检验、整体线性关系检验和拟合优度检验等统计检验。　(　　)

(3) 线性回归分析的基本假设是：随机干扰项 μ 服从均值为0、方差为 σ^2 的正态分布。　(　　)

(4) 线性回归中变量的显著性检验所用工具是 t 统计量。　(　　)

(5) 与曲线拟合一样，线性回归分析也有确定最佳逼近函数的环节。　(　　)

(6) 多项式回归分析中，回归方程是一个多项式，所以与线性回归有本质差别。(　　)

(7) 与曲线拟合相比，一元非线性回归多一个统计检验的环节。

2. 选择题

(1) 下列描述中不属于线性回归分析任务的是__________。

A. 根据样本观测值建立线性回归模型

B. 根据样本观测值对回归模型的参数进行估计，求得回归方程

C. 对回归方程、参数估计值进行显著性检验(统计检验)

D. 应用回归方程进行分析、评价及预测

(2) 下列各 Python 模块中能求解线性回归模型的是__________。

A. numpy.linalg　　B. scipy.optimize

C. statsmodels.regression.linear_model　　D. matplotlib

(3) 对多元线性回归模型的整体线性关系进行检验的统计量是__________。

A. t 统计量　　B. F 统计量

C. 卡方统计量　　D. R^2 统计量

3. 填空题

数据见表2.18。若轮廓线方程为 $y = ax^3 + bx^2 + cx + d$，则

(1) a=__________，其置信区间为__________，该参数是否显著__________。

(2) b=__________，其置信区间为__________，该参数是否显著__________。
(3) c=__________，其置信区间为__________，该参数是否显著__________。
(4) d=__________，其置信区间为__________，该参数是否显著__________。

4. 简单题

简述线性回归模型的概念。

第 4 章　Logistic 回归

Logistic 回归是一种统计分析方法，主要用于解决分类问题。

4.1　Logistic 回归的类型

从形式上看，Logistic 回归是一个解析型模型，响应变量 Y 是连续性变量似乎更合常理。但从 Python 机器学习库 sklearn 官网资料对 logistic 回归的介绍看，Logistic 回归模型仅适用于响应变量是离散变量的情形，也就是说，logistic 模型实际上是一个分类器。

根据分类变量 Y 取值个数以及各值之间的关系，logistic 回归又分为三个类型：二分类、无序多分类、有序多分类。其回归分类如表 4.1 所示。

表 4.1　Logistic 回归的分类

Logistic 回归类型	分类变量Y值选项举例	说　明
二分类 Logistic 回归	(1) 是，否； (2) 有，无； (3) 愿意，不愿意； ……	分类变量取值仅有两个，其含义是根据分类变量对对象进行分类时，有且仅有两类
无序多分类 Logistic 回归	(1) 艺术偏好：音乐，美术，小品； (2) 大学办学定位：研究型大学，教学型大学，教学研究型大学，研究教学型大学； ……	分类变量取值超过两个，对应的类之间没有对比意义
有序多分类 Logistic 回归	(1) 愿意，无所谓，不愿意； (2) 体质指数分级：体重过轻，体重正常，超重，肥胖； (3) 城市分级：一线城市，二线城市，三线城市，四线城市，五线城市； ……	分类变量取值超过两个，对应的类之间具有对比意义：分类变量的各值能排序，即各值有程度上的递减或递增趋势

随着时间的推移，Logistic 回归得到了进一步发展和完善，产生了广义 Logistic 回归、泊松 Logistic 回归等变体。现在 Logistic 回归已成为机器学习和深度学习领域构建复杂非线性分类器的基础模型之一。

4.2　Logistic 回归的概念

本节从最简单最易理解的一元二分类 Logistic 回归开始，介绍 Logistic 回归的概念。

4.2.1　Logistic 回归的思想

一元二分类问题中设自变量为 X，分类变量为 Y；Y 的两个取值数值化为 $Y=1$ 和 $Y=0$。Logistic 回归在处理二分类问题时并非直接将 $Y=0$ 或 1 代入模型，而是视 $Y=1$ 和 $Y=0$ 为随机事件，以 $\{Y=k\}$ 发生的概率作为 X 对应的函数值，即 Logistic 回归模型的形式是

$$P\{Y=k\}=f(X)，\ k=0，1 \tag{4.1}$$

那么，式(4.1)中函数 $f(X)$ 的表达式怎么选取呢？主要是基于统计意义经验选取。

大量的统计数据表明，概率型因变量与自变量之间的关系一般都不是线性关系，而是呈 S 形曲线关系，即形如图 4.1 中的曲线。

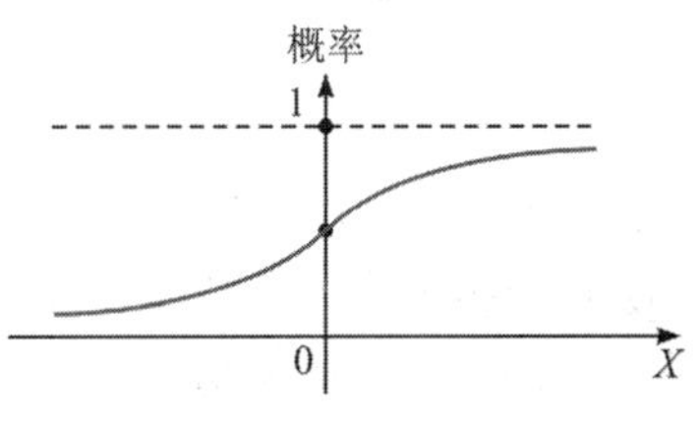

图 4.1　S 形曲线图示

我们通过生活中的几个例子来说明这种 S 形曲线关系。

(1) 购车概率与家庭收入的关系。当家庭收入非常低时，收入的增加对购车概率的影响很小；当家庭收入达到某个阈值时，购车概率会随着家庭收入的增加而快速增加；当家庭收入达到一定水平，绝大部分在该水平的人都已经购车，收入继续增加对购车概率的影响会逐渐减弱。这样，购车概率与家庭收入的关系正如图 4.1 所示。

(2) 花样运动员做高难度 4 周跳成功的概率与练习时间的关系。花样运动员刚开始练习时(X 很小)，由于不熟练导致成功的概率很低；随着练习时间的增加，掌握了一定的跳跃技巧后，成功概率会快速增加；当成功率到达一定水平时，成功概率的增加幅度就不明显了，会稳定在一定的概率水平，也就是我们常说的瓶颈期。这样，4 周跳成功的概率与练习时间的关系也如图 4.1 所示。

生活中这样的 S 形曲线相关现象其实是普遍存在的。

概率型因变量与自变量 X 之间的 S 形曲线关系，采用 sigmoid 函数

$$f(x)=\frac{1}{1+\mathrm{e}^{-x}} \tag{4.2}$$

来描述，其图形如图 4.2 所示，性质及其在 Logistic 回归中的意义如表 4.2 所示。

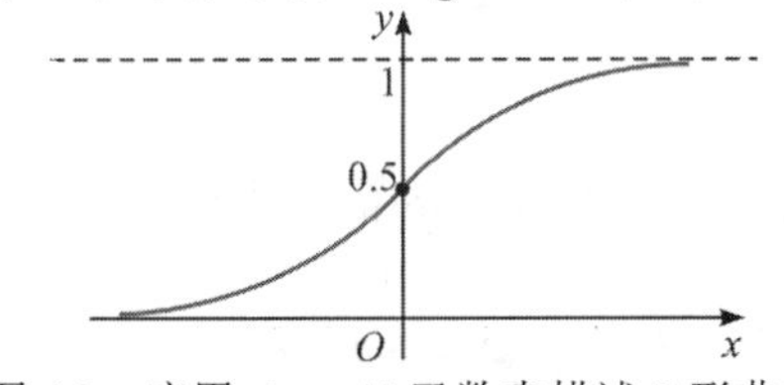

图 4.2　应用 sigmoid 函数来描述 S 形曲线

表 4.2　sigmoid 函数的性质及其在 Logistic 回归中的意义

序号	性　质	Logistic 回归意义
1	定义域为全体实数	在 Logistic 回归中，自变量是描述对象的因素，所以该性质意味着 Logistic 回归能对所有对象进行分类
2	值域为(0，1)	这个值域正好可以用来描述概率
3	过点(0，0.5)，且该点是曲线的拐点	这正是二分类临界值

注：sigmoid 函数应用十分广泛，也是神经网络信息传递的常用函数。

4.2.2　Logistic 回归模型

1. 一元 Logistic 回归模型

概率表达式

$$p=\frac{1}{1+e^{\beta_0+\beta_1 x}} \tag{4.3}$$

称为一元 Logistic 回归模型，其中 β_0、β_1 为待定参数。

在式(4.3)中，当x取值范围足够大时，可以看成是 0 或 1 两类问题：当概率值 $p>0.5$ 时是 1 类问题；当概率值 $p<0.5$ 时是 0 类问题。当 $p=0.5$ 时，有两种处理方法：一是认为对象是无法识别的，于是不将该对象归于任何一类；二是视具体情况将对象划归至 1 类或 0 类，这具有较强的主观性。

通过之前的描述，结合 Logistic 回归分类原理，Y可视为服从两点分布的随机变量，记

$$P\left\{Y=\frac{1}{X}=x\right\}=p=\frac{1}{1+e^{\beta_0+\beta_1 x}}$$

则其分布如表 4.3 所示。

表 4.3　Y 服从参数为 p 的两点分布

k	1	0
$P\{Y=k\}$	p	$1-p$

通过这个分布，我们得到下述信息：

(1) $E(Y)=p$，这为极大似然法估计待定参数提供了途径。

(2) $\dfrac{p}{1+p}$ 称为比值比(odds ratio，OR)，是对 Logistic 回归模型线性化的中间变量，在具体应用场景中又有着丰富的含义。比如，在医学中一般指治愈率和未治愈率之比，称为相对危险系数。

2. 多元 Logistic 回归模型

上述关于一元二分类 Logistic 回归模型的描述也适用于多元二分类的情形。称

$$p=\frac{1}{1+e^{\beta_0+\beta_1 x_1+\beta_2 x_2+\cdots+\beta_n x_n}} \tag{4.4}$$

为多元 Logistic 回归模型，其中 β_0，β_1，…，β_n 是待定参数。

易知，式(4.3)是式(4.4)当 $n=1$ 时的特殊情形。

显然，生活中多元 Logistic 回归是更常见的场景。

为了方便估计式(4.3)和式(4.4)中的参数，我们引入 Logit 模型。

3. Logit 模型

由式(4.4)计算比值比，得

$$\frac{p}{1-p}=\frac{\dfrac{1}{1+\mathrm{e}^{\beta_0+\beta_1x_1+\cdots+\beta_nx_n}}}{1-\dfrac{1}{1+\mathrm{e}^{\beta_0+\beta_1x_1+\cdots+\beta_nx_n}}}=\mathrm{e}^{-\beta_0-\beta_1x_1-\cdots-\beta_nx_n} \tag{4.5}$$

式(4.5)两边取对数，得

$$\ln\left(\frac{p}{1-p}\right)=-\beta_0-\beta_1x_1-\cdots-\beta_nx_n \tag{4.6}$$

这就将 Logistic 回归模型化为普通的线性回归模型。

将 Logistic 模型化为线性回归模型的过程称为 Logit 变换，式(4.6)称为 **Logit 模型**。

在有些场合，Logit 模型也记为

$$\mathrm{Logit}(p)=\ln\left(\frac{p}{1-p}\right)$$

4. Logistic 模型和 Logit 模型的区别

(1) Logistic 模型用于分类，Logit 模型用于估计待定参数和统计推断。

(2) 如之前的回归分析一样，从统计学的角度来看，Logistic 模型和 Logit 模型也能检验出对分类有显著影响的因素。

4.3　Logistic 回归的实现

Python 实现 Logistic 回归的函数是 LogisticRegression，该函数在 sklearn.linear_model 模块中。LogisticRegression 主要输入输出参数如表 4.4 所示。

表 4.4　LogisticRegression 主要输出参数

model = LogisticRegression(penalty='l2', C=1.0, fit_intercept=True, solver='lbfgs', multi_class='auto')	输入参数： (1) penalty 表示惩罚项，取值有 4 个，分别为“l1”“l2”“elasticnet”“None”，缺省值是“l2”。 (2) C 表示描述正则化强度的一个量，缺省值是 1。 (3) fit_intercept 表示是否计算截距项。

续表

	(4) solver 表示求解器，取值有 6 个，分别为“lbfgs”“liblinear”“newton-cg”“newton-cholesky”“sag”“saga”，缺省值是“lbfgs”。 (5) multi_class 表示是否多分类，取值有 3 个，分别为“auto”“ovr”“multinomial”，缺省值是“auto”
	输出参数： (1) class_表示分类器已知的类标签列表。 (2) coef_表示决策函数中特征的系数。 (3) intercept_表示决策函数中的截距项

下面以 Python 自带的鸢尾花数据集为例介绍 Logistic 回归应用流程。

1. 鸢尾花数据集

鸢尾花数据集 iris 是一个经典数据集，在统计学习和机器学习领域都经常用作示例。iris 数据集内包含三类鸢尾花：山鸢尾(iris-setosa)、变色鸢尾(iris-versicolour)、维吉尼亚鸢尾(iris-Virginica)。其共有 150 条记录，每类各 50 条，每条记录都有四项特征：花萼长度、花萼宽度、花瓣长度、花瓣宽度。可以通过这四个特征预测鸢尾花属于三类中的哪一类。

数据集 iris 中有两个属性 iris.data 和 iris.target。data 是一个 150 × 4 的矩阵，每一行是一个鸢尾花样本，每一列记录了鸢尾花的花萼或花瓣的长宽；target 是一个 150 维的向量，记录的是鸢尾花所属的类别。

下面加载鸢尾花数据集，对它进行一个基本的了解。

```
## 第 4 章 案例分析
import numpy as np
import pandas as pd
# 导入数据集 iris
from sklearn.datasets import load_iris
iris = load_iris()
# 将 iris 转化为数据框
colnames = iris.feature_names + ['target']
values = np.c_[iris.data, iris.target]
data = pd.DataFrame(data=values, columns=colnames)
# 了解 iris 基本信息
print(' 数据基本信息 '.center(50,'-'))
data.info()
print(' 前 5 行数据 '.center(50,'-'))
data.head()
```

输出如下：

```
--------------------- 数据基本信息 ----------------------
<class 'pandas.core.frame.DataFrame'>
RangeIndex: 150 entries, 0 to 149
Data columns (total 5 columns):
 #   Column              Non-Null Count   Dtype
---  ------              --------------   -----
 0   sepal length (cm)   150 non-null     float64
 1   sepal width (cm)    150 non-null     float64
 2   petal length (cm)   150 non-null     float64
 3   petal width (cm)    150 non-null     float64
 4   target              150 non-null     float64
dtypes: float64(5)
--------------------- 前 5 行数据 -----------------------
   sepal length (cm)  sepal width (cm)  ...  petal width (cm)  target
0                5.1               3.5  ...               0.2     0.0
1                4.9               3.0  ...               0.2     0.0
2                4.7               3.2  ...               0.2     0.0
3                4.6               3.1  ...               0.2     0.0
4                5.0               3.6  ...               0.2     0.0
[5 rows x 5 columns]
```

其中，target 是一个数组，存储了 data 中每条记录属于哪一类鸢尾植物，所以数组的长度是 150，数组元素的值因为共有 3 类鸢尾植物，所以不同值有 3 个：0、1、2。其中 0 为山鸢尾，1 为变色鸢尾，3 为维吉尼亚鸢尾。

下面详细介绍使用 Logistic 回归对数据集进行分析。

2. 散点图绘制

下列代码是通过散点图可视化三类鸢尾花的(下面的代码添加在数据基本信息代码之后)。

```
## 可视化三类鸢尾花
import matplotlib.pyplot as plt
plt.rcParams['font.sans-serif'] = 'kaiti'
plt.rcParams['axes.unicode_minus'] = False
plt.figure(figsize=(8,4), dpi=150)
# 通过花萼可视化
plt.subplot(121)
plt.scatter(data.iloc[    : 50,0], data.iloc[    : 50,1], s=40, c='r', marker='+', label='setosa')
plt.scatter(data.iloc[ 50:100,0], data.iloc[ 50:100,1], s=40, c='g', marker='o', label='versicolor')
plt.scatter(data.iloc[100:150,0], data.iloc[100:150,1], s=40, c='b', marker='*', label='Virginica')
```

```
plt.xlabel(colnames[0], fontname='Times New Roman', fontstyle='italic')
plt.ylabel(colnames[1], fontname='Times New Roman', fontstyle='italic')
plt.title('花萼', fontdict={'fontsize':14})
plt.legend(prop={'family':'Times New Roman', 'style':'italic'})
# 通过花瓣可视化
plt.subplot(122)
plt.scatter(data.iloc[ :50,2], data.iloc[ :50,3], s=40, c='r', marker='+', label='setosa')
plt.scatter(data.iloc[ 50:100,2], data.iloc[ 50:100,3], s=40, c='g', marker='o', label='versicolor')
plt.scatter(data.iloc[100:150,2], data.iloc[100:150,3], s=40, c='b', marker='*', label='Virginica')
plt.xlabel(colnames[2], fontname='Times New Roman', fontstyle='italic')
plt.ylabel(colnames[3], fontname='Times New Roman', fontstyle='italic')
plt.title('花瓣', fontdict={'fontsize':14})
plt.legend(prop={'family':'Times New Roman', 'style':'italic'})
# 调整显示比例
plt.tight_layout()
```

绘制散点图如图 4.3 所示。

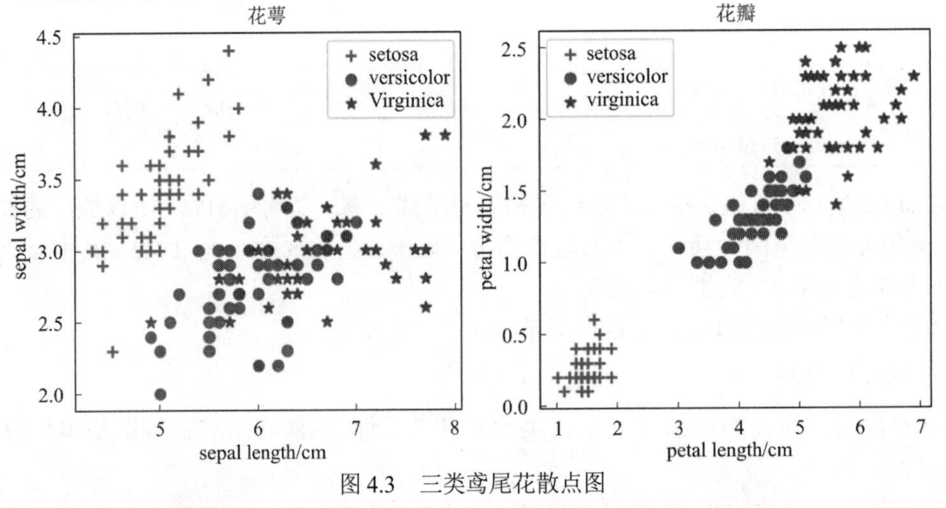

图 4.3 三类鸢尾花散点图

3. Logistic 回归分析

从图 4.3 可以看出：① 数据集是线性可分的，可以划分为 3 类，分别对应三种类型的鸢尾花；② 鸢尾花花瓣用于鸢尾花的分类效果比花萼要好。

下面通过花瓣数据采用逻辑回归对鸢尾花进行分类预测，并可视化预测结果。

(下面的代码继续添加在散点图代码之后)

```
### logistic 对鸢尾花进行分类分析
from sklearn.linear_model import LogisticRegression
## 数据准备：获取花瓣长度和花瓣宽度，及类别标签
X = iris.data[:, 2:]
Y = iris.target
```

```
## 建模：正则化因子设置为C=1e5，其他参数按默认值建立逻辑回归模型
lr = LogisticRegression(C=1e5)
## 训练
lr.fit(X,Y)
## 省略了模型评估的步骤
## 应用
# meshgrid 函数生成两个网格矩阵
h = .02
x_min, x_max = X[:, 0].min() - .5, X[:, 0].max() + .5
y_min, y_max = X[:, 1].min() - .5, X[:, 1].max() + .5
xx, yy = np.meshgrid( np.arange(x_min, x_max, h), np.arange(y_min, y_max, h) )
# 预测[xx.ravel(), yy.ravel()]对应的类别，结果存在 Z 中
Z = lr.predict(np.c_[xx.ravel(), yy.ravel()])
Z = Z.reshape(xx.shape)
# 结果可视化：pcolormesh 函数将 xx,yy 两个网格矩阵和对应的预测结果 Z 绘制在图片上
plt.figure(figsize=(8,6), dpi=150)
plt.pcolormesh(xx, yy, Z, cmap=plt.cm.Paired)
plt.xlabel(colnames[2], fontname='Times New Roman', fontstyle='italic')
plt.ylabel(colnames[3], fontname='Times New Roman', fontstyle='italic')
plt.title('花瓣', fontdict={'fontsize':14})
plt.xlim(xx.min(), xx.max())
plt.ylim(yy.min(), yy.max())
plt.xticks(())
plt.yticks(())
# 添加真实标签散点图
plt.figure(figsize=(8,6), dpi=150)
plt.pcolormesh(xx, yy, Z, cmap=plt.cm.Paired)
plt.scatter(X[    : 50,0], X[    : 50,1], color='r', marker='+', label='setosa')
plt.scatter(X[ 50:100,0], X[ 50:100,1], color='b', marker='o', label='versicolor')
plt.scatter(X[100:    ,0], X[100:    ,1], color='g', marker='*', label='Virginica')
plt.xlabel(colnames[2], fontname='Times New Roman', fontstyle='italic')
plt.ylabel(colnames[3], fontname='Times New Roman', fontstyle='italic')
plt.legend(loc=2, prop={'family':'Times New Roman', 'style':'italic'})
plt.title('花瓣', fontdict={'fontsize':14})
plt.xlim(xx.min(), xx.max())
plt.ylim(yy.min(), yy.max())
plt.xticks(())
plt.yticks(())
```

此处重点解释一下程序中的如下语句：

```
# 结果可视化：pcolormesh 函数将 xx,yy 两个网格矩阵和对应的预测结果 Z 绘制在图片上
plt.figure(figsize=(8,6), dpi=150)
plt.pcolormesh(xx, yy, Z, cmap=plt.cm.Paired)
plt.xlabel(colnames[2], fontname='Times New Roman', fontstyle='italic')
plt.ylabel(colnames[3], fontname='Times New Roman', fontstyle='italic')
plt.title('花瓣', fontdict={'fontsize':14})
plt.xlim(xx.min(), xx.max())
plt.ylim(yy.min(), yy.max())
plt.xticks(())
plt.yticks(())
```

上述代码的作用是绘制预测所得的三个类别所分布的区域。其中核心语句是：

```
plt.pcolormesh(xx，yy，Z，cmap=plt.cm.Paired)
```

其含义是调用 pcolormesh()函数，将 xx、yy 两个网格矩阵和对应的预测结果 Z 绘制在图片上，其中 cmap=plt.cm.Paired 表示绘图样式选择为 Paired 主题。由绘制结果可知输出为三个颜色区块，分别表示分类的三类区域。输出的三个类别对应的区域如图 4.4 所示。然后将已知类别的 150 个样本绘制在图 4.4 所在的区域中，结果如图 4.5 所示。

逻辑回归所得三个区域为数据点预测的鸢尾花的类别，左下角是 setosa 鸢尾花，右上角是 Virginica 鸢尾花，中间部分是 versicolor 鸢尾花。散点图为各数据点真实的类别，预测结果与训练数据的真实结果基本一致。

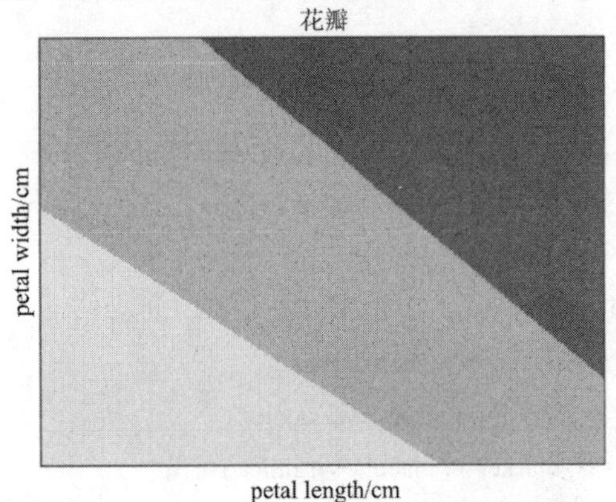

图 4.4 pcolormesh 的 Paired 主题绘制的图形

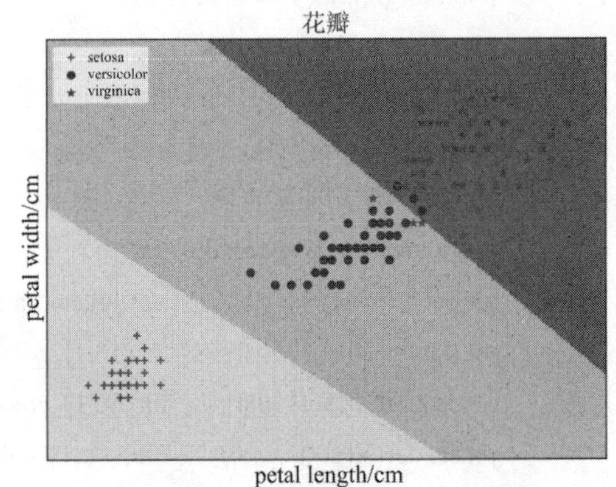

图 4.5 Logistic 回归分析结果示意图

习 题 4

1. 判断题

(1) 从 Logistic 模型的表达式看模型输出的是一个概率值，所以不适合用于回归分析。

(　)

(2) Logistic 模型有三个类型：二分类、无序多分类、有序多分类。 (　)

(3) Logistic 模型没有统计检验的环节。 (　)

(4) LogisticRegression 有多分类参数“multi_class”，说明能实现有序多分类问题。(　)

(5) LogisticRegression 的参数 penalty 决定了正则化方法的选择，用于防止过拟合并控制模型的复杂度。 (　)

(6) LogisticRegression 的参数 solver 决定了模型求解方法的选择，该参数提供了 6 个求解方法。 (　)

(7) LogisticRegression 的参数 fit_intercept 用于确定是否计算截距项。 (　)

(8) LogisticRegression 有很多方法，其中 decision_function 方法提供了一个量化评估样本所属类别的依据，数值越高表明模型认为该样本属于对应类别的信心越强；在实际应用中，这个函数的输出常用于生成预测概率、绘制 ROC 曲线、计算 AUC 值等任务。(　)

(9) LogisticRegression 的 predict_proba 方法的功能是返回给定输入数据 X 的每一行样本属于各个类别的概率估计。 (　)

(10) LogisticRegression 的 score 方法返回模型的准确率(accuracy)。 (　)

2. 简答题

简述 Logistic 模型与 Logit 模型的关系。

第5章 树结构模型

树结构模型是指基于决策树的机器学习模型。这类模型有着十分优良而又独特的性质，比如一般都具有精度高、抗干扰、数据不必标准化等特点，具有评估变量重要性的功能。

树结构模型中，决策树是基学习器。通过对决策树的集成又发展出丰富的集成学习方法。当前对决策树集成的常见方法有三种：装袋方法(bagging)、提升方法(boosting)和堆叠方法(stacking)。其中堆叠方法并非仅对决策树的集成，而是将多个模型、多类模型集成为一个强学习器。决策树经装袋方法集成而得的树结构模型是耳熟能详的随机森林(random forest)；经提升方法集成的模型相对丰富，常见的有梯度提升树(gradient boosting decision tree，GBDT)、极端梯度提升树(extreme gradient boosting，XGBoost)、轻梯度提升机器(light gradient boosting machine，LightGBM)、类别型特征梯度提升树(gradient boosting + categorical features，CatBoost)、深度森林(deep forest)等。这些模型之间的逻辑图如图 5.1 所示。

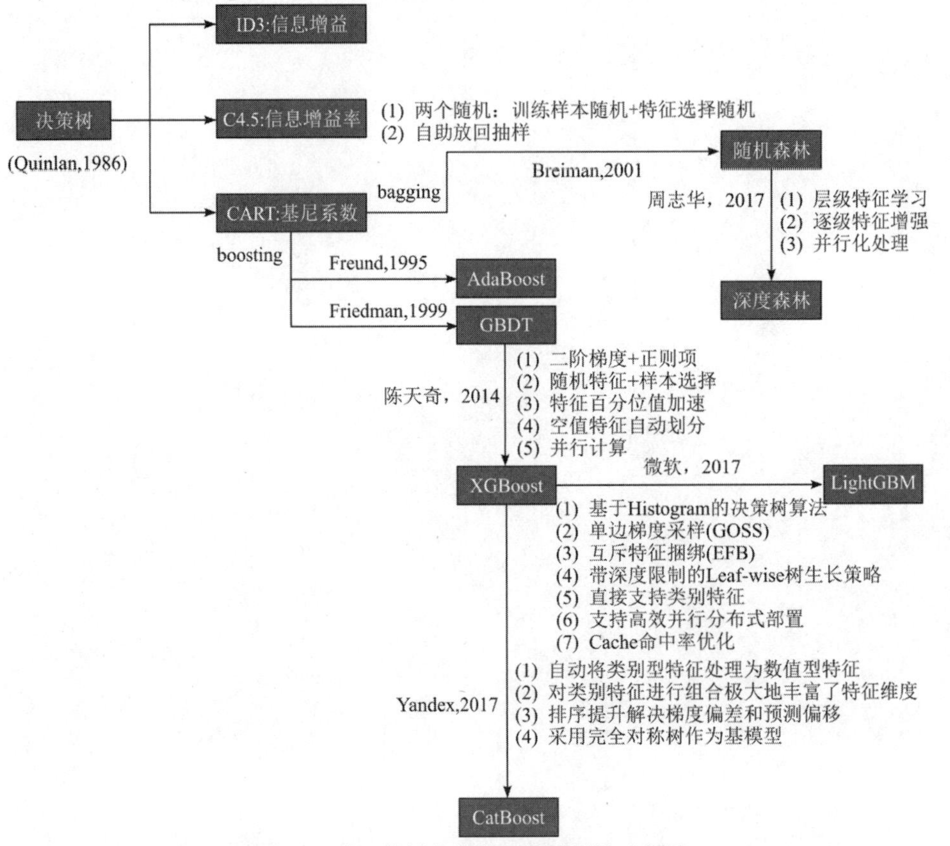

图 5.1 常见的树结构模型发展逻辑示意图

限于篇幅，本书仅介绍决策树、随机森林和轻梯度提升机器三个模型。

5.1　决 策 树

最早的决策树模型是 1979 年由 Quinlan 提出的 ID3 算法，它使用信息熵作为分裂属性的标准，选择能够最大化信息增益的属性来划分节点。1993 年，Quinlan 进一步提出了 C4.5 算法，一方面改进了 ID3 不支持连续型属性的问题，另一方面通过引入信息增益率解决了 ID3 偏向选择拥有更多属性值的特征的问题。1984 年，Loe Breiman 等人提出了分类回归树，采用基尼不纯度作为分割标准，不仅可用于分类问题，还能处理回归问题。进入 21 世纪，随着计算能力的提升和大数据的发展，决策树广泛应用于集成学习框架中，大大提高了预测性能。至今，决策树及其衍生算法仍在机器学习领域占据重要地位，不断推动着人工智能的发展。

5.1.1　决策树的概念

首先通过一个“公司的决策”的案例引入决策树的概念。

【案例 5.1】 某公司计划投资 30 万元生产销售电脑桌，电脑桌售价是每张 100 元。市场行情好时能卖出 8000 张电脑桌，销售收入共计 80 万元；市场行情不好时能卖出 1000 张，销售收入共计 10 万元。经验表明，市场行情好的概率是 0.4，不好的概率是 0.6。

为了增加销售量，公司想到了上电视做广告，广告费用是 40 万元。

市场行情好时上电视做广告销售额将会达到 320 万元(概率是 0.3)；不上电视做广告销售额则依然是 80 万元(概率是 0.7)。市场行情不好时上电视做广告销售额能达 40 万元(概率是 0.25)；不上电视做广告则依然是 10 万元(概率是 0.75)。

现在公司计划聘请一家调查机构对当前的市场行情进行调查，以了解当前的市场行情是好还是坏，聘请调查机构的成本是 5 万元。

现在公司不知道这 5 万元值不值得花，请为公司提出建议。

下面直接给出公司决策问题对应的决策树，见图 5.2。稍后介绍该决策树的画法。

如图 5.2 所示，从右往左，A，B，C 三个点称为第一级节点(也是该决策树的叶节点)，D，E，F 称为第二级节点，G，H 称为第三级节点，I 称为第四级节点(也称为根节点)。

在图 5.2 的所有节点中，G，F 两个节点是用小圆圈来标记的，称为机会节点，表示这是公司不可控的节点；其余节点都是用小正方形来标记的，称为决策节点，表示在这些节点处的决策是公司可自主可控的。

根据图 5.2 逐级计算公司分别在是否聘请调查机构的情形下的期望收益。

首先在各节点处逐级做出决策，并标记最优决策下的期望收益。

第一级节点：

A：做广告期望收益 $0.3\times320-40=56$(万元)

　　不做广告期望收益 $0.7\times80=56$(万元)

由计算知，在节点 A 处做广告和不做广告期望收益是一样的，所以在 A 处的最优决策是既可以选择做广告，也可以选择不做广告。在节点 A 处标记最优决策下的期望收益是 56。

B：做广告期望收益 0.25 × 40 − 40 = −30(万元)

不做广告期望收益 0.75 × 10 = 7.5(万元)

在节点 B 处，做广告将亏损 30 万元，不做广告期望收益是 7.5 万元，所以在 B 处的最优决策是不做广告。在节点 B 处标记最优决策下的期望收益是 7.5。

C：结果与节点 A 相同，标记最优决策下的期望收益是 56。

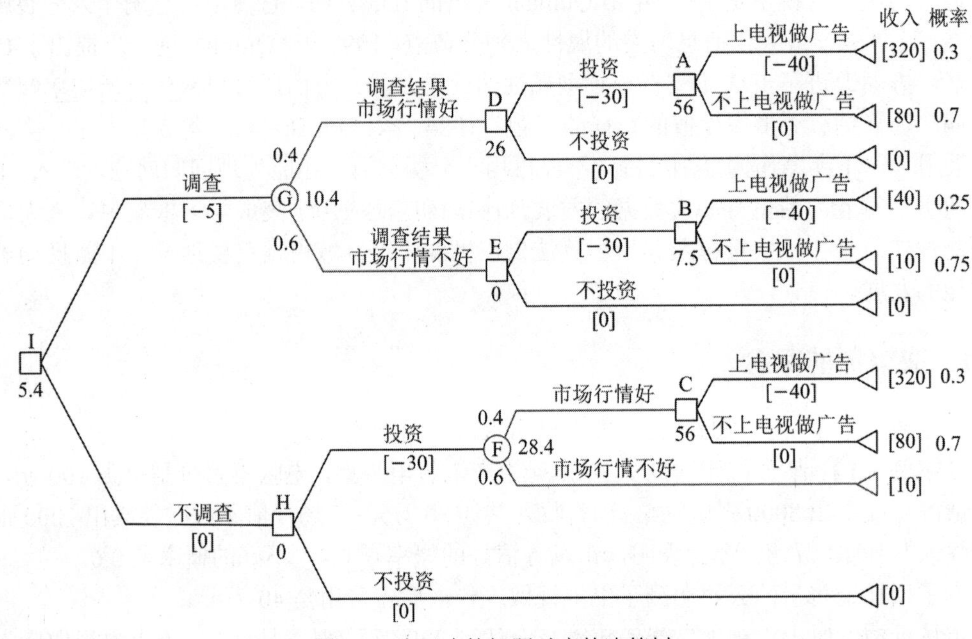

图 5.2 公司决策问题对应的决策树

第二级节点：

D：投资时期望收益 56 − 30 = 26 (万元)

不投资时期望收益 0 (万元)

所以在节点 D 处的最优决策是投资。在节点 D 处标记最优决策下的期望收益是 26。

E：投资时期望收益 7.5 − 30 = −22.5 (万元)

不投资时期望收益 0 (万元)

所以在节点 E 处的最优决策是不投资。在节点 E 处标记最优决策下的期望收益是 0。

F：这是机会节点，在该节点处的期望收益是其后两支收益的加权和：

$$0.4 \times 56 + 0.6 \times 10 = 28.4\ (\text{万元})$$

所以在节点 F 标记期望收益是 28.4。

第三级节点：

G：这是机会节点，在该节点处的期望收益是其后两支收益的加权和：

$$0.4 \times 26 + 0.6 \times 0 = 10.4\ (\text{万元})$$

所以在节点 G 处标记期望收益是 10.4。

H：投资时期望收益 28.4 − 30 = −1.6 (万元)

不投资时期望收益 0 (万元)

所以在节点H处的最优决策是不投资。在节点H处标记最优决策下的期望收益是0。

第四级节点：

I：调查时期望收益 10.4 − 5 = 5.4 (万元)

不调查时期望收益 0(万元)

所以在节点I处的最优决策是调查。在节点I处标记最优决策下的期望收益是5.4。

综合上述计算过程，公司的最优决策是聘请调查机构对市场行情进行调查，在此最优决策下公司期望收益是5.4万元。

在稍后的分析中将给出公司完整的决策链。

1. 决策树的概念

1) *定义*

决策树是由决策和树两个概念组合而成的。

所谓决策(decision making)，简言之就是作出决定或选择；详细一点的说法，就是从若干方案中选出最优方案；广义上的含义是指提出问题，确立目标，设计符合目标的解决问题的方案，从所设计的方案中选出最优方案的过程。

决策树，简言之就是决策过程形似一棵树。详细来说，决策树是一种直观的以概率为分析工具进行决策的图解法，由于决策过程遵循if-then规则，所以决策过程画成的图形很像一棵树，故称为决策树。

从功能上来看，决策树是一种数据挖掘算法，是一种非参数的监督学习方法，是一个预测模型，它主要用于分类和回归。

2) *画法*

以上述“公司的决策”案例来详细介绍决策树的画法。

“某公司计划投资30万元生产销售电脑桌，电脑桌售价是每张100元。市场行情好时能卖出8000张电脑桌，销售收入共计80万元；市场行情不好时能卖出1000张，销售收入共计10万元。”根据这段描述画出树的两个分支，如图5.3所示。

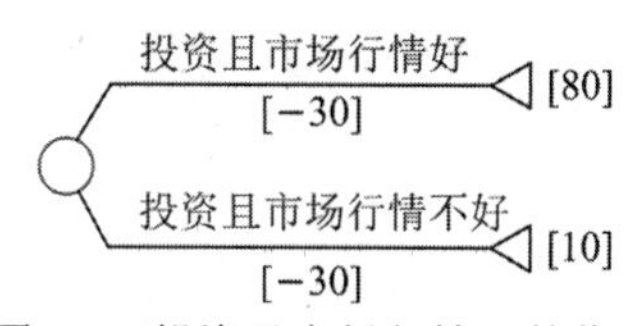

图5.3 投资及市场行情下的收入

“经验表明，市场行情好的概率是0.4，不好的概率是0.6。”根据这段描述在图5.3的两枝上标出相应的概率，如图5.4所示。图5.4已可以称为概率树了。

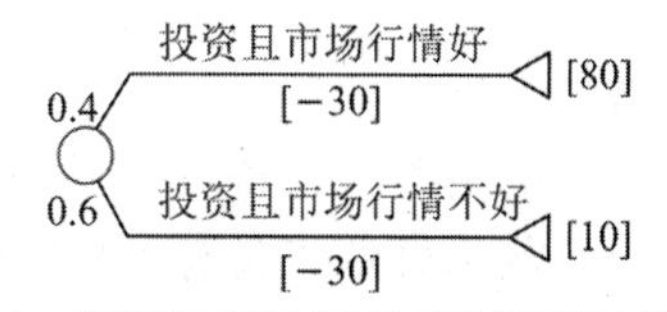

图5.4 投资及市场行情可能情形下的收入

“为了增加销售量，公司想到了上电视做广告，广告的费用是40万元。市场行情好的时候，上电视做广告销售额将会达到320万元(概率是0.3)；不上电视则依然是80万元(概率是0.7)。市场行情不好的时候，上电视做广告销售额能达40万元(概率是0.25)；不上电视则依然是 10 万元(概率是 0.75)。”到此，概率树就成长为图 5.5 的样子了。

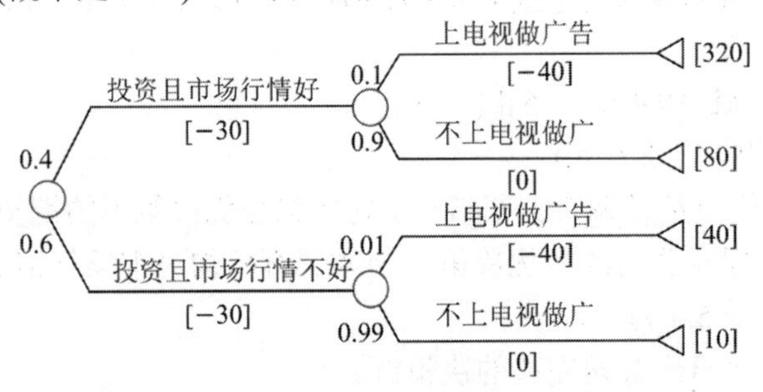

图 5.5 “投资+市场行情+电视广告”对应的收入

从这里开始，介绍决策树的画法。

(1) 列出备选方案：从公司的第一个决定开始。在本案例中，就是决定到底要不要花钱请机构调查市场行情。

备选方案：调查，成本为 5 万元；不调查，成本为 0。

如图 5.6 所示，因为调查与否是公司可控的，所以“调查”与“不调查”两枝的交会点(称为两枝的父节点)是决策节点，用**小正方形**来表示。因为该节点是画图中的第一个，有其独特的地位，称之为“根节点”。根节点向右分出“调查”与“不调查”两枝，画出相应的折线段，称为分支线，在分支线上标出方案及相应的成本。

分支线上标注的方案，称为一个决策。

(2) 从图 5.6 顶端的分枝继续画。如果调查，会发生哪些情况呢？当然调查结果是行情好或行情不好。因为调查结果不是公司能掌控的，具有不确定性，因此“调查”后的节点是机会节点，用**圆圈**来标记，在该节点处分裂为“调查结果：市场行情好”和“调查结果：市场行情不好”两枝，如图 5.7 所示。

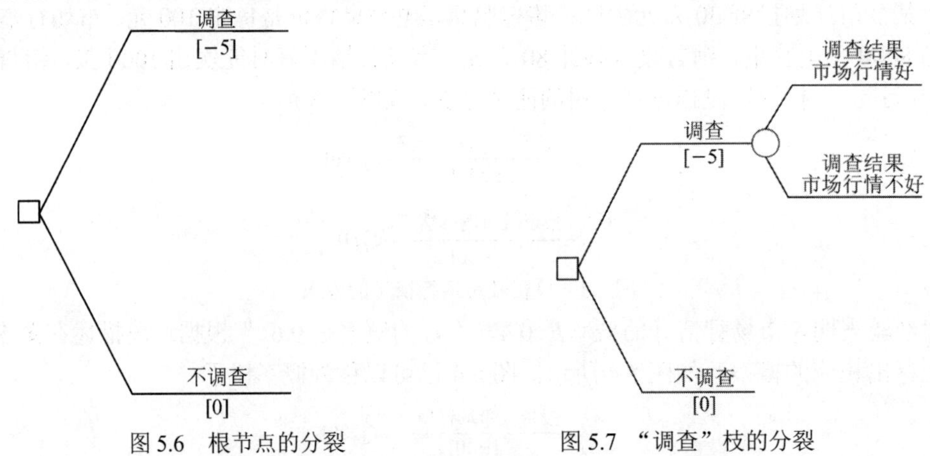

图 5.6 根节点的分裂　　图 5.7 “调查”枝的分裂

(3) 在每个调查结果中，公司会决定购买设备，或者不购买设备。

市场景气的时候，投资 30 万元购买设备将会有 80 万元的收入，不投资则收入为 0；市场不景气的时候，投资 30 万元将会有 10 万元的收入，不投资则收入为 0。

在“调查结果：市场行情好”的枝后画出“投资”和“不投资”两枝，因为投资与否是公司可控的，所以两枝的父节点是决策节点，用小正方形表示，在分支线上标出方案及相应的成本，如图 5.8 所示。

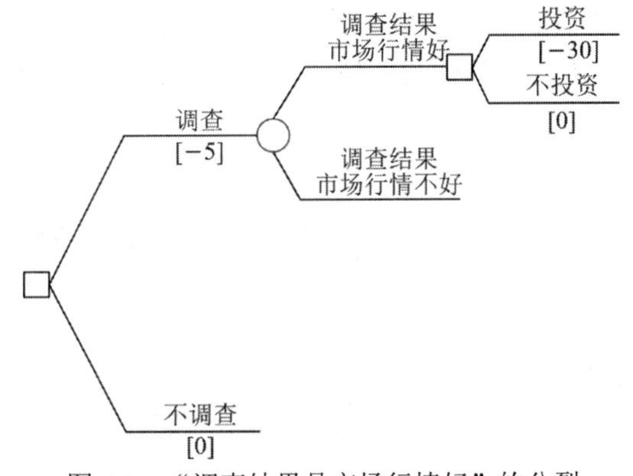

图 5.8 “调查结果是市场行情好”的分裂

(4) 下面继续从图 5.8 顶端的分枝继续画。

在“投资”一枝，公司考虑是否上电视做广告。按“上电视做广告”和“不上电视做广告”继续分枝。因为“上电视做广告”和“不上电视做广告”之后都不再有备选方案，所以就在两枝末端画出一个三角形，表示结果节点(也称为叶节点)，在旁边标出相应方案的结果，即对应的收入。在“不投资”一枝，公司不会考虑上电视做广告，所以之后没有分枝，该枝直接延伸至最右端的叶节点，相应收入为 0。至此，所画图形如图 5.9 所示。

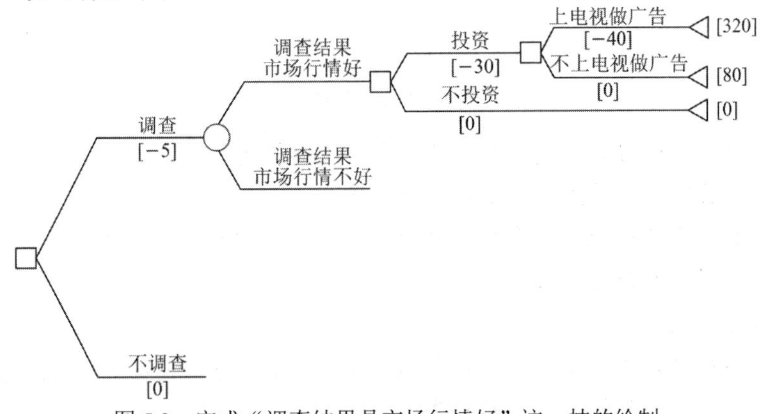

图 5.9 完成“调查结果是市场行情好”这一枝的绘制

对称分析画出“调查结果：市场行情不好”的枝和叶，如图 5.10 所示。

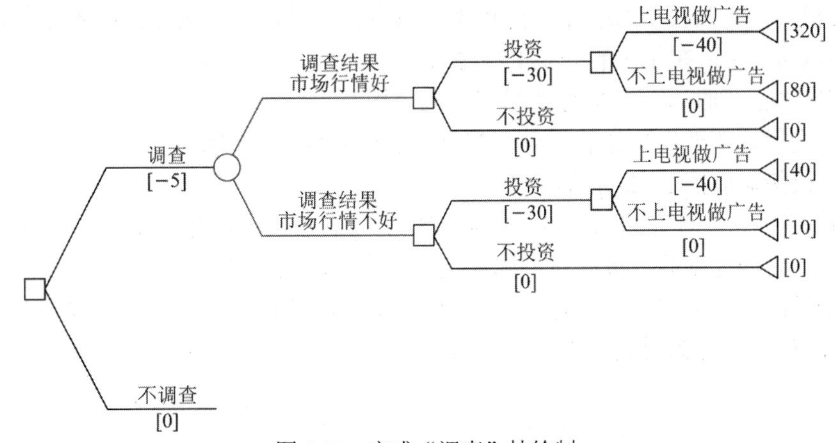

图 5.10 完成“调查”枝绘制

经过上述四个步骤，“调查”部分的决策树算是画完了。

类似分析并画出“不调查”部分的树枝及树叶。到此就已完成了决策树的绘制，结果如图 5.11 所示。

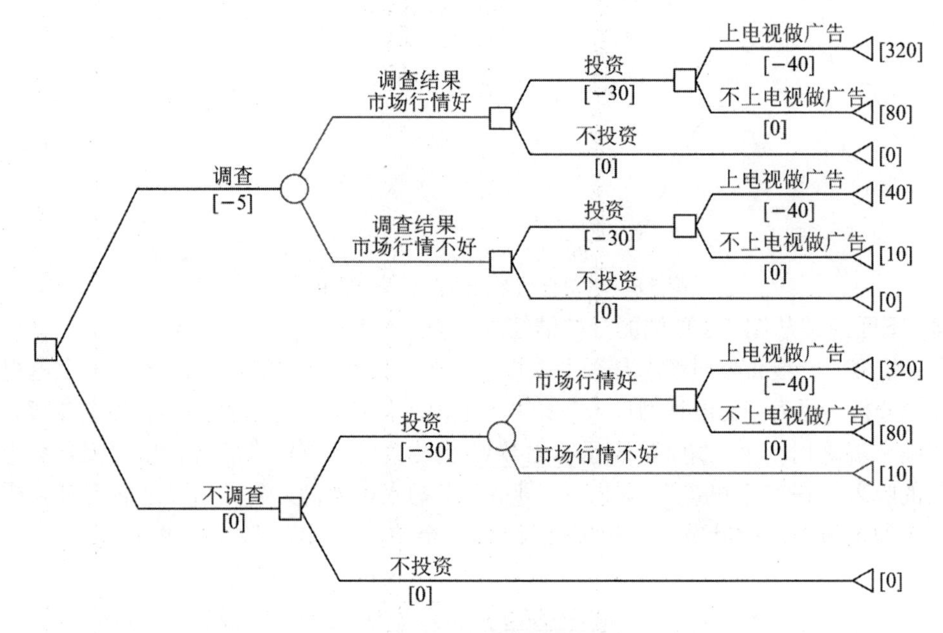

图 5.11　绘制完成的决策树

一棵决策树中，从根节点到叶节点的一条决策链称为一个策略，一个策略就是一个方案。一棵决策树必然包含了待解问题的所有方案。

比如，图 5.11 中“调查—调查结果是市场行情好—投资—上电视做广告”就是一个策略，也就是公司的一个备选方案。

3) 量化不确定性

图 5.11 已列好了所有备选方案，共有 10 个(每个叶节点对应着一个备选方案)。接下来就是量化决策树中的每个分支的不确定性。

首先确定概率。

(1) 在机会节点后面的分支上标注概率。调查报告显示，市场行情好的概率是 0.4，不好的概率是 0.6，所以在相应的分支上标注好概率。

(2) 在叶节点“收入”右端标注相应收入的概率。

然后，为了方便查询与计算，对所有节点进行标号：A，B，…，I。

最终的决策树如图 5.12 所示。

图 5.12 中，从右往左将所有叶节点画在同一条铅垂线上；随后将 A、B、C 画在同一条铅垂线上，它们处于同一级决策；同样地，将 D、E、F 画在同一条铅垂线上；G、H 画在同一条铅垂线上。从右往左，称 A、B、C 为第一级节点，D、E、F 为第二级节点，G、H 为第三级节点，I 为第四级节点。

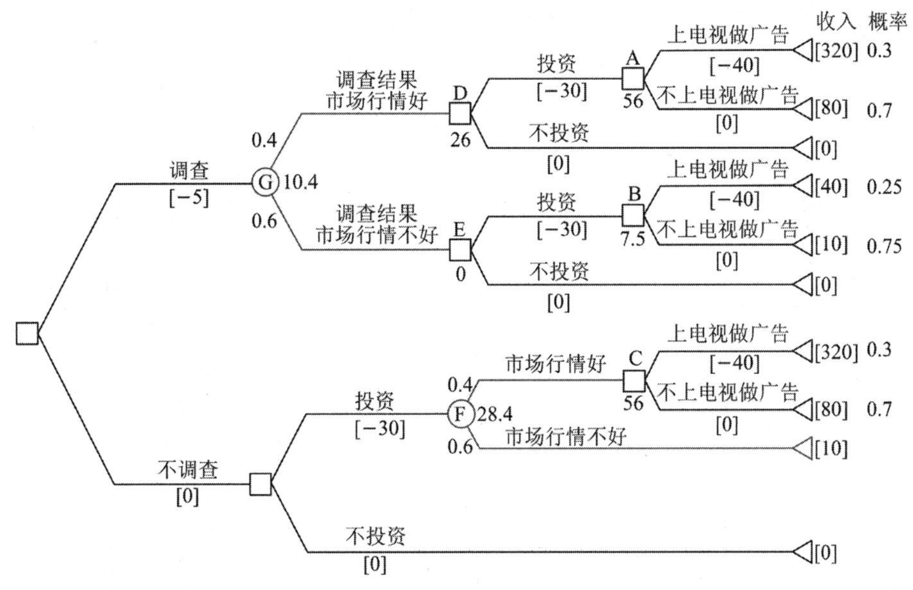

图 5.12　一棵完整的决策树-包括不确定性的量化

4) 确定目标

一般来说，目标就是选择最优的方案。

本例就是从 10 个方案中求出收入的期望值最高的方案。

5) 决策树的求解

从右往左(**逆向**)、从上至下开始计算。

案例的计算已在案例中详细介绍。下面主要给出决策树随着计算结果是如何变化的。

在完成第一级节点的计算后，被选择的方案所在的分支线被加粗，且被选择方案的收益标注在相应节点旁，如图 5.13 所示。

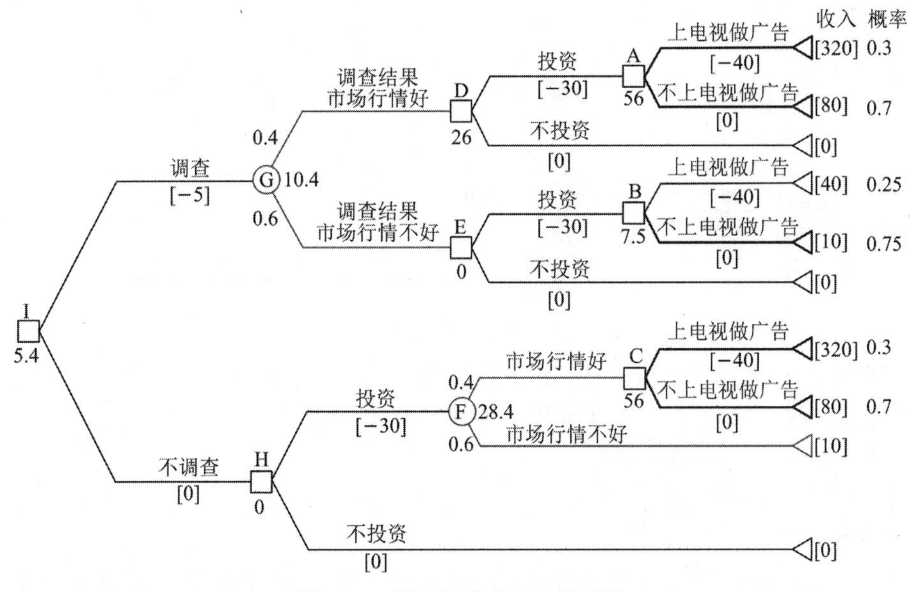

图 5.13　第一级节点的计算结果

完成第二级节点的计算后，决策树如图 5.14 所示。

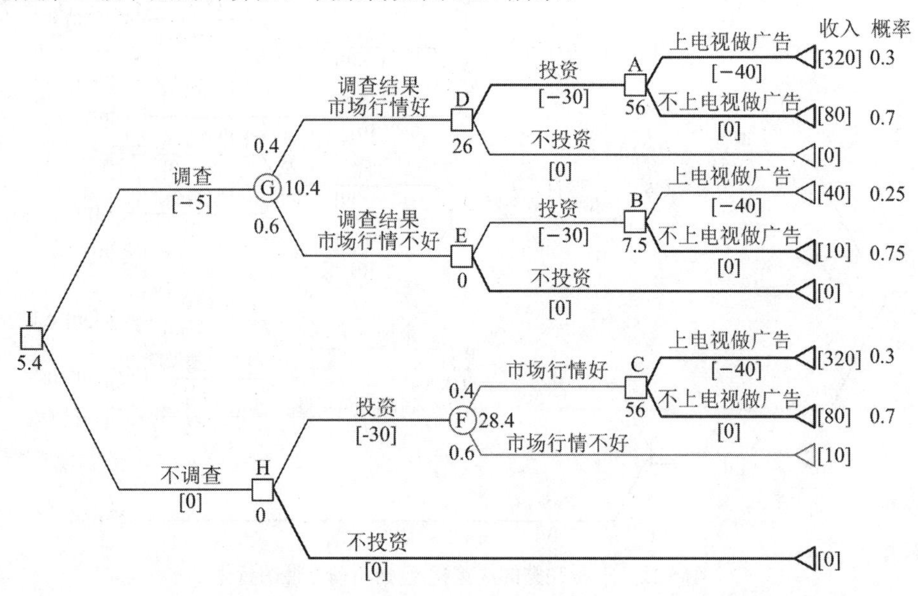

图 5.14　第二级节点的计算结果

完成第三级节点的计算后，决策树如图 5.15 所示。

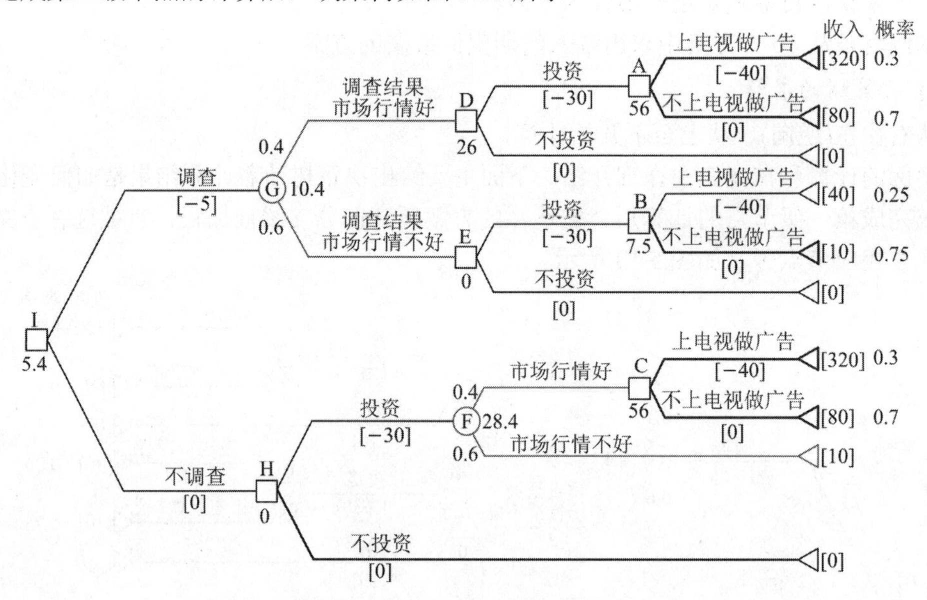

图 5.15　第三级节点的计算结果

完成根节点的计算后也就完成了整个题目的计算，决策树如图 5.16 所示。

求解结果解读：下面对上述计算和决策过程进行解读。

在根决策点 I 处，公司的最优决策是“调查”。

在根决策点 I 做出决策后，调查结果不是公司可控的。此时出现两种情况：市场行情好和市场行情不好。

若出现“市场行情好”，则在决策点 D 处的最优决策是“投资”，其后决策点 A 处的最优决策是上电视做广告与否都可以。

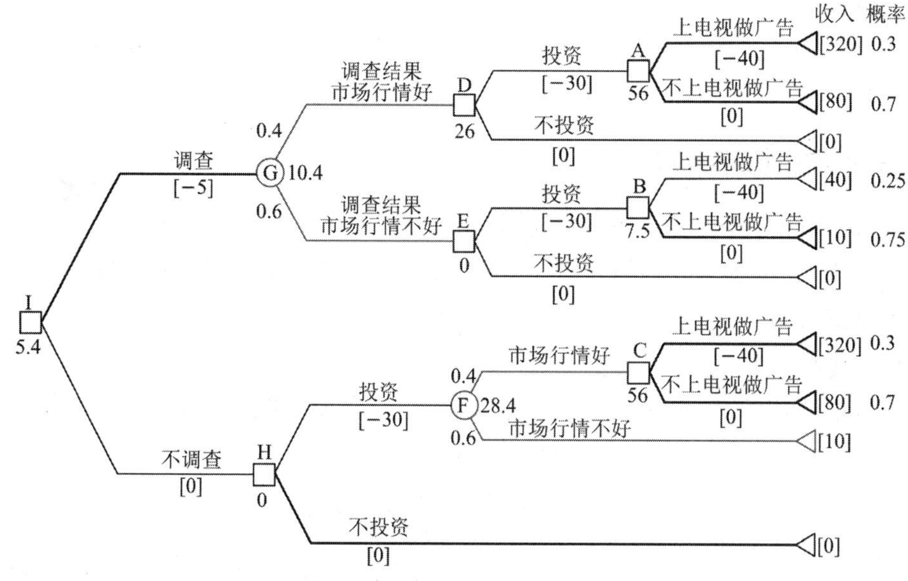

图 5.16 第四级节点的计算结果

若出现“市场行情不好”，则在决策点 E 处的最优决策是“不投资”。

在这个最优决策下，公司的期望利润为 5.4 万元。

最优决策对应的缩小决策树如图 5.17 所示。

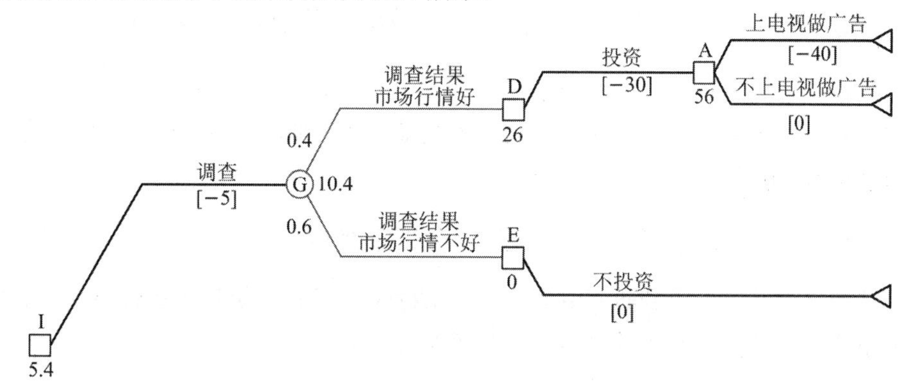

图 5.17 最优决策

2. 总结

上述 1)～5)共五个要点就是建立及求解决策树模型的整个过程。

综合起来，简明描述如下：

(1) 决策树是由小正方形(决策节点)、圆圈(机会节点)、三角(结果节点)和分支线所组成一种树图，应用的主要方面是寻找最优决策。

(2) 决策树模型的建立及求解有如下 4 个步骤。

① 画决策树：通过画树图的方式列出所有可能的备选方案，并在分支线上标注相应的子方案及其“代价”，在结果节点上标注每个方案的“收益”。

② 量化不确定性：确定每个方案发生的概率，并标注在相应的树枝上。

③ 确定目标：决策树是优化问题的一种描述方式，其目标一般也是极大化“收益”或

极小化“成本”。

④ 求解决策树：从结果逆向操作，计算出每个备选方案的期望值，然后对比各个期望值，选出最优方案。

5.1.2　决策树的数学原理

5.1.1 节讲述的案例——公司的决策，数据规模小，容易计算。当数据规模大、备选方案多时，这种方式求解决策树将会比较困难。本小节介绍决策树的通用求解算法。

1. 信息论基础

首先，我们介绍信息论中熵的概念。

熵是信息论中的一个基本概念，它度量了事物的不确定性。越不确定的事物，它的熵就越大。具体来说，随机变量 X 的熵的定义如下：

$$H(X)=-\sum_{i=1}^{n}p_i\lg p_i \tag{5.1}$$

比如，抛一枚硬币为事件 T，记 $T=1$ 为出现正面，$T=0$ 为出现反面，则 T 的熵为

$$P\{T=1\}=P\{T=0\}=\frac{1}{2}\Rightarrow H(T)=-\left(\frac{1}{2}\lg\frac{1}{2}+\frac{1}{2}\lg\frac{1}{2}\right)=\lg 2=0.301\ 03$$

再如，掷一枚骰子为事件 G，记 $G=k$ 为出现的点数是k，则G的熵为

$$P\{G=k\}=\frac{1}{6},\ k=1,\ 2,\ 3,\ 4,\ 5,\ 6\Rightarrow H(G)=-\sum_{k=1}^{6}\frac{1}{6}\lg\frac{1}{6}=\lg 6=0.778\ 151$$

因 $H(G)>H(T)$，故掷骰子的不确定性比抛硬币的不确定性要高。

熟悉了单一变量的熵，很容易推广到多个变量的联合熵，式(5.2)给出了两个变量 X 和 Y 的联合熵表达式：

$$H(X,\ Y)=-\sum_{i=1}^{n}p(x_i,\ y_i)\lg p(x_i,\ y_i) \tag{5.2}$$

有了联合熵，又可以得到条件熵的表达式 $H(Y/X)$。条件熵类似于条件概率，它度量了我们在知道 X 以后 Y 剩下的不确定性，表达式如下：

$$H(X/Y)=-\sum_{x\in X}\sum_{y\in Y}p(x,\ y)\lg p(y/x)=\sum_{x\in X}p(x)H(Y/X=x) \tag{5.3}$$

我们刚才提到$H(X)$度量了X的不确定性，条件熵$H(Y/X)$度量了在知道X以后Y剩下的不确定性。那么，$H(Y)-H(Y/X)$度量了什么呢？它度量了 Y 在知道 X 以后不确定性减少的程度。这个度量在信息论中称为互信息，记为 $I(Y/X)$。

信息熵 $H(X)$、联合熵 $H(X,Y)$、条件熵 $H(Y/X)$和互信息 $I(Y/X)$之间的关系见图 5.18。

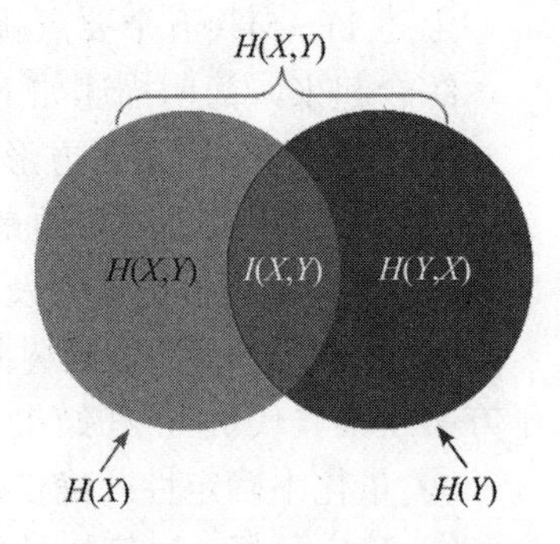

图 5.18　各熵之间的关系图示

图 5.18 中各熵之间的关系：

$$\begin{aligned}I(X,\ Y)&=H(X)-H(X/Y)=H(Y)-H(Y/X)\\&=H(X)+H(Y)-H(X,\ Y)\end{aligned}$$

2. 决策树求解算法

1) ID3 算法

ID3 是 Iterative Dichotomiser 3 的简写，直译为“迭代二叉树第 3 代”，由 Quinlan 于 1979 年提出来的。在 ID3 算法中，互信息 $I(Y/X)$被称为信息增益(gain)，所以多数时候又记为 $g(X, Y)$。ID3 算法就是用信息增益来判断当前节点应该用什么特征来构建决策树。信息增益越大，则越适合用来分类。

【例 5.1】 我们用 SNS 社区中不真实账号检测的例子说明如何使用 ID3 算法构造决策树。为简单起见，我们假设训练集合包含 10 个元素，见表 5.1。

表 5.1　SNS 社区部分账号信息

日志密度(L)	好友密度(F)	是否使用真实头像(H)	账号是否真实(D)
s	s	no	no
s	l	yes	yes
l	m	yes	yes
m	m	yes	yes
l	m	yes	yes
m	l	no	yes
m	s	no	no
l	m	no	yes
m	s	no	yes
s	s	yes	no

如表 5.1 所示，以 L、F、H 和 D 分别表示日志密度、好友密度、是否使用真实头像和账号是否真实。相关问题是：根据 L、F 和 H 来推断 D。

下面计算各属性的信息增益。

首先计算 L，此时表 5.1 简略为表 5.2。

表 5.2　属性 L 对 D 的影响

L	D	$H(D/L=x)$
l	yes	$H(D/L=l)=-\left(\frac{3}{3}\lg\frac{3}{3}+\frac{0}{3}\lg\frac{0}{3}\right)=0$
l	yes	
l	yes	
m	yes	$H(D/L=m)=-\left(\frac{3}{4}\lg\frac{3}{4}+\frac{1}{4}\lg\frac{1}{4}\right)=0.2442$
m	yes	
m	no	
m	yes	
s	yes	$H(D/L=s)=-\left(\frac{1}{3}\lg\frac{1}{3}+\frac{2}{3}\lg\frac{2}{3}\right)=0.2764$
s	no	
s	no	

由表 5.2 进一步计算，得

$$H(D) = -(0.7\lg 0.7 + 0.3\lg 0.3) = 0.2653$$

$$H(D/L) = 0.3\times 0 + 0.4\times 0.2442 + 0.3\times 0.2764 = 0.1806$$

$$g(D,\ L) = H(D) - H(D/L) = 0.2653 - 0.1806 = 0.0847$$

因此，日志密度的信息增益是 0.0847。同理可得

$$g(D,\ F) = 0.1449,\ g(D,\ H) = 0.0105$$

对比 L、F、H 三个属性的信息增益，因为 F 具有最大的信息增益，所以决策树第一次分裂属性选择 F，分裂后的结果如图 5.19 所示。

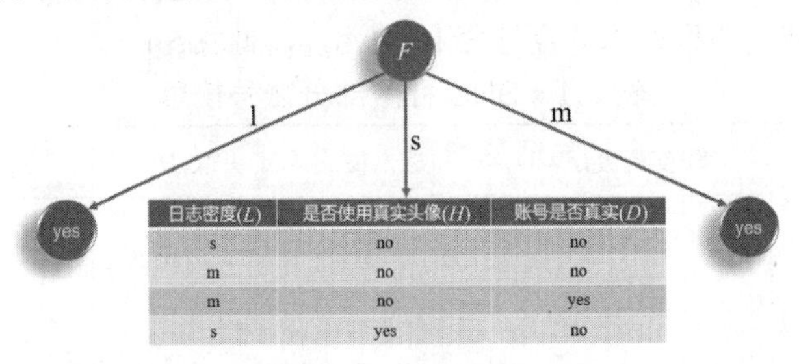

日志密度(L)	是否使用真实头像(H)	账号是否真实(D)
s	no	no
m	no	no
m	no	yes
s	yes	no

图 5.19 分裂点选择 1

在图 5.19 的基础上递归使用这个算法计算各子节点的分裂属性，即得到整个决策树，如图 5.20 所示。

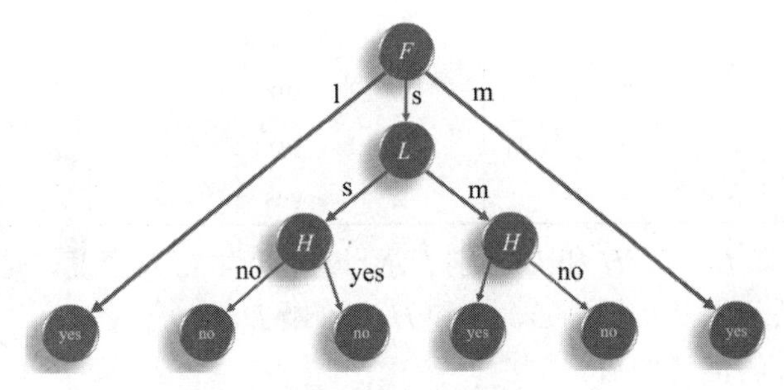

图 5.20 完整决策树

但是 ID3 算法中也存在着一些不足之处：

(1) ID3 没有考虑连续特征，比如长度、密度都是连续值，无法在 ID3 中运用。这大大限制了 ID3 的用途。

(2) ID3 采用信息增益大的特征优先建立决策树的节点。因此很快就被人发现，在相同条件下，取值比较多的特征比取值少的特征信息增益大。比如一个变量有 2 个值，各为 1/2，另一个变量有 3 个值，各为 1/3，其实他们都是完全不确定的变量，但是取 3 个值的比取 2 个值的信息增益大。(信息增益反映的是给定一个条件以后不确定性减少的程度，必然是分得越细的数据集确定性更高，也就是条件熵越小，信息增益越大)如何校正这个问题呢？

为了解决这些问题，Quinlan 本人于 1993 年提出了 C4.5 算法。

2) C4.5 算法

对于第一个问题，不能处理连续特征，C4.5 的思路是将连续的特征离散化。比如 m 个样本的连续特征 A 有 m 个值，从小到大排列为 a_1，a_2，…，a_m。C4.5 取相邻两样本值的平均值，一共得到 $m-1$ 个划分点：$T_i = \dfrac{a_i + a_{i+1}}{2}$，$i=1$，…，$m-1$。对于这 $m-1$ 个点，分别计

算以该点作为二元分类点时的信息增益。根据计算结果，选择信息增益最大的点作为该连续特征的二元离散分类点。比如，设取得增益最大的点为 T_t，则取大于 T_t 为类别 1，小于 T_t 为类别 2。这样我们就做到了连续特征的离散化。

对于第二个问题，以信息增益作为节点分裂标准容易偏向于取值较多的特征，C4.5 提出了信息增益率：

$$g_R(D, A) = \frac{g(A, D)}{H(A)}$$

即特征 A 对数据集D的信息增益与特征 A 信息熵的比，信息增益率越大的特征和划分点，分类效果越好。某特征中值的种类越多，特征对应的特征熵越大，它作为分母，可以校正信息增益导致的问题。

回到例 5.1，计算在属性 L 处的信息增益率：

$$g(D, L) = 0.0847,\ g(D, F) = 0.1449,\ g(D, H) = 0.0105$$

$$H(L) = -(0.3\lg 0.3 + 0.4\lg 0.4 + 0.3\lg 0.3) = 1.5710$$

$$g_R(D, L) = \frac{g(D, L)}{H(L)} = \frac{0.0847}{1.5710} = 0.0539$$

同样可得：$g_R(D, F) = 0.3163,\ g_R(D, H) = 0.0349$ 。

在三个特征 L、F、H 中，因为 F 具有最大的信息增益率，所以第一次分裂选择 F 为分裂属性，分裂后的结果仍如图 5.19 所示。

再递归使用这个算法计算各子节点的分裂属性，最终得到整个决策树，仍如 5.20。

3) *分类回归树算法*

ID3 算法使用信息增益来选择特征，信息增益大的优先选择。C4.5 算法采用信息增益率来选择特征，以减少信息增益容易选择特征值种类多的特征的问题。但无论是 ID3 还是 C4.5，都是基于信息论的熵模型，这里面涉及大量的对数运算。

分类回归树(classification and regression tree，CART)算法使用基尼系数来代替信息增益率作为选择特征的标准，基尼系数代表了模型的不纯度，基尼系数越小，则不纯度越低，特征越好。这和信息增益(比)是相反的。

在分类问题中假设有 K 个类别，第 k 个类别的概率为 p_k，则基尼系数定义如下：

$$\text{Gini}(p) = \sum_{k=1}^{K} p_k(1-p_k) = 1 - \sum_{k=1}^{K} p_k^2 \tag{5.4}$$

对于给定的样本 D，假设有 K 个类别，第 k 个类别的数量为 C_k，则样本的基尼系数如下：

$$\text{Gini}(D) = 1 - \sum_{k=1}^{K}\left(\frac{|C_k|}{|D|}\right)^2 \tag{5.5}$$

对于样本 D，若根据特征 A 的某个值 a 把 D 分成 D_1 和 D_2 两部分，则在特征 A 的条件下 D 的基尼系数如下：

$$\text{Gini}(D, A) = \frac{|D_k|}{|D|}\text{Gini}(D_1) + \frac{|D_2|}{|D|}\text{Gini}(D_2) \tag{5.6}$$

回到例 5.1，属性 L 将 D 划分为 3 部分，见表 5.3。

表 5.3　属性 L 分割 D 的情况

日志密度(L)	账号是否真实(D)	
l	yes	D_1
l	yes	
l	yes	
m	yes	D_2
m	yes	
m	no	
m	yes	
s	yes	D_3
s	no	
s	no	

根据表 5.3 计算在属性 L 的条件下D的基尼系数：

$$\begin{aligned}\mathrm{Gini}(G,\ L)&=\frac{1}{|D|}\sum_{k=1}^{3}|D_k|\,\mathrm{Gini}(G_k)\\&=0.3\left(1-\left(\frac{3}{3}\right)^2\right)+0.4\left(1-\left(\frac{3}{4}\right)^2+\left(\frac{1}{4}\right)^2\right)+0.3\left(1-\left(\frac{1}{3}\right)^2-\left(\frac{2}{3}\right)^2\right)\\&=0.283\ 333\end{aligned}$$

同理可得：$\mathrm{Gini}(D,\ F)=0.15$，$\mathrm{Gini}(D,\ H)=0.4$。

因为 F 具有最小的基尼系数，所以第一次分裂选择 F。再递归使用这个方法计算子节点的分裂属性，最终所得决策树与图 5.20 一致。

5.1.3　决策树的实现

实际上决策树的构建和计算并不简单。万幸的是，Python 机器学习库对决策树的构建和计算流程已进行了完整的封装。Python 实现决策树的模块是 sklearn.tree，决策树分类器是 DecisionTreeClassifier，回归器是 DecisionTreeRegressor。下面详细介绍两个函数的语法。

1. 决策树分类器 DecisionTreeClassifier

决策树分类器的用法及主要参数见表 5.4。

表 5.4　决策树分类器的用法及主要参数

model = DecisionTreeClassifier(criterion='gini', splitter='best')	主要输入参数及其含义： (1) criterion：衡量一个分裂质量的准则，取值为“gini”“entropy”“log_loss”，缺省值是“gini”。 (2) splitter：在每个节点上选择分割的策略，取值为“best”“random”，缺省值是“best”
	主要输出参数及其含义： (1) classes_：类标签(单输出问题)或类标签数组列表(多输出问题)。 (2) feature_importances_：特征的重要性，被计算为该特征所带来的(归一化后的)准则的总减少，也被称为基尼重要性。 (3) tree_：所建立的树，可通过 plot_tree 进行可视化

2. 决策树回归器 DecisionTreeRegressor

决策树回归器的用法及主要参数见表 5.5。

表 5.5 决策树回归器的用法及主要参数

<table>
<tr><td rowspan="2">model = DecisionTreeRegressor (
criterion='squared_error',
splitter='best')</td><td>主要输入参数及其含义：
与分类器相比，仅有 criterion 含义不同。
criterion：衡量一个分裂质量的准则，取值为“squared_error”“friedman_mse”“absolute_error”“poisson”，缺省值是“squared_error”</td></tr>
<tr><td>主要输出参数及其含义：
与分类器相比，没有 classes_输出项。
(1) feature_importances_：同分类器。
(2) tree_：同分类器</td></tr>
</table>

【实验 5.1】 打网球影响因素分析。是否去打网球(play)主要由天气(outlook)、温度(temperature)、湿度(humidity)、是否有风(windy)等因素来确定。表 5.6 中的 14 条样本数据记录了天气对打网球的影响。请建立决策树模型分析天气对打网球的影响。

表 5.6 天气对打网球影响的样本数据

NO.	outlook	temperature	humidity	windy	play
1	sunny	hot	high	FALSE	no
2	sunny	hot	high	TRUE	no
3	overcast	hot	high	FALSE	yes
4	rainy	mild	high	FALSE	yes
5	rainy	cool	normal	FALSE	yes
6	rainy	cool	normal	TRUE	no
7	overcast	cool	normal	TRUE	yes
8	sunny	mild	high	FALSE	no
9	sunny	cool	normal	FALSE	yes
10	rainy	mild	normal	FALSE	yes
11	sunny	mild	normal	TRUE	yes
12	overcast	mild	high	TRUE	yes
13	overcast	hot	normal	FALSE	yes
14	rainy	mild	high	TRUE	no

【实验过程】

首先，进行数据预处理。

(1) 定性变量赋值，过程如下：

$$\text{outlook}=\begin{cases}1, & \text{sunny}\\ 2, & \text{overcast}\\ 3, & \text{rainy}\end{cases}，\quad \text{temperature}=\begin{cases}1, & \text{hot}\\ 2, & \text{mild}\\ 3, & \text{cool}\end{cases}$$

$$\text{humidity}=\begin{cases}0, & \text{normal}\\1, & \text{high}\end{cases},\ \text{windy}=\begin{cases}0, & \text{False}\\1, & \text{True}\end{cases},\ \text{play}=\begin{cases}0, & \text{no}\\1, & \text{yes}\end{cases}$$

各定性变量赋值后，表 5.6 中的文本型数据即全变为数值化数据。

(2) 将数值化数据保存为文本文件，文件名任取，此处保存名为 playtable.txt。

```
outlook, temperature, humidity, windy, play
1, 1, 1, 0, 0
1, 1, 1, 1, 0
2, 1, 1, 0, 1
3, 2, 1, 0, 1
3, 3, 0, 0, 1
3, 3, 0, 1, 0
2, 3, 0, 1, 1
1, 2, 1, 0, 0
1, 3, 0, 0, 1
3, 2, 0, 0, 1
1, 2, 0, 1, 1
2, 2, 1, 1, 1
2, 1, 0, 0, 1
3, 2, 1, 1, 0
```

(3) 按建模→训练→评估→应用流程写出 sklearn 决策树代码：

```
#%% 决策树分类器案例分析：打网球
# 0.导库
import numpy as np
from sklearn.model_selection import train_test_split as tts
from sklearn import tree
# 1.读入数据
data = np.loadtxt('playtable.txt', delimiter = ',', skiprows = 1)
print('原始数据'.center(50,'*'), '\n', data)
# 2.拆分数据集：将数据集分割为训练集和测试集
x, y = np.split(data, (4,), axis=1)
x_train, x_test, y_train, y_test = tts(x, y, test_size=0.3)
# 3.模型建立：以基尼系数作为划分标准建立决策树模型
model = tree.DecisionTreeClassifier(criterion='gini')
# 4.模型训练：应用训练集对模型进行训练
model.fit(x_train, y_train)
# 5.模型评估：
y_pred = model.predict(x_test)
labels = ['是', '否']
```

```
title   ='打网球'
p = model.predict_proba(x_test)[:,0]
from model_evaluator import classifictioan_evaluator
results = classifictioan_evaluator (y_test, y_pred, proba_pred=p, labels=labels, title=title)
# 6. 可视化决策树
import matplotlib.pyplot as plt
plt.figure(figsize=(10,8), dpi=150)
features = ['outlook', 'temperature', 'humidity', 'windy']
tree.plot_tree(model, feature_names= features, class_names=['yes', 'no'],
                    filled=True, precision=4, fontsize=16)
plt.tight_layout()
# 7.提取特征重要性
vim = model.feature_importances_
print(' 特征的重要性 '.center(50,'*'), '\n', vim)
```

(4) 输出结果。

① 评估结果见表 5.7。

表 5.7　评估结果

评估项	准确率	查准率	查全率	f_1值	auc
值	0.6	0.8	0.6	0.5667	0.6667

从评估结果看，模型精度一般，主要原因是样本容量小。

② 可视化决策树如图 5.21 所示。

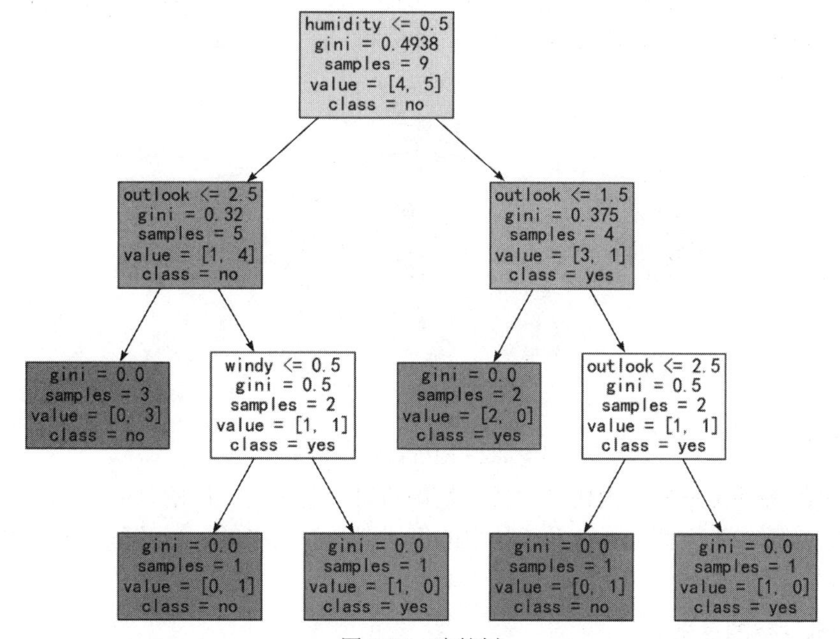

图 5.21　决策树

强烈推荐使用 sklearn 库中 tree 模块求解决策树问题。

5.2　随机森林

随机森林是由统计学家 Breiman 于 2001 年提出的，是决策树集成技术的里程碑式事件。自其诞生以来已经在数据分析、模式识别、生物信息学等多个领域发挥了重要作用，并持续影响着机器学习算法的研究与发展。

5.2.1　随机森林的概念

1. 对“随机森林”直觉上的认识

从两个案例直观认识随机森林。

【案例 5.2】 旅游景点的抉择。

孙先生决定在桂林用一周时间去游一游当地的景点。他拜访了一位曾在桂林住过一年的朋友，问哪些景点值得一游。这位朋友推荐了一些他认为不错的景点。

这是典型的决策树算法。

之后，孙先生又问了很多在桂林待过的朋友，希望他们给些建议。于是每位朋友都分别推荐了自己去过的景点。最后孙先生选择了被推荐次数最多的景点。

这就是典型的随机森林算法。

【案例 5.3】 新动物的识别。

森林里新来了一只动物，为了判断这到底是什么动物，森林举办大会，每棵树都必须发表意见，以多数意见作为最终的结果。决策机制如图 5.22 所示。

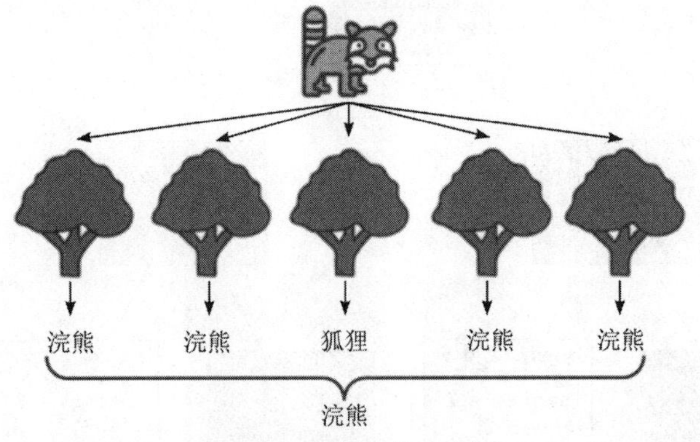

图 5.22　随机森林示意图

森林中的每棵树是怎么构建的？是不是每棵树都能做出正确的判断？这是我们需要考虑的问题。接下来我们就来看一看森林中的每棵树是怎么来的，以及怎么选出“优秀”的树的。

2. 随机森林的定义

随机森林的名称中有两个关键词：一个是“随机”，一个就是“森林”。

“随机”的含义在后面慢慢讲，先讲讲“森林”及其决策机制。

“森林”，这很好理解，一棵叫作树，那么成百上千棵树就可以叫作森林了，所以随机森林就是由多棵决策树组成的。

决策机制：假设现在针对的是分类问题，那么森林中的每棵决策树都是一个分类器。对于一个输入样本，n棵树会有n个分类结果，这个机制称为“投票”，即每棵树对该样本属于哪个类别都投出自己的一票。随机森林将所有投票结果综合起来，以投票次数最多的类别作为该样本最终的类别。这是一种最简单的装袋(bagging)思想，所以随机森林是由多棵决策树按装袋方法集成而来的。

3. 随机森林的特点

作为高度灵活的一种机器学习算法，随机森林有着广泛的应用前景。在大学校内外的学科竞赛中，参赛者对随机森林的使用占有相当高的比例，比如 2013 年百度校园电影推荐系统大赛、2014 年阿里巴巴天池大数据竞赛以及 Kaggle 数据科学竞赛，等等。随机森林之所以受欢迎，是因为它具有以下特点：

(1) 高准确性：随机森林通过同时建立多棵决策树，并对它们的结果进行集成，以提高模型的准确性。实际上，在当前所有算法中，随机森林都具有极好的准确率。

(2) 抗过拟合能力强：随机森林可以通过对训练数据的自助采样(bootstrap sampling)和随机特征选择来减少过拟合。每棵决策树仅使用部分数据和部分特征进行训练，从而减少模型对于特定样本和特定特征的依赖。

(3) 具有处理高维数据和大规模数据的能力：随机森林能够处理高维数据集和大规模数据，不需要进行特征选择或数据降维。同时，由于随机森林可并行化训练和预测，所以可通过对训练和预测部署分布式计算，使得随机森林在大数据集上也能有效地运行。

(4) 可评估特征的重要性：所谓特征的重要性，是指该特征对因变量的影响力。随机森林可通过测量每个特征在决策树中的分割贡献来评估特征的重要性。这可以帮助我们了解哪些特征对于模型的预测起到了重要作用。

(5) 能够处理缺失值和不平衡数据：随机森林不仅能够处理含有缺失值的数据，还能通过投票或平均的方式进行集成，降低类别不平衡带来的问题。

(6) 可并行化处理：由于每棵决策树的构建是独立的，因此随机森林可以很好地进行并行化处理。这意味着在拥有多个处理器或计算节点的环境中，可以更快地训练随机森林模型，并进行更快的预测。

(7) 对异常值和噪声具有鲁棒性：所谓鲁棒性(robustness)，是指系统或算法在内部结构发生扰动的情况下仍能够保持稳定和可靠的能力。随机森林对于异常值和噪声具有一定的鲁棒性，这是因为随机森林是多棵决策树集成而来，单个异常值或噪声点不太可能对整个模型产生重大影响。

(8) 不必对数据进行归一化和特征缩放：由于随机森林是基于决策树的算法，不需要对数据进行归一化和特征缩放，这使得随机森林在处理不同尺度和范围的特征时更加方便。

(9) 在随机森林的生成过程中，能够获取到内部生成误差(OOB)的一种无偏估计。

随机森林的上述特点使其成为一种强大的机器学习方法。当然，随机森林不止上述特点。实际上它是机器学习领域的一个多面手，我们几乎可以把任何东西扔进去，然后反馈给我们想要的信息。

5.2.2 随机森林的生成

随机森林中有许多棵树，而每棵树是怎么生成的呢？

1. 如何构建一棵树

假设共有 N 个样本，M 个特征，那么每棵树按照如下规则生成：

(1) 对于每棵树而言，随机且有放回地从所有样本中抽取 $\frac{2}{3}$ 作为该树的训练集。

由此可知，每棵树的训练集都是不同的，且彼此的训练样本有重复。

为什么要对训练集进行随机抽样？

如果不进行随机抽样，则每棵树的训练集都一样，那么最终训练出的树分类结果也是完全一样的，这样的话完全没有装袋的必要。

为什么要有放回的抽样？

如果不是有放回的抽样，那么每棵树的训练样本都是不同的，都是没有交集的，这样每棵树都是“有偏的”且“片面的”，也就是说，每棵树训练出来都有着很大的差异；而随机森林最后分类取决于多棵树的投票表决，这种表决应该是“求同”，因此每棵树的训练集彼此完全不同对最终分类结果没有帮助，无异于“盲人摸象”。

(2) 指定一个常数 $m(<<M)$，随机地从 M 个特征中选取 m 个特征来构建决策树，这棵树每次进行分裂时就从这 m 个特征中选择最优的那个特征进行分裂。

(3) 每棵树都尽最大可能生长，并且没有剪枝过程。

一开始我们提到的随机森林中的“随机”就是指这里的两个随机性：随机抽取样本和随机抽取特征。两个随机性的引入对随机森林的分类性能至关重要。由于它们的引入，使得随机森林不容易陷入过拟合，并且具有很好的抗噪能力(比如对缺省值不敏感)。

这样就构建出了一棵树，如图 5.23 所示。

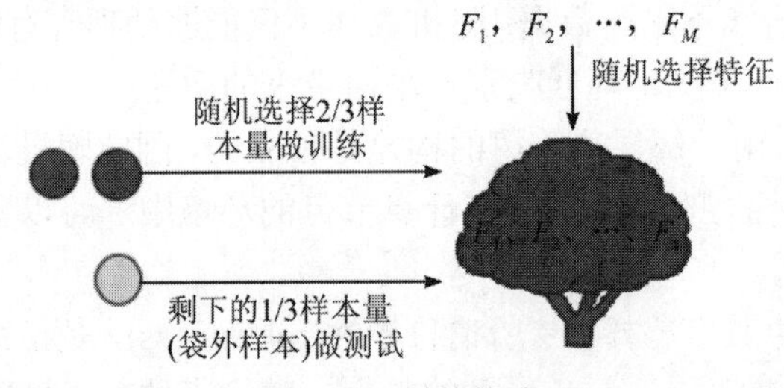

图 5.23　树的构建

2. 袋外错误率

有了树我们就可以分类了，但每棵树在分类时并非都能做出正确的判断。随机森林分类效果(错误率)与两个因素有关：① 森林中任意两棵树的相关性，即相关性越大错误率就越大；② 森林中每棵树的分类能力，即每棵树的分类能力越强整个森林的错误率就越低。

在树的构建中提到，需要随机选取 m 个特征。若减小特征选择个数 m，则树的相关性和分类能力也会相应地降低；若增大 m，两者也会随之增大。这就导出了随机森林最关键的问题：如何选择最优的 m(或者是范围)？这也是随机森林唯一的一个参数。

解决这个问题的主要依据是袋外错误率(out-of-bag error，OOB error)。

随机森林有一个重要的优点就是没有必要对它进行交叉验证或者用一个独立的测试集来获得误差的一个无偏估计。它可以在内部进行评估，也就是说在生成的过程中就可以对误差建立一个无偏估计。

我们在构建每棵树时对训练集使用了不同的随机且有放回的抽样。所以对于每棵树而言(假设对于第k棵树)，大约有 1/3 的训练样本没有参与第k棵树的生成，它们称为第k棵树的袋外样本，如图 5.24 所示。

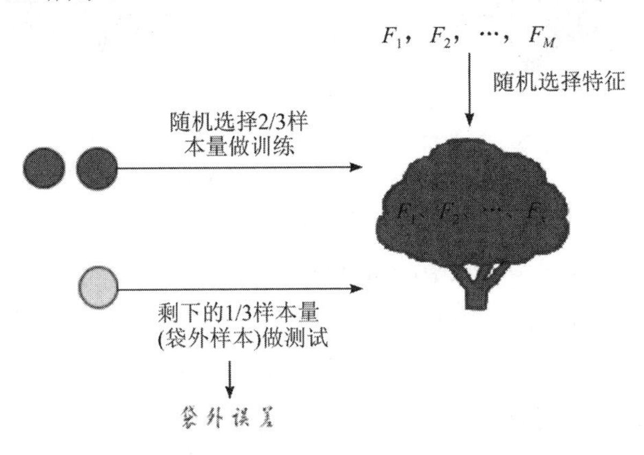

图 5.24 袋外误差图示

这样的采样特点允许我们进行袋外误差估计。

首先，对每个样本计算它作为袋外样本的树对它的分类情况(约 1/3 的树)；然后，以简单多数投票作为该样本的分类结果；最后，用误分样本数占样本总数 N 的比率作为随机森林的袋外误分率(袋外错误率)，计算方式如下：

$$\text{袋外错误率}=\frac{\text{误分样本数}}{N}$$

按照这种方法可以构建出很多棵树，那么这些树综合评判的结果能作为最后的结果吗？当然不能。随机森林真正厉害的地方不在于它通过多棵树进行综合得出最终结果，而在于通过迭代使得森林中的树不断变得优秀(森林中的树选用更好的特征进行分枝)。

上面的森林相当于第一次迭代得到的森林。那么随机森林是怎么往后迭代的呢？

3. 如何选出优秀的特征

随机森林的思想是构建出优秀的树，优秀的树需要优秀的特征。因此，我们需要知道各个特征的重要程度。

对于每一棵树都有 m 个特征，要知道某个特征在这个树中是否起到了作用，可以随机改变这个特征的值，使得“这棵树中有没有这个特征都无所谓”，之后比较改变前后的测试集误差率，误差率的差距作为该特征在该树中的重要程度，测试集即为该树的袋外样本。

在一棵树中将 m 个特征都计算一次重要性，即得 m 个特征在该树中的重要程度。我们可以计算出所有树中的特征在各自树中的重要程度，但这只能代表这些特征在各棵树中的重要程度，不能代表在整个森林中的重要程度。那怎么计算各特征在森林中的重要程度呢？若每个特征在多棵数中出现，则取这个特征在多棵树中的重要程度的均值为该特征在森林中的重要程度：

$$\mathrm{MDA}(F_i)\frac{1}{\mathrm{ntree}}\sum_{t=1}^{\mathrm{ntree}}(\mathrm{errOOB}_{t1}-\mathrm{errOOB}_{t2}) \tag{5.7}$$

其中，ntree 表示特征 F_i 在森林中出现的次数，errOOB_{t1} 表示第 t 棵树中 F_i 属性值改变之后的袋外误差率，errOOB_{t2} 表示第 t 棵树中正常 F_i 值的袋外误差率，如图 5.25 所示。

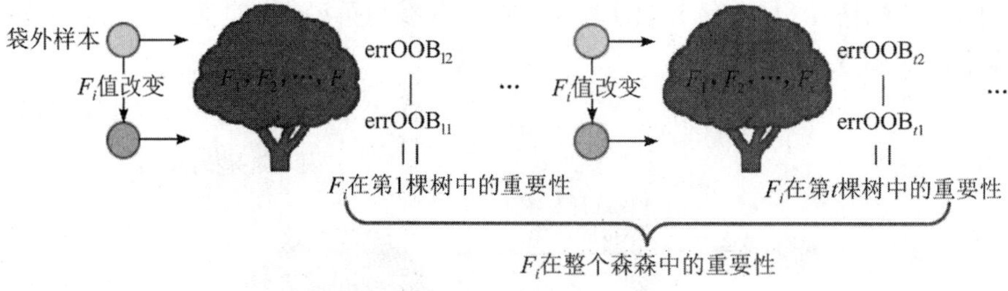

图 5.25　特征重要性示意图

这样就得到了所有特征在森林中的重要程度。将所有的特征按照重要程度排序，去除森林中重要程度低的部分特征，得到新的特征集。这时相当于我们回到了原点，这算是真正意义上完成了一次迭代。

4. 如何选出最优秀的森林

按照上面的步骤迭代多次，每次都会生成新的森林，逐步去除相对较差的特征，直到剩余的特征数为 m 为止。最后再从所有迭代的森林中选出最好的森林。迭代的过程如图 5.26 所示。

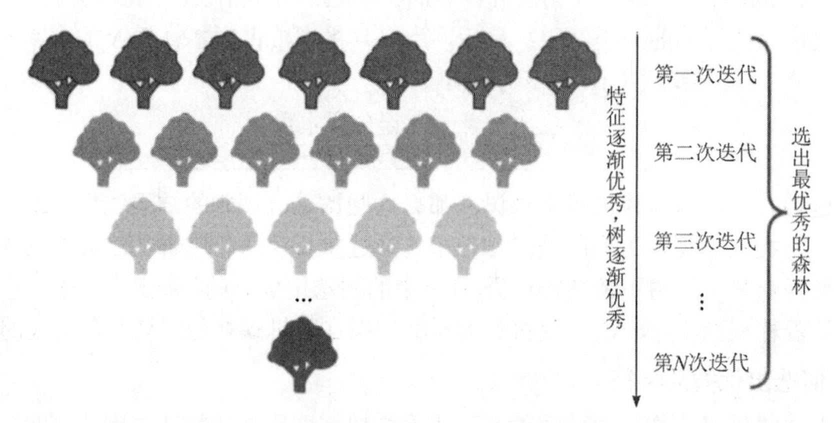

图 5.26　最优森林迭代过程示意图

得到了每次迭代出的森林之后，我们需要选择出最优秀的森林。那么我们怎么比较这些森林的好坏呢？这时需要引入一个指标 OOB 来评价一个森林的好坏，上面的 OOB 用于评价袋外样本在树中的误差率，这里的 OOB 评价袋外样本在森林中的误差率。(因为都是利用袋外样本，所以名字都是 OOB。)

每个样本在多棵树中是袋外样本，通过多棵树对该样本进行预测，预测出所有样本的结果之后与真实值进行比较，就可以得到这个森林的袋外误差率，如图 5.27 所示。

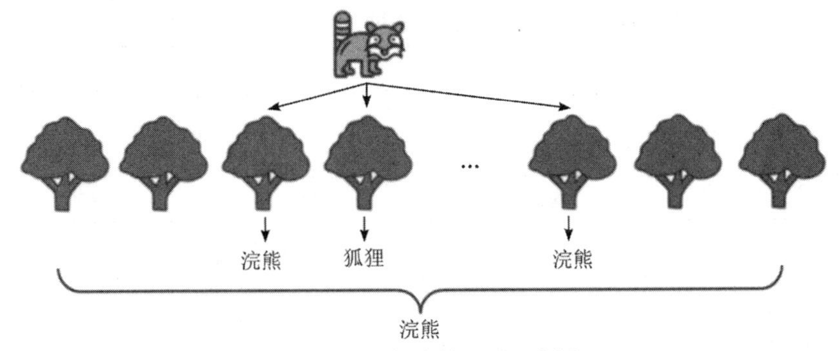

图 5.27 随机森林预测示意图

选择袋外误差率最小的森林作为最终的随机森林模型，如从图 5.27 选出图 5.22。

【例 5.2】 已知某地区薪级对应的年收入情况见表 5.8。

表 5.8 薪级对应的年收入情况

薪级	1	2	3
收入/元	低于 40 000	40 000～150 000	高于 150 000

现在通过随机森林利用某个人的年龄、性别、受教育情况、工作领域以及居住地共 5 个特征来预测其收入层次。假设随机森林中有 5 棵分类回归树(CART)，每棵树由 $m=1$ 个特征来描述，如表 5.9～表 5.13 所示。

表 5.9 薪级在年龄中的分布情况

年龄	薪级		
	1	2	3
低于 18	90%	10%	0
19～27	85%	14%	1%
28～40	70%	23%	7%
40～55	60%	35%	5%
高于 55	70%	25%	5%

表 5.10 薪级在性别中的分布情况

性别	薪级		
	1	2	3
男	70%	27%	3%
女	75%	24%	1%

表 5.11 薪级在受教育程度中的分布情况

教育	薪级		
	1	2	3
高中及以下	85%	10%	5%
专科	80%	14%	6%
本科	77%	23%	0%
研究生	62%	35%	2%

表 5.12　薪级在居住地中的分布情况

居住地	薪级		
	1	2	3
大城市	70%	20%	10%
非大城市	65%	20%	15%

表 5.13　薪级在工作领域中的分布情况

工作领域	薪级		
	1	2	3
金融	65%	30%	5%
制造业	60%	35%	5%
其他	75%	20%	5%

要解决的问题：预测表 5.14 所列信息的某个人的收入层次。

表 5.14　某 人 信 息

年龄	性别	受教育程度	工作领域	居住地
35	男	大专毕业	制造业	大城市

【解】 五棵 CART 树对该人收入层次的投票如表 5.15 所示。

表 5.15　五棵树的投票结果

分类回归树	特征值	薪级		
		1	2	3
年龄	28～40	70%	23%	7%
性别	男	70%	27%	3%
受教育情况	大专毕业	80%	14%	6%
工作领域	制造业	60%	35%	5%
居住地	大城市	70%	20%	10%
投票最终平均概率		70%	23.8%	6.2%

最后得出结论：这个人的薪级层次 70%的概率是 1 级，23.8%的概率为 2 级，6.2%的概率为 3 级，所以最终认定该人属于 1 级收入层次(年收入低于 40 000 元)。

5.2.3　特征重要度

用随机森林进行特征重要度评估的思想其实很简单，通俗来讲就是看每个特征在随机森林中的每棵树上做了多大的贡献，取平均值，然后比较特征之间的贡献大小，贡献大的变量比贡献小的变量更重要。

特征重要度常见的计算方法有两种：平均不纯度和平均准确率。

1. 平均不纯度

通过平均不纯度(mean decrease impurity)的减少来描述特征的重要性。

随机森林中常用的平均不纯度有三个：gini、entropy、information gain。

下面以基尼系数(gini)为例说明平均不纯度的计算。

在下面的计算中变量重要性评分(variable importance measures，VIM)用变量 VIM 来表示，基尼系数用变量 GI 来表示。

假设有 m 个特征 X_1，X_2，…，X_m。现在要计算每个特征 X_j 的基尼系数评分 $\mathrm{VIM}_j^{(\mathrm{Gini})}$，$j=1$，2，…，$m$。森林中节点$n$的基尼系数的计算公式为

$$\mathrm{GI}_n=\sum_{k=1}^{K}\sum_{k'\neq k}p_{nk}p_{nk'}=1-\sum_{k=1}^{K}p_{nk}^2 \tag{5.8}$$

其中，K 表示类别数，p_{nk} 表示节点 n 中第 k 个类别所占的比例。

特征 X_j 在节点 n 的基尼系数评分定义为

$$\mathrm{VIM}_{\mathrm{jn}}^{(\mathrm{Gini})}=\mathrm{GI}_n-\mathrm{GI}_l-\mathrm{GI}_r \tag{5.9}$$

其中，Gl_l 和 GI_r 分别表示分枝后两个新节点的基尼系数。

假设决策树 tt 由决策树 t 分裂而来。如果特征 X_j 在决策树 tt 中出现的节点的集合为 N_t，那么 X_j 在决策树 t 中的基尼系数评分为

$$\mathrm{VIM}_{tj}^{(\mathrm{Gini})}=\sum_{n\in N_t}\mathrm{VIM}_{jn}^{(\mathrm{Gini})} \tag{5.10}$$

假设随机森林中共有T棵树，那么 X_j 在森林中的基尼系数评分为

$$\mathrm{VIM}_{j}^{(\mathrm{Gini})}=\sum_{t=1}^{T}\mathrm{VIM}_{tj}^{(\mathrm{Gini})} \tag{5.11}$$

最后，把所有求得的重要性评分做归一化处理：

$$\mathrm{VIM}_j=\frac{\mathrm{VIM}_j}{\sum_{i=1}^{m}\mathrm{VIM}_t},\ j=1,\ 2,\ \cdots,\ m \tag{5.12}$$

2. 平均准确率

通过平均准确率(mean decrease accuracy，MDA)的减少来描述特征的重要性。

随机森林中常用的平均准确率是袋外误差率。

平均准确率的减少是基于对每个特征加噪，看对结果的准确率的影响。影响小说明这个特征不重要，反之重要。

计算特征 X 的平均准确率的具体步骤如下：

(1) 对于随机森林中的每一棵决策树，使用相应的 OOB(袋外)样本来计算它的袋外数据预测误差率，记为 errOOB_1。

(2) 随机地对 OOB 样本的特征X加入噪声干扰(即随机地改变样本在特征 X 处的值)，再次计算它的袋外数据预测误差率，记为 errOOB_2。

(3) 假设随机森林中有 Ntree 棵树，那么对于特征 X，其 VIM 为

$$\mathrm{VIM}(X)=\frac{\mathrm{errOOB}_2-\mathrm{errOOB}_1}{\mathrm{Ntree}} \tag{5.13}$$

之所以可用式(5.13)作为相应特征的重要性的度量值，是因为：若给某个特征随机加入噪声之后，袋外预测的准确率会大幅度降低(从而误差率大幅度提升)，则说明这个特征对于样本的分类结果影响很大，也就是说它的重要程度比较高。

5.2.4 随机森林的 Python 实现

Python 中随机森林已封装在机器学习库集成学习模块 sklearn.ensemble 中。

1. 随机森林分类器

随机森林分类器是 RandomForestClassifier，其调用语法见表 5.16。

表 5.16 随机森林分类器

model = RandomForestClassifier(n_estimators=100, criterion='gini'. oob_score=False)	主要输入项： (1) n_estimators：森林中树的棵数，默认为 100 棵。 (2) criterion：节点分裂准则，有 3 个取值，分别为“log_loss”“entropy”“gini”，默认值是“gini”。 (3) oob_score：是否计算训练集的得分，默认是 False(不计算)
	主要输出项： (1) feature_importances_：特征重要性。 (2) oob_score_：训练集得分，当 oob_score=True 时有效

2. 随机森林回归器

随机森林回归器是 RandomForestRegressor，与分类器相比，在输入参数上的主要区别在于节点分裂准则(见表 5.17)，输出项则相同。

表 5.17 随机森林回归器

model = RandomForestRegressor(criterion=' squared_error ')	criterion：节点分裂准则，取值有 4 个，分别为“squared_error”“absolute_error”“friedman_mse”“poisson”，默认值是“squared_error”

对初学者来说，无论是分类器还是回归器，按默认参数建模即可。

【实验 5.2】 白酒质量的影响因素研究。白酒质量数据集(wine quality dataset)是 Python 机器学习库 sklearn 自带的数据集，主要用于由白酒所含化学成分的度量值来预测白酒质量的研究。数据集采集了白酒的 11 种化学成分，根据各化学成分含量的多少对白酒进行相应的打分(quality)。11 种化学成分的名称列于表 5.18 中。

表 5.18 白酒质量数据集中的化学成分名称及质量参数表

因素	序号	化学成分(中文/英文名称)	
特征	1	非挥发性酸度	fixed acidity
	2	挥发性酸度	volatile acidity
	3	柠檬酸	citric acid
	4	残留糖	residual sugar

续表

因素	序号	化学成分(中文/英文名称)	
	5	氯化物	chlorides
	6	游离二氧化硫	free sulfur dioxide
	7	总二氧化硫	total sulfur dioxide
	8	浓度	density
	9	pH 值	pH
	10	硫酸盐	sulphates
	11	酒精度	alcohol
标签	12	质量	quality

试由数据集对描述白酒质量的 11 种化学成分的重要性进行评估。

【实验过程】

应用随机森林来评估 11 种化学成分对白酒质量影响的重要性。

首先，对数据集的基本信息进行了解，见表 5.19。

(1) 有无缺失项。

表 5.19　数据基本信息

RangeIndex: 4898 entries，0 to 4897　Data columns (total 12 columns):				
#	column	non-null	count	dtype
0	fixed acidity	4898	non-null	float64
1	volatile acidity	4898	non-null	float64
2	citric acid	4898	non-null	float64
3	residual sugar	4898	non-null	float64
4	chlorides	4898	non-null	float64
5	free sulfur dioxide	4898	non-null	float64
6	total sulfur dioxide	4898	non-null	float64
7	density	4898	non-null	float64
8	pH	4898	non-null	float64
9	sulphates	4898	non-null	float64
10	alcohol	4898	non-null	float64
11	quality	4898	non-null	int64
dtypes: float64(11)，int64(1)				

从表 5.19 知，数据有 4898 条记录，12 个特征，数据无缺失。

(2) 前五行数据。

数据集前五行记录见表 5.20。

表 5.20　数据集前五行记录

fixed acidity	volatile acidity	citric acid	residual sugar	chlorides	free sulfur dioxide	total sulfur dioxide	density	pH	sulphates	alcohol	quality
7	0.27	0.36	20.7	0.045	45	170	1.001	3	0.45	8.8	6
6.3	0.3	0.34	1.6	0.049	14	132	0.994	3.3	0.49	9.5	6
8.1	0.28	0.4	6.9	0.05	30	97	0.9951	3.26	0.44	10.1	6
7.2	0.23	0.32	8.5	0.058	47	186	0.9956	3.19	0.4	9.9	6
7.2	0.23	0.32	8.5	0.058	47	186	0.9956	3.19	0.4	9.9	6
…	…	…	…	…	…	…	…	…	…	…	…

(3) 对白酒质量(quality)进行描述性统计分析。

白酒质量的描述性统计结果见表 5.21。

表 5.21　白酒质量的描述性统计结果

描述项	mean	std	min	25%	50%	75%	max
值	5.877 909	0.885 639	3	5	6	6	9

从表 5.21 知，该批白酒质量的得分是 3～9 之间的整数，所以 quality 可视为离散型变量，进而白酒质量问题可视为分类问题。

然后，构建随机森林对白酒 11 种化学成分的重要性进行评估。

(1) 随机森林的参数设置：n_estimators=10 000，random_state=42。

(2) 数据集随机分割为训练集(占比 0.7)和测试集(占比 0.3)。

(3) 选择准确率、查准率、f_1 值及 ROC 曲线进行模型评估。

【实验结果】

输出随机森林的分析结果。

(1) 模型评估。

① ROC 及其 auc 值见图 5.28。

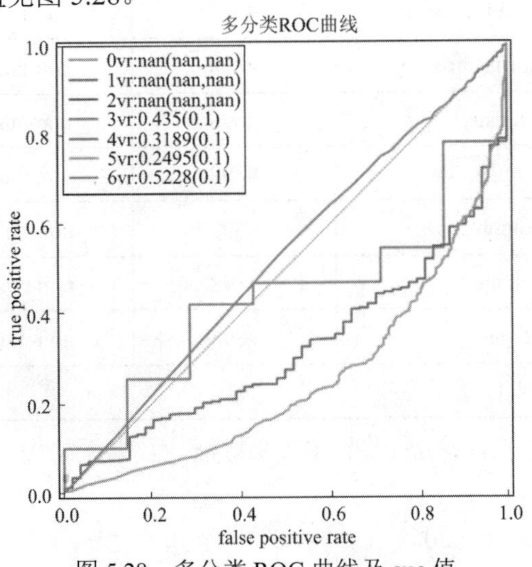

图 5.28　多分类 ROC 曲线及 auc 值

注： 下面对图 5.28 中的图例做一点说明。

图例“3vr : 0.435 (0，1)”中“3vr”的含义是“3 versus the rest”，表示将多分类变为二分类，即编号为 3 的类与其余元素构成的类；0.435 则是该二分类 ROC 曲线下的面积(auc)；(0，1)是 auc 值的 0.95 置信区间。

其他图例含义类似。

② 准确率、查准率及 f_1 值见表 5.22。

表 5.22　准确率、查准率及 f_1 值

评估项	准确率	查准率	f_1 值
值	0.6667	0.6759	0.6541

从评估结果看，模型对白酒质量类别的识别能力不够良好。

(2) 11 种化学成分对质量影响的重要性见表 5.23。

表 5.23　11 种化学成分的重要性

序号	特　征		重要性
1	alcohol	酒精度	0.116 875
2	density	浓度	0.104 988
3	volatile acidity	挥发性酸度	0.098 272 3
4	free sulfur dioxide	游离二氧化硫	0.093 687 4
5	total sulfur dioxide	总二氧化硫	0.092 090 4
6	residual sugar	残留糖	0.087 782 1
7	chlorides	氯化物	0.087 182 9
8	pH	pH 值	0.084 185 4
9	citric acid	柠檬酸	0.080 792 1
10	sulphates	硫酸盐	0.079 738
11	fixed acidity	非挥发性酸度	0.074 407

随机森林提取的特征重要性可视化如图 5.29 所示。

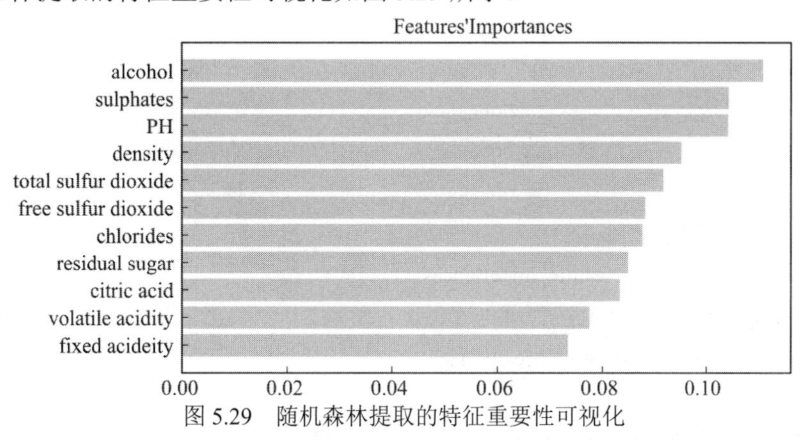

图 5.29　随机森林提取的特征重要性可视化

从实验结果看，对白酒质量影响最重要的因素是酒精度(alcohol)。

【实验程序】 实验 5.2 的完整程序如下：

```
""" 白葡萄酒质量影响因素研究 """
from sklearn.ensemble import RandomForestClassifier
import numpy as np
from matplotlib import pyplot as plt
import pandas as pd
# 导入数据
df_wine = pd.read_excel('winequality-white.xlsx')
# df_wine 第一行是特征名称
feat_labels = df_wine.columns[1:]
print(feat_labels)
X_train = df_wine.iloc[:,:11]
y_train = df_wine.iloc[:,11]
forest = RandomForestClassifier(n_estimators=10000,
                                random_state=0,
                                n_jobs=-1)
forest.fit(X_train,y_train)
RandomForestClassifier(bootstrap              = True,
                       class_weight           = None,
                       criterion              = 'gini',
                       max_depth              = None,
                       max_features           = 'auto',
                       max_leaf_nodes         = None,
                       min_samples_leaf       = 1,
                       min_samples_split      = 2,
                       min_weight_fraction_leaf = 0.0,
                       n_estimators           = 10000,
                       n_jobs                 = -1,
                       oob_score              = False,
                       random_state           = 0,
                       verbose                = False,
                       warm_start             = False  )
# 评估特征的重要性
importances = forest.feature_importances_
# 特征重要性从高到低排序
indices = np.argsort(importances)[::-1]
# 输出特征的重要性
for f in range(X_train.shape[1]):
    print("%2d) %-*s %f" %(f+1,30,feat_labels[f],
```

```
                    importances[indices[f]]))
    # 可视化特征的重要性
    plt.title('Features' Importances')
    plt.bar(range(X_train.shape[1]),
            importances[indices],
            color='lightblue',
            align='center')
    plt.xticks(range(X_train.shape[1]),
               feat_labels,
               rotation=90)
    plt.xlim([-1,X_train.shape[1]])
    plt.tight_layout()
    plt.show()
```

5.3　轻梯度提升机器

轻梯度提升机器(light gradient boosting machine，LightGBM)，是决策树通过梯度提升算法集成而得的强学习器。

本节对 LightGBM 模型的工作原理进行概述性介绍。

5.3.1　LightGBM 的概念

1. 特点

LightGBM 是一种基于决策树的梯度提升框架，是在 GBDT 和 XGBoost 基础上开发的，相对于这两个树结构模型，LightGBM 主要在以下几个方面带来了巨大的改进。

1) 基于单边梯度采样和互斥特征捆绑的数据预处理机制

使用单边梯度采样可以减少大量小梯度样本，这样在计算信息增益的时候只需利用大梯度数据即可，相比 XGBoost 遍历所有特征值节省了不少时间和空间上的开销；使用互斥特征捆绑可以将许多互斥的特征绑定为一个特征，以达到降维的目的。

2) 基于直方图的决策树算法

将 n 个样本在每个特征上的观测值生成为有 k 个箱的直方图($k << n$)，然后根据直方图的离散值遍历寻找最优的分割点。

3) 带深度限制的决策树按叶生长策略

大多数基于 GBDT 的模型使用低效的按层生长(level-wise)的决策树生长策略，因为它不加区分地对待同一层的叶子，所以带来了很多没必要的时空开销。LightGBM 使用了带有深度限制的按叶(leaf-wise)生长的算法。

4) 直接支持类别特征

类别特征在实践中是很常见的。一般模型通常采用独热编码方法来预处理类别特征，带来的后果是维度的膨胀。为了解决独热编码处理类别特征的不足，LightGBM 优化了对类别特征的支持，使其可以直接输入类别特征，不需要额外展开，即直接支持类别特征(categorical feature)。

2. 工作原理

1) 数据预处理机制

大数据的“大”体现在两个方面：样本多和特征多。

针对样本多的问题，LightGBM 提出了基于梯度的单边采样算法来删除小梯度样本以减小数据规模；针对特征多的问题，LightGBM 提出了互斥特征捆绑算法，将多个互斥特征捆绑为一个特征来降维。

(1) 基于梯度的单边采样。

基于梯度的单边采样(gradient-based one-side sampling，GOSS)，是一种对减少数据量和保证精度进行平衡的算法。其思想是，利用求得的梯度对样本进行筛选——保留大梯度样本，删除大部分小梯度样本。具体过程如下所述。

① 先对梯度绝对值降序排列，便于筛选。

② 设定一个比例阈值 α，排序后前 $a\times100\%$的样本叫作大梯度样本，全部保留。

③ 后$(1-a)\times100\%$的样本叫作小梯度样本，随机抽样，抽样比例为 $b\times100\%$。

④ 由于随机抽样不是针对全部样本，所以会改变原始数据分布。为了尽量保持原始数据分布，需要给抽样出来的样本乘个系数，让他们保持原分布。这个系数是

$$\frac{n_{\text{全部小梯度样本}}}{n_{\text{抽样得到的小梯度样本}}}=\frac{(1-a)\times n_{\text{所有样本}}}{b\times n_{\text{所有样本}}}=\frac{1-a}{b}$$

⑤ 将大梯度样本集和随机抽样的小梯度样本集合并作为此次 GOSS 采样的总样本集，用于随后新弱学习器的生成。

上述步骤如图 5.30 所示。

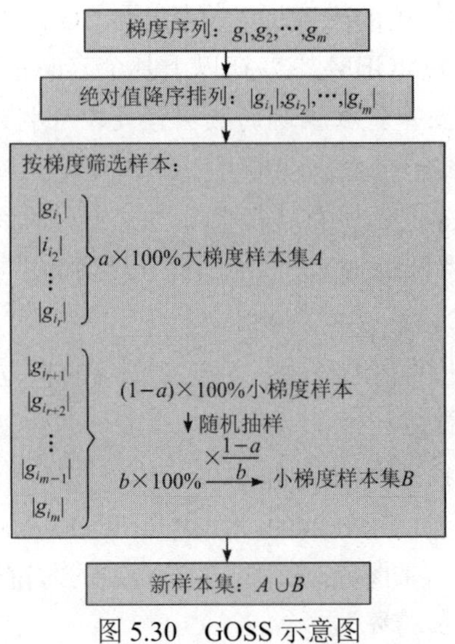

图 5.30　GOSS 示意图

解释下算法名称——基于梯度的单边采样："基于梯度"是指算法全流程都是以梯度为操作对象；"单边采样"是指只在小梯度样本这边采样。

举例说明上述操作。

① 设有梯度序列：

−1.26，−0.66，−0.81，−0.43，0.14，−0.68，−0.91，0.12，−0.62，2.58

② 梯度按绝对值降序排列：

2.58，−1.26，−0.91，−0.81，−0.68，−0.66，−0.62，−0.43，0.14，0.12

③ 设定比例阈值 $a = 0.2$，则前 a×100%=20%大梯度样本为：

2.58，−1.26

后(1−a)×100%=80%小梯度样本为：

−0.91，−0.81，−0.68，−0.66，−0.62，−0.43，0.14，0.12

④ 设 b=0.32，则小梯度样本乘系数 $\frac{1-a}{b}=\frac{0.8}{0.32}=2.5$，用该系数乘以小梯度样本得

−2.28，−2.03，−1.7，−1.65，−1.55，−1.08，0.35，0.3

从中按比例 $b = 0.32$ 随机抽样：

−2.03，−1.55，0.35

⑤ 将大梯度样本集和小梯度随机抽样集合并作为此次 GOSS 采样的总样本集：

2.58，−1.26，−2.03，−1.55，0.35

该样本集将用于随后新弱学习器的生成。

(2) 互斥特征捆绑。

互斥特征捆绑(Exclusive Feature Bundling，EFB)，通过特征捆绑的方式来减少数据维度以提高计算效率。下面详解其含义。

若两个特征的观测值向量的位乘是 0 向量，则称这两个特征是互斥的。表 5.24 是一个有 5 个特征 6 个样本的数据集，其中特征 X_1 和特征 X_2 两列位乘之后是一个 0 向量，所以 X_1 和 X_2 是互斥的；易知 X_1 和 X_3 也是互斥的。

表 5.24 互斥特征示例

	X_1	X_2	X_3	X_4	X_5
样本 1	0	1.26	0	−1.71	−1.75
样本 2	0	0	6.94	0.21	−2.48
样本 3	0	2.43	7.58	−2.3	1.54
样本 4	0	0	0	0.92	−2.35
样本 5	0	0	0	−0.19	0.34
样本 6	3.47	0	0	−0.56	0.49

高维度数据往往是稀疏的，LightGBM 充分利用了这种稀疏性对互斥特征进行无损合并以达到降维的目的。下面以表 5.24 为例进行详细介绍。

根据表 5.24 可知，这是没做 EFB 的原始数据。表中有 5 个特征，前 3 个特征稀疏，后 2 个特征稠密。现在只看稀疏特征，目标是把这三个稀疏特征合并成一个新特征。

以样本 1 为例，该行的 3 个稀疏特征中只有 1 个非零元素时，忽略 0 元素，保留非零

元素，这样就实现了 3→1 的降维。但显然这样没办法实现 1→3 的还原，因为不清楚合并后得到的非零元素是属于哪个原始特征的。这就说明我们在合并时损失了一些信息。

解决办法是通过数据分布范围内涵地表示合并后元素所属原始特征。假设三个特征分布范围都为 1～10。第一个特征保持不变；第二个特征错开第一个分布，全体元素沿坐标轴右移 10；第三个特征错开前两个特征，全体元素右移 20。这样就形成了表 5.25，每个元素可以根据大小范围判断属于哪个原始特征。

表 5.25　原始特征识别示例

	X_1	X_2	X_3	X_4	X_5
样本 1	0	10+1.26	0	−1.71	−1.75
样本 2	0	0	20+6.94	0.21	−2.48
样本 3	0	10+2.43	20+7.58	−2.3	1.54
样本 4	0	0	0	0.92	−2.35
样本 5	0	0	0	−0.19	0.34
样本 6	3.47	0	0	−0.56	0.49

表 5.25 的三个稀疏特征 X_1，X_2，X_3 合并为一个特征，记为 Bundle，如表 5.26 所示。这样数据集 5.24 经过 EFB 后就变为数据集 5.26，特征维度从 5 降为 3。

表 5.26　稀疏特征融合示例

	Bundle			X_4	X_5
样本 1	10+1.26			−1.71	−1.75
样本 2	20+6.94			0.21	−2.48
样本 3	20+7.58			−2.3	1.54
样本 4	0			0.92	−2.35
样本 5	0			−0.19	0.34
样本 6	3.47			−0.56	0.49

如表 5.25 所示，样本 3 在合并的时候，有两个非零元素，不符合要求。LightGBM 把这种情况定义为冲突。如果完全拒绝这种情况，那么可以合并的特征会很少，所以只能适当容忍冲突。

当几个特征冲突比例小(LightGBM 源码给的阈值是 1/10 000)的时候，影响不大，忽略冲突，把这几个特征叫作互斥特征；当冲突比例大的时候，不能忽略，EFB 不适用。那么对于样本 3 这种冲突情况，以最后参与合并的特征为准，所以表 5.26 里是 20+7.58 而不是 10+2.43。

上面解决了“怎么把互斥特征绑成一个特征”的问题。

那么，怎么判定哪些特征应该绑在一起呢？或等价地说，有多少个捆绑特征，以及该如何找出能捆绑在一起的所有特征呢？答案是——贪心算法。具体过程如下：

① 遍历特征，先把第一个特征拿出来作为一个组合。

② 第二个特征往这个组合里放，冲突比例小就放进去合并成一个特征，冲突比例大就单拿出来作为另一个组合；

③ 第三个特征继续往已有的组合里放，能放就放，不能放就单成一个新组合。

④ 依次类推对所有特征做同样的操作。

2) *直方图算法*

直方图算法，译自 histogram algorithm。其原理详解如下。

(1) 直方图构造。

对于连续特征，LightGBM 应用其值构造一个有 K 个箱(bin)的直方图，K 个箱依次对应着K个整数：0，1，…，K−1。这 K 个整数就是该特征离散化后的取值，也是之后对箱中数据进行统计时各统计量(各箱中样本个数、一阶梯度和、二阶梯度和)的索引值。当遍历特征的连续值后，直方图获得了需要的统计量；然后遍历特征的离散值寻找最优的分割点。通过实例来说明构造直方图的过程。

假设特征X在 10 个样本上的观测值如下：

−0.12，−0.41，0.71，−1.84，−0.23，−0.3，2.33，−0.18，−0.08，1.31

对上述序列按升序排列，并进一步假设对应的一阶梯度和二阶梯度，如表 5.27 所示。

表 5.27　直方图算法数据准备

序号i	1	2	3	4	5	6	7	8	9	10
升序序列x_i	−1.84	−0.41	−0.3	−0.23	−0.18	−0.12	−0.08	0.71	1.31	2.33
一阶梯度g_i	0.86	3.26	−1.42	−0.28	0.72	−1.48	0.51	0.65	0.71	−0.12
二阶梯度h_i	−0.9	0.24	−0.12	−0.91	−0.85	0.09	1.96	0.64	0.29	−0.02

应用表 5.27 按如下方法构造直方图，如图 5.31 所示。

↓对 5.27 中数据分箱

箱(bin)	bin1			bin2				bin3		
序号 i	1	2	3	4	5	6	7	8	9	10
升序序列 x_i	−1.84	−0.41	−0.3	−0.23	−0.18	−0.12	−0.08	0.71	1.31	2.33
一阶梯度 g_i	0.86	3.26	−1.42	−0.28	0.72	−1.48	0.51	0.65	0.71	−0.12
二阶梯度 h_i	−0.9	0.24	−0.12	−0.91	−0.85	0.09	1.96	0.64	0.29	−0.02

↓统计各箱中的下述统计量

箱(bin)	bin1	bin2	bin3
特征离散值 k	0	1	2
样本个数 N_k	3	4	3
一阶梯度和 G_k	2.7	−0.53	1.24
二阶梯度和 H_k	−0.78	0.29	0.91

图 5.31　直方图

基于上面一个特征构造直方图的流程，如果是把所有特征放到一块同时构造所有特征的直方图，则流程图示如图 5.32 所示。

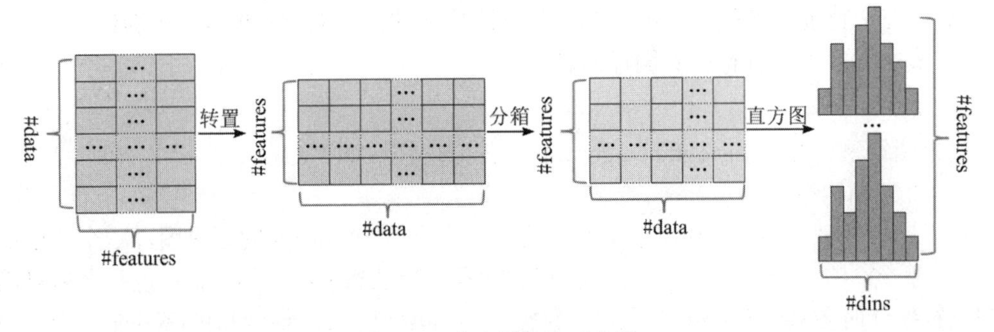

图 5.32　直方图构造示意图

其中，#features 表示特征个数，#data 表示样本个数。

特征离散化具有很多优点，如存储方便、运算更快、鲁棒性强、模型更加稳定等。对于直方图算法来说最直接的优点还有两个：① 内存占用更小；② 计算代价更小。

当然，直方图算法并不是完美的。由于特征被离散化后，找到的并不是很精确的分割点，所以会对结果产生影响。但在不同的数据集上的结果表明，离散化的分割点对最终的精度影响并不是很大，甚至有时候会更好一点。原因是决策树本来就是弱模型，分割点是不是精确并不是太重要；较粗的分割点也有正则化的效果，可以有效地防止过拟合。即使单棵树的训练误差比精确分割的算法稍大，但在梯度提升(gradient boosting)的框架下没有太大的影响。

(2) 直方图做差加速。

LightGBM 另一个优化是直方图做差加速。一个叶子的直方图可以由它的父亲节点的直方图与它兄弟的直方图做差得到，在速度上可以提升一倍。通常构造直方图时，需要遍历该叶子上的所有数据，但直方图做差仅需遍历直方图的 k 个桶。在实际构建树的过程中，LightGBM 还可以先计算直方图小的叶子节点，然后利用直方图做差来获得直方图大的叶子节点，这样就可以用非常微小的代价得到它兄弟叶子的直方图，直方图做差如图 5.33 所示。

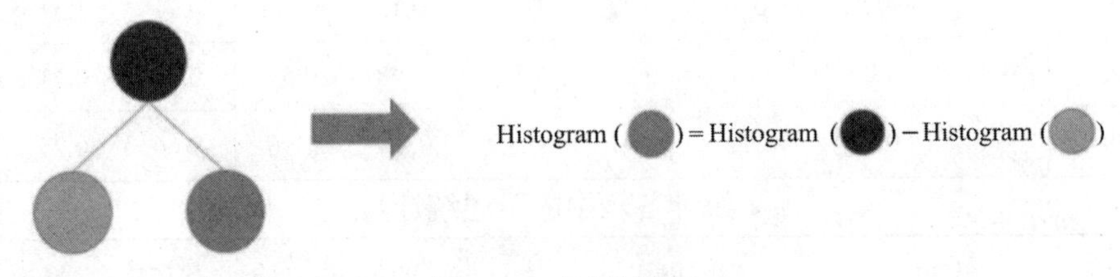

图 5.33　直方图做差

3) 带深度限制的 leaf-wise 算法

在直方图算法之上，LightGBM 进行了进一步的优化。首先它抛弃了大多数 GBDT 工具使用的按层生长(level-wise)的决策树生长策略，而使用了带有深度限制的按叶子生长(leaf-wise)算法。

XGBoost 采用 level-wise 的增长策略，该策略遍历一次数据可以同时分裂同一层的叶子，容易进行多线程优化，也好控制模型复杂度，不容易过拟合。但实际上 level-wise 是一种低效的算法，因为它不加区分地对待同一层的叶子，实际上很多叶子的分裂增益较低，没必要进行搜索和分裂，因此带来了很多没必要的计算开销。按图生成的决策树如图 5.34 所示。

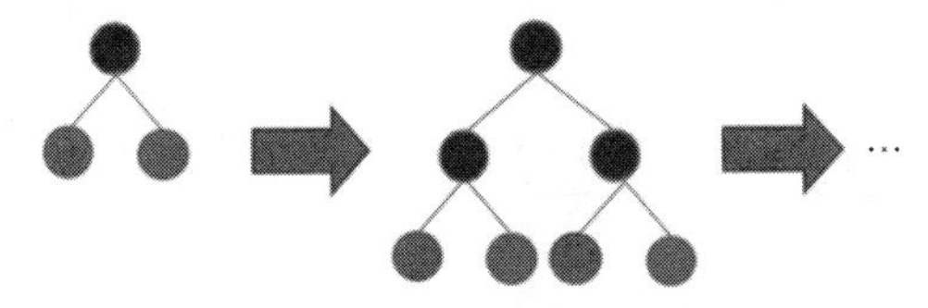

图 5.34 按层生长的决策树

LightGBM 采用 leaf-wise 的增长策略，该策略每次从当前的所有叶子中，找到分裂增益最大的一个叶子然后分裂，如此循环。因此同 level-wise 相比，leaf-wise 的优点是：在分裂次数相同的情况下，leaf-wise 可以降低更多的误差，得到更好的精度；leaf-wise 的缺点是：可能会长出比较深的决策树，产生过拟合。因此 LightGBM 会在 leaf-wise 之上增加一个最大深度的限制，在保证高效率的同时防止过拟合。按叶生成的决策树如图 5.35 所示。

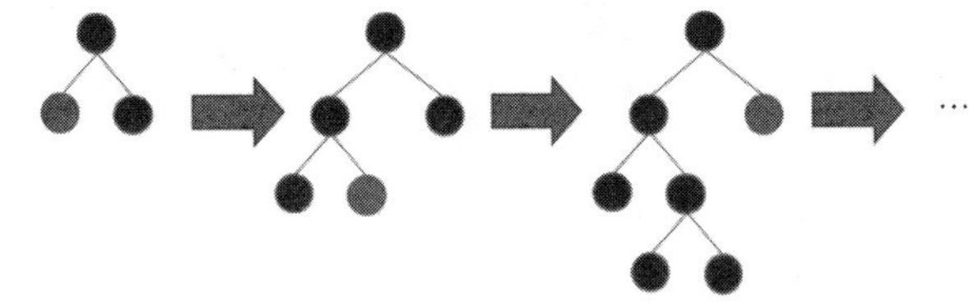

图 5.35 按叶生长的决策树

4) 直接支持类别特征

实际上大多数机器学习工具都无法直接支持类别特征，一般需要把类别特征通过独热编码转化到多维的特征，以降低空间和时间的效率。但我们知道对于决策树来说并不推荐使用独热编码，尤其当类别特征中类别个数很多的情况下，会存在以下问题：

(1) 产生样本切分不平衡的问题，导致切分增益非常小从而浪费了这个特征。

使用独热编码，意味着在每一个决策节点上只能使用“一对多”(one vs rest)的切分方式。例如，“动物”类别切分后，会产生“是否狗”“是否猫”等一系列特征，这一系列特征上只有少量样本为“狗”，大量样本为“猫”，这时候切分样本会产生不平衡，这意味着切分增益也会很小。较小的那个切分样本集，它占总样本的比例太小，无论增益多大，乘以该比例之后几乎可以忽略；较大的那个拆分样本集，它几乎就是原始的样本集，增益几乎为零。比较直观的理解就是不平衡的切分和不切分没有区别。

(2) 影响决策树的学习。

因为就算可以对这个类别特征进行切分，独热编码也会把数据切分到很多零散的小空间上，如图 5.36(a)所示。而决策树学习时利用的是统计信息，在这些数据量小的空间上，由于统计信息不准确，所以学习效果会变差。但如果使用图 5.36(b)的切分方法，数据会被切分到两个比较大的空间，进一步的学习也会更好。图 5.36(b)叶子节点的含义是 $X=A$ 或 $X=C$ 放到左孩子，其余放到右孩子。

类别特征在实践中是很常见的。为了解决独热编码处理类别特征的不足，LightGBM 优化了对类别特征的支持，可以直接输入类别特征，不需要额外展开。LightGBM 采用多对多(many-vs-many)的切分方式将数据切分到两个比较大的空间，这样进一步的学习效果会更好，从而实现类别特征的最优切分。

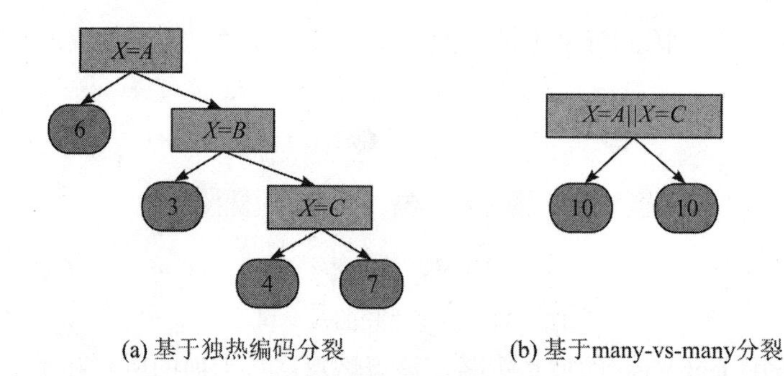

(a) 基于独热编码分裂　　(b) 基于many-vs-many分裂

图 5.36　类别特征切分

最优切分算法流程如图 5.37 所示，在枚举分割点之前，先把直方图按照每个类别对应的 label 均值($avg(y)=\frac{Sum(y)}{Count(y)}$)进行排序；然后按照排序的结果依次枚举最优分割点。

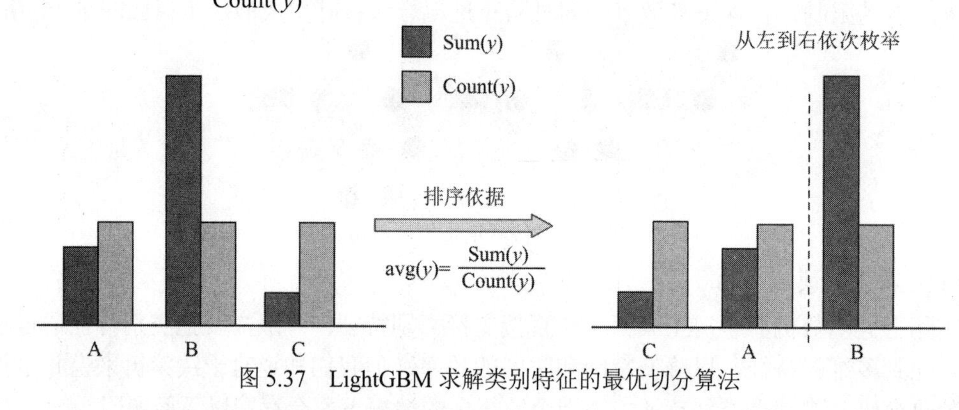

图 5.37　LightGBM 求解类别特征的最优切分算法

5.3.2　LightGBM 计算特征重要性的方法

LightGBM 通过模型训练过程中累加特征的分裂增益或分裂次数来评估其重要性。

(1) 分裂增益：在决策树每次节点分裂时，LightGBM 会计算分裂前后的目标损失减少量，即分裂增益(split gain)。分裂增益越大，表示该特征对于预测目标的贡献越大。LightGBM 会对每个特征累加其每次的分裂增益，用于评估特征的重要性。

这种方法更加直观地反映了特征对模型的贡献程度。

(2) 分裂次数：除了分裂增益，LightGBM 还计算每个特征被选择为分裂节点的次数(split count)。分裂次数越多，表示该特征在模型训练中起到了更重要的作用。LightGBM 同样会累加每个特征的分裂次数，用于评估特征的重要性。

这种方法更加关注特征在模型训练中的使用频率。

通常情况下，基于分裂增益的特征重要性更常用，但基于分裂次数的特征重要性也可以提供额外的信息。如随机森林一样，LightGBM 也是通过模型的 feature_importances_ 属性来获取特征重要性。

5.3.3　LightGBM 的安装及使用方法简介

安装 LightGBM 并非 anaconda 自动配置，需要安装后才能使用。

1. 安装流程

(1) 启动 anaconda prompt，然后输入下述语句：

```
pip install lightgbm
```

即可安装 LightGBM(输入 conda install lightgbm 也能安装)。

(2) 安装完成后，继续在 prompt 输入下述语句：

```
conda list lightgbm
```

即可查看 LightGBM 是否安装成功及安装成功后的版本。

2. 使用方法简介

LightGBM 有两大类接口：LightGBM 原生接口和机器学习库 scikit-learn 接口。

我们介绍基于 scikit-learn 接口的使用方法。

1) LightGBM 分类器

LightGBM 中用于分类的函数是 LGBMClassifier，其调用语法及主要参数见表 5.28。

表 5.28　LGBMClassifier 主要参数及其含义

调用语法	参数
LGBMClassifier(boosting_type='gbdt', max_depth=-1, n_estimators=100, importance_type='split')	主要输入参数： (1) boosting_type：提升类型，有三个取值，分别为“gbdt”“dart”“rf”，含义如下： dbdt 表示传统的梯度提升树，默认值； dart 表示融合了 dropouts 方法的多重加性回归树； rf 表示随机森林。 (2) max_depth：最大深度，值≤0 表示不受限制。 (3) n_estimators：森林中树的棵数。 (4) importance_type：特征重要性评估方法，有两个取值，分别为“split”“gain”，含义如下： split 表示以被选择为分裂节点的次数来评估特征的重要性，默认值； gain 表示以分裂总增益来评估特征的重要性
	主要输出参数： (1) evals_result_：测试集评估结果。 (2) feature_importances_：特征重要性
	常用方法： (1) fit：模型训练。 (2) predict：模型预测

2) LightGBM 回归器

LightGBM 中用于回归的函数是 LGBMRegressor，与分类器有相同的输入参数、输出参数和使用在模型上的方法。

【实验 5.3】　糖尿病发病预测。比马印第安人糖尿病数据集(pima Indians diabetes dataset)涉及根据医疗记录预测比马印第安人 5 年内糖尿病的发病情况。该数据集一共有 768

个观测记录，每个记录包含 9 个因素：8 个特征和 1 个类别标签。

数据详情请见数据集文件比马印第安人糖尿病预测数据集.xlsx，第一张表“观测数据”是比马印第安人的医疗记录，第二张表“待识别数据”是待识别的医疗记录。

请建立模型对 xnew 是否有发病风险进行识别。

【实验过程】

这是一个分类问题，应用 LightGBM 建立分类模型，利用“观测数据”对模型进行训练和评估，再利用训练和评估好的模型对“待识别数据”进行识别。

(1) 将数据读入 Python 环境，并对数据基本信息进行了解。

```
import pandas as pd
path = r'..\讲义所用数据集'
file = r'\比马印第安人糖尿病预测数据集.xlsx'
data = pd.read_excel( path + file )
# 查看数据
data.info()
```

查看数据基本信息见表 5.29。

表 5.29 数据基本信息

RangeIndex: 768 entries，0 to 767

Data columns (total 9 columns):

#	column	non-null	count	dtype
0	怀孕次数	768	non-null	int64
1	口服葡萄糖耐受试验中 2 小时的血浆葡萄糖浓度	768	non-null	int64
2	舒张压	768	non-null	int64
3	三头肌皮肤褶层厚度	768	non-null	int64
4	2 小时血清胰岛素含量	768	non-null	int64
5	体质指数	768	non-null	float64
6	糖尿病家族史	768	non-null	float64
7	年龄	768	non-null	int64
8	类别	768	non-null	int64

dtypes: float64(2)，int64(7)

由上述信息知，768 个样本在 9 个维度上都没有缺失值。

(2) 分离、分割变量。

从 data 分离自变量(特征)和因变量(类别)，然后分割训练集和测试集：

```
# 分离自变量 X(特征)和因变量 y(类别标签)
X = data.iloc[:,1:-1]
```

```
y = data.iloc[:,    -1]
# 划分训练集和测试集
from sklearn.model_selection import train_test_split as tts
X_train, X_test, Y_train, Y_test = tts(X, y, test_size=0.3, random_state=1)
```

(3) 建立模型→训练模型→评估模型：

```
from lightgbm import LGBMClassifier
from model_evaluator import classification_evaluator
# 模型建立
model = LGBMClassifier()
#训练模型
model.fit(X_train, Y_train)
# 评估模型
# 测试集评估
y1_pred = model.predict(X_test)
p1 = model.predict_proba(X_test)[:,1]
r_test = classification_evaluator(Y_test,y1_pred,labels=['0','1'],
title='比马印第安人糖尿病预测',proba_pred=p1)
# 训练集评估
y2_pred = model.predict(X_train)
p2 = model.predict_proba(X_train)[:,1]
r_train = classification_evaluator(Y_train,y2_pred,labels=['0','1'],
title='比马印第安人糖尿病预测',proba_pred=p2)
# 整合测试集和训练集的评估结果
results = pd.DataFrame()
results['评估指标'] = r_test.index
results['训练集评估'] = r_train.values
results['测试集评估'] = r_test.values
```

模型评估结果见表 5.30，测试集评估混淆矩阵如图 5.38 所示，测试集评估 PR 曲线和 ROC 曲线如图 5.39 所示。

表 5.30　模型评估结果

评估指标	训练集评估	测试集评估
准确率	1	0.766 234
查准率	1	0.7621 4
查全率	1	0.766 234
f_1 值	1	0.761 97
roc_auc_score	1	0.839 565

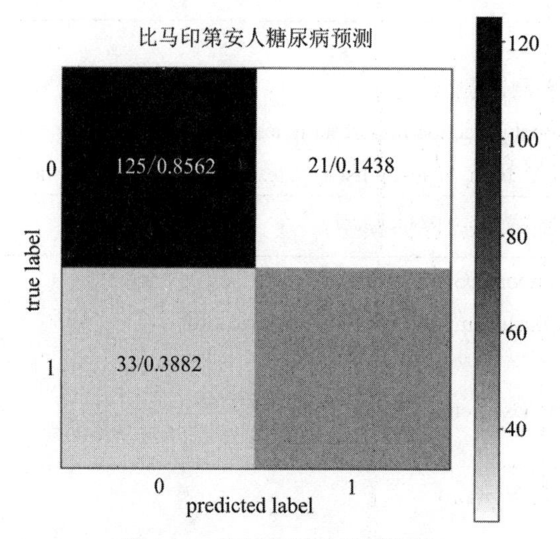

图 5.38　测试集评估混淆矩阵

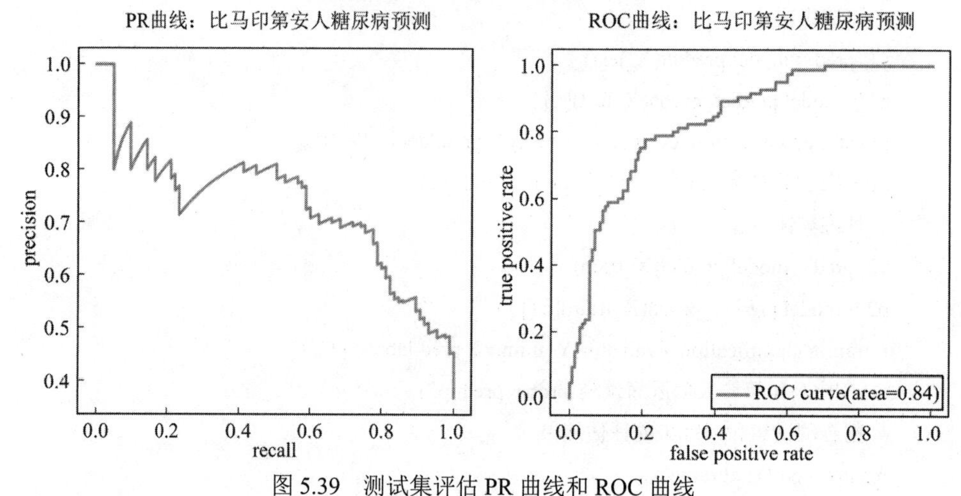

图 5.39　测试集评估 PR 曲线和 ROC 曲线

(4) 模型应用。将评估好的模型应用于预测待识别对象的类别。

```
# 模型应用：应用于识别“待识别数据”
xnew = pd.read_excel(path+file，sheet_name=1)
ynew = model.predict(xnew.iloc[:, 1:])
```

识别结果见表 5.31。

表 5.31　识 别 结 果

档案号	1	2	3	4	5	6	7	8	9	10
类别	0	0	0	0	0	1	1	0	0	0
档案号	11	12	13	14	15	16	17	18	19	20
类别	1	0	0	1	0	0	0	0	0	0

(5) 其他研究。

① 特征重要性。先依模型默认“split”方法计算特征的重要性，然后再设置“importance_type='gain'” 按增益计算特征的重要性，进行两种方法的对比。按分裂次数计算重要性的代

码如下：

```
features = X.columns
importances = model.feature_importances_
importances_data = pd.DataFrame()
importances_data['特征名称'] = features
importances_data['特征重要性'] = importances
importances_data.sort_values('特征重要性', ascending=False, inplace=True)
```

计算结果见表 5.32。

表 5.32　计 算 结 果

序号	特 征 名 称	特征重要性	
		split	gain
1	怀孕次数	177	196.034 11
2	口服葡萄糖 2 小时后的血浆葡萄糖浓度	338	907.652 699 9
3	舒张压	227	247.234 832 2
4	三头肌皮肤褶层厚度	155	178.540 255
5	2 小时血清胰岛素含量	104	117.562 648 9
6	体质指数	391	615.347 760 7
7	糖尿病家族史	417	482.821 876 5
8	年龄	317	492.603 891 7

特征可视化重要性如图 5.40 所示。

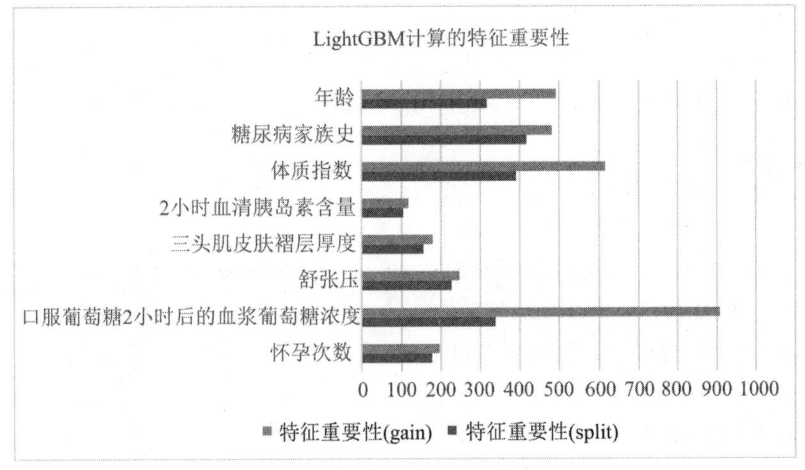

图 5.40　特征重要性可视化

② 最优参数搜索。此前都是按 LightGBM 默认参数建模的，默认参数未必是最优参数。我们通过搜索相对优秀的参数重新建模以改进模型。参数寻优代码如下：

```
# 参数寻优
parameters = {'num_leaves'      : [10, 15, 31, 38],
              'n_estimators'   : [10, 20, 40, 70],
```

```
                    'learning_rate' : [0.05, 0.1, 0.2, 0.35]}
model = LGBMClassifier()
grid_search = GridSearchCV(model, parameters, scoring='roc_auc', cv=5)
grid_search.fit(X_train, y_train)
print('最优参数：')
print(grid_search.best_params_)
```

搜索所得相对优秀的参数为{'learning_rate': 0.05，'n_estimators': 40，'num_leaves': 31}。

以上述参数重新建模，得到的模型 roc_auc_score 得分从之前的 0.839 565 提高到了 0.868 936，模型精度有一定改进。

【实验程序】 实验 5.3 的完整程序如下：

```
### 实验 5.3 LightGBM 模型：案例分析 ~~~~
### 0. 导库
import pandas as pd
from sklearn.model_selection import train_test_split as tts
from lightgbm import LGBMClassifier
from sklearn.model_selection import GridSearchCV
from sklearn.metrics import roc_auc_score
### 1. 读入数据
path = r'D:\1 铜大教学\0 编写讲义\大数据分析技术\讲义所用数据集'
file = r'\比马印第安人糖尿病预测数据集.xlsx'
data = pd.read_excel( path + file )
 ## 1.1 查看数据基本信息
data.info()
 ## 1.2 分离自变量 X(特征)和因变量 y(类别标签)
X = data.iloc[:,1:-1]
y = data.iloc[:,   -1]
 ## 1.3 划分训练集和测试集
X_train, X_test, y_train, y_test = tts(X, y, test_size=0.3, random_state=1)
### 2. 模型建立→模型训练→模型评估
 ## 2.1 模型建立：按默认参数建模
model = LGBMClassifier()
 ## 2.2 模型训练
model.fit(X_train, y_train)
 ## 2.3 模型评估：调用自建的模型评估器 model_evaluator 评估模型
  # 2.3.1 测试集评估
y1_pred = model.predict(X_test)
p1 = model.predict_proba(X_test)[:,1]
from model_evaluator import classification_evaluator
```

```
r_test = classification_evaluator(y_test, y1_pred,
                                  labels=['0','1'],
                                  title='比马印第安人糖尿病预测',
                                  proba_pred=p1)
  # 2.3.2 训练集评估
y2_pred = model.predict(X_train)
p2 = model.predict_proba(X_train)[:,1]
r_train = classification_evaluator(y_train, y2_pred,
                                   labels=['0','1'],
                                   title='比马印第安人糖尿病预测',
                                   proba_pred=p2)
  # 2.3.3 整合评估价格
results = pd.DataFrame()
results['评估指标'] = r_test.index
results['训练集评估'] = r_train.values
results['测试集评估'] = r_test.values
### 3. 模型应用：应用于识别“待识别数据”
xnew = pd.read_excel(path+file, sheet_name=1)
ynew = model.predict(xnew.iloc[:,1:])
### 4. 附加研究
 ## 4.1 特征重要性
  # 4.1.1 默认方法：split=分裂次数
importances = model.feature_importances_
  # 4.1.2 gain 方法：gain=信息增益
model_ = LGBMClassifier(importance_type='gain')
model_.fit(X_train, y_train)
importances_ = model_.feature_importances_
  # 4.1.3 整合结果
importances_data = pd.DataFrame()
importances_data['特征名称'] = X.columns
importances_data['特征重要性(gain)'] = importances_
importances_data['特征重要性(split)'] = importances
 ## 4.2 模型参数调优
  # 4.2.1 参数寻优
parameters = {'num_leaves'    : [10, 15, 31, 38],
              'n_estimators'  : [10, 20, 40, 70],
              'learning_rate' : [0.05, 0.1, 0.2, 0.35]}
model__ = LGBMClassifier()
```

```
grid_search = GridSearchCV(model__, parameters, scoring='roc_auc', cv=5)
grid_search.fit(X_train, y_train)
print('最优参数：')
print(grid_search.best_params_)
  # 4.2.2 应用相对优秀参数建模并评估
classifier = LGBMClassifier(num_leaves=31, learning_rate=0.05, n_estimators=40)
classifier.fit(X_train, y_train)
y_pred_proba = classifier.predict_proba(X_test)
score = roc_auc_score(y_test, y_pred_proba[:, 1])
print(score)
```

习 题 5

1. 判断题

(1) 最早的决策树是由 Quinlan 于 1979 年提出的，使用信息增益作为分裂属性的标准。（　）

(2) 一棵决策树必然包含了待解问题的所有方案。（　）

(3) 决策树的 ID3 算法是用信息增益来判断当前节点应该用什么特征来构建决策树的。（　）

(4) 分类回归树是一类重要的基学习器，它以基尼系数作为选择特征的标准。（　）

(5) 树结构模型的一个特色功能是能评估特征的重要性，它们在模型训练完成后保存在模型的 feature_importances_ 属性中。（　）

(6) 随机森林诞生于 2001 年，是决策树通过梯度提升集成得到的。（　）

(7) 随机森林中的“随机”是指两个随机性：随机抽取样本和随机抽取特征。（　）

(8) 随机森林中袋外错误率是指误分样本数占样本总数的比率。（　）

(9) 最优秀的森林是指袋外误差率最小的森林。（　）

(10) 随机森林中计算特征重要性的方法有两种：平均不纯度和平均准确率。（　）

(11) 轻梯度提升机器中单边梯度采样的目的是特征降维。（　）

(12) 轻梯度提升机器中互斥特征捆绑是指将许多互斥的特征绑定为一个特征。（　）

(13) 轻梯度提升机器是通过分裂增益或分裂次数来评估特征重要性的。（　）

2. 简答题

(1) 简述决策树 C4.5 算法将连续变量离散化的过程。

(2) 简述随机森林的两个随机性。

(3) 简述轻梯度提升机器互斥特征捆绑原理。

第6章 支持向量机

6.1 数学原理

支持向量机(support vector machine，SVM)是由 Cortes 和 Vapnik 于 1995 年提出的用于分类、回归和异常值检测的监督学习方法，也是一个具有完美数学理论的算法。

6.1.1 支持向量

1. 线性可分

首先我们先来了解一下什么是线性可分。在二维空间中，两类点被一条直线完全分开叫作线性可分，如图 6.1 所示。

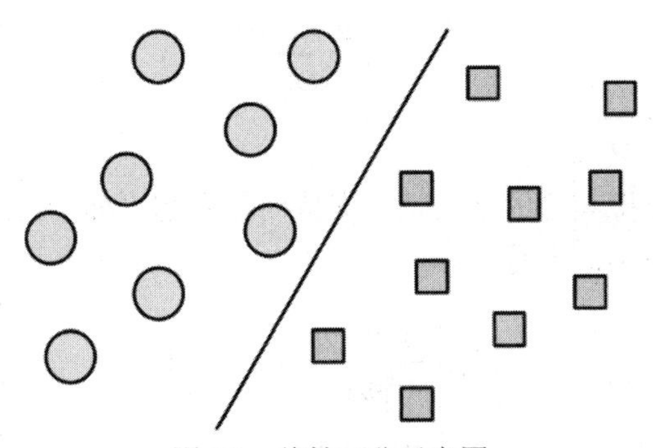

图 6.1 线性可分示意图

n 维欧氏空间中两类点线性可分的严格的数学定义是：D_1 和 D_2 是 n 维欧氏空间中的两个点集。如果存在 n 维向量 $\boldsymbol{\omega}$ 和实数 b，使得所有属于 D_1 的点 $\boldsymbol{x}_i$ 都有 $\boldsymbol{\omega}^{\mathrm{T}}\boldsymbol{x}_i + b > 0$，而对于所有属于 D_2 的点 $\boldsymbol{x}_i$ 则有 $\boldsymbol{\omega}^{\mathrm{T}}\boldsymbol{x}_i + b < 0$，则称 D_1 和 D_2 是线性可分的。

2. 最大间隔超平面

从二维扩展到多维时将 D_1 和 D_2 完全正确划分的 $\boldsymbol{\omega}^{\mathrm{T}}\boldsymbol{x} + b = 0$ 这个方程就成了多维空间中的一个超平面。为了使这个超平面更具稳健性，我们会去找最佳超平面。最佳超平面也称为最大间隔超平面，即以最大间隔把两类样本分开的超平面。

两类样本被分割在最大间隔超平面的两侧，而两侧距离超平面最近的样本点到超平面的距离被最大化了。

3. 支持向量

样本中距离最大间隔超平面最近的点叫作支持向量，如图 6.2 所示。SVM 尝试寻找一个最优的决策边界，使得距离两个类别最近的样本最远，即最大化 $2d$。

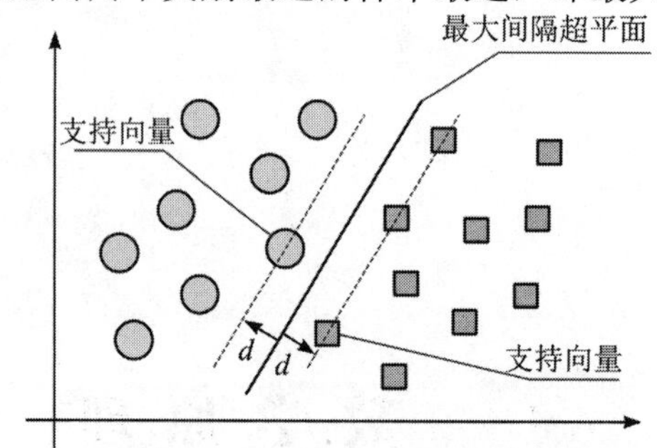

图 6.2　支持向量示意图

4. SVM 最优化问题

SVM 想要找到各类样本点到超平面的最远距离，也就是找到最大间隔超平面。任意超平面可以用式(6.1)中的线性方程来描述：

$$\boldsymbol{\omega}^{\mathrm{T}}\boldsymbol{x}+b=0 \tag{6.1}$$

二维空间中点$(x，y)$到直线 $Ax+By+C=0$ 的距离公式是：

$$\frac{|Ax+By+C|}{\sqrt{A^2+B^2}} \tag{6.2}$$

将式(6.2)推广至 n 维空间，点 $\boldsymbol{x}=(x_1，x_1，\cdots，x_n)$到 $\boldsymbol{\omega}^{\mathrm{T}}\boldsymbol{x}+b=0$ 的距离即

$$\frac{|\boldsymbol{\omega}^{\mathrm{T}}\boldsymbol{x}+b|}{\|\boldsymbol{\omega}\|} \tag{6.3}$$

其中，$\|\boldsymbol{\omega}\|=\sqrt{\omega_1^2+\omega_2^2+\cdots+\omega_n^2}$ 。

如图 6.2 所示，由支持向量的定义知，支持向量到超平面的距离为d，其他点到超平面的距离大于 d。结合式(6.3)，于是有

$$\begin{cases}\dfrac{\boldsymbol{\omega}^{\mathrm{T}}\boldsymbol{x}+b}{\|\boldsymbol{\omega}\|}\geqslant d,\ y=1\\[2ex]\dfrac{\boldsymbol{\omega}^{\mathrm{T}}\boldsymbol{x}+b}{\|\boldsymbol{\omega}\|}\leqslant -d,\ y=-1\end{cases} \tag{6.4}$$

其中，y 是类别标签。将式(6.4)两端除以d，得

$$\begin{cases}\dfrac{\boldsymbol{\omega}^{\mathrm{T}}\boldsymbol{x}+b}{\|\boldsymbol{\omega}\|d}\geqslant 1,\ y=1\\[2ex]\dfrac{\boldsymbol{\omega}^{\mathrm{T}}\boldsymbol{x}+b}{\|\boldsymbol{\omega}\|d}\leqslant -1,\ y=-1\end{cases} \tag{6.5}$$

其中，$\|\boldsymbol{\omega}\|d$ 是正数，我们暂且令它为 1(之所以如此，是为了方便推导和优化，且这样做对

目标函数的优化没有影响)，故式(6.5)变为

$$\begin{cases}\boldsymbol{\omega}^{\mathrm{T}}\boldsymbol{x}+b\geqslant 1, & y=1\\ \boldsymbol{\omega}^{\mathrm{T}}\boldsymbol{x}+b\leqslant -1, & y=-1\end{cases} \tag{6.6}$$

将式(6.6)中的两个方程合并为

$$y(\boldsymbol{\omega}^{\mathrm{T}}\boldsymbol{x}+b)\geqslant 1 \tag{6.7}$$

由式(6.7)可得，支持向量 $\boldsymbol{x}$ 必须满足

$$y(\boldsymbol{\omega}^{\mathrm{T}}\boldsymbol{x}+b)=1 \tag{6.8}$$

由式(6.8)可得最大间隔超平面 $\boldsymbol{\omega}^{\mathrm{T}}\boldsymbol{x}+b=0$ 的上下两个超平面 $y(\boldsymbol{\omega}^{\mathrm{T}}\boldsymbol{x}+b)=1$，见图 6.3。

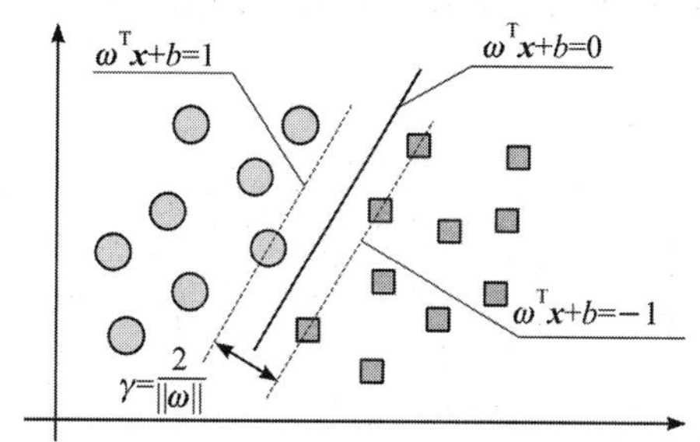

图 6.3　最大间隔平面及其上下两个超平面示意图

每个支持向量到超平面的距离可以写为

$$d=\frac{|\boldsymbol{\omega}^{\mathrm{T}}\boldsymbol{x}+b|}{\|\boldsymbol{\omega}\|} \tag{6.9}$$

因 $y=\pm 1$，故有

$$y(\boldsymbol{\omega}^{\mathrm{T}}\boldsymbol{x}+b)=|\boldsymbol{\omega}^{\mathrm{T}}\boldsymbol{x}+b| \tag{6.10}$$

将式(6.10)代入式(6.9)，即得

$$d=\frac{y(\boldsymbol{\omega}^{\mathrm{T}}\boldsymbol{x}+b)}{\|\boldsymbol{\omega}\|} \tag{6.11}$$

最大化式(6.11)中的距离 d，得

$$\max 2d=\frac{2y(\boldsymbol{\omega}^{\mathrm{T}}\boldsymbol{x}+b)}{\|\boldsymbol{\omega}\|} \tag{6.12}$$

这里乘以 2 是为了后面推导，对目标函数没有影响。

结合式(6.8)，式(6.12)进一步变为

$$\max\frac{2}{\|\boldsymbol{\omega}\|} \tag{6.13}$$

再做一个转换，式(6.13)等价变为

$$\min\frac{1}{2}\|\boldsymbol{\omega}\| \tag{6.14}$$

为了方便计算(去除 $\|\boldsymbol{\omega}\|$ 的根号)，式(6.14)再等价变换为

$$\min\frac{1}{2}\|\boldsymbol{\omega}\|^{2} \tag{6.15}$$

所以得到最终的最优化问题是：

$$\min \frac{1}{2}\|\boldsymbol{\omega}\|^2 \quad \text{s.t. } y_k(\boldsymbol{\omega}^{\mathrm{T}}\boldsymbol{x}_k + b) \geqslant 1,\ k=1,\ 2,\ \cdots,\ m \tag{6.16}$$

其中，m 为样本容量。

6.1.2　对偶问题

1. 拉格朗日乘数法

式(6.16)是我们现在面对的问题，这是不等式约束问题。求解不等式约束优化问题，其主要思想是引入松弛变量将不等式约束转变为等式约束，将松弛变量也视为优化变量。优化路线图如图 6.4 所示。

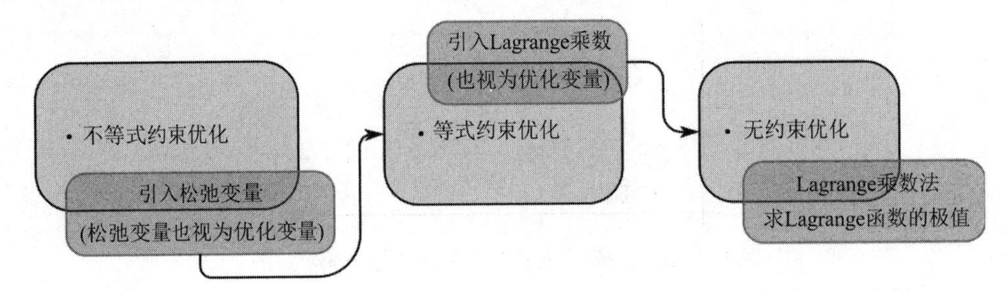

图 6.4　优化路线图

将式(6.16)等价变换为如下形式：

$$\min f(\boldsymbol{\omega}) = \frac{1}{2}\|\boldsymbol{\omega}\|^2 \quad \text{s.t. } g_k(\boldsymbol{\omega}) = 1 - y_k(\boldsymbol{\omega}^{\mathrm{T}}\boldsymbol{x}_k + b) \leqslant 0,\ k=1,\ 2,\ \cdots,\ m \tag{6.17}$$

对式(6.17)引入松弛变量 a_i^2，得到

$$h_k(\boldsymbol{\omega},\ a_k) = g_k(\boldsymbol{\omega}) + a_k^2 = 0,\ k=1,\ 2,\ \cdots,\ m \tag{6.18}$$

结合式(6.17)和式(6.18)，得拉格朗日函数：

$$L(\boldsymbol{\omega},\ \lambda,\ a) = f(\boldsymbol{\omega}) + \sum_{k=1}^{m} \lambda_k [g_k(\boldsymbol{\omega}) + a_k^2] \tag{6.19}$$

由式(6.19)的极值点的必要条件得联立方程：

$$\begin{cases} \dfrac{\partial L}{\partial \omega_i} = \dfrac{\partial f}{\partial \omega_i} + \displaystyle\sum_{k=1}^{m} \lambda_k \dfrac{\partial g_k}{\partial \omega_i} = 0,\ i=1,\ 2,\ \cdots,\ n \\ \dfrac{\partial L}{\partial a_k} = 2\lambda_k a_k = 0 \\ \dfrac{\partial L}{\partial \lambda_k} = g_k(\boldsymbol{\omega}) + a_k^2 = 0 \\ \lambda_k \geqslant 0,\ k=1,\ 2,\ \cdots,\ m \end{cases} \tag{6.20}$$

式(6.20)中为什么取 $\lambda_k \geqslant 0$，可以通过几何性质来解释，可查 KKT 的证明。

在式(6.20)中，当 $\lambda_k a_k \geqslant 0$ 时，有两种情况：

(1) $\lambda_k = 0$，$a_k \neq 0$。

由于 $\lambda_k = 0$，因此约束条件 $g_k(\boldsymbol{\omega})$不起作用，且 $g_k(\boldsymbol{\omega}) < 0$。

(2) $\lambda_k \neq 0$，$a_k = 0$。

此时 $g_k(\boldsymbol{\omega}) = 0$ 且 $\lambda_k > 0$，可理解为 $g_k(\boldsymbol{\omega})$起作用了，且 $g_k(\boldsymbol{\omega}) = 0$。

综合可得，$\lambda_k g_k(\boldsymbol{\omega}) = 0$，且：

- 在约束条件起作用时，$\lambda_k > 0$，$g_k(\boldsymbol{\omega}) = 0$；
- 约束不起作用时，$\lambda_k = 0$，$g_k(\boldsymbol{\omega}) < 0$。

由式(6.20)转化为

$$\begin{cases} \dfrac{\partial L}{\partial \omega_i} = \dfrac{\partial f}{\partial \omega_i} + \sum_{k=1}^{m} \lambda_k \dfrac{\partial g_k}{\partial \omega_i} = 0,\ i=1,\ 2,\ \cdots,\ n \\ \lambda_k g_k(\boldsymbol{\omega}) = 0 \\ g_k(\boldsymbol{\omega}) \leqslant 0 \\ \lambda_k \geqslant 0,\ k=1,\ 2,\ \cdots,\ m \end{cases} \tag{6.21}$$

式(6.21)是不等式约束优化问题的 KKT(Karush-Kuhn-Tucker)条件，λ_k 称为 KKT 乘子。式(6.21)告诉了我们什么事情呢？直观来讲就是支持向量 $g_k(\boldsymbol{\omega}) = 0$，故只需 $\lambda_k > 0$ 即可；而其他向量 $g_k(\boldsymbol{\omega}) < 0$，$\lambda_k = 0$。

我们原本是要求 $\min \frac{1}{2}\|\boldsymbol{\omega}\|^2$，即求拉格朗日函数

$$\begin{aligned} L(\boldsymbol{\omega},\ \lambda,\ a) &= f(\boldsymbol{\omega}) + \sum_{k=1}^{m} \lambda_k [g_k(\boldsymbol{\omega}) + a_k^2] \\ &= f(\boldsymbol{\omega}) + \sum_{k=1}^{m} \lambda_k g_k(\boldsymbol{\omega}) + \sum_{k=1}^{m} \lambda_k a_k^2 \end{aligned} \tag{6.22}$$

的极小值。由于 $\sum_{k=1}^{m} \lambda_k a_k^2 \geqslant 0$，因此我们将式(6.22)转换为

$$L(\boldsymbol{\omega},\ \lambda) = f(\boldsymbol{\omega}) + \sum_{k=1}^{m} \lambda_k g_k(\boldsymbol{\omega}) \tag{6.23}$$

假设找到了最佳参数使得目标函数取得最小值 p，即 $\frac{1}{2}\|\boldsymbol{\omega}\|^2 = p$，而根据 $\lambda_k > 0$，可知 $\sum_{k=1}^{m} \lambda_k g_k(\boldsymbol{\omega}) < 0$，因此式(6.23)意味着 $L(\boldsymbol{\omega},\ \lambda) \leqslant p$。为了找到最优的参数 λ，使得 $L(\boldsymbol{\omega},\ \lambda)$ 接近p，故问题转换为 $\max_{\lambda} L(\boldsymbol{\omega},\ \lambda)$，进而最优化问题转换为

$$\min_{\boldsymbol{\omega}} \max_{\lambda} L(\boldsymbol{\omega},\ \lambda) \quad \text{s.t.}\ \lambda_k \geqslant 0,\ k = 1,\ 2,\ \cdots,\ m \tag{6.24}$$

2. 对偶问题

由运筹学的相关知识可知，对偶问题其实就是将式(6.24)变为

$$\max_{\lambda} \min_{\boldsymbol{\omega}} L(\boldsymbol{\omega},\ \lambda) \quad \text{s.t.}\ \lambda_k \geqslant 0,\ k = 1,\ 2,\ \cdots,\ m \tag{6.25}$$

对于互为对偶的优化问题，有

$$\min_{\boldsymbol{\omega}} \max_{\lambda} L(\boldsymbol{\omega}, \lambda) \geqslant \max_{\lambda} \min_{\boldsymbol{\omega}} L(\boldsymbol{\omega}, \lambda)$$

即最大的里面挑出来的最小者也要比最小的里面挑出来的最大者要大。

在弱对偶关系中，当等号成立时即是强对偶关系：

$$\min_{\boldsymbol{\omega}} \max_{\lambda} L(\boldsymbol{\omega}, \lambda) = \max_{\lambda} \min_{\boldsymbol{\omega}} L(\boldsymbol{\omega}, \lambda)$$

若式(6.24)是凸优化问题，则强对偶性成立，且 KKT 条件是强对偶性的充要条件。

6.1.3 SVM 优化

我们已知 SVM 优化的主问题是式(6.16)，那么求解线性可分的 SVM 的步骤如下所述。

(1) 构造拉格朗日函数：

$$\begin{gathered}\min_{\boldsymbol{\omega},b} \max_{\lambda} L(\boldsymbol{\omega}, b, \lambda) = \frac{1}{2}\|\boldsymbol{\omega}\|^2 + \sum_{k=1}^{m} \lambda_k [1 - y_k(\boldsymbol{\omega}^{\mathrm{T}} \boldsymbol{x}_k + b)] \\ \text{s.t. } \lambda_k \geqslant 0,\ k = 1, 2, \cdots, m\end{gathered} \tag{6.26}$$

(2) 利用强对偶性将式(6.26)转化为

$$\max_{\lambda} \min_{\boldsymbol{\omega}, b} L(\boldsymbol{\omega}, b, \lambda) \tag{6.27}$$

现对式(6.27)求关于参数 ω 和 b 的偏导数，得

$$\begin{cases} \dfrac{\partial L}{\partial \boldsymbol{\omega}} = \boldsymbol{\omega} - \displaystyle\sum_{k=1}^{m} \lambda_k \boldsymbol{x}_k y_k = \boldsymbol{0} \\ \dfrac{\partial L}{\partial b} = \displaystyle\sum_{k=1}^{m} \lambda_k y_k = 0 \end{cases} \tag{6.28}$$

即

$$\begin{cases} \displaystyle\sum_{i=1}^{m} \lambda_i \boldsymbol{x}_i y_i = \boldsymbol{\omega} \\ \displaystyle\sum_{i=1}^{m} \lambda_i y_i = 0 \end{cases} \tag{6.29}$$

将式(6.29)代回到式(6.26)中的目标函数，得

$$\begin{aligned} L(\boldsymbol{\omega}, b, \lambda) &= \frac{1}{2}\sum_{i=1}^{m}\sum_{j=1}^{m} \lambda_i \lambda_j y_i y_j (\boldsymbol{x}_i \cdot \boldsymbol{x}_j) + \sum_{i=1}^{m} \lambda_i - \sum_{i=1}^{m} \lambda_i y_i \left(\sum_{j=1}^{m} \lambda_j y_j (\boldsymbol{x}_i \cdot \boldsymbol{x}_j) + b \right) \\ &= \frac{1}{2}\sum_{i=1}^{m}\sum_{j=1}^{m} \lambda_i \lambda_j y_i y_j (\boldsymbol{x}_i \cdot \boldsymbol{x}_j) + \sum_{i=1}^{m} \lambda_i - \sum_{i=1}^{m}\sum_{j=1}^{m} \lambda_i \lambda_j y_i y_j (\boldsymbol{x}_i \cdot \boldsymbol{x}_j) - \sum_{i=1}^{m} \lambda_i y_i b \\ &= \sum_{i=1}^{m} \lambda_i - \frac{1}{2}\sum_{i=1}^{m}\sum_{j=1}^{m} \lambda_i \lambda_j y_i y_j (\boldsymbol{x}_i \cdot \boldsymbol{x}_j) \end{aligned}$$

也就是说，有

$$\min_{\omega,b} L(\boldsymbol{w},\ b,\ \lambda)=\sum_{i=1}^{n}\lambda_i-\frac{1}{2}\sum_{i=1}^{n}\sum_{j=1}^{n}\lambda_i\lambda_j y_i y_j(\boldsymbol{x}_i\boldsymbol{\cdot}\boldsymbol{x}_j) \tag{6.30}$$

(3) 由式(6.30)，得

$$\begin{aligned}&\max_{\lambda}\left[\sum_{i=1}^{m}\lambda_i-\frac{1}{2}\sum_{i=1}^{m}\sum_{j=1}^{m}\lambda_i\lambda_j y_i y_j(\boldsymbol{x}_i\boldsymbol{\cdot}\boldsymbol{x}_j)\right]\\&\text{s.t.}\ \sum_{i=1}^{m}\lambda_i y_i=0,\ \lambda_i\geqslant 0,\ i=1,\ 2,\ \cdots,\ m\end{aligned} \tag{6.31}$$

不难看出，式(6.31)是一个二次规划问题，问题规模正比于训练样本数。这类问题常用序列最小优化(sequential minimal optimization，SMO)算法求解。SMO 的核心思想非常简单：每次只优化一个参数，其他参数先固定住，仅求当前这个参数的极值。

下面介绍 SMO 算法在求解优化问题中的应用。

SMO 算法每次只优化一个参数，但约束条件$\sum_{i=1}^{m}\lambda_i y_i=0$让我们没法一次只变动一个参数，所以我们选择一次变动两个参数。

具体步骤如下：

① 选择两个需要更新的参数λ_i和λ_j，固定其他参数，于是有

$$\lambda_i y_i+\lambda_j y_j=c,\ \lambda_i\geqslant 0,\ \lambda_j\geqslant 0 \tag{6.32}$$

其中，$c=-\sum_{k\neq i,\ j}\lambda_k y_k$，由此可得

$$\lambda_j=\frac{c-\lambda_i y_i}{y_j} \tag{6.33}$$

式(6.33)说明，可以用λ_i的表达式代替λ_j。这样就相当于把目标问题转化成了仅有一个约束条件的最优化问题，仅有的约束是$\lambda_i\geqslant 0$。

② 对于仅有一个约束条件的优化问题，我们完全可以在λ_i上对优化目标求偏导，令导数为零，从而求出变量值$\lambda_{i_{\text{new}}}$，然后根据$\lambda_{i_{\text{new}}}$求出$\lambda_{j_{\text{new}}}$。

③ 多次迭代直至收敛。

通过 SMO 即可求得最优解λ^*。

(4) 由式(6.29)，得

$$\boldsymbol{\omega}=\sum_{i=1}^{m}\lambda_i\boldsymbol{x}_i y_i \tag{6.34}$$

由式(6.34)即可求得$\boldsymbol{\omega}$。

我们知道所有λ_i>0 对应的点都是支持向量，所以我们随便找个支持向量代入

$$y_s(\boldsymbol{\omega}^{\mathrm{T}}\boldsymbol{x}_s+b)=1 \tag{6.35}$$

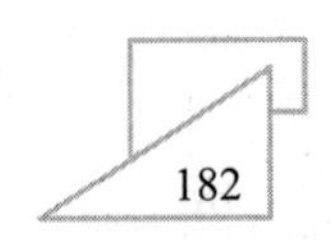

即可求出 b。

在式(6.35)两边同乘 y_s，得

$$y_s^2(\boldsymbol{\omega}^{\mathrm{T}}\boldsymbol{x}_s+b)=y_s \tag{6.36}$$

因为 $y_s^2=1$，所以式(6.36)为

$$\boldsymbol{\omega}^{\mathrm{T}}\boldsymbol{x}_s+b=y_s$$

为了更具鲁棒性，我们可以求得支持向量的均值：

$$b=\frac{1}{|\boldsymbol{S}|}\sum_{s\in S}(y_s-\boldsymbol{\omega}^{\mathrm{T}}\boldsymbol{x}_s) \tag{6.37}$$

其中，$\boldsymbol{S}$ 是所有支持向量的集合。

(5) 由式(6.34)和式(6.37)求得 $\boldsymbol{\omega}$ 和 b，即得最大分割超平面 $\boldsymbol{\omega}^{\mathrm{T}}\boldsymbol{x}+b=0$。

分类决策函数：

$$f(\boldsymbol{x})=\mathrm{sign}(\boldsymbol{\omega}^{\mathrm{T}}\boldsymbol{x}+b) \tag{6.38}$$

其中，sign(•)为阶跃函数：

$$\mathrm{sign}(x)=\begin{cases}-1, & x<0\\ 0, & x=0\\ 1, & x>0\end{cases}$$

将新样本点导入决策函数(式(6.38))中即可得到样本的分类。

6.1.4 软间隔

1. 软间隔要解决的问题

在实际应用中，完全线性可分的样本是很少的，如图 6.5 所示，任何一条直线都不能将两组对象分割开来。若遇到了不能够完全线性可分的样本，我们应该怎么办？这就产生了

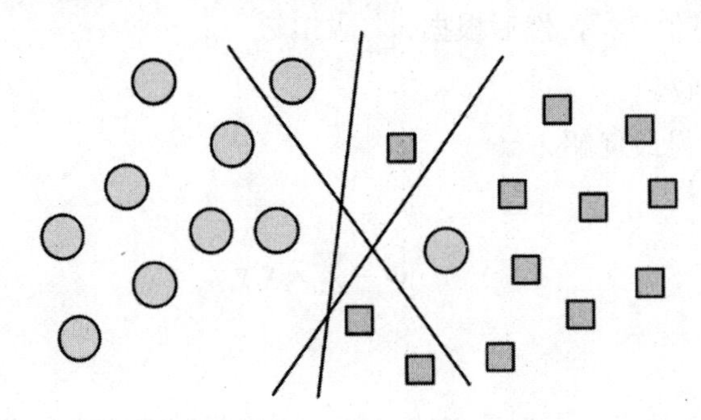

图 6.5 线性不可分示意图

软间隔的概念。与硬间隔的苛刻条件相比，我们允许个别样本点出现在间隔带里面，比如

图 6.6。换言之，我们允许部分样本点不满足优化问题(式(6.16))的约束条件，即

$$1-y_k(\boldsymbol{\omega}^{\mathrm{T}}\boldsymbol{x}_k+b)\leqslant 0$$

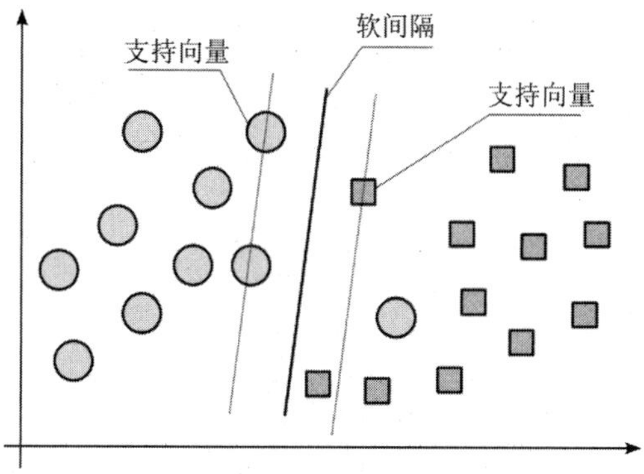

图 6.6　软间隔示意图

为了度量这个间隔软到何种程度，我们为每个样本 x_k 引入一个松弛变量 ξ_k，令 $\xi_k\geqslant 0$，且 $1-y_k(\boldsymbol{\omega}^{\mathrm{T}}\boldsymbol{x}_k+b)-\xi_k\leqslant 0$，如图 6.7 所示。

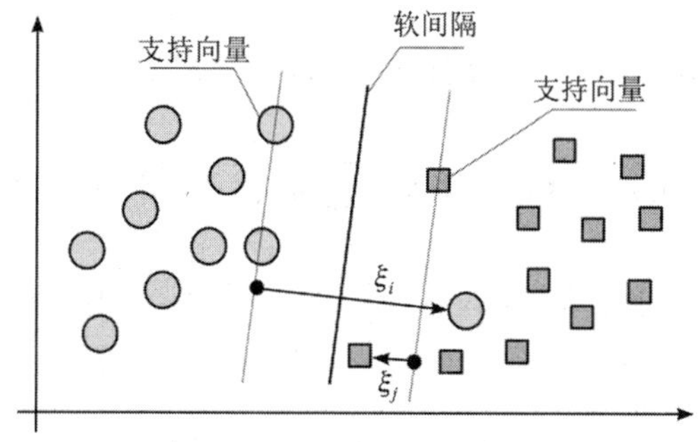

图 6.7　松弛变量 ξ_k 示意图

2. 优化目标及求解

增加软间隔后优化问题(式(6.16))变成了下面的优化问题：

$$\begin{aligned}&\min\frac{1}{2}\|\boldsymbol{\omega}\|^2+c\sum_{i=1}^{n}\xi_i\\&\text{s.t. } g_i(\boldsymbol{\omega},\ b)=1-y_i(\boldsymbol{\omega}^{\mathrm{T}}\boldsymbol{x}_i+b)-\xi_i\leqslant 0\\&\xi_i\geqslant 0,\ i=1,\ 2,\ \cdots,\ n\end{aligned}\tag{6.39}$$

其中，$c>0$ 是一个常数，可理解为错误样本的惩罚程度。若 c 为无穷大，则 ξ_i 必然无穷小，如此一来，线性 SVM 就又变成了线性可分 SVM；当 c 为有限值的时候，才会允许部分样本不遵循约束条件。接下来我们求解式(6.39)。

(1) 构造拉格朗日函数：

$$\begin{aligned}&\min_{\boldsymbol{\omega},\ b,\ \xi}\ \max_{\lambda,\ \mu}\ L(\boldsymbol{\omega},\ b,\ \xi,\ \lambda,\ \mu)=\frac{1}{2}\|\boldsymbol{\omega}\|^2+c\sum_{k=1}^{m}\xi_k-\sum_{k=1}^{m}\mu_k\xi_k+\sum_{k=1}^{m}\lambda_k[1-\xi_k-y_k(\boldsymbol{\omega}^{\mathrm{T}}\boldsymbol{x}_i+b)]\\&\qquad\text{s.t. } \lambda_k\geqslant 0,\ \mu_k\geqslant 0,\ k=1,\ 2,\ \cdots,\ m\end{aligned}\tag{6.40}$$

其中，λ_k 和 μ_k 是拉格朗日乘子，$\boldsymbol{\omega}$、b 和 ξ_k 是主问题参数。

根据强对偶性，将式(6.40)转化为对偶问题：

$$\max_{\lambda, \mu} \min_{\boldsymbol{\omega}, b, \xi} L(\boldsymbol{\omega}, b, \xi, \lambda, \mu) \tag{6.41}$$

(2) 分别对式(6.41)求参数 $\boldsymbol{\omega}$、b 和 ξ_k 的偏导数，并令偏导数为 0，得

$$\begin{cases} \boldsymbol{\omega} = \sum_{k=1}^{m} \lambda_k y_k \boldsymbol{x}_k \\ 0 = \sum_{k=1}^{m} \lambda_k y_k \\ c = \lambda_k + \mu_k \end{cases} \tag{6.42}$$

将式(6.42)代入式(6.40)的目标函数中，得

$$\min_{\boldsymbol{\omega}, b, \xi} L(\boldsymbol{\omega}, b, \xi, \lambda, \mu) = \sum_{k=1}^{m} \lambda_k - \frac{1}{2}\sum_{i=1}^{m}\sum_{j=1}^{m} \lambda_i \lambda_j y_i y_j (\boldsymbol{x}_i, \boldsymbol{x}_j) \tag{6.43}$$

最小化结果(式(6.43))只有 λ，而没有 μ，所以现在只需要最大化 λ 即可：

$$\max_{\lambda} \sum_{k=1}^{m} \lambda_k - \frac{1}{2}\sum_{i=1}^{m}\sum_{j=1}^{m} \lambda_i \lambda_j y_i y_j (\boldsymbol{x}_i, \boldsymbol{x}_j) \quad \text{s.t.} \sum_{k=1}^{m} \lambda_k y_k = 0, \ \lambda_k \geqslant 0, \ c - \lambda_k - \mu_k = 0 \tag{6.44}$$

从式(6.44)中可以看到这个和硬间隔一样，只是多了个约束条件，我们利用 SMO 算法即可求解得到拉格朗日乘子 λ^*。

(3) 推导出 $\boldsymbol{\omega}$、b 的计算式：

$$\begin{cases} \boldsymbol{\omega} = \sum_{k=1}^{m} \lambda_k y_k \boldsymbol{x}_k \\ b = \frac{1}{|\boldsymbol{S}|} \sum_{s \in S} (y_s - \boldsymbol{\omega} \boldsymbol{x}_s) \end{cases} \tag{6.45}$$

最终求得超平面 $\boldsymbol{\omega}^{\mathrm{T}} \boldsymbol{x} + b = 0$。

这时一个自然的问题是在间隔内的那部分样本点是不是支持向量。由于 $\lambda_i > 0$ 的点都能够影响我们的超平面，因此它们都是支持向量。

6.1.5　核函数

1. 线性不可分

我们刚刚讨论的硬间隔和软间隔都是在说样本的完全线性可分或者大部分样本的线性可分，但我们可能会碰到的一种情况是样本不是线性可分的，如图 6.8 所示。

这种情况的解决方法就是：将二维线性不可分样本映射到高维空间中，让样本点在高维空间中线性可分，如图 6.9 所示。

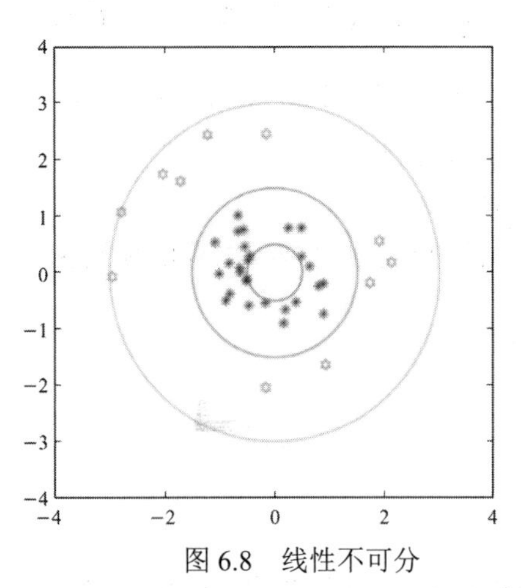

图 6.8 线性不可分

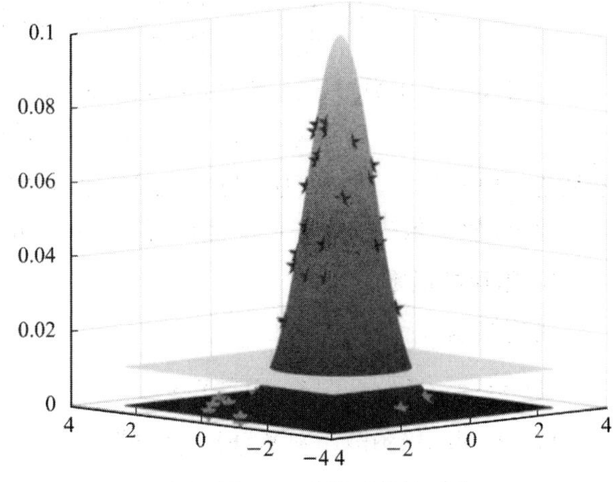

图 6.9 升维后线性可分

对于在有限维度向量空间中线性不可分的样本，我们将其映射到更高维度的向量空间里，再通过间隔最大化的方式学习得到的支持向量机就是非线性 SVM。

用 $\boldsymbol{x}$ 表示原来的样本点，用 $\phi(\boldsymbol{x})$ 表示 $\boldsymbol{x}$ 映射到新的特征空间后的新向量，则分割超平面可以表示为 $f(\boldsymbol{x})=\boldsymbol{\omega}\phi(\boldsymbol{x})+b$。

非线性 SVM 的对偶问题就变成了：

$$\begin{aligned}&\max_{\lambda}\sum_{k=1}^{m}\lambda_k-\frac{1}{2}\sum_{i=1}^{m}\sum_{j=1}^{m}\lambda_i\lambda_j y_i y_j(\phi(x_i),\ \phi(x_j))\\&\text{s.t.}\ \sum_{k=1}^{m}\lambda_k y_k=0\end{aligned}\qquad \lambda_k\geqslant 0,\ c-\lambda_k-\mu_k=0 \tag{6.46}$$

对比式(6.44)中的线性 SVM 与式(6.46)中的非线性 SVM 可以发现：线性 SVM 中的 $(x_i\cdot x_j)$ 变成了非线性 SVM 中的 $(\phi(x_i)\cdot\phi(x_j))$。

2. 核函数的作用

本节的目的是在非线性 SVM 中引入核函数。那么我们自然要问：只是做个变了内积运算，为什么要有核函数呢？这是因为低维空间映射到高维空间后维度可能会很大，若将全部样本的点乘都计算好，则这样的计算量太大了。

但如果我们有这样的一个核函数 $k(\boldsymbol{x},\ \boldsymbol{y})=(\phi(\boldsymbol{x}),\phi(\boldsymbol{y}))$，$x_i$ 与 x_j 在特征空间的内积等于它们在原始样本空间中通过函数 $k(\boldsymbol{x},\ \boldsymbol{y})$ 计算的结果，我们就不需要计算高维甚至无穷维空间的内积了。

假设我们有一个多项式核函数：

$$k(\boldsymbol{x},\ \boldsymbol{y})=(\boldsymbol{x}\cdot\boldsymbol{y}+1)^2 \tag{6.47}$$

将样本点 $\boldsymbol{x}=(x_1,\ x_2,\ \cdots,\ x_n)$，$\boldsymbol{y}=(y_1,\ y_2,\ \cdots,\ y_n)$ 代入式(6.47)，得

$$k(\boldsymbol{x},\ \boldsymbol{y})=\left(\sum_{i=1}^{n}x_i y_i+1\right)^2 \tag{6.48}$$

展开式(6.48)，得

$$k(\boldsymbol{x},\ \boldsymbol{y})=\sum_{i=1}^{n}x_i^2y_i^2+\sum_{i=2}^{n}\sum_{j=1}^{i-1}(\sqrt{2}x_ix_j)(\sqrt{2}y_iy_j)+\sum_{i=1}^{n}(\sqrt{2}x_i)(\sqrt{2}y_i)+1\times 1 \tag{6.49}$$

如果没有核函数，则需要把 n 维向量 $\boldsymbol{x}=(x_1,\ x_2,\ \cdots,\ x_n)$ 映射成 $2n+1$ 维向量，即

$$\boldsymbol{x}'=(x_1^2,\ \cdots,\ x_n^2,\ \cdots,\ \sqrt{2}x_1,\ \cdots,\ \sqrt{2}x_n,\ 1)$$

然后进行内积计算，才能达到与多项式核函数相同的效果。

可见，核函数的引入一方面能显著减少计算量，另一方面也能显著减少内存的使用量。

3. 常见核函数

常用核函数有如下四个：

(1) 线性核函数：$k(\boldsymbol{x},\ \boldsymbol{y})=\boldsymbol{x}^{\mathrm{T}}\boldsymbol{y}$。

(2) 多项式核函数：$k(\boldsymbol{x},\ \boldsymbol{y})=(\boldsymbol{x}^{\mathrm{T}}\boldsymbol{y})^d$。

(3) 高斯核函数：$k(\boldsymbol{x},\ \boldsymbol{y})=\mathrm{e}^{-\frac{\|x-y\|^2}{2\sigma^2}}$。其中，$\sigma$ 是一个超参数，它对模型的精度至关重要，需要比较精细地调参。

(4) sigmoid 核函数：$k(\boldsymbol{x},\ \boldsymbol{y})=\tanh(a\boldsymbol{x}^{\mathrm{T}}\boldsymbol{y}+b)$。其中，$a$、$b$ 是需要指定的超参数。

6.2　Python 实现

Python 中机器学习库 sklearn 有专门的支持向量机模块 sklearn.svm，其中分类器是 SVC，回归器是 SVR。分类器 SVC 的用法及主要参数见表 6.1。

表 6.1　支持向量机分类器的用法及主要参数

用法	主要参数
model = SVC(C=1.0, kernel='rbf', gamma='scale', probability=False, decision_function_shape='ovr')	主要输入项： (1) C：正则化参数，正则化的强度与 C 成反比，默认值是 1； (2) kernel：核函数，取值有 5 个，分别为“linear”“poly”“rbf”“sigmoid”“precomputed”，默认值是“rbf”； (3) gamma：核函数为 poly、rbf 或 sigmoid 时的系数，取值为“scale”“auto”或浮点数，默认值是“scale”； (4) probability：是否启用概率估计，默认不启用； (5) decision_function_shape：决策函数形状，取值有 2 个，为“ovo”(1 对 1)和“ovr”(1 对多)，默认值是“ovr”
	主要输出项： (1) n_support_：支持向量的数量； (2) support_：支持向量的索引； (3) support_vectors_：支持向量

回归器 SVR 在主要输入项和输出项两个方面与 SVC 基本一致，不再赘述。

SVM 模型有两个非常重要的参数：C 与 gamma。

C是惩罚系数，即对误差的宽容度。C越高，说明越不能容忍出现误差，容易过拟合；C越小，容易欠拟合；C过大或过小，泛化能力都会变差。

gamma是选择poly、rbf或sigmoid作为核函数后这些核函数自带的一个参数，它隐含地决定了数据映射到新的特征空间后的分布。gamma值越大，支持向量越少；gamma值越小，支持向量越多。支持向量的个数影响训练与预测的速度。

下面以rbf核函数为例说明sigma和gamma的关系：

$$k(\boldsymbol{x},\ \boldsymbol{z})=\exp\left(-\frac{d(\boldsymbol{x},\ \boldsymbol{z})^2}{2\sigma^2}\right)=\exp(-\gamma \cdot d(\boldsymbol{x},\ \boldsymbol{z})^2) \Rightarrow \gamma=\frac{1}{2\sigma^2} \tag{6.50}$$

从式(6.50)来看：若gamma值设得太大，则sigma会很小，此时高斯分布长得又高又瘦，会造成只作用于支持向量样本附近，对于未知样本分类效果很差，即存在训练准确率很高(若让sigma无穷小，则理论上高斯核的SVM可以拟合任何非线性数据，但容易过拟合)而测试准确率不高的可能，这就是通常说的**过训练**；若gamma值设得过小，则会造成平滑效应太大，无法在训练集上得到特别高的准确率，也会影响测试集的准确率。

【实验6.1】 波士顿房价影响因素分析。波士顿房价数据集是机器学习库sklearn1.2版之前的自带数据集(自1.2版开始就移除了)，是机器学习中用于回归分析的经典数据集。该数据集有14列共506条记录，各列的名称和含义见表6.2，其中前13列是房价的影响因素，第14列是房价。

表6.2 波士顿房价数据集的变量名及其含义

序号	变量名	变量描述
1	CRIM	城镇人均犯罪率
2	ZN	住宅地超过25 000平方英尺(注：1平方英尺≈929.0304平方厘米)的比例
3	INDUS	城镇非零售商用土地的比例
4	CHAS	查理斯河空变量(如果边界是河流，则为1，否则为0)
5	NOX	一氧化碳浓度
6	RM	住宅平均房间数
7	AGE	1940年之前建成的自用房屋比例
8	DIS	到波士顿五个中心区域的加权距离
9	RAD	辐射性公路的接近指数
10	TAX	每10 000美元的全值财产税率
11	PTRATIO	城镇师生比例
12	B	城镇中黑人的比例
13	LSTAT	人口中地位低下者的比例
14	target	自住房的平均房价，以千美元计

数据集的前10行见表6.3。

表 6.3 数据集的前 10 行数据

CRIM	ZN	INDUS	CHAS	NOX	RM	AGE	DIS	RAD	TAX	PTRATIO	B	LSTAT	Target
0.006 32	18	2.31	0	0.538	6.575	65.2	4.09	1	296	15.3	396.9	4.98	24
0.027 31	0	7.07	0	0.469	6.421	78.9	4.9671	2	242	17.8	396.9	9.14	21.6
0.027 29	0	7.07	0	0.469	7.185	61.1	4.9671	2	242	17.8	392.83	4.03	34.7
0.032 37	0	2.18	0	0.458	6.998	45.8	6.0622	3	222	18.7	394.63	2.94	33.4
0.069 05	0	2.18	0	0.458	7.147	54.2	6.0622	3	222	18.7	396.9	5.33	36.2
0.029 85	0	2.18	0	0.458	6.43	58.7	6.0622	3	222	18.7	394.12	5.21	28.7
0.088 29	12.5	7.87	0	0.524	6.012	66.6	5.5605	5	311	15.2	395.6	12.43	22.9
0.144 55	12.5	7.87	0	0.524	6.172	96.1	5.9505	5	311	15.2	396.9	19.15	27.1
0.211 24	12.5	7.87	0	0.524	5.631	100	6.0821	5	311	15.2	386.63	29.93	16.5
0.170 04	12.5	7.87	0	0.524	6.004	85.9	6.5921	5	311	15.2	386.71	17.1	18.9
…	…	…	…	…	…	…	…	…	…	…	…	…	…

试根据数据集预测表 6.4 中 6 组数据对应的房价。

表 6.4 13 个影响因素的 6 组观测数据

序号	CRIM	ZN	INDUS	CHAS	NOX	RM	AGE	DIS	RAD	TAX	PTRATIO	B	LSTAT
1	8.792 12	0	18.1	0	0.584	5.565	70.6	2.0635	24	666	20.2	3.65	17.16
2	0.117 47	12.5	7.87	0	0.524	6.009	82.9	6.2267	5	311	15.2	396.9	13.27
3	3.693 11	0	18.1	0	0.713	6.376	88.4	2.5671	24	666	20.2	391.43	14.65
4	0.087 07	0	12.83	0	0.437	6.14	45.8	4.0905	5	398	18.7	386.96	10.27
5	1.273 46	0	19.58	1	0.605	6.25	92.6	1.7984	5	403	14.7	338.92	5.5
6	0.139 14	0	4.05	0	0.51	5.572	88.5	2.5961	5	296	16.6	396.9	14.69

【实验过程】

(1) 数据：读入数据集→了解数据集→分离分割数据集。

① 相关代码：

```
## 1. 数据
# 1.1 读入数据
import pandas as pd
file = r"..\第 6 章\波士顿房价数据集.xlsx"
data = pd.read_excel(file)
# 1.2 对数据基本信息进行了解
data.info()
# 1.3 分离自变量与因变量
X = data.iloc[:,:-1]
y = data.iloc[:, -1]
# 1.4 分割训练集和测试集
from sklearn.model_selection import train_test_split as tts
xtrain,xtest,ytrain,ytest = tts(X,y,test_size=0.3)
```

② 数据集基本信息见表6.5。

表6.5 数据基本信息

RangeIndex: 506 entries，0 to 505 Data columns (total 14 columns):				
#	column	non-null	count	dtype
0	CRIM	506	non-null	float64
1	ZN	506	non-null	float64
2	INDUS	506	non-null	float64
3	CHAS	506	non-null	int64
4	NOX	506	non-null	float64
5	RM	506	non-null	float64
6	AGE	506	non-null	float64
7	DIS	506	non-null	float 64
8	RAD	506	non-null	int64
9	TAX	506	non-null	int64
10	PTRATIO	506	non-null	float64
11	B	506	non-null	float64
12	LSTAT	506	non-null	float64
13	Target	506	non-null	float64
dtype: float64(11)，int64(3)				

由上述信息知，506个样本在14个维度上都没有缺失值。

(2) 模型：建模→训练→评估。

以支持向量机回归器 SVR 为线性核函数(kernel='linear')建模，以训练集对模型进行训练，对训练好的模型用自建库进行评估。

① 相关代码：

```
## 2. 建模→训练→评估
# 2.1 建模
from sklearn.svm import SVR
model = SVR(kernel='linear')
# 2.2 训练
model.fit(xtrain,ytrain)
# 2.3 评估
from model_evaluator import regression_evaluator
results = regression_evaluator(model, xtest, ytest)
score_train = model.score(xtrain, ytrain)
score_test = model.score(xtest, ytest)
```

② 评估指标及评估结果见表 6.6。

表 6.6　评估指标及评估结果

序号	评估指标	训练集评估得分	测试集评估得分
1	测试集得分	0.6688	0.7768
2	平均绝对误差	3.2759	2.7820
3	均方误差	28.6041	17.8031
4	均方根误差	5.3483	4.2194
5	可解释方差	0.6831	0.7880
6	中位数绝对误差	1.9419	1.8775

从表 6.6 中的评估结果看，支持向量机回归模型的精度尚可，可应用于房价的预测。测试集评估结果的可视化见图 6.10。

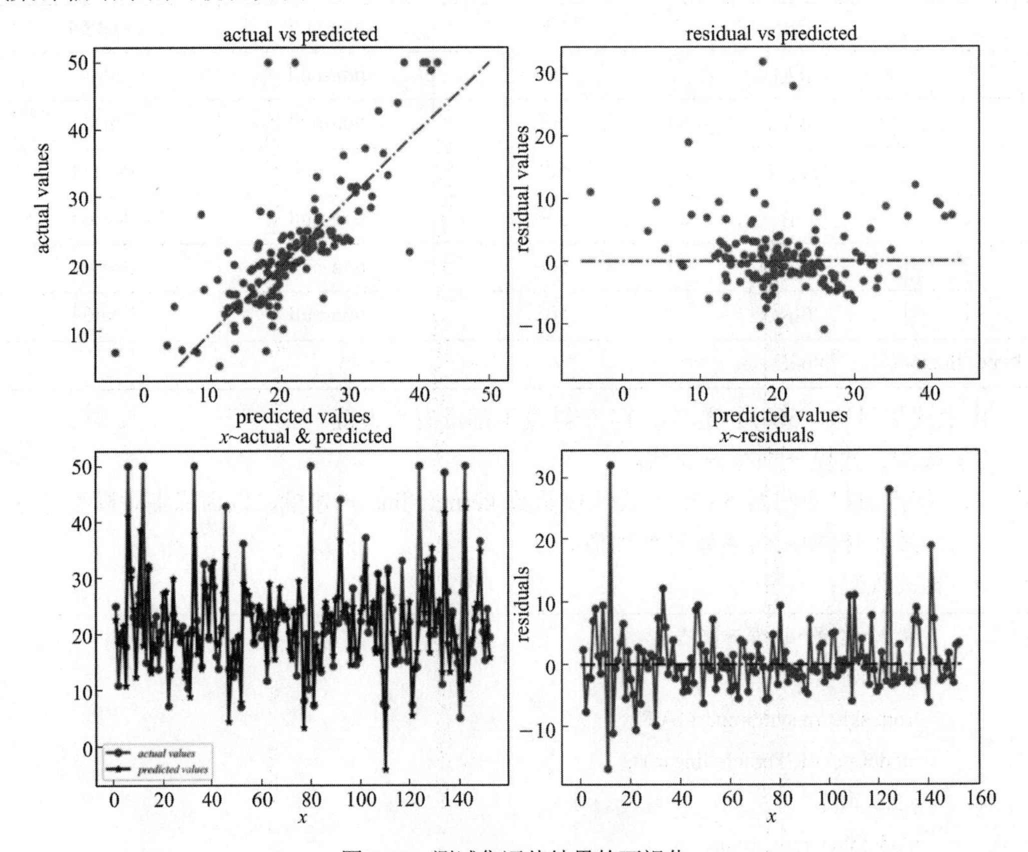

图 6.10　测试集评估结果的可视化

(3) 预测：对表 6.4 中 6 组数据对应的房价进行预测。

① 相关代码：

```
## 3. 预测
xnew = pd.read_excel(file, sheet_name=1).iloc[:,1:]
ypred = model.predict(xnew)
```

② 预测结果见表6.7。

表6.7　预测结果

序号	1	2	3	4	5	6
预测的房价	10.8112	20.0780	19.8577	21.7195	27.7935	19.7676

【实验程序】 实验6.1的完整程序如下：

```
## 实验 6.1-波士顿房价预测分析
## 1. 数据
# 1.1 读入数据
import pandas as pd
file = r"..\波士顿房价数据集.xlsx"
data = pd.read_excel(file)
# 1.2 对数据基本信息进行了解
data.info()
# 1.3 分离自变量与因变量
X = data.iloc[:,:-1]
y = data.iloc[:, -1]
# 1.4 分割训练集和测试集
from sklearn.model_selection import train_test_split as tts
xtrain,xtest,ytrain,ytest = tts(X,y,test_size=0.3)
## 2. 建模→训练→评估
# 2.1 建模
from sklearn.svm import SVR
model = SVR(kernel='linear')
# 2.2 训练
model.fit(xtrain,ytrain)
# 2.3 评估
from model_evaluator import regression_evaluator
results_train = regression_evaluator(model, xtrain, ytrain)
results_test = regresion_evaluator(model, xtest, ytest)
## 3. 预测
xnew = pd.read_excel(file,sheet_name=1).iloc[:,1:]
ypred = model.predict(xnew)
```

习 题 6

1. 判断题

(1) 支持向量机是由 Cortes 和 Vapnik 于 1995 年提出的一类监督学习方法。 ( )

(2) 支持向量机是为了解决线性可分问题而提出来的。 ( )

(3) 支持向量机中最大间隔超平面是指以最大间隔把两类样本分开的超平面。 ( )

(4) 支持向量机中的支持向量是指样本中距离最大间隔超平面最近的点。 ( )

(5) 核函数的提出是因为低维空间映射到高维空间后维度可能会很大，从而导致计算量及硬件消耗都增大。 ( )

2. 选择题

Python 实现支持向量机的模块是 sklearn.svm，其中的回归器是 SVR，分类器是 SVC。

(1) 支持向量机模型中都有参数 C，关于 C 的描述不正确的是__________。

A. 参数 C 是一个可以经过学习获得的参数

B. 参数 C 控制了模型的正则化程度

C. 当 C 的值较大时，意味着模型对误分类的情况施加较大的惩罚

D. 当 C 的值较小时，模型允许一定数量的误分类发生

(2) 支持向量机模型中都有参数 gamma，关于 gamma 的描述不正确的是__________。

A. 参数 gamma 的主要功能在于控制核函数的宽度或影响力范围

B. 当 gamma 的值较大时模型可能会导致过拟合

C. 当 gamma 的值较小时模型可能具有更好的泛化能力

D. 参数 gamma 是针对线性核函数的一个重要超参数

(3) 从支持向量机模型中提取支持向量的方法是__________。

A. n_features_in_ B. classes_ C. support_ D. support_vectors_

(4) 支持向量机模型中参数 decision_function_shape 的取值有__________。(双选)

A. ovo B. ovr C. rbf D. poly

(5) 从支持向量机模型中提取准确率的方法是__________。

A. probability B. decision_function C. score D. get_params

3. 简答题

以高斯核函数为例简述核函数的工作原理。

第7章　特征降维

原始数据因为变量多且彼此存在着一定程度的相关性，所以反映的信息有所重叠。人们希望用较少的综合变量来代替原来较多的变量，且这些综合变量既彼此之间互不相关又能尽可能多地反映原来变量的信息。这就是统计学上的降维思想。

迄今，特征降维技术已相当丰富，我们主要介绍常用且强大的三个降维技术：主成分分析、独立成分分析和t分布随机邻近嵌入。

7.1　主成分分析

主成分分析(Principal Component Analysis，PCA)作为一种统计学方法，最早是由皮尔逊(Karl Pearson)于1901年提出来的。他研究了如何通过原始变量的线性组合来构造新的无相关性的综合指标。1933年，霍特林(Harold Hotelling)对主成分分析方法进行了系统化的数学形式化。他在研究中明确了主成分作为协方差矩阵的特征向量的重要性，并提出了利用特征值来解释变量之间的关系及变量贡献度的思想。

随着计算机技术的进步和数据科学的发展，主成分分析在统计学、数据分析和机器学习领域得到了广泛应用，同时还出现了丰富的变体和扩展，如非线性主成分分析(nonlinear PCA)、增量主成分分析(incremental PCA)、核主成分分析(kernel PCA)等，成为不同应用需求下数据降维的利器。

7.1.1　主成分分析的概念

1. 定义

设有 n 个对象在 p 个特征上的观测数据为

$$\boldsymbol{X}=\begin{bmatrix} x_{11} & x_{12} & \cdots & x_{1p} \\ x_{21} & x_{22} & \cdots & x_{2p} \\ \vdots & \vdots & & \vdots \\ x_{n1} & x_{n2} & \cdots & x_{np} \end{bmatrix}=\begin{bmatrix}\boldsymbol{X}_1, & \boldsymbol{X}_2, & \cdots, & \boldsymbol{X}_p\end{bmatrix}=\begin{bmatrix}\boldsymbol{X}_{(1)} \\ \boldsymbol{X}_{(2)} \\ \vdots \\ \boldsymbol{X}_{(n)}\end{bmatrix} \tag{7.1}$$

其协方差矩阵 $\boldsymbol{S}$ 为

$$S=\frac{1}{n-1}\sum_{i=1}^{n}\left(X_{(i)}-\overline{X}\right)\left(X_{(i)}-\overline{X}\right)'=(s_{ij})_{p\times p}$$

考虑 p 个特征的线性变换：

$$\begin{cases} Z_1=a_1'X=a_{11}X_1+a_{21}X_2+\cdots+a_{p1}X_p \\ Z_2=a_2'X=a_{12}X_1+a_{22}X_2+\cdots+a_{p2}X_p \\ \quad\vdots \\ Z_p=a_p'X=a_{1p}X_1+a_{2p}X_2+\cdots+a_{pp}X_p \end{cases} \tag{7.2}$$

式(7.2)的矩阵表达形式为

$$Z=XA$$

其中，$Z=\left[z_{ij}\right]_{n\times p}=\left[Z_1,\ Z_2,\ \cdots,\ Z_p\right]$，$A=\left[a_{ij}\right]_{p\times p}=\left[a_1,\ a_2,\ \cdots,\ a_p\right]$。

由式(7.2)易得，Z_i 与 Z_j 的协方差为

$$\text{Cov}(Z_i,\ Z_j)=a_i'\,Sa_j,\ i,\ j=1,\ 2,\ \cdots,\ p \tag{7.3}$$

特别地，Z_i 的方差为

$$\text{Var}(Z_i)=a_i'\,Sa_i,\ i=1,\ 2,\ \cdots,\ p \tag{7.4}$$

假如我们希望用 Z_1 来代替原来的 p 个分量 X_1，X_2，…，X_p，这就要求 Z_1 尽量多地反映原来 p 个变量的信息，这里所说的“信息”用什么来表达呢？最经典的方法是用 Z_1 的方差来表达。$\text{Var}(Z_1)$越大，表示 Z_1 包含的信息越多。

由式(7.4)可以看出，对 a_1 必须要有某种限制，否则可能会导致 $\text{Var}(Z_1)\to\infty$。常用的限制条件是 a_1 为单位向量，使 $a_1'\,a_1=1$。若存在单位向量 a_1 使 $\text{Var}(Z_1)$达最大，则称 Z_1 为第一主成分。

由此可知，求第一主成分 Z_1 就是求下述优化问题：

$$\max \text{Var}(Z_1) \quad \text{s.t.}\ \ a_1'\,a_1=1 \tag{7.5}$$

若第一主成分不足以代表原来 p 个变量的绝大部分信息，就按上述方式继续考虑 X 的第二个线性组合 Z_2。为了有效地代表原始变量的信息，Z_1 已反映的信息不希望在 Z_2 中出现，用统计语言来讲，就是要求

$$\text{Cov}(Z_2,\ Z_1)=a_2'\,Sa_1=0 \tag{7.6}$$

于是，求 Z_2 就是在约束条件 $a_2'\,a_2=1$ 和式(7.6)下求 a_2，$\text{Var}(Z_2)$达最大，即

$$\max\ \text{Var}(Z_2) \quad \text{s.t.}\ \begin{cases} a_2'\,a_2=1 \\ a_2'\,Sa_1=0 \end{cases}$$

所求 Z_2 称为第二主成分。

类似地，可求得第三主成分、第四主成分等。系统化的定义见定义 7.1。

【定义 7.1】 设有 p 维向量 $X=(X_1,\ X_2,\ \cdots,\ X_p)$，称 $Z_i=a_i'X$ 为 X 的第 i 主成分，若满足：

(1) $a_i'a_i=1$；

(2) 当 $i>1$ 时，$a_i'Sa_j=0,\ j=1,\ 2,\ \cdots,\ i-1$；

则 $\mathrm{Var}(Z_i)=\max\limits_{a'a=1;\ a'Sa_j=0;\ j=1,\ \cdots,\ i-1}\mathrm{Var}(a'X)$。

从代数学观点看，主成分就是 p 个原始变量的一些特殊的线性组合；而从几何上看，这些线性组合正是由 X_1，X_2，…，X_p 构成的坐标系经旋转而产生的新坐标系，新坐标轴正方向是使样本方差最大的方向。

为了更好地看到主成分的几何意义，考虑 $p=2$，此时原始变量为 X_1、X_2。

设(X_1，X_2)服从二元正态分布，则样品点 $X_{(i)}=(x_{i1},\ x_{i2})(i=1,\ 2,\ \cdots,\ n)$在一个椭圆内散布着，如图 7.1 所示。

由上可知，对于二维正态随机向量，n 个点散布在一个椭圆内(X_1、X_2 的相关性越强，这个椭圆就越扁)。若取椭圆的长轴为 Z_1，短轴为 Z_2，这就相当于在平面上作了一个坐标变换，即按逆时针方向旋转一个角度 θ。根据旋转公式，新老坐标之间的关系为

$$\begin{pmatrix} Z_1 \\ Z_2 \end{pmatrix}=\begin{pmatrix} \cos\theta & \sin\theta \\ -\sin\theta & \cos\theta \end{pmatrix}\begin{pmatrix} X_1 \\ X_2 \end{pmatrix}$$

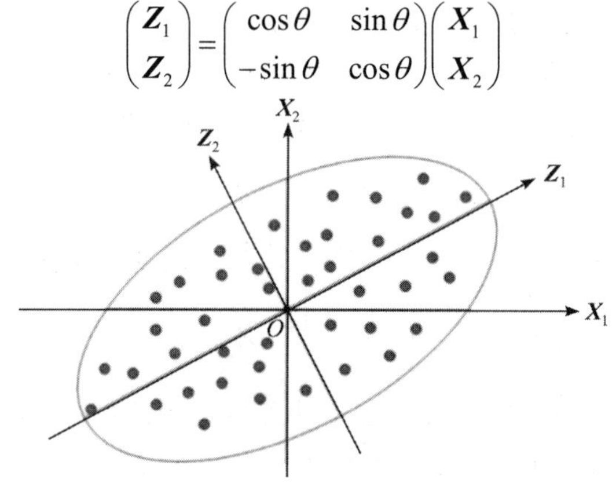

图 7.1　主成分的几何意义

从图 7.1 中可以看出，二维平面上 n 个点的波动(用两个变量的方差表示)大部分可以归结为在 Z_1 方向上的波动，而在 Z_2 方向上的波动则小得多，可以忽略不计。这样一来，关于 X_1、X_2 的二维问题就可以降维为关于 Z_1 的一维问题，而使得原来数据的波动损失很小。

一般情况下，p 个变量组成 p 维空间，n 个样品点就是 p 维空间的 n 个点。对于 p 维正态随机向量来说，找主成分的问题就是找 p 维空间中椭圆的主轴问题。

2. 主成分的求法

设截面数据如式(7.1)，其协方差矩阵 S 为

$$S=\frac{1}{n-1}\sum_{i=1}^{n}\left(X_{(i)}-\overline{X}\right)\left(X_{(i)}-\overline{X}\right)'=(s_{ij})_{p\times p}$$

由式(7.5)，通过拉格朗日乘数法，得

$$L(\boldsymbol{a}_1)=\boldsymbol{a}_1'\boldsymbol{S}\boldsymbol{a}_1-\lambda(\boldsymbol{a}_1'\boldsymbol{a}_1-1)$$

求其驻点

$$\begin{cases}\dfrac{\partial L}{\partial \boldsymbol{a}_1}=2(\boldsymbol{S}-\lambda\boldsymbol{I})\boldsymbol{a}_1=0\\ \dfrac{\partial L}{\partial \lambda}=\boldsymbol{a}_1'\boldsymbol{a}_1-1=0\end{cases}$$

因 $\boldsymbol{a}_1\neq\boldsymbol{0}$，故有

$$|\boldsymbol{S}-\lambda\boldsymbol{I}|=0$$

从而知 λ 正是 $\boldsymbol{S}$ 的特征值，而 $\boldsymbol{a}_1$ 正是属于 λ 的特征向量。

【主成分计算数学原理】 设有如式(7.1)的截面数据 $\boldsymbol{X}$，其协方差矩阵为 $\boldsymbol{S}$。若 $\boldsymbol{S}$ 的特征值满足 $\lambda_1\geqslant\lambda_2\geqslant\cdots\geqslant\lambda_p\geqslant0$，对应的单位正交特征向量为 $\boldsymbol{a}_1$，$\boldsymbol{a}_2$，…，$\boldsymbol{a}_p$，则 $\boldsymbol{X}$ 的第 i 个主成分为

$$\boldsymbol{Z}_i=\boldsymbol{a}_i'\boldsymbol{X},\ i=1,\ 2,\ \cdots,\ p$$

记 $\boldsymbol{a}_1$，$\boldsymbol{a}_2$，…，$\boldsymbol{a}_p$ 所构成的矩阵 $\boldsymbol{A}=(\boldsymbol{a}_1，\boldsymbol{a}_2，\cdots，\boldsymbol{a}_p)$，则主成分 $\boldsymbol{Z}_1$，$\boldsymbol{Z}_2$，…，$\boldsymbol{Z}_p$ 与原始变量 $\boldsymbol{X}_1$，$\boldsymbol{X}_2$，…，$\boldsymbol{X}_p$ 之间的关系如式(7.2)所示，即

$$z_{ij}=\boldsymbol{X}_{(i)}\boldsymbol{a}_{(j)},\ i=1,\ 2,\ \cdots,\ n,\ j=1,\ 2,\ \cdots,\ p$$

称 z_{ij} 为第 i 个对象 $\boldsymbol{X}_{(i)}=(x_{i1}，x_{i2}，\cdots，x_{ip})$在第 j 个主成分 $\boldsymbol{Z}_j$ 上的得分，于是得

$$\boldsymbol{Z}=\begin{bmatrix}z_{11} & z_{12} & \cdots & z_{1p}\\ z_{21} & z_{22} & \cdots & z_{2p}\\ \vdots & \vdots & & \vdots\\ z_{n1} & z_{n2} & \cdots & z_{np}\end{bmatrix}=\begin{bmatrix}\boldsymbol{Z}_{(1)}\\ \boldsymbol{Z}_{(2)}\\ \vdots\\ \boldsymbol{Z}_{(n)}\end{bmatrix}=\left[\boldsymbol{Z}_1\boldsymbol{Z}_2\cdots\boldsymbol{Z}_p\right]$$

特别注意，在主成分分析中原始变量 $\boldsymbol{X}$ 协方差矩阵 $\boldsymbol{S}$ 特征值($\lambda_1\geqslant\lambda_2\geqslant\cdots\geqslant\lambda_p\geqslant0$)和对应的特征正交矩阵 $\boldsymbol{A}=(\boldsymbol{a}_1，\boldsymbol{a}_2，\cdots，\boldsymbol{a}_p)$对降维起着决定的作用。

3. 主成分的性质

本节介绍主成分可用于降维的依据。

首先看主成分的方差与原始变量方差之间的关系。

称 $\mathrm{tr}(\boldsymbol{S})=\sum_{i=1}^{p}s_{ii}$ 为原始变量 $\boldsymbol{X}=(\boldsymbol{X}_1，\boldsymbol{X}_2，\cdots，\boldsymbol{X}_p)$的**总方差**。

【性质 7.1】 $\mathrm{Var}(\boldsymbol{Z}_i)=\lambda_i$，且 $\mathrm{tr}(\boldsymbol{S})=\sum_{i=1}^{p}\lambda_i$。

主成分的这个性质说明，原始变量X的总方差可以分解为不相关的主成分的方差和，这正是主成分的价值之所在。另外，由 $\lambda_1\geqslant\lambda_2\geqslant\cdots\geqslant\lambda_p$ 得，存在前m个主成分，使得

$$\mathrm{tr}(\boldsymbol{S})=\sum_{i=1}^{p}\sigma_{ii}\approx\sum_{i=1}^{p}\lambda_i$$

即用前 m 个主成分 $\boldsymbol{Z}_1$，$\boldsymbol{Z}_2$，…，$\boldsymbol{Z}_m$ 来代替 $\boldsymbol{X}=(\boldsymbol{X}_1, \boldsymbol{X}_2, \cdots, \boldsymbol{X}_p)$，信息损失可不计。这正是主成分可用于降维的依据。

【性质 7.2】 主成分 $\boldsymbol{Z}_k$ 与原始变量 $\boldsymbol{X}_i$ 的相关系数 $\rho(\boldsymbol{Z}_k, \boldsymbol{X}_i)$ 为

$$\rho(\boldsymbol{Z}_k, \boldsymbol{X}_i)=\frac{\sqrt{\lambda_k}}{\sqrt{s_{ii}}}a_{ik}, \quad k, i=1,2, \cdots, p$$

称 $\rho(\boldsymbol{Z}_k, \boldsymbol{X}_i)$ 为因子载荷量。因子载荷量矩阵如表 7.1 所示。

表 7.1　因子载荷量矩阵

	$\boldsymbol{Z}_1$	$\boldsymbol{Z}_2$	$\boldsymbol{Z}_3$	…	$\boldsymbol{Z}_p$
$\boldsymbol{X}_1$	$\rho(\boldsymbol{Z}_1, \boldsymbol{X}_1)$	$\rho(\boldsymbol{Z}_2, \boldsymbol{X}_1)$	$\rho(\boldsymbol{Z}_3, \boldsymbol{X}_1)$	…	$\rho(\boldsymbol{Z}_p, \boldsymbol{X}_1)$
$\boldsymbol{X}_2$	$\rho(\boldsymbol{Z}_1, \boldsymbol{X}_2)$	$\rho(\boldsymbol{Z}_2, \boldsymbol{X}_2)$	$\rho(\boldsymbol{Z}_3, \boldsymbol{X}_2)$	…	$\rho(\boldsymbol{Z}_p, \boldsymbol{X}_2)$
⋮	⋮	⋮	⋮		⋮
$\boldsymbol{X}_p$	$\rho(\boldsymbol{Z}_1, \boldsymbol{X}_p)$	$\rho(\boldsymbol{Z}_2, \boldsymbol{X}_p)$	$\rho(\boldsymbol{Z}_3, \boldsymbol{X}_p)$	…	$\rho(\boldsymbol{Z}_p, \boldsymbol{X}_p)$

主成分分析的目的之一是简化数据结构，故在实际应用中一般不用 p 个主成分，而选用前 m 个主成分$(m<p)$。m 取多大，这是一个实际问题，为此引入贡献率的概念。

【定义 7.2】 称

$$g_k=\frac{\lambda_k}{\sum_{i=1}^{p}\lambda_i}$$

为主成分 $\boldsymbol{Z}_k$ 对原始变量 $\boldsymbol{X}$ 的贡献率，$k=1, 2, \cdots, p$；称

$$G_m=\frac{\sum_{k=1}^{m}\lambda_k}{\sum_{i=1}^{p}\lambda_i}$$

为主成分 $\boldsymbol{Z}_1$，$\boldsymbol{Z}_2$，…，$\boldsymbol{Z}_m$ 对 $\boldsymbol{X}$ 的累计贡献率。

累计贡献率的大小仅表达了 m 个主成分提取了 $\boldsymbol{X}_1$，$\boldsymbol{X}_2$，…，$\boldsymbol{X}_p$ 的多少信息，但没有表达某个变量提取了多少信息。为此又引入另一个概念。

【定义 7.3】 将前m个主成分 $\boldsymbol{Z}_1$，$\boldsymbol{Z}_2$，…，$\boldsymbol{Z}_m$ 对原始变量 $\boldsymbol{X}_i$ 的贡献率 $v_i^{(m)}$(即提取的 $\boldsymbol{X}_i$ 的信息)定义为 $\boldsymbol{X}_i$ 与 $\boldsymbol{Z}_1$，$\boldsymbol{Z}_2$，…，$\boldsymbol{Z}_m$ 的相关系数的平方和：

$$v_i^{(m)}=\sum_{k=1}^{m}\rho^2(\boldsymbol{Z}_k, \boldsymbol{X}_i)=\frac{1}{s_{ii}}\sum_{k=1}^{m}\lambda_k a_{ik}, \quad i=1, 2, \cdots, p$$

4. 主成分的个数及解释

主成分分析的目的之一是用尽可能少的主成分 $\boldsymbol{Z}_1$，$\boldsymbol{Z}_2$，…，$\boldsymbol{Z}_m$(m 尽可能小)代替原来的 p 个变量 $\boldsymbol{X}_1$，$\boldsymbol{X}_2$，…，$\boldsymbol{X}_p$。这就要求：

(1) m 个主成分所反映的信息与原来 p 个变量提供的信息差不多。

(2) m 个主成分又能对数据所具有的意义进行解释。

主成分的个数 m 如何选取是实际工作者关心的问题。一般有两个常用的标准：

(1) 按累计贡献率达到的程度(如 70%或 80%以上)来确定。

(2) 计算 $\boldsymbol{S}$ 的 p 个特征值的均值$\bar{\lambda}$，取大于$\bar{\lambda}$的特征值的个数为 m。

实践中一般将两个标准结合起来确定 m 值。

【例 7.1】 设随机向量 $\boldsymbol{X}=(\boldsymbol{X}_1，\boldsymbol{X}_2，\boldsymbol{X}_3)$的协方差矩阵为

$$\boldsymbol{\Sigma}=\begin{pmatrix}1 & -2 & 0\\ -2 & 5 & 0\\ 0 & 0 & 2\end{pmatrix}$$

试求 $\boldsymbol{X}$ 的主成分及主成分对 $\boldsymbol{X}_i$ 的贡献率 $v_i(i=1，2，3)$。

【解】 $\boldsymbol{\Sigma}$ 的特征值为

$$\lambda_1=3+\sqrt{8},\ \lambda_2=2,\ \lambda_3=3-\sqrt{8}$$

对应的单位正交特征向量为

$$\boldsymbol{a}_1=\begin{bmatrix}0.3827\\ -0.9239\\ 0.0000\end{bmatrix},\ \boldsymbol{a}_2=\begin{bmatrix}0\\ 0\\ 1\end{bmatrix},\ \boldsymbol{a}_3=\begin{bmatrix}0.9239\\ 0.3827\\ 0.0000\end{bmatrix}$$

故主成分为

$$\begin{cases}\boldsymbol{Z}_1=0.3827\boldsymbol{X}_1-0.9239\boldsymbol{X}_2\\ \boldsymbol{Z}_2=\boldsymbol{X}_3\\ \boldsymbol{Z}_3=0.9239\boldsymbol{X}_1+0.3827\boldsymbol{X}_2\end{cases}$$

其中，$\boldsymbol{X}_3$ 本身就是一个主成分，与 $\boldsymbol{X}_1$、$\boldsymbol{X}_2$ 不相关。

取 $m=1$ 时，$\boldsymbol{Z}_1$ 对 $\boldsymbol{X}$ 的贡献率为

$$G_1=g_1=\frac{\lambda_1}{\lambda_1+\lambda_2+\lambda_3}=\frac{3+\sqrt{8}}{8}=72.8\%$$

取 $m=2$ 时，$\boldsymbol{Z}_1$，$\boldsymbol{Z}_2$ 对 $\boldsymbol{X}$ 的累计贡献率为

$$G_2=g_1+g_2=\frac{\lambda_1+\lambda_2}{\lambda_1+\lambda_2+\lambda_3}=\frac{5+\sqrt{8}}{8}=97.85\%$$

表 7.2 列出了 m 个主成分对变量 $\boldsymbol{X}_i$ 的贡献率 $v_i^{(m)}$。

表 7.2 主成分的贡献率

i	$\rho(\boldsymbol{Z}_1，\boldsymbol{X}_i)$	$\rho(\boldsymbol{Z}_2，\boldsymbol{X}_i)$	$v_i^{(1)}$	$v_i^{(2)}$
1	−0.9239	0	0.8536	0.8536
2	0.9975	0	0.9950	0.9950
3	0.0000	1	0.0000	1.0000

由上可知，$\boldsymbol{Z}_1$ 对 $\boldsymbol{X}$ 的贡献率已达 72.8%，比较理想了。但 $\boldsymbol{Z}_1$ 对 $\boldsymbol{X}_3$ 的贡献率 $v_3^{(1)}=0$，这是因为在 $\boldsymbol{Z}_1$ 中没有包含 $\boldsymbol{X}_3$ 的信息，这时仅取 $m=1$ 就不够了。当取 $m=2$ 时，提取出 $\boldsymbol{Z}_1$、$\boldsymbol{Z}_2$ 对 $\boldsymbol{X}$ 的累计贡献率为 97.85%，$\boldsymbol{Z}_1$、$\boldsymbol{Z}_2$ 对 $\boldsymbol{X}_i$ 的贡献率 $v_i^{(2)}$ 也很高。

本例的求解程序如下：

```
#%% 例 7.1-因子载荷矩阵和特殊因子方差的估计
import numpy as np
# 输入 X=(X1,X2,X3)的协方差矩阵
sig = np.array([[ 1, -2, 0],
                [-2, 5, 0],
                [ 0, 0, 2]])
# 求特征值 values 和特征向量 vectors
values, vectors = np.linalg.eig(sig)
# 将特征值 valies 降序排列
# 降序排列索引
idx = np.argsort(-values)
# 降序排列结果，并对特征向量进行相应的调序
val = values[idx]
vec = vectors[:,idx]
# 计算贡献率 g 及累计贡献率 G
g = val/sum(val)
G = np.cumsum(g)
# 计算对 X_i 的贡献率 v_i^(m)、主成分 Z_k 与 X_i 的相关系数 rho
s = np.diag(sig)
p = sig.shape[0]
v = np.zeros((p,p))
rho = np.zeros((p,p))
for m in range(p):
    v[:,m]    = np.dot(vec[:,0:m+1]**2,val[0:m+1])/s
    rho[:,m] = np.sqrt(val[m]/s)*vec[:,m]
```

7.1.2　主成分分析的 Python 实现

Python 中实现主成分分析的模块是 sklearn.decomposition，其中包含了丰富的主成分分析算法：基础算法(PCA)、增量主成分分析(incremental PCA，IPCA)、核主成分分析(kernel PCA，KPCA)、稀疏主成分分析(sparse PCA)、小批量稀疏主成分分析(minibatchsparse PCA)等。下面主要介绍基础算法 PCA 的用法。PCA 调用格式如下：

```
PCA(n_components=None，svd_solver='auto')
```

主成分分析命令 PCA 参数见表 7.3。

表 7.3　主成分分析命令 PCA 参数说明

输入	n_components	要提取的主成分个数，若值为 None，则保留所有主成分
	svd_solver	逆矩阵求解算法，取值有四个，分别为“auto”“full”“arpack”“randomized”
输出项	components_	提取的主成分，(n_components，n_features)型矩阵，已按解释方差排序
	explained_variance_	$\boldsymbol{X}$ 的协方差矩阵的前 n_components 个最大特征值
	explained_variance_ratio_	每个选定主成分解释方差的百分比

【实验 7.1】 采用主成分分析方法探讨城市工业主体结构。

表 7.4 是某市工业部门 13 个行业 8 项指标的数据，其中 13 个行业是冶金(1)、电力(2)、煤炭(3)、化学(4)、机械(5)、建材(6)、森工(7)、食品(8)、纺织(9)、缝纫(10)、皮革(11)、造纸(12)和文教艺术用品(13)；8 项指标是年末固定资产净值(万元，X_1)、职工人数(人，X_2)、工业总产值(万元，X_3)、全员劳动生产率(元/(人·年)，X_4)、百元固定原资产值实现产值(元，X_5)、资金利税率(%，X_6)、标准燃料消费量(吨，X_7)和能源利用效果(万元/吨，X_8)。

表 7.4　某市工业部门 13 个行业 8 项指标数据

序号	X_1	X_2	X_3	X_4	X_5	X_6	X_7	X_8
1	90 342	52 455	101 091	19 272	82.0	16.1	197 435	0.172
2	4903	1973	2035	10 313	34.2	7.1	592 077	0.003
3	6735	21 139	3767	1780	36.1	8.2	726 396	0.003
4	49 454	36 241	81 557	22 504	98.1	25.9	348 226	0.985
5	139 190	203 505	215 898	10 609	93.2	12.6	139 572	0.628
6	12 215	16 219	10 351	6382	62.5	8.7	145 818	0.066
7	2372	6572	8103	12 329	184.4	22.2	20 921	0.152
8	11 062	23 078	54 935	23 804	370.4	41.0	65 486	0.263
9	17 111	23 907	52 108	21 796	221.5	21.5	63 806	0.276
10	1206	3930	6126	15 586	330.4	29.5	1840	0.437
11	2150	5704	6200	10 870	184.2	12.0	8913	0.274
12	5251	6155	10 383	16 875	146.4	27.5	78 796	0.151
13	14 341	13 203	19 396	14 691	94.6	17.8	6354	1.574

试完成下述实验：

(1) 试用主成分分析方法确定 8 项指标的样本主成分。若要求损失信息不超过 15%，应取几个主成分？对这几个主成分进行解释。

(2) 利用主成分得分对 13 个行业进行排序和分类。

【实验分析】

数据中各变量的量纲和量级都差异明显，需对数据标准化。

【实验结果】

根据实验原理编写 Python 程序，得到下述实验结果。

(1) 数据标准化后的矩阵 ***X*** 见表 7.5。

表 7.5　表 7.4 中数据的标准化

1.5010	0.3847	0.9344	0.7508	−0.6295	−0.3146	0.0564	−0.4705
−0.5368	−0.5580	−0.6867	−0.6214	−1.0781	−1.2169	1.7483	−0.8466
−0.4931	−0.2001	−0.6584	−1.9283	−1.0603	−1.1066	2.3242	−0.8466
0.5258	0.0820	0.6147	1.2458	−0.4784	0.6678	0.7029	1.3390
2.6662	3.2055	2.8133	−0.5761	−0.5244	−0.6655	−0.1917	0.5444
−0.3624	−0.2919	−0.5506	−1.2235	−0.8125	−1.0565	−0.1649	−0.7064
−0.5972	−0.4721	−0.5874	−0.3126	0.3315	0.2969	−0.7004	−0.5150
−0.3899	−0.1639	0.1790	1.4449	2.0771	2.1816	−0.5093	−0.2679
−0.2457	−0.1484	0.1328	1.1374	0.6797	0.2267	−0.5165	−0.2390
−0.6250	−0.5214	−0.6198	0.1862	1.7017	1.0287	−0.7822	0.1193
−0.6025	−0.4883	−0.6186	−0.5361	0.3296	−0.7257	−0.7518	−0.2435
−0.5285	−0.4799	−0.5501	0.3837	−0.0251	0.8282	−0.4522	−0.5172
−0.3117	−0.3483	−0.4026	0.0492	−0.5113	−0.1442	−0.7628	2.6499

(2) 调用 PCA 函数求得结果。

① 主成分系数矩阵-相关矩阵的特征向量矩阵 ***T*** 见表 7.6。

表 7.6　主成分变换矩阵

0.4767	0.2960	−0.1042	0.0453	0.1842	0.0659	0.7576	−0.2450
0.4728	0.2779	−0.1630	−0.1744	−0.3054	0.0485	−0.5184	−0.5271
0.4238	0.3780	−0.1563	0.0587	−0.0175	−0.0990	−0.1740	0.7805
−0.2129	0.4514	0.0085	0.5161	0.5394	−0.2879	−0.2494	−0.2201
−0.3885	0.3309	−0.3211	−0.1994	−0.4499	−0.5823	0.2330	−0.0306
−0.3524	0.4027	−0.1451	0.2793	−0.3168	0.7136	0.0564	0.0424
0.2148	−0.3774	−0.1405	0.7582	−0.4182	−0.1936	0.0528	−0.0412
0.0550	0.2727	0.8912	0.0719	−0.3222	−0.1222	0.0671	0.0033

② 特征值向量及其贡献率见表 7.7。

表 7.7　特征值及主成分的贡献率

特征值	3.1049	2.8974	0.9302	0.6421	0.3041	0.0866	0.0322	0.0024
贡献率	38.8114	36.2180	11.6277	8.0265	3.8011	1.0825	0.4023	0.0305
累计	38.8114	75.0294	86.6571	94.6836	98.4847	99.5672	99.9695	100

③ 主成分的解释。

由累计贡献率知，要使信息损失不超过 15%，至少需 $m=3$。此时三个主成分由 ***T*** 中的前三列系数决定。

从前三个主成分的系数看，对 Z_1 有正影响的变量是 X_1，X_2，X_3，X_7，即年末固定资产净值(X_1)、职工人数(X_2)、工业总产值(X_3)和标准燃料消费量(X_7)，这是描述“工业规模”的指标；对 Z_2 有正影响的变量是 X_4，X_5，X_6，即全员劳动生产率(X_4)、百元固定原资产值实现产值(X_5)、资金利税率(X_6)，这是描述“收益”的指标；对 Z_3 有正影响的变量是 X_8，即能源利用效果(X_8)，这是描述“能源”的指标。

(3) 主成分得分见表 7.8。

表 7.8　主成分得分

1.4752	0.7586	−0.5380	0.4898	1.0586	−0.0026	0.3949	−0.0044
0.4982	−2.5916	−0.2283	0.8519	0.1606	−0.2911	−0.1272	−0.0669
1.0564	−3.2255	−0.4094	0.5825	−0.9300	0.0594	0.0822	0.0240
0.4599	1.1836	0.9977	1.5996	0.0114	0.0746	−0.0086	0.0520
4.5285	2.2624	−0.4676	−0.7581	−0.4963	0.0191	−0.1211	−0.0226
0.3300	−1.7736	−0.0311	−0.9380	0.3689	0.2062	−0.0273	0.0668
−1.1025	−0.3179	−0.2818	−0.6917	0.0914	0.3033	−0.0051	0.0350
−2.1950	2.2441	−1.0992	0.5568	−0.5719	0.0113	−0.0399	0.0524
−0.8412	0.8957	−0.3529	0.1285	0.5266	−0.4687	−0.2882	0.0009
−2.0319	0.8252	−0.2311	−0.5141	−0.6475	−0.1786	0.2794	−0.0727
−0.7133	−0.7556	0.1226	−1.1110	0.2343	−0.3822	0.0178	0.0295
−1.2014	0.0303	−0.2870	0.0817	0.3704	0.6423	−0.1693	−0.0786
−0.2630	0.4643	2.8063	−0.2779	−0.1766	0.0071	0.0125	−0.0154

① 以第一主成分 Z_1 为评价指标，对 13 个行业进行评价的结果见表 7.9。

表 7.9　按第一主成分对 13 个行业评价的结果

序号	行业	得分	排序	原序号	行业	得分
1	冶金	1.4752	1	5	机械	4.5285
2	电力	0.4982	2	1	冶金	1.4752
3	煤炭	1.0564	3	3	煤炭	1.0564
4	化学	0.4599	4	2	电力	0.4982
5	机械	4.5285	5	4	化学	0.4599
6	建材	0.3300	6	6	建材	0.3300
7	森工	−1.1025	7	13	文教艺术用品	−0.2630
8	食品	−2.1950	8	11	皮革	−0.7133
9	纺织	−0.8412	9	9	纺织	−0.8412
10	缝纫	−2.0319	10	7	森工	−1.1025
11	皮革	−0.7133	11	12	造纸	−1.2014
12	造纸	−1.2014	12	10	缝纫	−2.0319
13	文教艺术用品	−0.2630	13	8	食品	−2.1950

② 以第一、二主成分 Z_1 和 Z_2 为分类指标，做两个主成分的散布图，如图 7.2 所示。

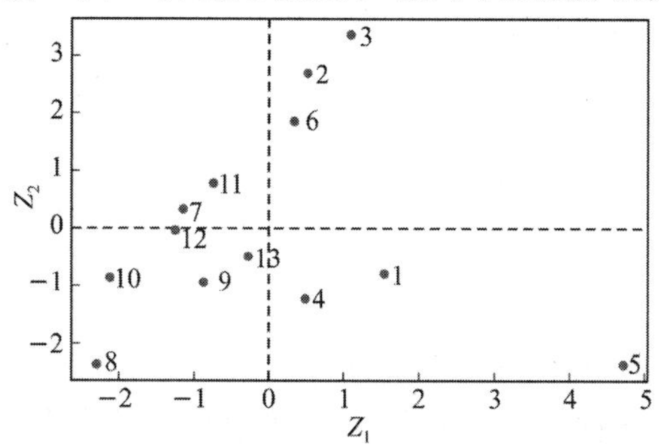

图 7.2 行业的主成分散布图

根据图 7.2 对 13 个行业进行分类，结果如下：

a. 分为两类，有两种分法。

第一种按 Z_1 分：

C_1 = {1，2，3，4，5，6}，这可归属为“重工业”；

C_2 = {7，8，9，10，11，12，13}，这可归属为“轻工业”。

第二种按 Z_2 分：

C_1 = {2，3，6，7，11}，这可归属于“原材料”类工业；

C_2 = {1，4，5，8，9，10，12，13}，这可归属于“加工”类工业。

b. 按 Z_1、Z_2 分为四类：

C_1 = {1，4，5}，加工类重工业；

C_2 = {2，3，6}，原材料类重工业；

C_3 = {8，9，10，13}，加工类轻工业；

C_4 = {7，11}，原材料类轻工业。

本实验的求解程序如下：

```
#%%  案例分析-主成分分析探讨城市工业主体结构
# 0. 导库
import numpy as np
import pandas as pd
import matplotlib.pyplot as plt
import seaborn as sns
from sklearn.preprocessing import StandardScaler
from sklearn.decomposition import PCA
plt.rcParams['font.sans-serif'] = 'kaiti'
plt.rcParams['axes.unicode_minus'] = False
# 1. 读入数据 X-工业指标，并标准化
data = pd.read_excel('第 7 章数据.xlsx', sheet_name=3)
XX     = data.iloc[:,1:]
n, p = XX.shape
```

```
scaler = StandardScaler()
X = scaler.fit_transform(XX)
# 2. 调用 PCA 做主成分分析
# 2.1 建模
model = PCA()
# 2.2 训练
model.fit(X)
# 2.3 提取解释方差、贡献率及累计贡献率
explained = pd.DataFrame(columns=['解释方差', '贡献率', '累计贡献率'])
explained['解释方差'] = model.explained_variance_
explained['贡献率'] = model.explained_variance_ratio_
explained['累计贡献率'] = model.explained_variance_ratio_.cumsum()
# 2.4 提取主成分得分
scores = model.transform(X)
# 3. 利用主成分得分对 13 个行业进行排序
Y = ['冶金', '电力', '煤炭', '化学', '机械', '建材', '森工',
     '食品', '纺织', '缝纫', '皮革', '造纸', '文教艺术用品']
idx   = np.argsort(-scores[:,0])
Z      = scores[idx,0]
Y_sorted = [[] for _ in range(n)]
for k in range(n):
    Y_sorted[k] = Y[idx[k]]
# 4. 利用主成分 Z1,Z2 得分对 13 个行业进行分类
Z1Z2 = pd.DataFrame(scores[:,:2], columns=['Z1', 'Z2'])
plt.figure(figsize=[8,5], dpi=200)
sns.scatterplot(x='Z1', y='Z2', data=Z1Z2)
for k in range(n):
    plt.text(scores[k,0]+0.07, scores[k,1]-0.08, str(k+1), color='r')
plt.axhline(0, color='k', linestyle='--', linewidth = 0.5)
plt.axvline(0, color='k', linestyle='--', linewidth = 0.5)
```

7.2 独立成分分析

独立成分分析的思想和方法并非直接来自特征降维，而是来自一类称为盲源分离的问题。独立成分分析已经广泛应用于实际数据的处理中，诸如图像处理、语音信号处理、生物医学信号处理、模式识别、数据挖掘、通信等。

7.2.1　独立成分分析的概念

1. 盲源分离问题

【引例】 鸡尾酒会问题。鸡尾酒会上有 2 个声音信号源，如图 7.3 所示，分别是音乐(图 7.3 中记作 music)和人说话的声音(图 7.3 中记作 voice)。

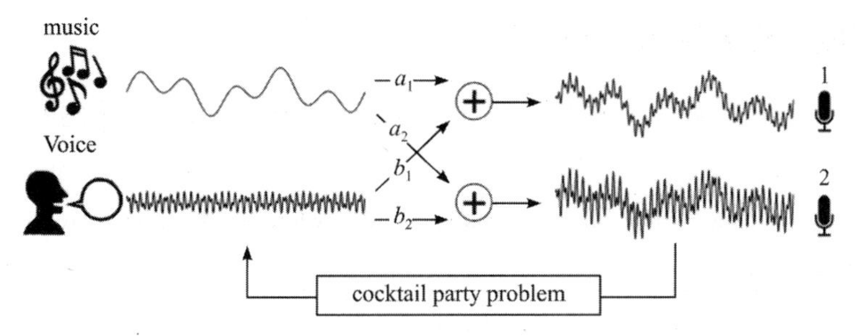

图 7.3　鸡尾酒会声音传播与接收示意图

有两个麦克风同时记录音乐声和人声的混合声。由于声音信号是线性叠加的，不妨假设麦克风 1 接收到的信号是 x_1，麦克风 2 接收到的信号是 x_2，表达式如下：

$$x_1 = a_1 \cdot \text{music} + b_1 \cdot \text{voice}$$

$$x_2 = a_2 \cdot \text{music} + b_2 \cdot \text{voice}$$

矩阵形式表达上述两个方程：

$$\begin{pmatrix} x_1 & x_2 \end{pmatrix} = \begin{pmatrix} \text{music} & \text{voice} \end{pmatrix} \begin{pmatrix} a_1 & a_2 \\ b_1 & b_2 \end{pmatrix}$$

假设两个麦克风被放置在不同的位置，因此上述方程组中的信号叠加参数 a_1，b_1，a_2，b_2 可能是不同的。鸡尾酒会的问题是：从麦克风接收到的信号 x_1，x_2 中将音乐声 music 和人声 voice 分离出来。

鸡尾酒会问题是一般盲源分离问题的特例。

所谓**盲源分离问题**(blind source separation，BSS)，是指我们观测到的数据是由来自多个不同源的数据混合而成的，我们的目标是将这些不同源的数据从混合数据中分离出来。这些不同源的数据称为**独立成分**(independent component，IC)。

鸡尾酒会上音乐声和人声就是需要从麦克风接收到的混合声中分离出来的独立成分。

2. 独立成分分析模型

假设在时刻 t 我们从 m 个独立成分 $\boldsymbol{S}(t)=\left[s_1(t), s_2(t), \cdots, s_m(t)\right]$(视为 m 维行向量)观察到 n 个线性混合信号 $\boldsymbol{X}(t)=\left[x_1(t), x_2(t), \cdots, x_n(t)\right]$(视为 n 维行向量)：

$$x_j(t) = a_{1j}s_1(t) + a_{2j}s_2(t) + \cdots + a_{mj}s_m(t),\ j = 1, 2, \cdots, n$$

矩阵化上述方程组，得

$$\boldsymbol{X}(t) = \boldsymbol{S}(t)\boldsymbol{A}$$

其中，$\boldsymbol{A}$ 是一个 $m \times n$ 矩阵，称为混合矩阵。连续观察 l 个时刻，得

$$X = SA \tag{7.7}$$

此时 X 是一个 $l \times n$ 矩阵，S 是一个 $l \times m$ 矩阵。

在矩阵方程(7.7)中，混合成分 X 是已知的，独立成分 S 和混合矩阵 A 都是未知的。独立成分分析的目标就是从矩阵方程(7.7)中求出 S。

在独立成分分析模型中，当 $m < n$ 时相当于将维数从 n 降至 m 了。

7.2.2　独立成分分析的 Python 实现

Python 中实现独立成分分析的类是来自 sklearn.decomposition 模块的 FastICA。其调用格式说明如下：

```
FastICA( n_components=None, algorithm='parallel', whiten='unit-variance', fun='logcosh',
whiten_solver='svd' )
```

独立成分分析命令 FastICA 参数说明见表 7.10。

表 7.10　独立成分分析命令 FastICA 的参数说明

输入	n_components	要分离的独立成分的个数，若值为 None，则分离所有独立成分
	algorithm	指定用于 FastICA 的算法，取值有两个：“**parallel**”“deflation”
	whiten	指定白化策略，取值有两个：“arbitrary-variance”“**unit-variance**”
	fun	对负熵进行近似时 G 函数的形式，取值有三个，分别为“**logcosh**”“exp”“cube”
	whiten_solver	白化求解器，取值有两个：“eigh”“**svd**”
输出	components_	从 X 获得 S 的矩阵，(n_components，n_features)型矩阵
	mixing_	从 S 获得 X 的矩阵，(n_features，n_components)型矩阵

【实验 7.2】语音分离问题。现有 4 个音频数据：sound1.wav、sound2.wav，mixed1.wav、mixed2.wav①。其中前两个是清晰原始语音，后两个是 2 段由计算机对前两个进行混淆之后得到的语音。现在应用 ICA 方法从 mixed1.wav、mixed2.wav 中将 sound1.wav、sound2.wav 分离出来。

【实验过程】

(1) 导入需要用到的库、模块或函数。

```
import scipy.io.wavfile as wav
import numpy as np，matplotlib.pyplot as plt
plt.rcParams['font.sans-serif'] = 'kaiti'
from sklearn.decomposition import FastICA
```

(2) 读入混合语音数据，并可视化。

```
file1 = r'..\实验语音\mixed1.wav'
file2 = r'..\实验语音\mixed2.wav'
```

① 全栈程序员站长. 学习笔记 | 独立成分分析(FastICA，ICA)及应用. https://cloud. tencent.com/developer/article/2084715。

```
_, mixed1 = wav.read(file1)
_, mixed2 = wav.read(file2)
# 可视化数据
plt.figure(figsize=(10,6), dpi=150)
plt.subplot(2,1,1)
plt.plot(mixed1)
plt.title('混合语音 1', fontdict={'fontsize':14})
plt.subplot(2,1,2)
plt.plot(mixed2)
plt.title('混合语音 2', fontdict={'fontsize':14})
plt.tight_layout()
```

可视化结果如图 7.4 所示。

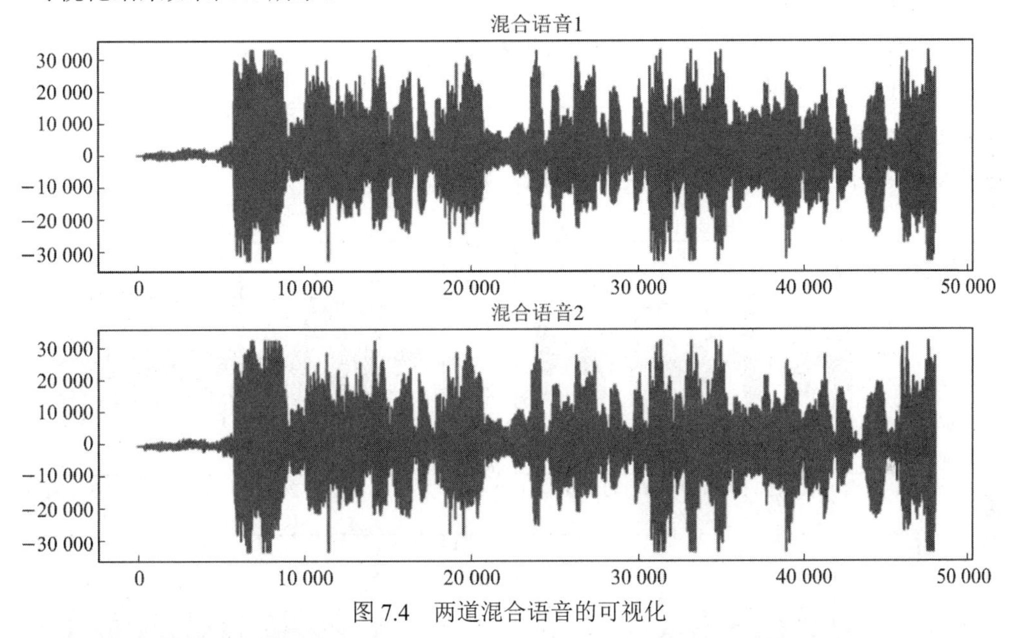

图 7.4　两道混合语音的可视化

(3) ICA 分离独立语音：

```
mixedwav = np.c_[mixed1, mixed2]
transformer = FastICA(whiten='unit-variance')
mixedwav_transformed = transformer.fit_transform(mixedwav)
```

(4) ICA 分离的语音与原始语音可视化对比：

```
# 读入原始语音
file3 = r'..\实验语音\sound1.wav'
file4 = r'..\实验语音\sound2.wav'
_, sound1 = wav.read(file3)
_, sound2 = wav.read(file4)
```

```
# ICA 分离的独立成分与原始语音的对比
plt.figure(figsize=(10,6), dpi=150)
plt.subplot(2,2,1)
plt.plot(sound1)
plt.title('原始语音 1', fontdict={'fontsize':14})
plt.subplot(2,2,2)
plt.plot(sound2)
plt.title('原始语音 2', fontdict={'fontsize':14})
plt.subplot(2,2,3)
plt.plot(mixedwav_transformed[:,0])
plt.title('ICA 分离语音 1', fontdict={'fontsize':14})
plt.subplot(2,2,4)
plt.plot(mixedwav_transformed[:,1])
plt.title('ICA 分离语音 2', fontdict={'fontsize':14})
plt.tight_layout()
```

【实验结果】

ICA 分离的语音与原始语音可视化对比，如图 7.5 所示。

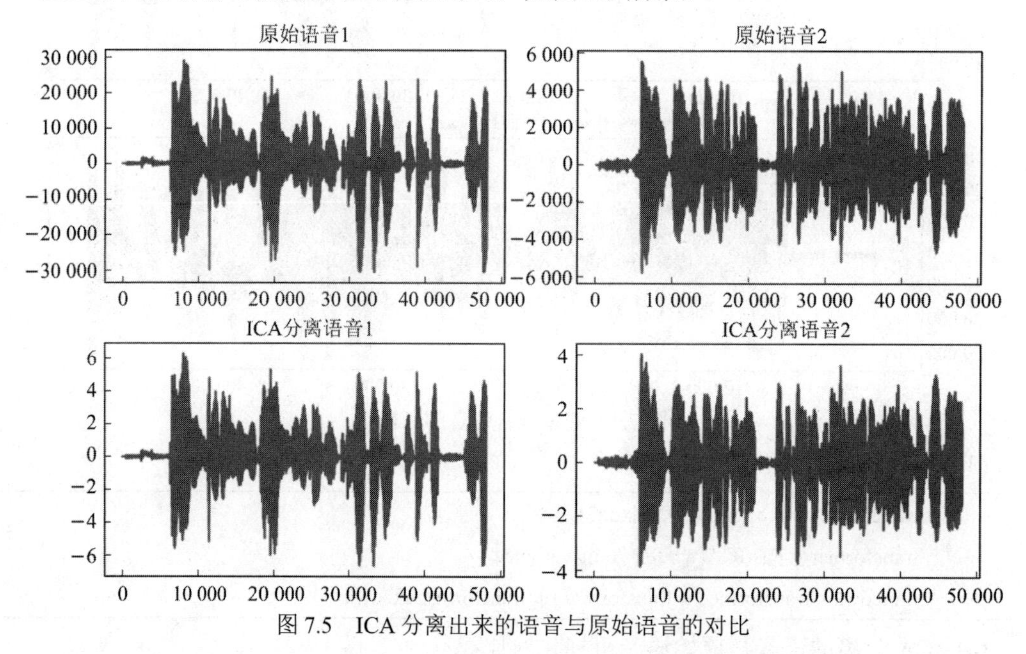

图 7.5 ICA 分离出来的语音与原始语音的对比

从图 7.5 可以看出，ICA 分离出来的独立成分与原始语音已非常相似了。

【实验 7.3】 手写数字数据集的降维问题。本案例所用数据集 digits 是 Python 机器学习库 sklearn 自带的常用的数据集之一。digits 数据集包含了手写数字的图像数据，总共有 1797 个样本。每个样本都是一个 8×8 像素的图像，表示了一个手写数字的灰度图像。每个像素点的灰度值范围从 0 到 16。该数据集的特征矩阵有 64 列，本案例应用 ICA 方法来对特征矩阵进行降维。

(1) 导入数据：

```
from sklearn.datasets import load_digits
X, y = load_digits(return_X_y=True) # X 是特征矩阵，y 是标签
print(X.shape) #  查看 X 的形状
```

查看结果，有 1797 个样本、64 个特征。

(2) 导入 FastICA 进行降维：

```
from sklearn.decomposition import FastICA
d = 2 #  降为 d 维！
transformer = FastICA(n_components=d, whiten='unit-variance')
X_transformed = transformer.fit_transform(X) # X_transformed 即为降维结果
```

(3) 可视化降维结果：

```
#  可视化降维结果
import numpy as np, matplotlib.pyplot as plt
plt.rcParams['font.sans-serif'] = 'Times New Roman'
x_min, x_max = np.min(result, 0), np.max(result, 0)
result = (result-x_min)/(x_max-x_min)
plt.figure(figsize=(8,8), dpi=150)
for i in range(len(y)):
    plt.text(result[i, 0], result[i, 1], str(y[i]), color=plt.cm.Set1(y[i]/10.),
             fontdict={'weight': 'bold', 'size': 9})
plt.xticks([]), plt.yticks([])
plt.title('ICA-digits')
```

可视化结果见图 7.6。

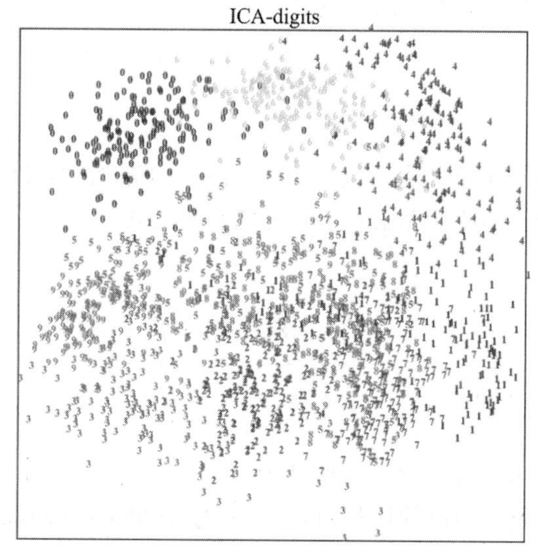

图 7.6　手写数字 ICA 降维后的可视化

7.3 t 分布随机邻近嵌入

t 分布随机邻近嵌入(t-distributed stochastic neighbor embedding，t-SNE)是一种非常流行的非线性降维技术，由 Maaten 和 Hinton 于 2008 年共同提出。t-SNE 主要用来可视化高维数据，以便对模型进行准确的了解。

7.3.1 t-SNE 基本理论

假设 $\boldsymbol{X}$ 是一个 $n \times D$ 的截面数据，即 $\boldsymbol{X}$ 中每一个对象 $\boldsymbol{X}_{(i)}$ 都是 D 维的：$\boldsymbol{X}_{(i)} \in \mathbf{R}^D$。$t$-SNE 的目的是生成一个低维的特征集 $\boldsymbol{Y}_{n\times d}$ 来表征 $\boldsymbol{X}$，其中 $d<<D$。最理想的是当 $d=2$，即将高维样本数据投射到二维平面上，以观察数据的分布特性。

在降维过程中，目的是使原始空间中的两个样本点 $\boldsymbol{X}_{(i)}$ 和 $\boldsymbol{X}_{(j)}$ 在降维后的空间中对应的点 $\boldsymbol{Y}_{(i)}$ 和 $\boldsymbol{Y}_{(j)}$ 保持同样的距离分布。为了达到这样的效果，t-SNE 将原始空间的相似性建模为概率密度，且相似性的分布由正态分布给出，即在原始空间 $\mathbf{R}^D$ 中已知样本点 $\boldsymbol{X}_{(i)}$ 的情况下，点 $\boldsymbol{X}_{(j)}$ 和点 $\boldsymbol{X}_{(i)}$ 间的相似性可以用条件概率分布来表示：

$$p_{j|i} = \frac{\exp\left(-\frac{\left\|\boldsymbol{X}_{(i)} - \boldsymbol{X}_{(j)}\right\|^2}{2\sigma^2}\right)}{\sum_{k \neq i} \exp\left(-\frac{\left\|\boldsymbol{X}_{(i)} - \boldsymbol{X}_{(k)}\right\|^2}{2\sigma^2}\right)}$$

由于相似度是对称的，即 $\boldsymbol{X}_{(i)}$ 和 $\boldsymbol{X}_{(j)}$ 的相似度应该是等于 $\boldsymbol{X}_{(j)}$ 和 $\boldsymbol{X}_{(i)}$ 的相似度，所以最终的联合概率分布为

$$p_{ij} = \frac{p_{j|i} + p_{i|j}}{2}$$

在降维后的空间 $\mathbf{R}^d$ 中用 t 分布代替正态分布，因为 t 分布相对正态分布而言要平坦一些，且有更粗的尾巴(见图 7.7)，能够保留更多较远的距离的相似度。所以在 $\mathbf{R}^d$ 中，联合概率分布为如下形式：

$$q_{ij} = \frac{\left(1 + \left\|\boldsymbol{Y}_{(i)} - \boldsymbol{Y}_{(j)}\right\|^2\right)^{-1}}{\sum_{k \neq l} \left(1 + \left\|\boldsymbol{Y}_{(k)} - \boldsymbol{Y}_{(l)}\right\|^2\right)^{-1}}$$

我们的目的是让这两个概率分布尽可能相似，这样就说明在降维后的数据分布和原始空间的数据分布基本一致，因此使用相对熵(又称为 Kullback-Leibler 散度)来度量这两个分布之间的相似度：

$$C = \mathrm{KL}(P \mid Q) = \sum_{i,\ j} p_{ij} \lg \frac{p_{ij}}{q_{ij}} \tag{7.8}$$

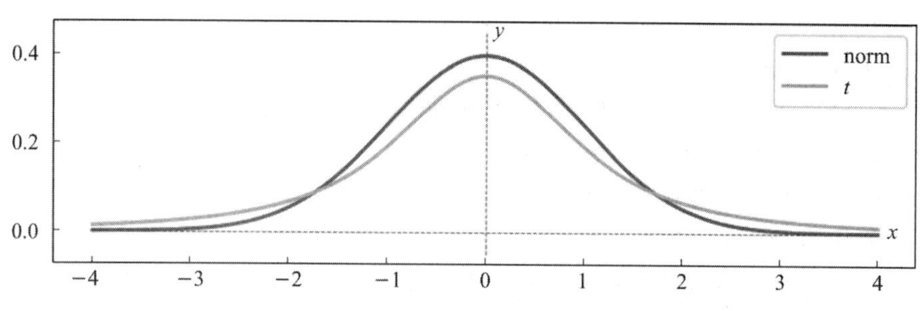

图 7.7　标准正态分布与 t 分布密度曲线对比

这是关于降维目标集 Y 的函数，对该函数进行优化就能得到一个较好的 Y。

7.3.2　*t*-SNE 的 Python 实现

Python 中实现主成分分析的类是来自 sklearn.manifold 模块的 TSNE 函数。其调用格式说明如下：

```
TSNE( n_components=2, metric='euclidean', init='pca', method='barnes_hut' )
```

t 分布随机临近嵌入命令 TSNE 参数说明见表 7.11。

表 7.11　t 分布随机临近嵌入命令 TSNE 参数说明

输入	n_components	嵌入空间的维数，默认值为 2
	metric	流形中使用的距离，有 20 余个取值，默认值为“euclidean”
	init	初始化嵌入，取值有两个：“random”“**pca**”
	method	梯度计算方法，取值有两个：“**barnes_hut**”“exact”
输出	embedding_	嵌入数据，(n_samples，n_components)型矩阵
	kl_divergence_	Kullback-Leibler 散度

【案例 7.1】 手写数字数据集的降维问题。

下面应用 *t*-SNE 对手写数字数据集进行降维，并观察降维效果。

直接从实验完整程序中查阅实验步骤。

```
# 加载数据
from sklearn.datasets import load_digits
X, y = load_digits(return_X_y=True)
# t-SNE 降维
from sklearn.manifold import TSNE
d = 2 #  降为 d 维
tsne = TSNE(n_components=d, init='pca', random_state=0, perplexity=30)
```

```
result = tsne.fit_transform(X) # X_transformed 即为降维结果！
# 可视化降维结果
import matplotlib.pyplot as plt
plt.rcParams['font.sans-serif'] = 'Times New Roman'
import numpy as np
x_min, x_max = np.min(result, 0), np.max(result, 0)
result = (result-x_min)/(x_max-x_min)
plt.figure(figsize=(8,8), dpi=150)
for i in range(len(y)):
    plt.text(result[i, 0], result[i, 1], str(y[i]),
             color=plt.cm.Set1(y[i]/10.),
             fontdict={'weight': 'bold', 'size': 9})
plt.xticks([])
plt.yticks([])
plt.title('TSNE-digits')
```

降维效果见图 7.8，效果非常好。

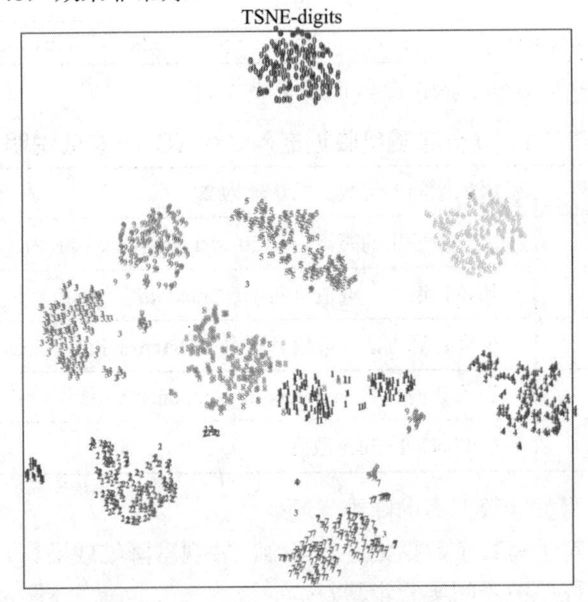

图 7.8　手写数字 t-SNE 降维后的可视化

习 题 7

1. 判断题

(1) 主成分分析作为一种统计学方法最早是由斯皮尔曼提出来的。　　（　　）

(2) 主成分分析是将多个变量化为少数几个综合变量的一种统计分析方法。 (　　)

(3) 独立成分分析并非直接源于特征降维，而是源于盲源分离问题。 (　　)

(4) Python 中独立成分分析的实现模块是 sklearn.decomposition。 (　　)

(5) *t* 分布随机临近嵌入是一种非线性降维技术。 (　　)

(6) *t* 分布随机临近嵌入主要用于降维可视化。 (　　)

2. 选择题

(1) Python 实现主成分分析的模块是__________。

A. sklearn.decomposition　　B. sklearn.cluster

C. sklearn.manifold　　D. sklearn.dummy

(2) Python 中求解主成分的函数是 PCA，提取主成分的属性是__________。

A. components_　　B. explained_variance_

C. explained_variance_ratio_　　D. mean_

(3) Python 中提取主成分贡献的属性是__________。

A. components_　　B. explained_variance_

C. explained_variance_ratio_　　D. mean_

(4) Python 中提取主成分贡献率的属性是__________。

A. components_　　B. explained_variance_

C. explained_variance_ratio_　　D. mean_

(5) Python 中求解独立成分的函数是 FastICA，其参数 n_components 的含义是________。

A. 独立成分　　B. 独立成分的个数

C. 求解独立成分的算法　　D. 样本均值

(6) 从 FastICA 中提取独立成分的属性是__________。

A. components_　　B. mixing_

C. whitening_　　D. mean_

(7) Python 中实现 *t*-SNE 的模块是__________。

A. sklearn.decomposition　　B. sklearn.cluster

C. sklearn.manifold　　D. sklearn.dummy

(8) Python 中求解 *t*-SNE 的函数是 TSNE，其参数 n_components 的含义是________。

A. 嵌入空间　　B. 嵌入空间的维数

C. 算法学习率　　D. 最大迭代次数

(9) 从 TSNE 提取降维结果的属性是________。

A. embedding_　　B. kl_divergence_

C. n_features_in_　　D. learning_rate_

3. 简答题

简述盲源分离问题的含义。

第 8 章　聚类分析

聚类分析是一种无监督机器学习方法，旨在将相似的数据点归为一类，以便发现数据中的内在模式和结构。近年来随着数据科学的发展，聚类分析在数据挖掘、模式识别、推荐系统等领域有着重要的应用。

本章首先介绍聚类分析的一般理论，再介绍几类简单易懂又常用的聚类分析方法：模糊 c 均值聚类法、k-Means 聚类法、密度聚类法等。

8.1　聚类分析的一般理论

聚类分析的一般理论包括三个方面的内容：概念、步骤及其数学基础。

8.1.1　聚类分析的概念

首先从一个案例说起。

【引例】 气象观测站的调整问题。安南地区设有 12 个气象观测站，编号依次从 1 到 12，从 1981 年至 1990 年这 10 年来各站测得的年降雨量如表 8.1 所示。现在为了节省开支，想要适当减少气象站。试问，减少哪些气象站使该地区降雨量信息损失最小？

表 8.1　各气象观测站的年降雨量　　单位：mm

观测站	年份									
	1981	1982	1983	1984	1985	1986	1987	1988	1989	1990
1	276.2	251.6	192.7	246.2	291.7	466.5	258.6	453.4	158.2	324.8
2	324.5	287.3	433.2	232.4	311.0	158.9	327.4	365.5	271.0	406.5
3	158.6	349.5	289.9	243.7	502.4	223.5	432.1	357.6	410.2	235.7
4	412.5	297.4	366.3	372.5	254.0	425.1	403.9	258.1	344.2	288.8
5	292.8	227.8	466.2	460.4	245.6	251.4	256.6	278.8	250.0	192.6
6	258.4	453.6	239.1	158.9	324.8	321.0	282.9	467.2	360.7	284.9
7	334.1	321.5	357.4	298.7	401.0	315.4	389.7	355.2	376.4	290.5
8	303.2	451.0	219.7	314.5	266.5	317.4	413.2	228.5	179.4	343.7
9	292.9	466.2	245.7	256.6	251.3	246.2	466.5	453.6	159.2	283.4
10	243.2	307.5	411.1	327.0	289.9	277.5	199.3	315.6	342.4	281.2
11	159.7	421.1	357.0	296.5	255.4	304.2	282.1	456.3	331.2	243.7
12	331.2	455.1	353.2	423.0	362.1	410.7	387.6	407.2	377.7	411.1

该问题的特点是：若将 10 年降雨量视为 10 个变量，记为 X_1，X_2，…，X_{10}，则这 10 个变量之间是平等且独立的，彼此之间没有依赖关系(亦即：没有任何一个变量可以用来作为 12 个气象观测站的标签，而其他变量是用来描述这个标签的因素)。

该问题的解决思路是：若某两个气象站的降雨量信息是相似的，比如气象站 2 和气象站 5 相似，则可以减少气象站 2 或 5 中的一个，而不会使该地区的降雨量信息有多大的损失。

气象观测站的调整问题的特点正是无监督学习的标志性特征，其解决思路则蕴含了聚类分析的基本思想。

定义

所谓聚类分析，是指按相似性的大小将数据点进行归类——相似性大的归为一类，相似性小的归到不同的类中，目的是发现数据点的内在结构和规律。

在聚类分析中有些分类是可以精确划分的，比如根据性别将人分为男性和女性两类。有些分类却因为分类界限不明确是不能做到精确划分的。以气象观测站的调整问题为例，毫无疑问按降雨信息对 12 个气象观测站进行聚类将很难做到精确划分。

对于不能精确划分的聚类问题，各种聚类分析方法便应运而生。

8.1.2　聚类分析的步骤

一般而言，聚类分析遵循下述三小节步骤顺序进行。

1. 数据标准化

1) 原始数据矩阵

设 $\boldsymbol{U}=\{x_1, x_2, \cdots, x_m\}$ 为 m 个待分类的对象，每个对象又由 n 个特征来描述其性态，即 $\boldsymbol{x}_i=\{x_{i1}, x_{i2}, \cdots, x_{in}\}$，$i=1, 2, \cdots, m$，矩阵化 m 个对象在 n 个特征上的观测数据：

$$\boldsymbol{X}=\begin{pmatrix} x_{11} & x_{12} & \cdots & x_{1n} \\ x_{21} & x_{22} & \cdots & x_{2n} \\ \vdots & \vdots & & \vdots \\ x_{m1} & x_{m2} & \cdots & x_{mn} \end{pmatrix} \tag{8.1}$$

2) 数据标准化

在原始数据矩阵 $\boldsymbol{X}$ 中，各列数据之间存在量纲、数据量级等差异。为了让聚类效果更显著，需要消除这些差异性，也就是需要对数据进行标准化。标准化方法有两个，选其中之一实施都可同时消除量纲和量纲的影响。

(1) 平移-标准差变换。利用“平移-标准差”变换法将原始数据中第 j 个特征进行标准化：

$$x'_{\cdot j}=\frac{x_{\cdot j}-\overline{x}_j}{s_j},\ j=1, 2, \cdots, n \tag{8.2}$$

其中，$\overline{x}_j=\dfrac{1}{m}\sum_{i=1}^{m}x_{ij}$ 和 $s_j=\sqrt{\dfrac{1}{m-1}\sum_{i=1}^{m}(x_{ij}-\mu_j)^2}$ 分别是第 j 个特征的均值和标准差。

经过“平移-标准差”变换后，每个特征的均值为 0，标准差为 1。

(2) “平移-极差”变换。将数据压缩至区间[0，1]：

$$x'_{\cdot j}=\frac{x_{\cdot j}-\min\{x_{\cdot j}\}}{\max\{x_{\cdot j}\}-\min\{x_{\cdot j}\}}，j=1，2，\cdots，n \tag{8.3}$$

根据式8.3可以看出 $0\leqslant x'_{ij}\leqslant 1$，即经过“平移-极差”变换后，每个特征都压缩到了区间[0，1]内。

经式(8.2)或式(8.3)得到的矩阵 $(x'_{ij})_{m\times n}$ 称为 $\boldsymbol{U}=\{x_1，x_2，\cdots，x_m\}$ 的标准化矩阵。

2. 相似性度量

聚类依据的是“相似性”，那么怎么度量对象的相似性呢？

1) 相似度的定义

设 $\boldsymbol{U}=\{x_1，x_2，\cdots，x_m\}$ 为 m 个待分类的对象，$\boldsymbol{X}=(x_{ij})_{m\times n}$ 为这 m 个对象的标准化矩阵。称 x_i 与 x_j 的相关程度 r_{ij} 为 x_i 与 x_j 的相似度：r_{ij} 越大，则 x_i 与 x_j 越相似；反之，则越相异。

2) 相似度的确定方法

相似度 r_{ij} 的确定方法有很多，在此主要介绍两大类方法：相似系数法和距离法。

(1) 相似系数法。

① 数量积法：$r_{ij}=\begin{cases}1, & i=j\\ \dfrac{1}{M}\sum\limits_{k=1}^{n}(x_{ik}\bullet x_{jk}), & i\neq j\end{cases}$，其中 $M=\max\limits_{i\neq j}\left\{\sum\limits_{k=1}^{n}(x_{ik}\bullet x_{jk})\right\}$。

② **夹角余弦法**：$r_{ij}=\dfrac{\sum\limits_{k=1}^{n}(x_{ik}\bullet x_{jk})}{\sqrt{\sum\limits_{k=1}^{n}x_{ik}^2\sum\limits_{k=1}^{n}x_{jk}^2}}$。

③ **相关系数法**：$r_{ij}=\dfrac{\left|\sum\limits_{k=1}^{n}(x_{ik}-\bar{x}_i)\bullet(x_{jk}-\bar{x}_j)\right|}{\sqrt{\sum\limits_{k=1}^{n}(x_{ik}-\bar{x}_i)^2\bullet\sum\limits_{k=1}^{n}(x_{jk}-\bar{x}_j)^2}}$，其中 $\bar{x}=\dfrac{1}{n}\sum\limits_{k=1}^{m}x_{\cdot k}$。

④ 指数相似系数法：$r_{ij}=\dfrac{1}{n}\sum\limits_{k=1}^{n}\exp\left(-\dfrac{3}{4}\dfrac{(x_{ik}-x_{jk})^2}{s_k^2}\right)$，其中 $s_k=\sqrt{\dfrac{1}{m}\sum\limits_{i=1}^{m}(x_{ik}-\bar{x}_k)^2}$。

(2) 距离法。

① 直接距离法：r_{ij} 定义为

$$r_{ij}=1-cd(x_i，x_j) \tag{8.4}$$

其中，c 是一个常数使得 $r_{ij}\in[0，1]$，而 $d(x_i，x_j)$ 表示 x_i 与 x_j 之间的“距离”。

式(8.4)中常见的距离 $d(x_i，x_j)$ 有下面几个：

a. 海明(Hamming)距离：$d(x_i，x_j)=\sum\limits_{k=1}^{n}|x_{ik}-x_{jk}|$。

b. 欧式(Euclid)距离：$d(x_i，x_j)=\sqrt{\sum\limits_{k=1}^{n}(x_{ik}-x_{jk})^2}$。

c. 切比雪夫(Chebyshev)距离：$d(x_i, x_j) = \max\{|x_{ik} - x_{jk}|: k=1, 2, \cdots, n\}$。

② 倒数距离法：$r_{ij} = \begin{cases} 1, & i = j \\ a\left(\sum_{k=1}^{n}|x_{ik} - x_{jk}|\right)^{-1}, & i \neq j \end{cases}$，其中 a 是一个常数使得 $r_{ij} \in [0, 1]$。

③ 指数距离法：$r_{ij} = \exp\left(-\sum_{k=1}^{n}|x_{ik} - x_{jk}|\right)$。

上述确定 r_{ij} 的方法要根据问题的性质和使用的方便来选用。

3. 聚类

完成相似性度量后，接下来就是用相似度 r_{ij} 对 m 个对象进行聚类了。

聚类算法很多，我们介绍相对简单易懂又常用的聚类算法：模糊 c 均值聚类法、k 均值聚类法、密度聚类法。

8.1.3　聚类评估

聚类算法是无监督的学习方法。但从机器学习模型评估模块 sklearn.metrics 中关于聚类模型评估的指标看，聚类模型评估指标有监督型和无监督型两类。

1. 监督型评估指标

此时每个对象都有对应的类别标签，聚类分析可视为监督学习。这类评估指标相当丰富，常见的有同质性(homogeneity_score)、完备性(completeness_score)、兰德指数(rand_score)、调整兰德指数(adjusted_rand_score)、V 测度(v_measure_score)、调整互信息(adjusted_mutual_info_score)等。

2. 无监督型评估指标

此时待聚类对象的类别是未知的，只能使用模型结果本身进行评估。这类评估指标不多，模型评估模块 sklearn.metrics 中只有三个，名称及计算见表 8.2。

表 8.2　聚类评估指标

指　标	计 算 函 数	参 数 含 义
方差比标准指数 (Calinski-Harabasz Index，CH 指数)	calinski_harabasz_score(X, labels)	输入项： X:式(8.1)中的数据； labels : 聚类所得类别标签。 输出项： 相关评估得分
戴维森-堡丁指数 (Davis-Bouldin Index，DB 指数)	davies_bouldin_score(X, labels)	
轮廓系数 (silhouette 系数)	silhouette_score(X, labels)	

在上述三个评估指标中，CH 指数和 DB 指数都是基于类间距离和类内距离的比值来评估聚类质量的，数值越大通常意味着聚类效果越好；轮廓系数介于 −1 到 1 之间，值越接近 1 表示样本点与所在簇内的其他点越相似，而与其他簇的点越不相似，即聚类效果越好。

8.2 模糊 c 均值聚类

模糊 c 均值聚类是一种用模糊数学中的隶属度来定义对象之间的相似度的聚类方法。其中 c 是指类别数量，是必须事先设定的一个超参数。

8.2.1 模糊 c 均值聚类算法简介

为了介绍方便，原始数据矩阵 $\boldsymbol{X}$ 如式(8.1)所示。

模糊 c 均值聚类就是将 $\boldsymbol{X}$ 划分为 c 类($2\leqslant c\leqslant \min\{m，n\}$)，聚类中心为

$$\boldsymbol{V}=\{v_1，\cdots，v_c\}，v_i=(v_{i1}，v_{i2}，\cdots，v_{im})，i=1，2，\cdots，c$$

令 u_{ij} 表示第 i 个对象属于第 j 类的隶属度，其中有 $\sum_{j=1}^{c}u_{ij}=1$。

1. 模糊 c 均值聚类的准则

定义目标函数为

$$J(\boldsymbol{U},\ \boldsymbol{V})=\sum_{i=1}^{m}\sum_{j=1}^{c}(u_{ij})^e(d_{ij})^2$$

其中，$d_{ij}=\sqrt{\sum_{k=1}^{n}(x_{ik}-v_{jk})^2}$ 是欧氏距离。

显然 $J(\boldsymbol{U}，\boldsymbol{V})$表示了各类中样本到聚类中心的加权距离平方和，权重是样本 x_i 对第 j 类隶属度的 e 次方(e 称为隶属度指数因子)，聚类准则取为求 $J(\boldsymbol{U}，\boldsymbol{V})$的极小值。

2. 模糊 c 均值聚类的算法描述

模糊 c 均值聚类的算法描述流程如下所述。

(1) 取定 $c>1$，$e>1$(在操作中常取 $e=2$)和初始隶属度矩阵 $\boldsymbol{U}^{(0)}=(u_{ij}^{(0)})_{m\times c}$，迭代步数 $k=0$。

(2) 计算第 k 次迭代所得聚类中心 $\boldsymbol{V}$ 为

$$v_j^{(k)}=\frac{\sum_{i=1}^{m}(u_{ij}^{(k)})^e x_i}{\sum_{i=1}^{m}(u_{ij}^{(k)})^e}，j=1,\ 2,\ \cdots,\ c$$

(3) 修正隶属度矩阵 $\boldsymbol{U}$：

$$u_{ij}^{(k)}=\frac{1}{\sum_{l=1}^{c}(d_{ij}/d_{ej})^{2/(e-1)}}，j=1,\ 2,\ \cdots,\ m,\ j=1,\ 2,\ \cdots,\ c$$

其中，$d_{ij}=\sqrt{\sum_{k=1}^{n}(x_{ik}-v_{jk})^2}$ 为第 i 个样本到第 j 类中心的欧氏距离。

(4) 对给定的$\varepsilon>0$，实际计算时应对取定的初始值进行迭代计算，直至 $\max\{|u_{ij}^{(k)}-u_{ij}^{(k-1)}|\}<\varepsilon$，则算法终止，否则 $k=k+1$，转向第(2)步。

(5) 结论(若$u_{i j_0}=\max\limits_{j}\{u_{ij}\}>0.5$，则第 i 个样本属于第 j_0 类)。

上述步骤用流程图示意见图 8.1。

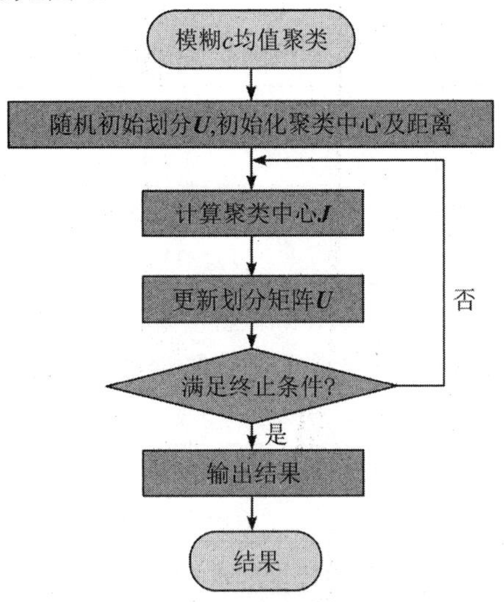

图 8.1　模糊 c 均值聚类算法流程图

8.2.2　模糊 c 均值聚类算法的 Python 实现

Python 中并没有集成模糊 c 均值聚类算法，我们自建了模糊聚类库 fcmCluster，其中包含了模糊 c 均值聚类法。其调用方法和主要参数见表 8.3。

表 8.3　模糊 c 均值聚类器主要参数及其含义

from fcmcluster import fuzzy_c_mean_clustering fuzzy_c_mean_clustering(data, n_clusters=3, e=2)	输入项： (1) data 表示已标准化的聚类数据。 (2) n_clusters 表示簇数，默认值为 3。 (3) e 表示隶属度指数因子，默认值为 2
	输出项： (1) obj_labels 表示聚类结果，是一个有两列的数据框，第 1 列是对象编号，第二列是类别标签。 (2) clusters 表示聚类结果，是一个字典，键是类别标签，值是该类别下的成员。 (3) quality 表示模型评估结果，是一个有两列的数据框，第 1 列是评估指标(CH 指数、DB 指数、轮廓系数)，第 2 列是对应评估指标的得分。 (4) centers 表示聚类中心，是一个数据框。 (5) whiteU 表示白化隶属度，是一个(n_samples，n_clusters)型布尔数据框

【实验 8.1】 应用模糊c均值聚类法对引例中的气象观测站进行聚类分析。

【实验过程】

(1) 超参数设置：设定类别数 $c = 3$，隶属度指数因子 $e = 2$。

(2) 调用 fcmCluster 库中模糊 c 均值聚类函数 fuzzy_c_mean_clustering，得聚类结果如表 8.4 所示。

表 8.4 气象观测站模糊聚类结果

类	成　员	平均降雨量	降雨量标准差
第一类	2，5，10	308.72	32.7340
第二类	1，6，8，9，11	315.124	49.6258
第三类	3，4，7，12	333.061	23.7117

(3) 调用聚类评估器 clustering_evaluator(自建)对聚类结果进行评估，结果见表 8.5。

表 8.5 气象观测站模糊聚类评估结果

序　号	评 估 指 标	指 标 得 分
1	方差比标准指数(CH 指数)	2.6216
2	戴维森-堡丁指数(DB 指数)	1.5512
3	轮廓系数(silhouette 系数)	0.1281

从表 8.5 的三个聚类评估指标看，聚类效果一般，不算优良。

(4) 做出结论。对气象站按 10 年降雨量聚类以后，因为每个类中的气象站的降雨量具有相似性，所以我们就可以从每个类中减少一个或一些观测站，而对该地区整体的降雨量信息影响相对小。

【实验程序】 实验 8.1 的程序如下：

```
#%% 实验 8.1-气象观测站的调整(fcmCluster)
# 读入数据
import pandas as pd
file = r"..\第 8 章\实验 8.1-气象观测站的调整.xlsx"
data = pd.read_excel(file).iloc[:,1:]
# 模糊 c 均值聚类分析(results 含 5 个输出项)
from fcmCluster import fuzzy_c_mean_clustering
results = fuzzy_c_mean_clustering(data)
```

8.3 k-Means 和 k-Means++

k-Means 聚类算法是机器学习中较为常用的聚类算法。本节详细介绍 k-Means 算法及其改进版本 k-Means++的原理，并通过案例说明它们在聚类中的应用。

k-Means 及 k-Means++中的 k 是类别数量(k 通常用斜体表示，此处用于名称，故用正体)，是算法中需要事先设定的一个超参数。

8.3.1 k-Means 算法描述

k-Means 算法对式(8.1)所描述的对象进行聚类分析的流程如下所述。

(1) 从数据集 $\boldsymbol{U}=\{x_1, x_2, \cdots, x_m\}$ 中随机选取 k 个对象作为初始聚类中心，记为

$$\boldsymbol{C}=\{\boldsymbol{c}_1^{(0)}, \boldsymbol{c}_2^{(0)}, \cdots, \boldsymbol{c}_k^{(0)}\}$$

其中，$\boldsymbol{c}_i^{(0)}=\{x_{i1}^{(0)}, x_{i2}^{(0)}, \cdots, x_{in}^{(0)}\}$，$i=1, 2, \cdots, k$ 表示初始聚类中心向量，来自式(8.1)中数据矩阵 $\boldsymbol{X}$ 的行向量。

(2) 针对数据集 $\boldsymbol{U}=\{x_1, x_2, \cdots, x_m\}$ 中每个样本 x_j，计算它们到各个聚类中心点的距离，到哪个聚类中心点的距离最小，就将其划分到对应的聚类中心的类中。

(3) 针对每个类别 i，重新计算该类别的聚类中心：

$$c_i^{(1)}=\frac{1}{n_i}\sum_{j=1}^{n_i}{}_{(i)}x_j, \quad i=1, 2, \cdots, k$$

其中，n_i 表示第 i 类所含对象的个数，${}_{(i)}x_j$ 表示第 i 类的第 j 个对象。

(4) 重复上述(2)和(3)，直到聚类中心的位置不再发生变化。

注意，第(4)步有时同时也用最大迭代步数来控制：设置一个最大迭代步数，当聚类中心的位置不再发生变化或迭代次数达到最大迭代步数时，算法终止。

(5) 输出聚类结果(各类的中心，以及每个对象所属类别的标签)。

8.3.2 k-Means++算法描述

在 k-Means 算法中第(1)步关于初始聚类中心的选取是等概率的，k-Means++对此做了改进，使得收敛更快，结果更稳定。

具体来说，k-Means++ 关于初始聚类中心的选取流程如下所述。

(1) 从数据集中随机选取一个点作为初始聚类的中心 c_1。

(2) 计算每个样本 x_j 与已有聚类中心点的距离，用 $D(x)$表示；然后计算每个样本被选为下一个聚类中心点的概率：

$$p(x_i)=\frac{D(x_i)^2}{\sum_{l=1}^{n}D(x_l)^2}, \quad i=1, 2, \cdots, n$$

之后通过轮盘法选出下一个聚类中心点。

(3) 重复(2)直到选择出 k 个聚类中心点。

所以，总的来说，k-Means++ 只是优化了初始聚类中心选取的方式，能够获得更好的聚类效果，而初始聚类中心选取完成后，后续的迭代方式与 k-Means 是一样的。

8.3.3 k-Means 聚类算法的实现

Python 机器学习模块 sklearn.cluster 已将 k-Means 和 k-Means++算法集成在函数 KMeans 中，且默认算法是 k-Means++。表 8.6 给出了 KMeans 函数的主要输入项和输出项。

表 8.6 kMeans 函数主要参数及其含义

<table>
<tr><td rowspan="2">from sklearn.cluster import KMeans
model = KMeans(n_clusters=8,
init='k-means++',
n_init=10)</td><td>主要输入项：
(1) n_clusters：类别数，默认值是 8；
(2) init：初始聚类中心的选取方法，取值有 3 个，分别为“k-Means++”“random”“或一个数组”，默认值是“k-Means++”；
(3) n_init：选择聚类中心的次数。
n_init 参数的目的：每一次算法运行时开始的 centroid seeds 是随机生成的，这样得到的结果可能有好有坏，所以要运行算法 n_init 次，取其中最好的</td></tr>
<tr><td>主要输出项：
(1) label_：每个样本对应的类别标签，示例：
c = pd.Series(model.labels_).value_counts()
该语句统计各个类别中样本的个数。
(2) cluster_centers_：聚类中心，是一个[n_clusters，n_features]矩阵，示例：
centroid = pd.DataFrame(model.cluster_centers_)
该语句给出聚类中心</td></tr>
</table>

【实验 8.2】 应用 k-Means 聚类法对引例中的气象观测站进行聚类分析。

【实验过程】

(1) 超参数设置：设定类别数 $k = 3$。

(2) 调用 KMeans 函数对气象站进行聚类分析，结果如表 8.7 所示。

表 8.7 气象观测站模糊聚类结果

类	成 员	平均降雨量	降雨量标准差
第一类	2，5，10	301.1533	53.3409
第二类	1，3，6，9，11	310.0680	66.0073
第三类	4，7，8，12	345.4675	29.0610

(3) 调用聚类评估器 clustering_evaluator 对聚类结果进行评估，结果见表 8.8。

表 8.8 气象观测站模糊聚类评估结果

序号	评 估 指 标	指 标 得 分
1	方差比标准指数(CH 指数)	2.5354
2	戴维森-堡丁指数(DB 指数)	1.5773
3	轮廓系数(silhouette 系数)	0.1092

对比表 8.5 和表 8.7，k-Means 聚类结果与模糊 c 均值聚类结果还是有差异的；同样从表 8.8 评估结果看，k-Means 聚类质量也是一般，不算优良。

【实验程序】 实验 8.2 的程序如下：

```
#%% 实验 8.2-气象观测站的调整(KMeans)
## 0. 导库
```

```
import pandas as pd
from sklearn.cluster import KMeans
## 1. 读入数据
file = r"..\第 8 章\实验 8.1-气象观测站的调整.xlsx"
data = pd.read_excel(file).iloc[:,1:]
## 2. 应用 KMeans 建立聚类模型，类别数 k=3
#   2.1 建模
k = 3
model = KMeans(n_clusters=k)
# 2.2 训练
model.fit(data)
# 2.3 输出结果
# 2.3.1 输出每个成员所属类别
labels = model.labels_
# 2.3.2 输出聚类中心
centers = model.cluster_centers_
## 3. 模型评估
from model_evaluator import clustering_evaluator
quality = clustering_evaluator(data, labels)
```

8.4 密度聚类算法

所谓一个样本点的密度是指给定半径 ε，该样本点的 ε 邻域内所含样本点的数量。

基于密度的聚类算法的核心思想是，只要样本点的密度大于某个阈值，就将该样本添加到最近的簇中。这类算法可发现任意形状的聚类，且对噪声数据不敏感。

8.4.1 基于密度的带噪声的应用空间聚类

基于密度的带噪声的应用空间聚类(density-based spatial clustering of applications with noise，DBSCAN)，是 1996 年由 Martin Ester、Hans-Peter Kriegel、Jörg Sander 和 Xiaowei Xu 提出的一个有代表性的密度聚类算法。它将簇定义为密度相连的点的最大集合，能够把具有足够高密度的区域划分为簇，并可在有噪声的数据中发现任意形状的聚类。

1. DBSCAN 算法的若干概念

DBSCAN 算法描述中有如下一些术语。

(1) 样本点的 ε-邻域：以给定样本点为中心、以 ε 为半径的区域。

(2) 核心样本点(core samples)：给定一个正整数m，如果一个样本点的 ε-邻域至少包含

m个样本点，则称该样本点为一个核心样本点。

(3) 直接密度可达：如果样本点 X 在样本点 Y 的 ε-邻域内，而 Y 是一个核心样本点，则称样本点 X 从样本点 Y 出发是直接密度可达的。

(4) 密度可达：设有一个样本点链 X_1，X_2，…，X_n，若对任意 X_i，X_{i+1} 是从 X_i 关于 ε 和 m 直接密度可达的，$i=1$，2，…，$n-1$，则称 X_1 是从 X_n 关于 ε 和 m 密度可达的。

(5) 密度相连：若样本集中存在一个对象 O，使得样本点 X 和样本点 Y 都是从 O 关于 ε 和 m 密度可达的，则称样本点 X 和样本点 Y 是关于 ε 和 m 密度相连的。

(6) 簇：一个基于密度的簇是最大的密度相连对象的集合。

(7) 噪声：不包含在任何簇中的对象称为噪声。

2. DBSCAN 的实现步骤

DBSCAN 算法的实现步骤如下：

(1) 初始化：给定半径 ε 和正整数 m。

(2) 从任意一个样本点开始，提取该点的 ε 邻域。

(3) 如果在该点的 ε 邻域内至少有 m 个点，那么该点就是核心点，被纳入第一个簇；否则该点将被标记为噪声(之后这个噪声点可能还是会属于某个簇)。

(4) 对于簇中的核心点，将它 ε 邻域内的点也纳入簇中；对于簇中的所有点，再提取它们的 ε 邻域并纳入簇中，直到簇内所有点都被确定。

执行完上述四步，所有样本点要么被标记为属于该簇，要么被标记为噪声。

(5) 一旦完成对当前簇的标记，就从新的数据点开始，发现下一个簇或噪声。这个过程反复进行直到所有的点都已被访问，最后每个点都被标记属于某一个簇或者是噪声。

3. DBSCAN 在 Python 中的实现

DBSCAN 已集成在聚类模块 sklearn.cluster 中，其主要输入项和输出项见表 8.9。

表 8.9 DBSCAN 主要参数及其含义

函数	说明
model = DBSCAN(eps=0.5, min_samples=5, metric='euclidean', algorithm='auto')	主要输入项： (1) eps：邻域半径，默认值为 0.5。 (2) min_samples：算法中的 m，默认值为 5。 (3) metric：样本点之间的距离，默认值是“euclidean”(欧氏距离)。 (4) algorithm：聚类算法，取值有 4 个，分别为“brute”“ball_tree”“kd_tree”“auto”，默认值是“auto”
	主要输出项： (1) core_sample_indices_：核心样本点的索引。 (2) components_：核心样本点。 (3) labels_：类别标签，噪声的标签是 -1

【例 8.1】 DBSCAN 应用举例。

(1) 生成数据。

我们使用 make_blobs 来创建有 3 个簇的数据集，代码如下：

```
#%% 例 8.1-DBSCAN 应用举例
## 一、样本数据
 # 1. 生成
from sklearn.datasets import make_blobs
centers = [[1, 1], [-1, -1], [1, -1]]
X, labels_true = make_blobs( n_samples=750, centers=centers, cluster_std=0.4, random_state=0 )
 # 2. 标准化
from sklearn.preprocessing import StandardScaler
X = StandardScaler().fit_transform(X)
 # 3. 可视化
import matplotlib.pyplot as plt
plt.rcParams['font.sans-serif'] = 'kaiti'
plt.rcParams['axes.unicode_minus'] = False
plt.figure(figsize=(6,6), dpi=150)
plt.scatter(X[:, 0], X[:, 1])
plt.title("原始数据对应的类别")
```

生成的数据的可视化如图 8.2 所示。

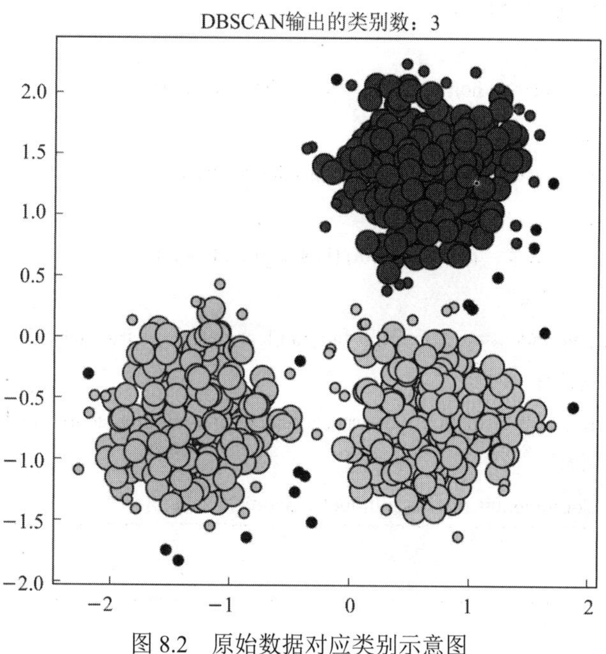

图 8.2　原始数据对应类别示意图

(2) DBSCAN 聚类。

应用 DBSCAN 对生成的数据进行聚类分析，代码如下：

```
## 二、DBSCAN 聚类
 # 1. 建模并训练
from sklearn.cluster import DBSCAN
```

```
model = DBSCAN(eps=0.3, min_samples=10).fit(X)
 # 2. 提取类别标签
labels = model.labels_
 # 3. n_clusters_=类别数，n_noise_=噪声数
n_clusters_ = len(set(labels)) - (1 if -1 in labels else 0)
n_noise_ = list(labels).count(-1)
print("DBSCAN 输出的类别数为：%d" % n_clusters_)
print("DBSCAN 获得的噪声点的个数为：%d" % n_noise_)
```

聚类结果如下：

```
DBSCAN 输出的类别数为：3
DBSCAN 获得的噪声点的个数为：18
```

(3) 模型评估。

由于 make_blobs 可以访问合成聚类的真实标签，因此我们利用监督型指标来评估聚类质量。

```
## 三、模型评估
import numpy as np
from sklearn import metrics
 # 1. 一致性
Homogeneity = metrics.homogeneity_score(labels_true, labels)
 # 2. 完备性
Completeness = metrics.completeness_score(labels_true, labels)
 # 3. V 测度
V_measure = metrics.v_measure_score(labels_true, labels)
 # 4. 调整兰德指数
Adjusted_Rand_Index = metrics.adjusted_rand_score(labels_true, labels)
 # 5. 调整互信息
Adjusted_Mutual_Information = metrics.adjusted_mutual_info_score(labels_true, labels)
 # 6. 轮廓系数
Silhouette_Coefficient = metrics.silhouette_score(X, labels)
```

评估结果如下：

```
Homogeneity: 0.953
Completeness: 0.883
V-measure: 0.917
Adjusted Rand Index: 0.952
Adjusted Mutual Information: 0.916
Silhouette Coefficient: 0.626
```

从评估结果看，聚类效果优良。

(4) 聚类结果的可视化。

核心样本(大密度点)和非核心样本(小密度点)根据指定的聚类进行颜色编码。其中标记为噪声的采样以黑色表示。

```
## 四、可视化聚类结果
unique_labels = set(labels)
core_samples_mask = np.zeros_like(labels, dtype=bool)
core_samples_mask[model.core_sample_indices_] = True
colors = [plt.cm.Spectral(each) for each in np.linspace(0, 1, len(unique_labels))]
plt.figure(figsize=(6,6), dpi=150)
for k, col in zip(unique_labels, colors):
    if k == -1:
        # 噪声用黑色来标识
        col = [0, 0, 0, 1]
    class_member_mask = labels == k
    xy = X[class_member_mask & core_samples_mask]
    plt.plot(xy[:, 0], xy[:, 1], "o", markerfacecolor=tuple(col), markeredgecolor="k",
markersize=14)
    xy = X[class_member_mask & ~core_samples_mask]
    plt.plot(xy[:, 0], xy[:, 1], "o", markerfacecolor=tuple(col), markeredgecolor="k",
markersize=6)
plt.title(f"DBSCAN 输出的类别数：{n_clusters_}")
```

可视化结果如图 8.3 所示。

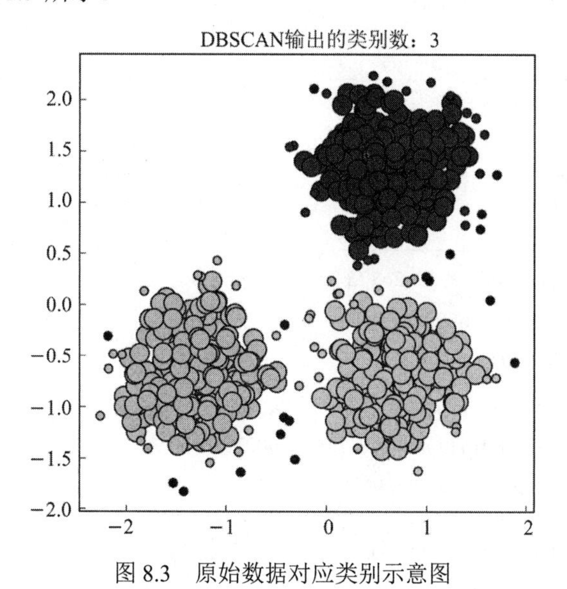

图 8.3 原始数据对应类别示意图

8.4.2 基于层次密度的带噪声的应用空间聚类

层次 DBSCAN (hierarchical density-based spatial clustering of applications with noise，HDBSCAN)是 2013 年由 Campello、Moulavi 和 Sander 开发的一个聚类算法。它通过将 DBSCAN 转换为分层聚类算法来扩展 DBSCAN，然后基于聚类稳定性使用了提取平面聚类的技术。算法的详细信息请参阅“How HDBSCAN Works”。

与 DBSCAN 一样，HDBSCAN 也已集成在聚类模块 sklearn.cluster 中，其主要输入项和输出项说明见表 8.10。

表 8.10　HDBSCAN 主要参数及其含义

<table>
<tr><td rowspan="2">model = HDBSCAN(
min_cluster_size=5,
min_samples=None,
algorithm='auto',
cluster_selection_method='eom')</td><td>主要输入项：
(1) min_cluster_size：类中所含样本数量的最小值，默认值为 5。
(2) min_samples：DBSCAN 算法中的 m，默认值是 None。
(3) cluster_selection_method：从压缩树中选择聚类的方法，取值有 2 个，分别是“eom”“leaf”，默认值是“eom”</td></tr>
<tr><td>主要输出项：
(1) labels_：类别标签，噪声的标签是-1，含有无穷大的样本点标签为-2，有缺失值的样本点标签为-3(哪怕含有无穷大)。
(2) probabilities_：每个样本点属于各类的概率。
(3) medoids_：各类的中位数中心</td></tr>
</table>

【例 8.2】 HDBSCAN 应用举例。

针对例 8.1 的数据应用，HDBSCAN 按默认参数建立聚类模型，结果如下所述。

(1) 聚类结果：

```
HDBSCAN 输出的类别数为：3
HDBSCAN 获得的噪声点的个数为：37
```

(2) 模型评估：

```
Homogeneity: 0.9350953949626873
Completeness: 0.8278365922325042
V-measure: 0.8782031193498445
Adjusted Rand Index: 0.9163553552731546
Adjusted Mutual Information: 0.8777814680023389
Silhouette Coefficient: 0.6037889973223383
```

(3) 可视化聚类结果，如图 8.4 所示。

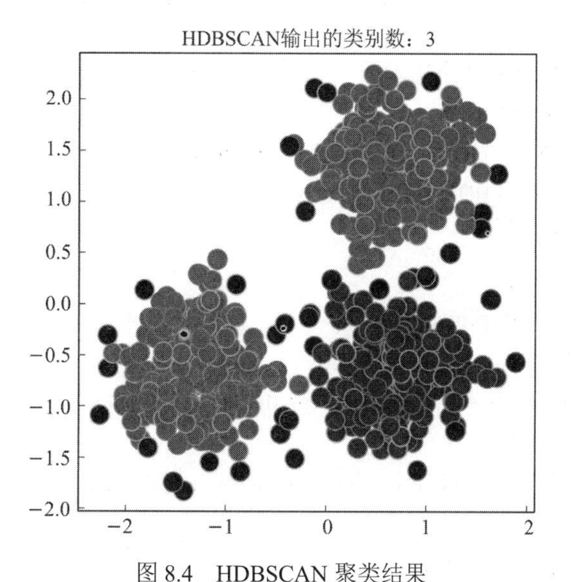

图 8.4　HDBSCAN 聚类结果

从结果看，就这个数据集而言 HDBSCAN 聚类效果要弱于 DBSCAN。

附件：本节 DBSCAN 及 HDBSCAN 聚类实现的完整程序如下所述。

```
#%% DBSCAN
## 一、样本数据
 # 1. 生成
from sklearn.datasets import make_blobs
centers = [[1, 1], [-1, -1], [1, -1]]
X, labels_true = make_blobs( n_samples=750, centers=centers, cluster_std=0.4, random_state=0 )
 # 2. 标准化
from sklearn.preprocessing import StandardScaler
X = StandardScaler().fit_transform(X)
 # 3. 可视化
import matplotlib.pyplot as plt
plt.rcParams['font.sans-serif'] = 'kaiti'
plt.rcParams['axes.unicode_minus'] = False
plt.figure(figsize=(6,6), dpi=150)
plt.scatter(X[:, 0], X[:, 1])
plt.title("原始数据对应的类别")
## 二、DBSCAN 聚类
 # 1. 建模并训练
from sklearn.cluster import DBSCAN
model = DBSCAN(eps=0.3, min_samples=10).fit(X)
 # 2. 提取类别标签
labels = model.labels_
```

```
 # 3. n_clusters_=类别数，n_noise_=噪声数
n_clusters_ = len(set(labels)) - (1 if -1 in labels else 0)
n_noise_ = list(labels).count(-1)
print("DBSCAN 输出的类别数为：%d" % n_clusters_)
print("DBSCAN 获得的噪声点的个数为：%d" % n_noise_)
## 三、模型评估
import numpy as np
from sklearn import metrics
 # 1. 一致性
Homogeneity = metrics.homogeneity_score(labels_true, labels)
 # 2. 完备性
Completeness = metrics.completeness_score(labels_true, labels)
 # 3. V 测度
V_measure = metrics.v_measure_score(labels_true, labels)
 # 4. 调整兰德指数
Adjusted_Rand_Index = metrics.adjusted_rand_score(labels_true, labels)
 # 5. 调整互信息
Adjusted_Mutual_Information = metrics.adjusted_mutual_info_score(labels_true, labels)
 # 6. 轮廓系数
Silhouette_Coefficient = metrics.silhouette_score(X, labels)
## 四、可视化聚类结果
unique_labels = set(labels)
core_samples_mask = np.zeros_like(labels, dtype=bool)
core_samples_mask[model.core_sample_indices_] = True
colors = [plt.cm.Spectral(each) for each in np.linspace(0, 1, len(unique_labels))]
plt.figure(figsize=(6,6), dpi=150)
for k, col in zip(unique_labels, colors):
    if k == -1:
        # 噪声用黑色来标识
        col = [0, 0, 0, 1]
    class_member_mask = labels == k
    xy = X[class_member_mask & core_samples_mask]
    plt.plot(xy[:, 0], xy[:, 1], "o", markerfacecolor=tuple(col), markeredgecolor="k", 
markersize=14)
    xy = X[class_member_mask & ~core_samples_mask]
    plt.plot(xy[:, 0], xy[:, 1], "o", markerfacecolor=tuple(col), markeredgecolor="k", 
markersize=6)
    plt.title(f"DBSCAN 输出的类别数：{n_clusters_}")
```

```
#%% HDBSCAN
## 一、DBSCAN 聚类
 # 1. 建模并训练
from sklearn.cluster import HDBSCAN
hdbscan = HDBSCAN().fit(X)
 # 2. 提取类别标签
labels = hdbscan.labels_
 # 3. n_clusters_=类别数，n_noise_=噪声数
n_clusters_ = len(set(labels)) - (1 if -1 in labels else 0)
n_noise_ = list(labels).count(-1)
print("HDBSCAN 输出的类别数为：%d" % n_clusters_)
print("HDBSCAN 获得的噪声点的个数为：%d" % n_noise_)
## 二、模型评估
import numpy as np
from sklearn import metrics
 # 1. 一致性
Homogeneity = metrics.homogeneity_score(labels_true, labels)
 # 2. 完备性
Completeness = metrics.completeness_score(labels_true, labels)
 # 3. V 测度
V_measure = metrics.v_measure_score(labels_true, labels)
 # 4. 调整兰德指数
Adjusted_Rand_Index = metrics.adjusted_rand_score(labels_true, labels)
 # 5. 调整互信息
Adjusted_Mutual_Information = metrics.adjusted_mutual_info_score(labels_true, labels)
 # 6. 轮廓系数
Silhouette_Coefficient = metrics.silhouette_score(X, labels)
## 三、可视化聚类结果
unique_labels = set(labels)
colors = [plt.cm.Spectral(each) for each in np.linspace(0, 1, len(unique_labels))]
plt.figure(figsize=(6,6), dpi=150)
plt.title(f"HDBSCAN 输出的类别数：{n_clusters_}")
for i in range(750):
    if labels[i] == -1:
        # 噪声用黑色来标识
        plt.plot(X[i, 0], X[i, 1], "o", markerfacecolor='k', markersize=14)
    elif labels[i] == 0:
```

```
        plt.plot(X[i, 0], X[i, 1], "o", markerfacecolor='r', markersize=14)
    elif labels[i] == 1:
        plt.plot(X[i, 0], X[i, 1], "o", markerfacecolor='b', markersize=14)
    else:
        plt.plot(X[i, 0], X[i, 1], "o", markerfacecolor='g', markersize=14)
```

习 题 8

1. 选择题

(1) 聚类分析是指__________。

A. 按对象之间距离的大小来判别关系的亲疏，从而将对象进行归类

B. 按对象之间相似度的大小来将对象进行归类

C. 可分为精确划分和不可精确划分两类

D. Python 中集成了多种聚类分析算法，比如 k 均值聚类

(2) 下列各项不属于聚类分析无监督型评估指标的是__________。

A. 兰德指数　　　　B. 方差比标准

C. 戴维森-堡丁指数　　　　D. 轮廓系数

(3) 模糊 c 均值聚类算法中利用__________来度量对象之间的相似度。

A. 距离　　　　B. 相关系数

C. 余弦相似度　　　　D. 隶属度

(4) k-Means 算法和 k-Means++算法的差异是__________。

A. 初始聚类中心的选法不同　　　　B. 相似度定义不同

C. Python 实现函数不同　　　　D. k 值确定方法不同

(5) Python 中从密度聚类函数 DBSCAN 提取聚类标签的属性是__________。

A. core_sample_indices_　　　　B. components_

C. labels_　　　　D. n_features_in_

2. 判断题

(1) 密度聚类算法可发现任意形状的聚类，且对噪声数据不敏感。 (　　)

(2) 一个样本点的密度，是指该点任意半径的邻域内所含样本点的数量。 (　　)

(3) 在密度聚类法中，样本点有核心样本点和普通样本点之分。 (　　)

(4) 密度聚类的结果，样本点都能被标记为属于某簇。 (　　)

(5) 两类密度聚类法 DBSCAN 和 HDBSCAN，后者聚类效果明显优于前者。 (　　)

3. 填空题

现有某大型百货商场部分会员的 R(最近一次消费距当前时间)、F(消费频数)、M(消费总金额)、P(给商场带来的累计利润)值如表 8.11 所示。

表 8.11　会员的 RFMP 值

会员卡号	R	F	M	P
000186fa	101	3	9 442.5	2227.5
000234ad	63	2	3778	443.6
000339f1	18	6	6188.8	301.4
00065bc9	76	3	3010	662.2
000cd735	39	19	83 822.5	4699.02
000e0c35	228	3	2488	326.89
000e6203	482	2	1738	68.2
0015a268	393	1	1690	279.4
001a6bdb	347	1	600	132
001c0b66	217	1	380	80.94
001e604d	240	6	11 389	193.6
002099b7	528	1	295	64.9
002dba30	403	1	1799	464.2
002df0e7	81	5	4340	924.42
002df956	306	1	300	66
002e1f3a	79	1	13 373	447.7

首先应用 StandardScaler 将数据标准化，再应用 DBSCAN 聚类将表中会员聚为四类，则当类中心的均值按降序排列时请列出各类成员。

第一类：____；

第二类：____；

第三类：____；

第四类：____。

4. 简答题

简述 k-Means++算法初始聚类中心的选择方法。

第 9 章　复杂网络分析

现实世界中，许多复杂系统都可以建模成一种复杂网络进行分析，比如常见的电力网络、航空网络、交通网络、计算机网络、社交网络，等等。复杂网络不仅是一种数据的表现形式，也是一种科学研究的手段，目前受到了广泛的关注；尤其是随着各种在线社交平台的蓬勃发展，关于在线社交网络的研究已成为当前的热点。

9.1　复杂网络的概念

首先介绍复杂网络的相关概念。

9.1.1　复杂网络的定义

1. 图与网络

1) 图

图是大数学家欧拉在解决哥尼斯堡七桥问题时提出的全新的数学概念。

【哥尼斯堡七桥问题】 哥尼斯堡有条穿城而过的河流名叫普雷格尔(River Pregel)，河中有两座小岛，在此称为左岛和右岛，河的北岸、南岸及两岛之间共有 7 座桥相连，如图 9.1 所示。哥尼斯堡七桥问题是说，一个人从北岸、南岸、左岛或右岛这四个地点中任何一个出发，怎样走才能不重复地走遍所有的七座桥而回到出发点？

哥尼斯堡七桥问题提出后相当长的一段时间内未能得到解决，直到 1738 年欧拉到哥尼斯堡访学。欧拉将北岸、南岸、左岛和右岛抽象为“点”，将连接这四个点的七座桥抽象为“边”，于是图 9.1 就成为图 9.2 的样子。

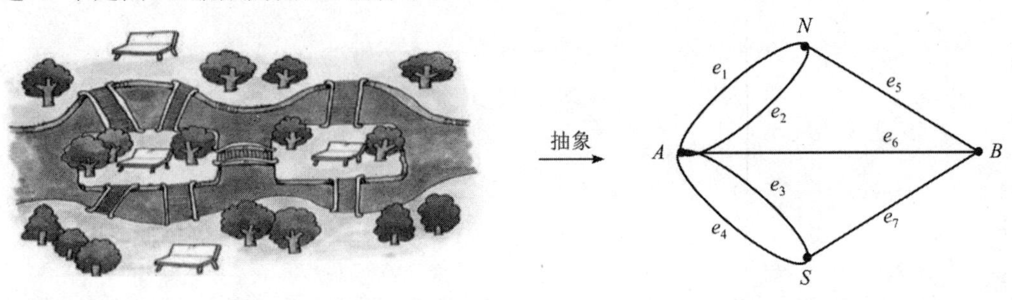

图 9.1　哥尼斯堡七桥　　　　图 9.2　抽象出来的图

从欧拉解决哥尼斯堡七桥问题的方法看，图记为 G，定义为点和边的集合：$G=\{V, E\}$。式中 V 是点的集合，其元素称为图 G 的节点(node 或 vertex)；E 是边的集合，其元素称为图 G 的边(edge)，是用来连接节点的。

若图 G 的边都是没有方向的，即没有规定边的起点和终点，则称 G 是无向图。

若图 G 中任意两个节点之间至多有一条边，则称 G 是无多重边的图。

图 9.2 所示是有多重边的图，因为节点对 A，N 和节点对 A，S 之间都有多于一条的边。

从图的定义来看，图显著区别于几何学中的几何图形：几何图形中点的位置、线的长度、斜率等概念十分重要，而图只关心有多少节点，哪些点对点之间有边相连。

【例 9.1】 设某公司在六个城市 c_1，…，c_6 有分公司，从 c_i 到 c_j 的直达航线票价见表 9.1。

表 9.1 从 c_i 到 c_j 的直达航线票价

从 c_i	到 c_j					
	c_1	c_2	c_3	c_4	c_5	c_6
c_1	0	50	∞	40	25	10
c_2	50	0	15	20	∞	25
c_3	∞	15	0	10	20	∞
c_4	40	20	10	0	10	25
c_5	25	∞	20	10	0	55
c_6	10	25	∞	25	55	0

试给出该公司六个城市间的航线图(票价为∞表示两城市间没有直达航线)。

【解】 以城市为节点，两个城市之间能直达就用一条边相连，边的权就是两城市的票价，于是该公司六个城市之间的航行线路如图 9.3 所示。

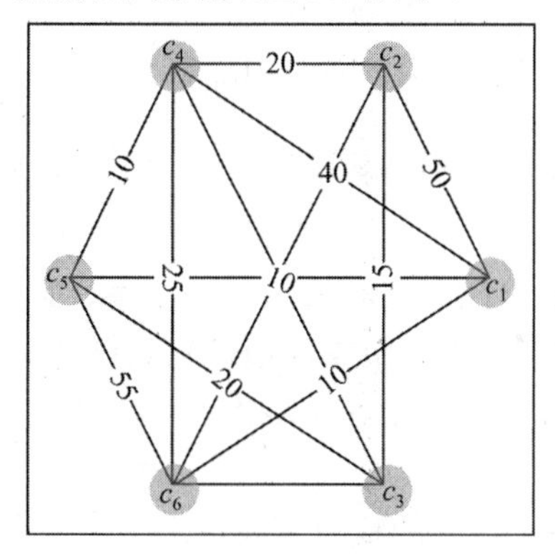

图 9.3 两个城市之间的航线网络

2) 基本概念

(1) 相邻。若节点 u 和 v 之间有边相连，则称 u，v 是相邻的。

以 u，v 为端点的无向边记为$[u, v]$或$[v, u]$。

(2) 路。节点 v_0 与 v_n 之间的一条路就是一个有序节点集：v_0，v_1，v_2，…，v_{n-1}，v_n，满足：① 这 $n+1$ 个节点互异；② v_{i-1} 与 v_i 相邻，$i=1$，2，…，n。

若图 G 中任意两个节点之间都有路，则称G是连通图。

特别说明，本书之后介绍的图均为无向、无多重边、连通的图。

图 9.3 所示是无向、无多重边、连通的图。

(3) 最短路。节点 u 和 v 之间的最短路是指在 u,v 之间的所有路中权和最小的那条路。

表 9.2 列出了图 9.3 中 c_1、c_3 之间几条路(不完全)。

表 9.2　从 c_1 到 c_3 的部分航线及票价

序号	路(航线)	路长(票价)	最短路
1	$c_1-c_2-c_3$	65	否
2	$c_1-c_4-c_3$	50	否
3	$c_1-c_5-c_3$	45	是
4	$c_1-c_6-c_2-c_3$	50	否
5	$c_1-c_6-c_4-c_3$	45	是
6	$c_1-c_6-c_5-c_3$	85	否

(4) 邻接矩阵。设 $G=\{V, E\}$是一个图，有 n 个节点，$V=\{v_1, v_2, \cdots, v_n\}$。记

$$a_{ij}=\begin{cases}1, [v_i, v_j]\in E\\0, [v_i, v_j]\notin E\end{cases}$$

则 n 阶矩阵 $\boldsymbol{A}=(a_{ij})$称为图G的邻接矩阵。

图 9.3 的邻接矩阵为 $\boldsymbol{A}=\begin{bmatrix}0&1&0&1&1&1\\1&0&1&1&0&1\\0&1&0&1&1&0\\1&1&1&0&1&1\\1&0&1&1&0&1\\1&1&0&1&1&0\end{bmatrix}$。

由上可知，无向、无多重边的图的邻接矩阵是一个对称矩阵。

3) 网络

若给图中的点和边赋以具体的含义和权数，如距离、费用、容量等，则称这样的图为网络，记作 N，即网络来自现实世界，节点和边都有具体含义，并对边赋有权数。比如，公路或铁路交通网络，节点是城市，边是连接城市的公路或铁路，两城市之间的公路或铁路的长度即为边上的权数。

图 9.3 就是一个航线网络，边上的权数是票价。

图和网络分析的方法已广泛应用于物理、化学、生物等基础科学，也已成为解决信息论、控制论、交通流、经济管理乃至社会科学众多问题的基本工具。在计算机科学中图论是数据结构和算法中最重要的框架。

2. 复杂网络

上面介绍了网络的概念。那么，什么是复杂网络呢？

我国科学家钱学森先生给出了复杂网络一种严格的定义：具有自组织、自相似、吸引子、小世界、无标度中部分或全部性质的网络称之为复杂网络。

简言之，复杂网络就是指一种呈现高度复杂性的网络。

下面从六个方面详解复杂网络的复杂性。

(1) 结构复杂：网络的两个基本要素——节点和边，数量巨大，不同的排列组合形成不同类型的结构，不同结构的网络呈现不同的特征。比如当前社交软件微信等，用户数达 10 亿级，每个用户就是一个节点，用户之间的关系疏密用边及权来描述，这就是一个典型的复杂网络。

(2) 节点多样性：复杂网络中的节点可以代表任何事物，所以同一网络中可能有多种不同的节点，这也可以称之为节点异质性。

(3) 连接多样性：节点之间的连接权重存在差异性，且可能存在方向性。

(4) 网络进化：表现在节点或连接的产生与消失，比如万维网(www)上网页或链接随时可能出现或断开，导致网络结构不断发生变化。

(5) 动力学复杂性：节点集可能属于非线性动力学系统，例如，节点或边的状态随时间发生复杂变化。

(6) 多重复杂性融合：以上多重复杂性相互影响，导致更为难以预料的结果。例如，设计一个电力供应网络需要考虑网络的进化过程，其进化过程决定网络的拓扑结构。当两个节点之间进行频繁的能量传输时，它们之间的连接权重会随之增加，通过不断的学习与记忆逐步改善网络性能。

图 9.4 所示是 networkx 给出的关于秀丽隐杆线虫基因功能关联的网络，有节点 2445 个(每个基因就是一个节点)，边 78 736 条(两个基因之间有功能关联性就用一条边相连)。这是一个较为复杂的网络。

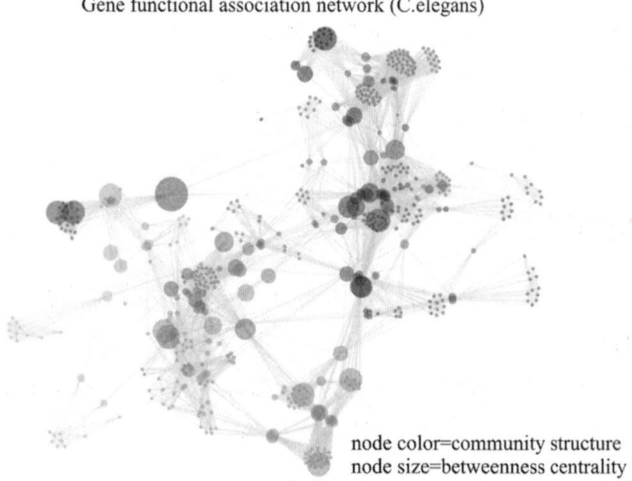

图 9.4 基因功能关联网络(秀丽隐杆线虫)

9.1.2 复杂网络的特性

复杂网络的特性主要体现在如下几个方面。

1. 小世界特性

小世界特性(small world theory)又称为六度空间理论或者是六度分割理论(six degrees of

separation)，其含义是社交网络中的任何一个成员和任何一个陌生人之间所间隔的人不会超过六个，如图 9.5 所示。

图 9.5　小世界特性示意图

小世界特性描述了两个事实：

(1) 网络规模很大但任意两个节点之间却有一条相当短的路径。

(2) 节点间相互关系的数目可以很小但却能够连接整个世界。例如，在社交网络中，人与人相互认识的关系很少，但是却可以找到很远的无关系的其他人。

2. 无标度特性

现实世界的网络中少数的节点往往拥有大量的连接，而大部分节点的连接却很少，这就是节点的度符合幂律分布，而这被称为网络的无标度特性(scale-free)，度分布符合幂律分布的网络称为无标度网络。

无标度特性反映了复杂网络具有严重的异质性，各节点之间的连接状况具有严重的不均匀分布特性：网络中少数称之为 Hub 点的节点拥有极其多的连接，而大多数节点的连接却很少。少数 Hub 点对无标度网络的运行起着主导的作用。所以，无标度特性是描述大量复杂系统整体上严重不均匀分布的一种内在性质。

3. 社区结构特性

物以类聚，人以群分。复杂网络中的节点往往也呈现出集群特性。例如，社交网络中总是存在熟人圈或朋友圈，其中每个成员都认识其他成员。集群程度的意义是网络集团化的程度，这是一种网络的内聚倾向。连通集团概念反映的是一个大网络中各集聚的小网络分布和相互联系的状况。例如，它可以反映这个朋友圈与另一个朋友圈的相互关系。

图 9.6 所示为网络聚集现象的一种描述。

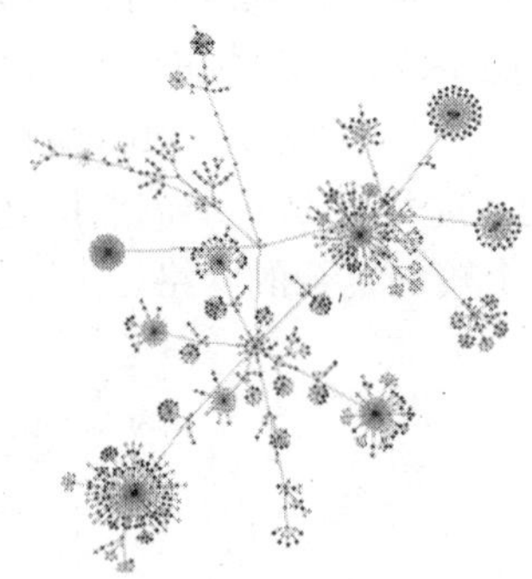
图 9.6　网络聚集示意图

9.1.3　复杂网络的应用

复杂网络已广泛应用于各个领域，以下是几个常见的应用领域。

1. 社交网络分析

社交网络分析是目前最为常见的应用之一。通过分析社交网络中节点之间的联系，可以找到网络中的群组、关键人物、信息传播路径等。

2. 互联网搜索引擎

搜索引擎是一个基于网络的复杂系统。通过分析网络结构，可以确定网络中的重要网页、关键词、页面排序等。

3. 信用评估和风险控制

建立一个信用风险评估模型可以通过分析网络结构对候选人进行筛选，防止不良行为并降低金融风险。

4. 流行病学研究

通过分析疾病传播路径，可以评估风险和确定传染病控制的最佳策略。

5. 交通流量管理

交通流量分析可以用于评估当前道路网络的流量情况，并为交通控制提供实时的方案。

综上所述，复杂网络是一个重要的研究领域，其结构分析和研究方法对于各种实际应用领域都具有广泛的应用价值。在进行复杂网络研究时，需要根据实际问题选择合适的分析方法，并且需要通过数据挖掘和机器学习等技术不断提高分析方法的精度和效率。

9.2　复杂网络的分析方法

9.2.1　中心性分析

在图和网络分析中，节点的中心性是判断网络节点重要性(或称影响力)的指标。比如，在社会网络分析中，一项基本的任务就是鉴定一群人中哪些人比其他人更有影响力，从而帮助我们理解他们在网络中扮演的角色。

那么，什么样的节点是重要的呢？如何刻画节点的重要性呢？

这就是节点中心性分析的内容。

节点的中心性包括度数中心性、中介中心性、接近中心性和特征向量中心性。这些指标用于对节点进行重要性排序从而寻找网络中的重要节点，也用于社区划分等。

设 $N=\{V, E\}$ 是一个网络，V 为节点集，$|V|$ 为节点的个数，E 为边集。

1. 度数中心性

1) 定义

度数中心性(degree centrality)是指节点的度数，即与该节点相邻的节点的个数。

设 $v\in V$，则 v 的度数中心性 $\deg(v)$ 为

$$\deg(v)=\sum_{u\in V,\ u\neq v,\ [u,\ v]\in E}1$$

如果一个节点与许多点相邻，那么该节点就具有较高的度数中心性。比如，在抖音中刘德华的粉丝数有 6000 多万，他的度数中心性就很高。

上面定义的度数中心性实际上是一种绝对中心性。绝对中心性有一个缺陷，就是对于不同结构和规模的网络中的节点，其中心性无法直接进行比较，因此提出了相对中心性的概念，即对绝对中心性进行了标准化。

2) 相对度数中心性

节点 v 的相对度数中心性 $C_{\deg}(v)$ 定义为

$$C_{\deg}(v)=\frac{\deg(v)}{|V|-1}$$

这是比绝对中心性更合理的度量。

度数中心性的意义在于，一个节点的度数中心性越高在网络中的影响力就越大，重要性就越高。因此，度数中心性用于发现网络中的“名人”。

2. 中介中心性

网络中两个不相邻的节点之间的联系依赖于其他节点，特别是两节点之间路径上的那些节点，它们对这两个节点之间的联系具有控制和制约作用。这正是中介中心性的思想，即如果一个节点位于其他节点的多条最短路径上，那么该节点就是核心节点，就具有较大的中介中心性。

1) 定义

一个节点的中介中心性(betweenness centrality)是指网络中所有节点之间的最短路径经过该节点的次数。

设 $v \in V$，则 v 的中介中心性 $\text{btw}(v)$为

$$\text{btw}(v) = \sum_{s,\ t \in V,\ s \neq v,\ t \neq v,\ s \neq t} \sigma_{s,\ t}(v)$$

其中，$\sigma_{s,\ t}(v)$ 是节点 s 与节点 t 之间经过节点 v 的最短路径的条数。

为了使不同网络间的中介中心性有可比性，也定义了相对中介中心性。

2) 相对中介中心性

节点 v 的相对中介中心性 $C_{\text{btw}}(v)$定义为

$$C_{\text{btw}}(v) = \sum_{s,\ t \in V,\ s \neq t} \frac{\sigma_{s,\ t}(v)}{\sigma_{s,\ t}}$$

其中，$\sigma_{s,\ t}$ 是节点 s 与节点 t 之间最短路径的条数。

中介中心性度量了某个节点在多大程度上能够成为“中间人”，即在多大程度上控制他人。因此，中介中心性用于发现网络中的“中间人”。

3. 接近中心性

接近中心性(closeness centrality)是指一个节点到其他节点最短距离的算术平均值的倒数。

设 $v \subset V$，则 v 的接近中心性 $\text{cls}(v)$为

$$\text{cls}(v) = \frac{|V| - 1}{\sum_{u \in V,\ u \neq v} d(u,\ v)}$$

其中，$d(u,\ v)$是 u，v 之间的最短距离。

一个点越是与其他点接近，该点在传递信息方面就越不依赖其他节点，则该点就具有较高的接近中心度。因此，接近中心性用于发现网络中的“信息传递员”，他们不一定是名人，也不一定是中间人，但乐于在不同的人群之间传递消息。

4. 特征向量中心性

特征向量中心性(eigenvector centrality)最早出现在 1895 年 Landau 发表的一篇关于国际象棋比赛得分的论文中，目前是满足排名系统某些自然公理的唯一措施。

特征向量中心性有两层含义：① 与你连接的人越重要，你也就越重要；② 你的朋友的朋友越多，你的特征向量中心性就越高。

设 N 为一个网络，其节点集 $V=\{v_1, v_2, \cdots, v_n\}$，邻接矩阵为 $\boldsymbol{A}$。称 $\boldsymbol{A}$ 的最大特征值 λ_{max} 对应的正单位特征向量 $\boldsymbol{X}$ 为网络 N 的特征向量中心性。

设 $\boldsymbol{X}=(x_1, x_2, \cdots, x_n)$，则 x_i 为节点 v_i 的特征向量中心性，$i=1, 2, \cdots, n$。

特征向量中心性描述的是影响在网络中的传递性，是节点的一个综合性、全局性的重要性指标，用于发现网络中的“领导者”。

9.2.2　社区检测

1. 定义

社区检测又称为社区发现，是一种将节点划分为不同社群的方法。

networkx 提供了丰富的社区检测算法，包括著名的 Louvain 算法——通过最大化每个社群的内部连接和最小化不同社群之间的连接来实现社区划分。

图 9.7 所示是网络中社区结构的一个直观示意图。

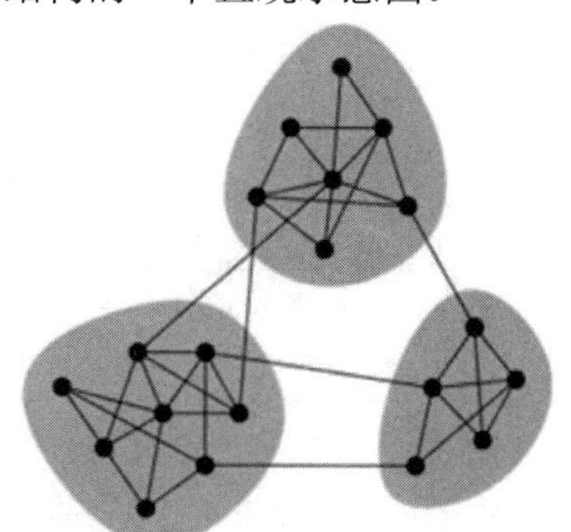

图 9.7　社区划分示意图

2. 社区划分优劣评价

近年来社区检测得到了快速的发展，这主要归因于 Newman 提出了一个衡量网络社区划分优劣的评判标准：模块度。

设 $N=\{V, E\}$ 是一个网络，V 为节点集，E 为边集；网络 N 的节点数为 n，边数为 L，邻接矩阵为 $\boldsymbol{A}=(a_{ij})_{n\times n}$。networkx 给出的模块度计算公式如下：

$$Q=\frac{1}{2L}\sum_{i,j}\delta_{ij}\left(a_{ij}-\gamma\frac{k_i k_j}{2L}\right)$$

其中，k_i 是节点 i 的度，γ 是分辨率参数，δ_{ij} 的定义是：

$$\delta_{ij}=\begin{cases}1, & \text{当节点}i\text{和节点}j\text{属于同一个社区}\\0, & \text{当节点}i\text{和节点}j\text{不属于同一个社区}\end{cases}, \quad i, j=1, 2, \cdots, n$$

一个网络不同的社区划分对应不同的模块度，模块度越大，对应的社区划分就越合理；模块度越小，则对应的网络社区划分就越模糊。

以上两种分析方法是复杂网络研究中最为常用的方法，也是最为有效的方法。这些方法已广泛应用于各个领域。

9.3 复杂网络分析的 Python 实现

本节介绍应用 Python 库 networkx 来实现复杂网络分析。

9.3.1 网络可视化

我们介绍两种网络可视化方法。

1. networkx 结合 pandas 建图

(1) 建图函数 from_pandas_edgelist 的主要参数及其含义见表 9.3。

表 9.3 from_pandas_edgelist 的主要参数及其含义

函数	参数含义
G = from_pandas_edgelist(df, source='source', target='target', edge_attr=None, create_using=None)	df 表示数据框，包含起点集、终点集、权重集
	source 表示 df 起点列的列标签
	target 表示 df 终点列的列标签
	edge_attr 表示 df 权重列的列标签，默认值是 None，就是边没有权重
	create_using 表示要创建的图的类型，比如无向图、有向图、多重图，默认是无向图

(2) 作图函数 draw_networkx 的主要参数及其含义见表 9.4。

表 9.4 draw_networkx 的主要参数及其含义

函数	参数含义
draw_networkx(G, pos = None, alpha=0.5,	整体设置： (1) pos 表示图形布局-布置顶点的位置； (2) alpha∈[0，1]：透明度，值越大越不透明
node_size=150, node_color="skyblue", node_shape="s", linewidths=8,	关于顶点的设置： (1) node_size 表示顶点的大小； (2) node_color 表示顶点的颜色； (3) node_shape 表示顶点的形状； (4) linewidths 表示顶点边缘的宽度
with_labels=True, font_size=10, font_color='k', font_family='sans-serif', font_weight='normal',	关于顶点标签的设置： (1) with_labels 表示是否显示顶点标签； (2) font_size 表示标签字体的大小； (3) font_color 表示标签字体颜色； (4) font_family 表示标签字体； (5) font_weight 表示标签字体的粗细
width=2.0, edge_color='r', style='solid')	关于边的设置： (1) width 表示边的宽度； (2) edge_color 表示边的颜色； (3) style 表示边的类型

【**例 9.2**】　试应用 networkx 作出如图 9.8 所示的网络图。

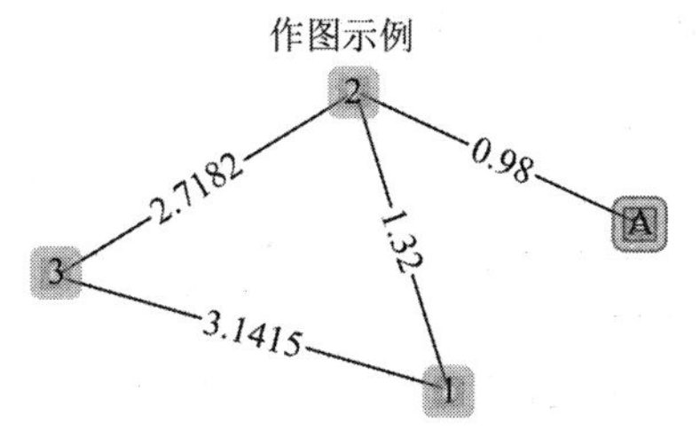

图 9.8　网络图

【**解**】　这是一个无向连通图，图的三个要素如下：

(1) 节点集：V={1，2，3，A}；

(2) 边集：E = {(1，2)，(1，3)，(2，3)，(2，A)}；

(3) 权重集：W={1.32，3.1415，2.7182，0.98}。

下面详细介绍 networkx 的作图过程。

(1) 将需要的库导入环境：

```
import pandas as pd
import networkx as nx
import matplotlib.pyplot as plt
plt.rcParams['font.sans-serif']='kaiti'
```

(2) 数据准备。

将顶点、边及权重以数据框形式输入环境：

```
## 第 1 步：数据模块：将图的三个要素输入在此。
 # 1.1 起点
U = [1, 2, 3, 'A']
 # 1.2 终点
V = [2, 3, 1, 2 ]
 # 1.3 权重
W = [1.32, 2.7182, 3.1415, 0.98]
 # 将数据整理为数据框
data = pd.DataFrame({'起点': U, '终点': V, '权重': W})
```

(3) 建图：

```
G = nx.from_pandas_edgelist(df=data, source='起点', target='终点', edge_attr='权重')
```

(4) 画图。

对布局、顶点、顶点标签、边等要素进行必要的设置，示例代码如下：

```
nx.draw(G, pos, alpha=0.5,
        with_labels=True,
        node_size=150,
        node_color="skyblue",
```

```
            node_shape="s",
            linewidths=8,  # 顶点边缘的宽度
            font_size=10,
            font_color='r',
            font_family='sans-serif',
            font_weight='bold',
            width=2.0,     # 边的宽度
            edge_color='r',
            style='solid' )
```

上述作图流程的完整代码如下：

```
#%% 例 9.2：网络可视化示例
## 第 0 步，导库
import pandas as pd
import networkx as nx
import matplotlib.pyplot as plt
## 第 1 步，数据模块：将图的三个要素输入在此。
 # 1.1 起点
U = [1, 2, 3, 'A']
 # 1.2 终点
V = [2, 3, 1, 2 ]
 # 1.3 权重
W = [1.32, 2.7182, 3.1415, 0.98]
 # 将数据整理为数据框
data = pd.DataFrame({'起点': U, '终点': V, '权重': W})
## 第 2 步，建图
G = nx.from_pandas_edgelist(df=data, source='起点', target='终点', edge_attr='权重')
## 第 3 步，作图
 # 3.1 设置图的布局
pos = nx.spring_layout(G, k=10)
 # 3.2 打开并设置画布
plt.figure(figsize=(4,2), dpi=150)
nx.draw(G, pos, alpha=0.5,
        with_labels=True,
        node_size=150,
        node_color="skyblue",
        node_shape="s",
        linewidths=8,  # 顶点边缘的宽度
        font_size=10,
```

```
                    font_color='r',
                    font_family='sans-serif',
                    font_weight='bold',
                    width=2.0,          # 边的宽度
                    edge_color='r',
                    style='solid' )
    # 3.3 显示权重
    labels = {e: G.edges[e]['权重'] for e in G.edges}
    nx.draw_networkx_edge_labels(G, pos, edge_labels=labels)
    # 3.4 添加标题
    plt.title('作图示例', fontdict={'fontsize' : 12,
                                   'fontname' : 'kaiti'})
```

程序运行结果如图 9.9 所示。

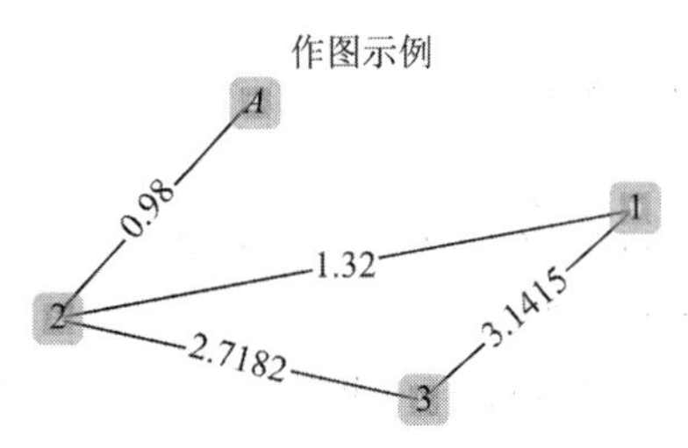

图 9.9　程序运行结果

以上是 networkx 结合 pandas 的作图流程。

上述作图程序中应用 spring_layout 函数来设置图的布局，也就是图顶点的位置。networkx 有 6 种布局函数，罗列在表 9.5 中。

表 9.5　networkx 图布局函数及含义

布局函数	含　　义
circular_layout	生成圆形顶点布局
random_layout	生成随机顶点布局
shell_layout	生成同心圆顶点布局
spring_layout	利用 Fruchterman-Reingold force-directed 算法生成顶点布局
spectral_layout	利用图拉普拉斯特征向量生成顶点布局
kamada_kawai_layout	使用 Kamada-Kawai 路径长度代价函数生成布局

2. 纯 networkx 建图

```
#%% 第二种作图方法：纯 networkx
## 第 0 步，导库
import networkx as nx
import matplotlib.pyplot as plt
plt.rcParams['font.sans-serif']='kaiti'
```

```
## 第1步，数据模块：将图的三个要素输入在此。
 # 1.1 起点(字符串)
U = ['1', '2', '3', 'A']
 # 1.2 终点(字符串)
V = ['2', '3', '1', '2']
 # 1.3 权重(数值)
W = [1.32, 2.7182, 3.1415, 0.98]
 # 1.4 顶点标签(字典)
nodes_labels = {v : v for v in list(set(U+V))}
 # 1.5 将边整理为(source,target,weight)形式(列表)
edges = [(U[i],V[i],W[i]) for i in range(len(U))]
## 第2步，作图
 # 2.0 打开一张画布
plt.figure(figsize=(4,2), dpi=150)
 # 2.1 建图：应用 Graph 函数建立一个空图
G = nx.Graph()
 # 2.2 添加边：应用 add_weighted_edges_from 往图 G 上添加边
G.add_weighted_edges_from(edges)
 # 2.3 提取边的权重：应用 get_edge_attributes 提取边的权重
edge_labels = nx.get_edge_attributes(G,'weight')
 # 2.4 设置图的布局
pos=nx.spring_layout(G)
 # 2.5 画顶点
nx.draw_networkx_nodes(G, pos, node_color='g', node_size=200, alpha=0.8)
 # 2.6 画边
nx.draw_networkx_edges(G,pos,width=2.0,alpha=0.5,edge_color=['b','b','b','r'])
 # 2.7 画顶点标签
nx.draw_networkx_labels(G, pos, nodes_labels, font_size=10)
 # 2.8 画边的标签(权重)
nx.draw_networkx_edge_labels(G, pos, edge_labels, font_size=8)
 # 2.9 添加标题
plt.title('有权图', fontdict={'fontsize':10})
```

上述程序运行结果如图 9.10 所示。

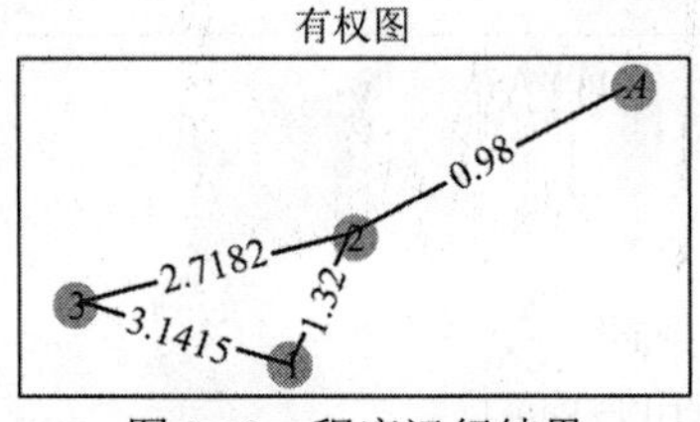

图 9.10　程序运行结果

两种建图方法中推荐使用 from_pandas_edgelist 函数，特别是数据量较大时。

9.3.2 查看网络基本信息

网络基本信息包括网络的节点、节点数量、节点的度及平均度、边及其数量、最短路长及平均路长、直径、邻接矩阵、密度、聚集系数、传递性等。

1. 直径

网络 $N=\{V, E\}$的直径定义为网络中所有最短路长的最大者：

$$d = \max\{l_{ij} | i, j \in V\}$$

其中，l_{ij} 是节点 i，j 之间的最短路长。

2. 密度

网络中边的条数占网络中所有可能的边的条数的比例。

3. 聚集系数

设有网络 $N=\{V, E\}$。

1) 节点的聚集系数(局部聚集系数)

设 $v \in V$ 为 N 的一个节点，度为 deg(v)，则与 v 相邻的节点有 deg(v)个，它们共组成 $C_{\deg(v)}^2$ 个两两组合。假设其中互为邻居的组合有 n 个，则 v 的聚集系数定义为

$$c(v) = \frac{n}{C_{\deg(v)}^2}$$

2) 网络的聚集系数(全局聚集系数)

网络N的聚集系数定义为网络中所有节点的聚集系数的平均值：

$$\overline{c} = \frac{1}{|V|}\sum_{v \in V} c(v)$$

4. 传递性

网络中的三角形结构占所有可能的三角形结构的比例。

networkx 实现基本信息分析的函数见表 9.6。

表 9.6　networkx 实现基本信息分析的函数

基本信息	实　　现
节点	(1) 节点集：nodes = G.nodes()
	(2) 度数集：degrees = G.degree()
	(3) 节点数：num_nodes = G.number_of_nodes()
边	(1) 边集：edges = G.edges()
	(2) 边数：num_edges = G.number_of_edges()
邻接矩阵	A = nx.adjacency_matrix(G)
密度	density = nx.density(G)
聚集系数	clustering_coefficient = nx.average_clustering(G)
传递性	transitivity = nx.transitivity(G)

9.3.3 中心性分析

1. 节点中心性

networkx 中心性分析模块是 centrality，里面包含了丰富的中心性指数。networkx 实现中心性分析的函数及含义见表 9.7。

表 9.7 networkx 实现中心性分析的函数及含义

函 数	含 义
degree_centrality(G)	计算图 *G* 的相对度数中心性
betweenness_centrality(G，normalized=True，weight=None)	normalized：当值为 True 时，计算相对中介中心性；反之，计算绝对中介中心性。 weight：若值为 None，则所有边上的权视为相同，否则以边的权重计算中介中心性
closeness_centrality(G)	计算图 *G* 的相对度数中心性
eigenvector_centrality(G，weight=None)	weight：若值为 None，则所有边上的权视为相同，否则以边的权重为权计算特征向量中心性

2. 网络中心势

networkx 没有中心势分析模块，我们按计算定义式直接计算，封装在自建库中。

9.3.4 社区检测

networkx 社区检测模块是 community，里面包含了丰富的社区检测算法。networkx 实现社区检测分析的算法及含义见表 9.8。

表 9.8 networkx 实现社区检测分析的算法及含义

算 法	含 义
k_clique_communities(G，k)	使用渗滤法在图中找到 *k* 个群落
greedy_modularity_communities(G，weight=None)	利用贪心算法使模块度最大化找到 *G* 中的社区； weight：若值为 None，则所有边上的权视为相同，否则以边的权重计算中介中心性
label_propagation_communities(G)	由标签传播确定的社区划分
louvain_communities(G)	使用 Louvain 社区检测算法找到图的最佳社区划分
modularity(G，communities，resolution=1)	多分辨率模块度计算函数：返回图的给定分区的模块度，以边的权重为权重，默认分辨率为 1

我们将上述复杂网络分析项基于 networkx 重新封装，然后按自建库调用即可。

【实验 9.1】 facebook 朋友圈分析。

本案例来自 netwokx 官网，是对十个人(节点编号为 0，107，348，414，686，698，1684，1912，3437，3980)的 facebook 朋友圈进行详细了解以提取各种有价值的信息。该网络中每个节点代表一个 facebook 用户(已匿名)，属于这十个人朋友圈中的一个；当两人互为朋友时用一条边将两人连接起来。因为朋友是相互的，一个用户只能和另一个用户成为朋友一次，所以这是一个无向无权无多重边的网络。

下面详细介绍分析过程。

(1) 可视化网络，原始网络图如图 9.11 所示。

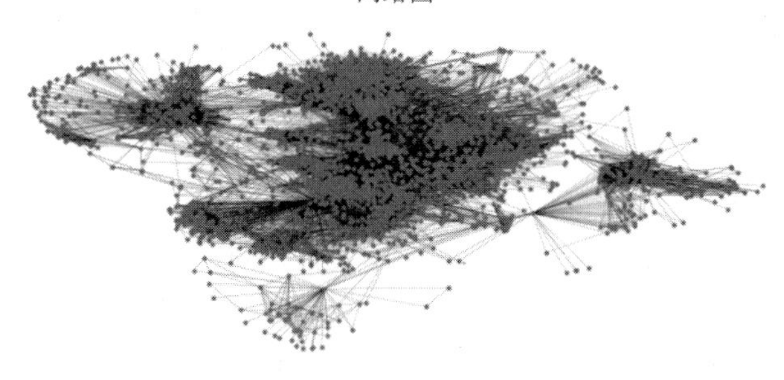

图 9.11　原始网络图

(2) 查看网络的基本信息，见表 9.9。

表 9.9　基 本 信 息

项	值	项	值
节点数	4 039	密度	0.010 819 96
边数	88 234	聚集系数	0.605 546 72
平均度	43.691 012 63	传递性	0.519 174 28
直径	8	平均路长	3.691 592 64

(3) 中心性分析：输出网络的中心性，研究中心性的分布，并以中心性为节点的大小可视化网络，观察网络中的重要节点的分布。

① 中心性。networkx 输出的中心性见表 9.10。

表 9.10　networkx 输出的中心性

度数中心性		中介中心性		接近中心性		特征向量中心性	
节点	值	节点	值	节点	值	节点	值
107	0.2588	107	0.4805	107	0.4597	1 912	0.0954
1 684	0.1961	1 684	0.3378	58	0.3974	2 266	0.0870
1 912	0.1870	3 437	0.2361	428	0.3948	2 206	0.0861
3 437	0.1355	1 912	0.2293	563	0.3939	2 233	0.0852
0	0.0860	1 085	0.1490	1684	0.3936	2 464	0.0843
2 543	0.0728	0	0.1463	171	0.3705	2 142	0.0842
2 347	0.0721	698	0.1153	348	0.3699	2 218	0.0842
1 888	0.0629	567	0.0963	483	0.3698	2 078	0.0841
1 800	0.0607	58	0.0844	414	0.3695	2 123	0.0837
1 663	0.0583	428	0.0643	376	0.3666	1 993	0.0835

从表 9.10 中可知，节点 107 在网络中扮演着重要的角色，是网络中的名人、中间人和信息传递员，但在网络中影响的传递性不强；节点 1912 则既是网络中的名人和中间人，在网络中影响的传递性也强，是网络中的“领导者”。

② 分布。

各中心性分布直方图见图 9.12，中心性分布一般不服从正态分布，这是网络的特点。

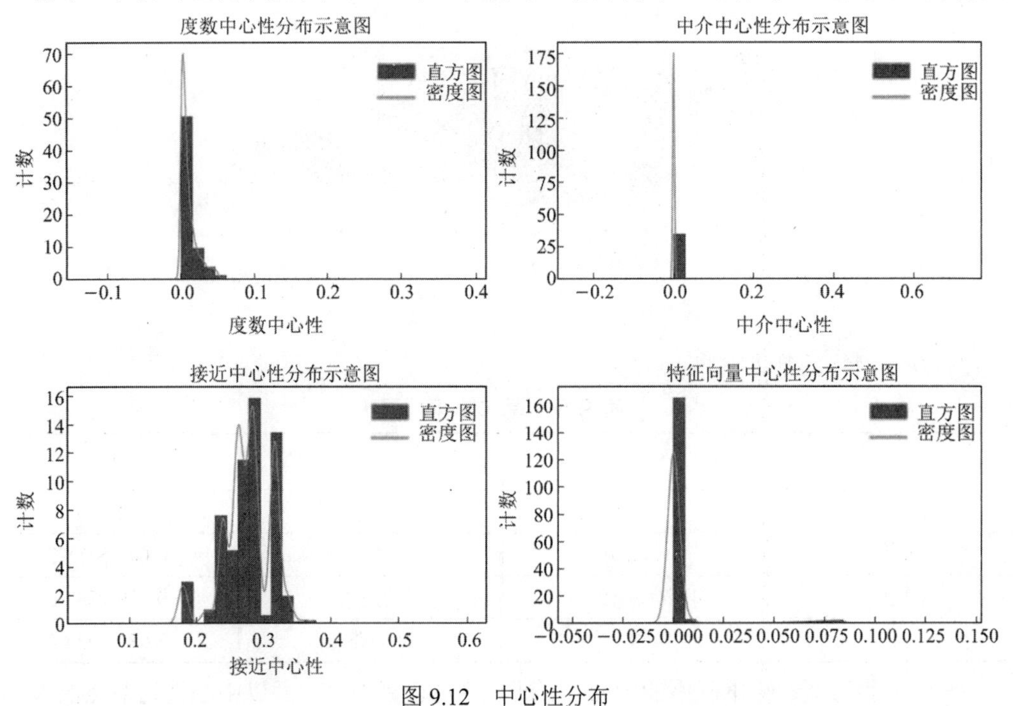

图 9.12 中心性分布

③ 可视化。

以各中心性值为节点的大小对中心性进行可视化，见图 9.13。

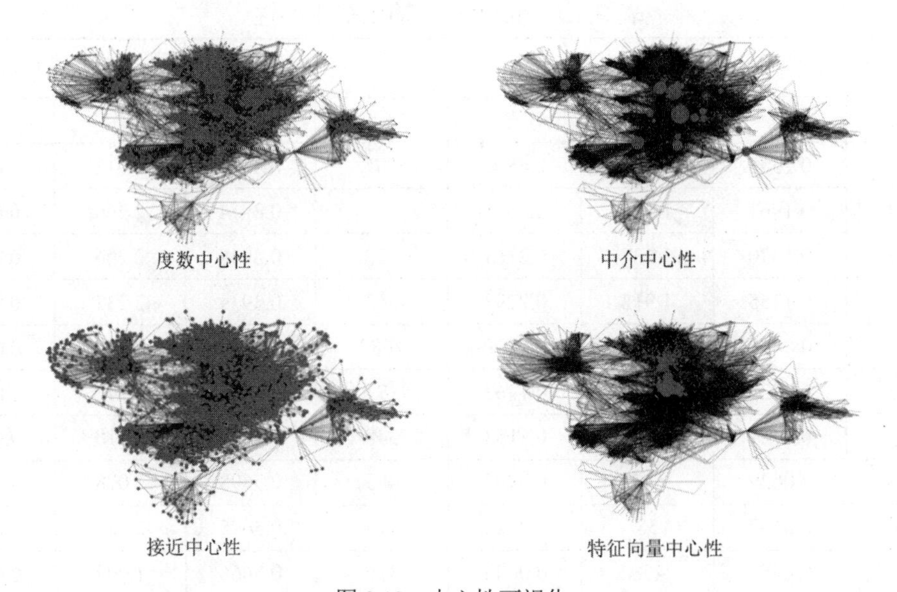

图 9.13 中心性可视化

(4) 社区检测。

以两种算法进行社区检测，结果如下：

① label_propagation 算法：将 4039 个节点划分为 44 个社区。

② louvain 算法：将 4039 个节点划分为 16 个社区。

networkx 实现社区检测分析的详细结果见表 9.11。

表 9.11　networkx 实现社区检测分析

算法	社　区	模块度
label_propagation	C_1 = {0，1，3，5，7，9，10，} C_2 = {2，262，137，138，140，…} ⋮ C_{44} = {3268，3407}	0.736841
louvain	C_1 = {0，1，2，3，4，5，6，7，8，9，10，…} C_2 = {897，899，906，907，916，920，…} ⋮ C_{16} = {3980，3981，3982，3983，3984，…}	0.833808

从模块度看来，louvain 算法给出的划分更合理一些。

习 题 9

1. 判断题

(1) 复杂网络的结构复杂性主要是指节点和边的数量巨大。 (　　)

(2) 复杂网络的节点多样性是指任何事物都可以成为网络的节点。 (　　)

(3) 复杂网络具有这样的特性：规模很大但任意两个节点之间却有一条相当短的路径。 (　　)

(4) 复杂网络还具有的特性：节点间相互关系的数目可以很小但却能够连接整个世界。 (　　)

(5) 复杂网络中节点的度未必符合幂律分布。 (　　)

(6) 接近中心性用于发现网络中的名人。 (　　)

(7) 所谓社区检测，是一种将节点划分为不同社群的方法。 (　　)

(8) 在社区检测中衡量网络社区划分优劣的评判标准是模块度。 (　　)

2. 选择题

(1) 下列选项中不属于复杂网络的特性的选项是__________。

A. 小世界特性　　B. 无标度特性

C. 社区结构特性　　D. 节点异质特性

(2) 下列选项中不属于复杂网络的中心性分析方法的选项是__________。

A. 度数中心性　　B. 中介中心性
C. 社区中心性　　D. 接近中心性

(3) 用于发现网络中的“领导者”的分析方法是__________。
A. 度数中心性　　B. 中介中心性
C. 接近中心性　　D. 特征向量中心性

(4) Python 研究复杂网络的库是 networkx，其中研究中心性的模块是__________。
A. centrality　　B. community
C. Connectivity　　D. Clustering

(5) networkx 库中研究社区发现的模块是__________。
A. centrality　　B. community
C. Connectivity　　D. Clustering

3. 简答题

(1) 简述度中心性的含义。
(2) 简述接近中心性的含义。
(3) 简述中介中心性的含义。
(4) 简述特征向量中心性的含义。

第 10 章　深度学习

深度学习是机器学习的一个分支，它主要依赖于模仿人类大脑神经网络的分层架构——人工神经网络(artificial neural network，ANN)来进行复杂的学习任务，其特点在于“深度”，即网络中包含多层非线性处理单元，每一层都可以从输入数据中学习并捕获不同级别的抽象特征。

深度学习已在诸多领域取得显著成果，包括但不限于计算机视觉、自然语言处理、语音识别、自动驾驶、生物信息学和强化学习等。常见的深度学习模型包括深度神经网络、卷积神经网络、循环神经网络、长短期记忆网络、生成对抗网络等。

本章首先介绍神经网络，这是深度学习的基础；再介绍几类深度学习模型，这部分作为从传统数据分析技术转向大数据处理的一个过渡，引导读者向大数据分析技术纵深探索。

10.1　神经网络

神经网络是深度学习的前身，也是深度学习的基础，所以我们把神经网络纳入深度学习的范畴。本节介绍神经网络的原理、简易入门以及基于 Python 的实现。

10.1.1　神经网络原理

1. 生物神经网络

人的大脑是如何工作的？

多少年来，无数医学、生物学、生理学、心理学等方面的学者从各个角度试图解答上述问题，但都不尽如人意。直到 19 世纪末至 20 世纪初，西班牙神经组织学家卡哈尔对大脑的微观结构进行了开创性研究并获得了突破性进展，建立了大脑神经元结构模型，卡哈尔因此被誉为现代神经科学之父，并于 1906 年获得诺贝尔医学和生理学奖。

众所周知，人脑由千亿个神经元及亿亿个神经突触组成(如图 10.1(a)所示)。神经元之间依次连接铺设为一条完整的神经通路(如图 10.1(b)所示)，无数条神经通路形成了一个庞大的神经网络，最终构成人体神经系统。

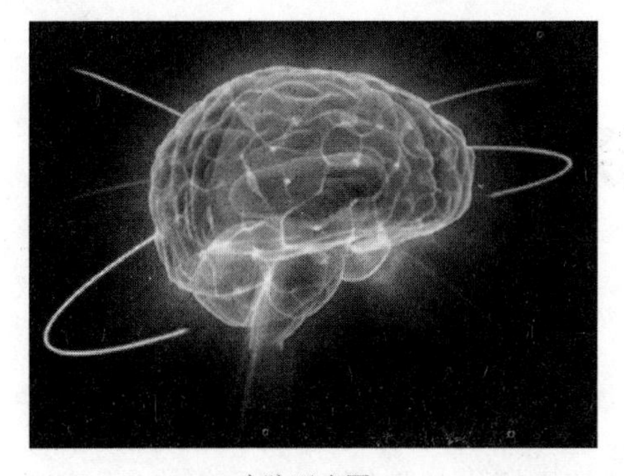

(a) 大脑示意图

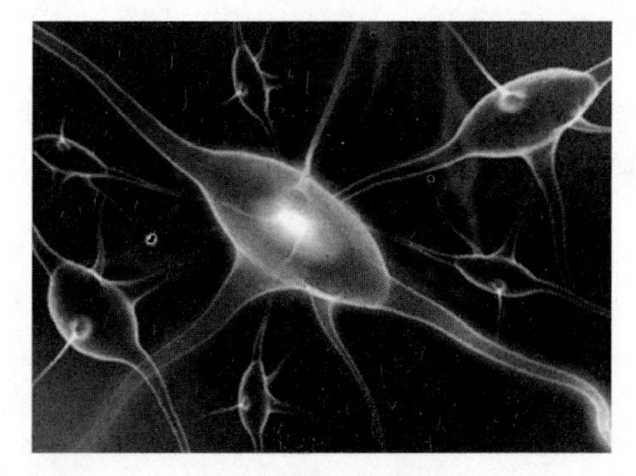

(b) 神经元示意图

图 10.1　人体神经系统

大脑神经元结构如图 10.2(a)所示。

(1) 每个神经元伸出的突触分为树突和轴突。

(2) 树突分支比较多，一般比较短，其作用是接收信号。

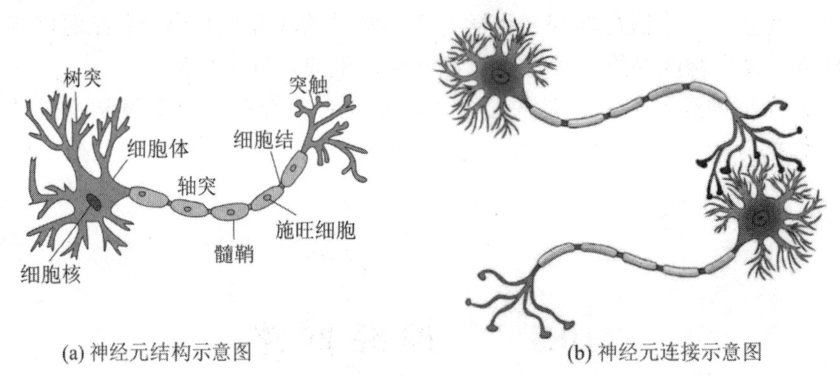

(a) 神经元结构示意图　　(b) 神经元连接示意图

图 10.2　大脑神经元

(3) 轴突只有一个，一般比较长，其作用是把从树突和细胞表面传入细胞体的神经信号传递到其他神经元，如图 10.2(b)所示。

(4) 大脑中的神经元接收神经树突的兴奋性突触后电位和抑制性突触后电位，产生出沿其轴突传递的神经元的动作电位。

生物神经网络描述的大脑工作机制有以下特点：

(1) 每个神经元都是一个多输入、单输出的信息处理单元。

(2) 神经元通过突触与其他神经元进行连接与通信，突触所接收到的信号强度超过某个阈值时神经元会进入激活状态，并通过突触向上层神经元发送激活信号。

(3) 神经元具有空间整合特性和阈值特性，较高层次的神经元具有较低层次的神经元不具备的“新功能”。

(4) 神经元输入与输出间有固定的时滞，主要取决于突触延搁。

2. 人工神经网络

1) MP 模型

人类能否制作模拟人脑的人工神经元？

多少年来，无数学者从医学、生物学、生理学、心理学、哲学、信息学、计算机科学等各个角度试图认识并解答上述问题，1943 年终于看见了一缕曙光——神经学家沃伦·麦卡洛克(Warren McCulloch)和年轻数学家沃尔特·皮茨(Walter Pitts)根据卡哈尔大脑神经元模型提出了人工神经元模型，简称 MP 模型，如图 10.3 所示。

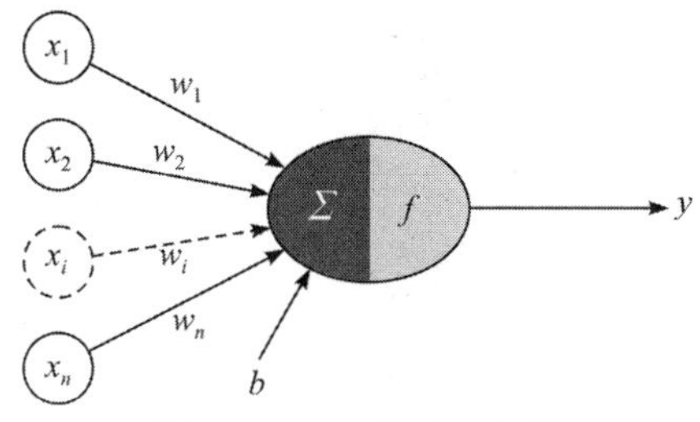

图 10.3　MP 模型示意图

图 10.3 中，x_1，x_2，…，x_n 是与生物神经元的树突相对应的输入，w_1，w_2，…，w_n 是对应于树突的权重，$\boldsymbol{b}$ 为偏置项，$\sum$ 对应的运算称为聚合运算，f 称为激活函数(对聚合结果进行非线性变换)。

图 10.3 所示 MP 模型对应的数学模型如下：

$$y = f\left(\sum_{i=1}^{n} w_i x_i + \boldsymbol{b}\right) = f(\boldsymbol{W}\boldsymbol{X}^{\mathrm{T}} + \boldsymbol{b}) \tag{10.1}$$

其中，$\boldsymbol{X} = [x_1,\ x_2,\ \cdots,\ x_n]$，$\boldsymbol{W} = [w_1,\ w_2,\ \cdots,\ w_n]$。

可以看出，MP 模型就是一个加权求和($\sum$)再激活(f)的过程。

MP 模型无疑是人工智能史上最具开创性的事件之一，影响深远。它的意义在于给出了一个可实际参照实施的神经网络的最小构件，在此基础上神经网络就可以像搭积木一样层层堆叠而成。

需要注意的是，MP 模型中的权重 $\boldsymbol{W}$ 和偏置 $\boldsymbol{b}$ 都是人为给定的(一般是暴力搜索而得的)，所以 MP 模型没有“学习”的过程，因而也就没有“学习”的概念。

2) 感知机

感知机(Perceptron)是多个 MP 模型的堆叠，与 MP 模型的根本区别在于引入了“学习”的概念，权值 $\boldsymbol{W}$ 和偏置 $\boldsymbol{b}$ 是通过学习得来的。这就相当于给 MP 模型赋予了“智能”，这也是为什么把感知机而非 MP 模型称为最初的神经网络模型的原因。

(1) 单层感知机。

1957 年罗森布拉特(Rosenblatt)在 MP 模型和 Hebb 学习规则①的基础上提出了感知机模型——单层感知机，如图 10.4 所示(x 所在的层是输入层，神经元及之后的 y 所在的层是输出层)。

图 10.4 所示的单层感知机是三个 MP 模型的堆叠，对应的数学模型为

$$\begin{cases} y_1 = f(w_{11}x_1 + w_{12}x_2 + b_1) \\ y_2 = f(w_{21}x_1 + w_{22}x_2 + b_2) \Leftrightarrow Y = f(\boldsymbol{W}\boldsymbol{X}^{\mathrm{T}} + \boldsymbol{b}) \\ y_3 = f(w_{31}x_1 + w_{32}x_2 + b_3) \end{cases} \tag{10.2}$$

① Hebb 学习规则原理：如果一条突触两侧的两个神经元同时被激活，那么突触的强度将会增大。该规则给计算机科学家们一个深刻的启发：神经元之间的连接强度是可变的。

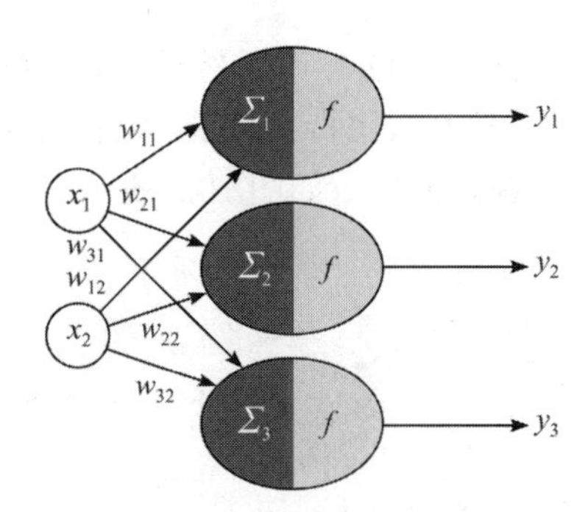

图 10.4　单层感知机模型

其中，$\boldsymbol{X}=\begin{bmatrix}x_1\\x_2\end{bmatrix}$为输入项，$\boldsymbol{W}=\begin{bmatrix}w_{11} & w_{12}\\w_{21} & w_{22}\\w_{31} & w_{32}\end{bmatrix}$为权重值，$\boldsymbol{b}=\begin{bmatrix}b_1\\b_2\\b_3\end{bmatrix}$为偏置项，$f$ 为激活函数。

感知器技术在 20 世纪 60 年代带来了人工智能的第一个高潮。但 1969 年马文・明斯基(Marvin Minsky)证明了它只能完成线性可分问题，并提出了著名的单层感知机不能解决的“异或”问题。

(2) 多层感知机

为了解决线性不可分问题，保罗・沃伯斯(Paul Werbos)等人提出了多层感知机(multilayer perceptron，MLP)：在单层感知机的输入层和输出层之间增加隐藏层。图 10.5 所示是一个由七个 MP 模型堆叠而成的两层感知机的示意图。需要说明的是，因为多层感知机只能训练输出层的权值，所以多层感知机基本都是两层的，且隐藏层的权值是固定的。

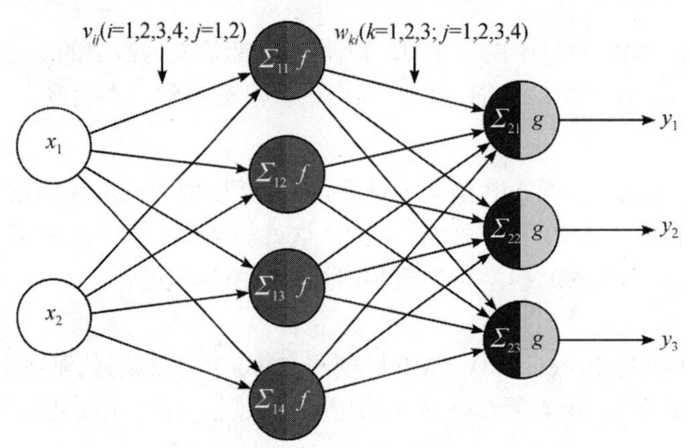

图 10.5　多层感知机模型

图 10.5 所示的两层感知机模型对应的数学模型如下：

第一层(权值 v_{ij} 是固定的)：

$$\begin{cases}z_1=f(v_{11}x_1+v_{12}x_2+b_1)\\z_2=f(v_{21}x_1+v_{22}x_2+b_2)\\z_3=f(v_{31}x_1+v_{32}x_2+b_3)\\z_4=f(v_{41}x_1+v_{42}x_2+b_4)\end{cases}\Leftrightarrow z=f(\boldsymbol{V}\boldsymbol{X}^{\mathrm{T}}+\boldsymbol{b}) \tag{10.3}$$

第二层(权值 w_{ki} 通过学习得来)：

$$\begin{cases} y_1 = g(w_{11}z_1 + w_{12}z_2 + w_{13}z_3 + w_{14}z_4 + c_1) \\ y_2 = g(w_{21}z_1 + w_{22}z_2 + w_{23}z_3 + w_{24}z_4 + c_2) \Leftrightarrow Y = g(\boldsymbol{W}\boldsymbol{Z}^{\mathrm{T}} + \boldsymbol{c}) \\ y_3 = g(w_{31}z_1 + w_{32}z_2 + w_{33}z_3 + w_{34}z_4 + c_3) \end{cases} \tag{10.4}$$

事实证明，两层感知机就可以解决异或问题，并且柯尔莫戈洛夫(Kolmogorov)理论指出：双隐层感知机足以解决任何复杂的分类问题。

一般的多层感知机如图 10.6 所示(图中有 k 层，但各层没有权重和偏置项)，由多个 MP 模型堆叠而成。因为图 10.6 中的数据自左向右传输，所以称图 10.6 所示的网络为前馈神经网络(feedforward neural network，FNN)；又因为除输入层之外的每个神经元都和上一层的所有神经元有连接，所以也称之为全连接神经网络(full connection，FCNN)。

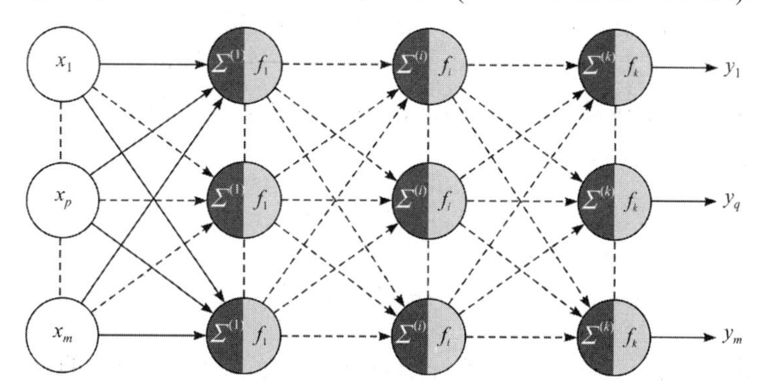

图 10.6 前馈神经网络示意图

对于多层感知机，随之而来的问题是：隐藏层的权值怎么训练？

我们现在已经知道，单层感知机输出的是类别(如二分类问题输出的就是两个类别标签)，而对于多层感知机的中间层，并不存在也不需要输出类别。因此，无法直接套用单层感知机的学习规则来训练多层感知机。

由保罗•沃伯斯 1974 年发明、深度学习之父杰弗里•辛顿(Geoffrey Hinton)1986 年改进的 BP 算法给感知机带来了光明。

3) BP 神经网络

BP 神经网络是基于 BP 算法的多层感知机，是经典神经网络的集大成者。

BP 算法，其英文全称是 error back propagation，即误差反向传播算法，是 BP 神经网络的核心，是神经网络能够学习的根源所在，也是 BP 神经网络中最难的部分。

与多层感知机训练方法相比，BP 算法主要有以下特点：

(1) 增加了误差的反向传播过程(本质上是链式法则，从后往回传播误差)。

(2) 用 sigmoid 函数进行非线性映射，有效解决了非线性分类和学习的问题。

这样就有了适用于多层感知机的较为有效的学习算法，完美地解决了上面所提到的缺陷问题，掀起了神经网络的第二次浪潮。

下面以最简单的网络来介绍 BP 算法的原理。

BP 算法的神经网络如图 10.7 所示，其只有两层：隐藏层和输出层，且每层都只有一个神经元。

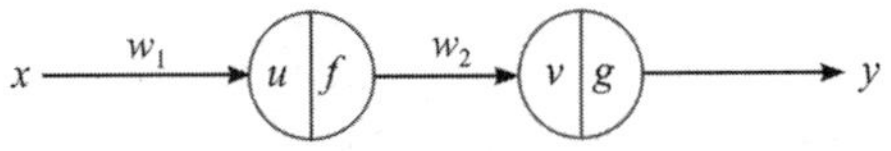

$$x \xrightarrow{w_1} (u|f) \xrightarrow{w_2} (v|g) \rightarrow y$$

图 10.7　用于介绍 BP 算法原理的神经网络

(1) 正向传播：在进行误差反向传播之前，先进行正向传播，即将权重和节点值相乘，再将结果通过激活函数映射后传递给下一层。图 10.7 的正向传播结果如下：

$$u = w_1 x, v = w_2 f(u), y = g(v) \tag{10.5}$$

(2) 误差：设图 10.7 所示网络的期望输出为t，则平方误差为

$$E = \frac{1}{2}(t - y)^2 \tag{10.6}$$

(3) 反向传播：将误差以某种形式通过隐藏层向输入层逐层反向传播，并将误差分摊给各层的所有单元，使各层各单元将获得的误差信号作为修正各单元权值的依据。

误差 E 为 w_1、w_2 的函数，即 $E = E(w_1, w_2)$。为使 E 的取值最小，可通过梯度下降法对 w_1、w_2 进行更新。更新过程如下：

$$\begin{cases} w_1(k+1) = w_1(k) - \alpha \dfrac{\partial E}{\partial w_1} \\ w_2(k+1) = w_2(k) - \alpha \dfrac{\partial E}{\partial w_2} \end{cases} \tag{10.7}$$

其中，α 为梯度更新步长，也称为**学习率**(learning rate)，是一个人为设定的参数。记 $a = f(u)$。

由图 10.7 可得

$$E = E(u, v) = E(w_1, w_2) \tag{10.8}$$

其中，$u = w_1 x$，$v = w_2 a$。根据链式法则，可进一步得

$$\begin{cases} \dfrac{\partial E}{\partial w_1} = \dfrac{\partial E}{\partial u} \cdot \dfrac{\partial u}{\partial w_1} = x \dfrac{\partial E}{\partial u} \\ \dfrac{\partial E}{\partial w_2} = \dfrac{\partial E}{\partial v} \cdot \dfrac{\partial v}{\partial w_2} = x \dfrac{\partial E}{\partial v} \end{cases} \tag{10.9}$$

令 $\dfrac{\partial E}{\partial u} = s_1$，$\dfrac{\partial E}{\partial v} = s_2$ (称 s_1、s_2 为敏感系数)，式(10.9)进一步改写为

$$\begin{cases} \dfrac{\partial E}{\partial w_1} = s_1 x \\ \dfrac{\partial E}{\partial w_2} = s_2 a \end{cases} \tag{10.10}$$

将式(10.10)代入式(10.7)，得

$$\begin{cases} w_1(k+1) = w_1(k) - \alpha \cdot s_1 \cdot x \\ w_2(k+1) = w_2(k) - \alpha \cdot s_2 \cdot a \end{cases} \tag{10.11}$$

式中，等式右边只有敏感系数 s_1 和 s_2 未知，因此先计算 s_1 和 s_2 的表达式。由它们的定义式，可通过链式法则求出 s_1 和 s_2 之间的关系：

$$\begin{cases} s_1 = \dfrac{\partial E}{\partial u} = \dfrac{\partial E}{\partial v}\dfrac{\partial v}{\partial u} = s_2\dfrac{\partial v}{\partial u} \\ \dfrac{\partial v}{\partial u} = \dfrac{\partial (w_2 a)}{\partial u} = w_2\dfrac{\partial a}{\partial u} = w_2\dfrac{\partial f(u)}{\partial u} = w_2\dot{f}(u) \end{cases} \tag{10.12}$$

所以，由式(10.12)得 s_1 和 s_2 之间的关系为

$$s_1 = \dot{f}(u) \cdot w_2 \cdot s_2 \tag{10.13}$$

也就是说，到这一步只有 s_2 是未知的。下面推导 s_2 的表达式：

$$s_2 = \frac{\partial E}{\partial v} = \frac{\partial\left[\frac{1}{2}(t-y)^2\right]}{\partial v} = -(t-y)\frac{\partial y}{\partial v} = -(t-y)\frac{\partial g(v)}{\partial v} = (t-y)\dot{g}(v) \tag{10.14}$$

至此，从式(10.13)和式(10.14)看，s_1 和 s_2 的表达式均已推导出来，成为已知项。**注意**，s_2 的表达式中含有训练偏差 $t-y$，这至关重要。s_1 和 s_2 的表达式如下：

$$s_1 = \dot{f}(u) \cdot w_2 \cdot s_2 \Leftarrow s_2 = -\dot{g}(v) \cdot (t-y) \tag{10.15}$$

现在梳理一下权值的整个更新过程。BP 算法第 k 步迭代第 k+1 步的流程图如图 10.8 所示。

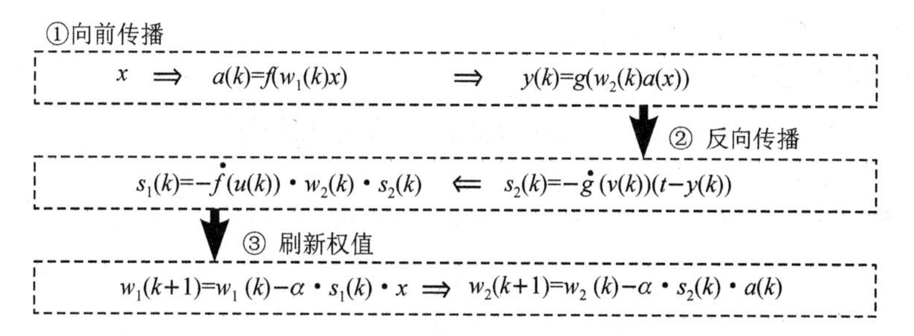

图 10.8　BP 算法第 k 步迭代至第 k+1 步的流程图

上面介绍的是图 10.7 所示网络的 BP 算法原理。当网络很复杂时，BP 算法的原理不变，只是其中导数(梯度)等表达式是矩阵形式的，需要较厚实的数学基础才能理解。

下面借助上述推导解释一下 BP 算法中的两个热词：梯度消失和梯度爆炸。

在权值更新公式中，当网络的层数很多(比如图 10.9 所示的四层网络)时，由链式法则，权重更新公式如下：

$$w_1(k+1) = w_1(k) - \alpha\frac{\partial E}{\partial w_1} = w_1(k) - \alpha\frac{\partial E}{\partial f_4} \cdot \frac{\partial f_4}{\partial f_3} \cdot \frac{\partial f_3}{\partial f_2} \cdot \frac{\partial f_2}{\partial f_1} \cdot \frac{\partial f_1}{\partial w_1} \tag{10.16}$$

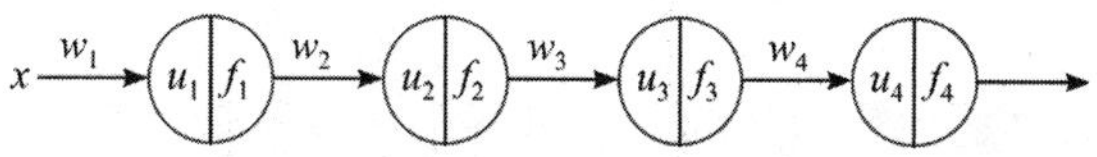

图 10.9　用于解释梯度消失和梯度爆炸的四层网络

对于一般 n 层网络，权值更新公式如下：

$$w_1(k+1)=w_1(k)-\alpha\frac{\partial E}{\partial w_1}=w_1(k)-\alpha\frac{\partial E}{\partial f_n}\bullet\frac{\partial f_n}{\partial f_{n-1}}\bullet\cdots\bullet\frac{\partial f_2}{\partial f_1}\bullet\frac{\partial f_1}{\partial w_1}\tag{10.17}$$

(1) 梯度爆炸：当导数链中的每个导数都大于 1 时，它们的乘积将会随网络层数的增加呈指数增长，这种情形称为梯度爆炸。梯度爆炸会导致网络不稳定，最好的结果是无法从训练数据中学习，最坏的结果是由于权重值为 NaN 而无法更新权重。

(2) 梯度消失：当导数链中的每个导数都小于 1 时，它们的乘积将会随网络层数的增加迅速趋于 0，这种情形称为梯度消失。梯度消失将导致 BP 算法迭代变慢，效率降低。

4) 激活函数

神经网络中的**激活函数**，是神经元模型内部的一个对输入向量($\boldsymbol{X}$)进行消化处理并产生输出值(y)的函数，是用来模拟生物神经元的工作模式的，它对接收到的外部信号进行消化处理并产生输出信号。

由 BP 算法原理知，激活函数至少应该满足以下几个条件：

- 可微性：因为优化方法是基于梯度的，所以这个性质是必需的。
- 单调性：当激活函数单调时，能够保证单层网络是凸函数。
- 输出值的范围：激活函数的输出值的范围可以有限，也可以无限。当输出值有限时，基于梯度的优化方法会更加稳定，因为特征的表示受有限权值的影响更加显著；当输出值无限时，模型的训练会更加高效，不过在这种情况下，一般需要更小的学习率。

(1) sigmoid 函数(又记为 logsig)。

sigmoid 函数表达式及图形见表 10.1。

表 10.1　sigmoid 函数表达式及图形

表　达　式	图　　形
$\text{sigmoid}(x)=\dfrac{1}{1+\mathrm{e}^{-x}}$	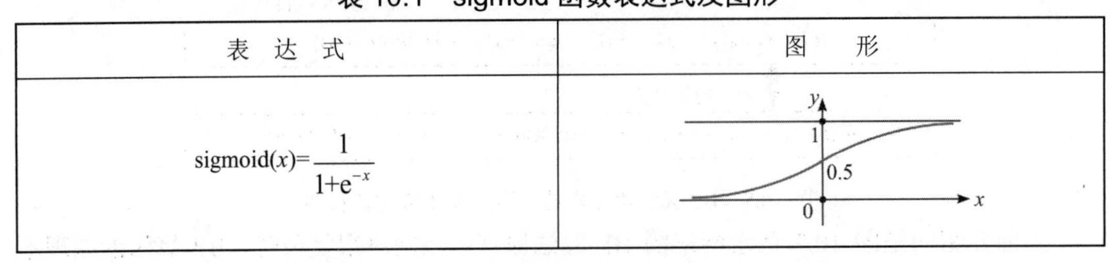

从表达式即知，sigmoid 函数具有以下特点。

优点：

① 函数无限光滑。

② sigmoid 函数的输出在(0,1)之间，输出范围有限，优化稳定。

缺点：

① $\text{sigmoid}'(x)=\text{sigmoid}(x)[1-\text{sigmoid}(x)]\leqslant 0.25$，故有梯度消失。

② 有偏移现象，即函数值的均值不为 0，会导致后层的神经元的输入是非 0 均值的信号，这会对梯度产生影响。

③ 因为 sigmoid 函数是指数形式的，所以网络计算复杂度高。

sigmoid 函数输出的是属于各类别的概率，因此常用于输出层，且用于二分类问题。

(2) 双曲正切函数：tanh(又记为 tansig)。

双曲正切函数表达式及图形见表 10.2。

表 10.2　双曲正切函数表达式及图形

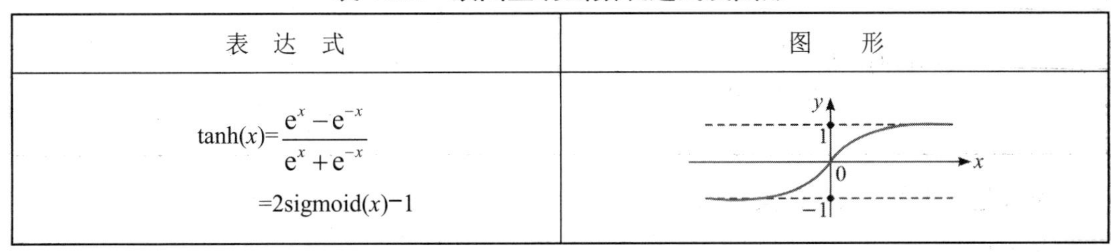

表　达　式	图　　形
$\tanh(x)=\dfrac{e^x-e^{-x}}{e^x+e^{-x}}$ $=2\text{sigmoid}(x)-1$	y, 1, 0, x, −1

从表达式即知，tanh 是 sigmoid 的改进版，具有以下特点。

优点：

① tanh 的梯度下降作用更强，因此它比 sigmoid 更受欢迎。

② 负输入将被映射为强负，零输入将被映射为接近零。

③ 没有偏移现象。

缺点：

① 如 sigmoid 一样，计算复杂度高。

② 因 $\tanh'(x)=1-\tanh^2(x)\leqslant 1$，故如 sigmoid 一样，tanh 也有梯度消失。

(3) SoftMax 函数。

SoftMax 并非一个函数，而是由 soft 和 max 两个变换构成的映射，其中：

① **soft 变换**：对上一层的输出，记为 z_1，z_2，…，z_n，取指数为 e^{z_1}，e^{z_2}，…，e^{z_n}。

② **max 变换**：对 e^{z_1}，e^{z_2}，…，e^{z_n} 归一化后取最大值。

SoftMax 原理如图 10.10 所示。

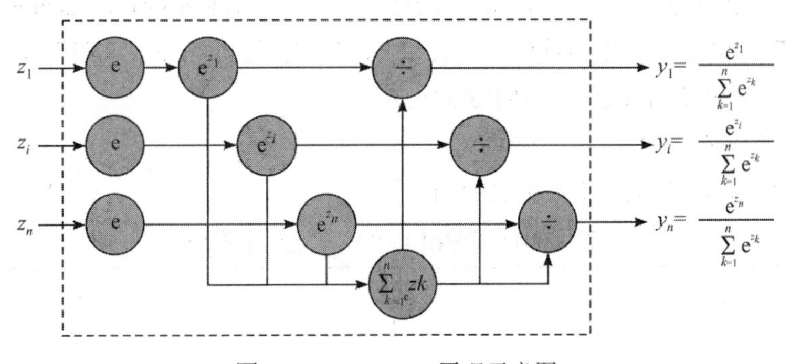

图 10.10　SoftMax 原理示意图

图 10.10 中，虚框内就是封装的 SoftMax 函数。上一层神经元的输出项 z_1，z_2，…，z_n 经 SoftMax 函数后输出 y_1，y_2，…，y_n，最后的决策 $y_{\max}=\max\{y_1, y_2, \cdots, y_n\}$。

SoftMax 函数是对 sigmoid 函数的推广：sigmoid 函数适用于二分类问题，SoftMax 函数则既能用于二分类，也能用于多分类。

(4) 整流线性单元(rectified linear unit，ReLU)。

ReLU 的表达式及图形见表 10.3。

表 10.3　ReLU 的表达式及图形

表达式	图形
$\text{ReLU}(x)=\begin{cases}x, & x>0\\ 0, & x\leqslant 0\end{cases}$	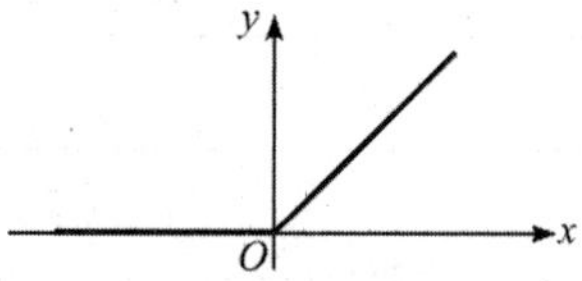

从表达式即知，ReLU 具有以下特点。

优点：

① 使用 ReLU 的 SGD 算法的收敛速度比使 sigmoid 和 tanh 函数的 SGD 算法的收敛速度快。

② ReLU 比 sigmoid 或 tanh 更积极地打开或关闭神经元。

③ 在 $x>0$ 的区域上，不会出现梯度爆炸和梯度消失的问题。

④ 计算复杂度低，不需要进行指数运算，只要一个阈值就可以得到激活值。

缺点：

① 由于负数部分恒为 0，因此会导致一些神经元无法激活，进而导致权重无法更新，这种现象称为“神经元死亡”。

② 有偏移现象。

(5) 参数化整流线性单元(parameterized rectified linear unit，PReLU)。

ReLU 是深度学习中最常使用的激活函数，但只适用于隐藏层。

ReLU 有一个大的缺陷：负值变为零，降低了模型正确训练数据的能力。

为了解决这个问题，产生了 ReLU 的各种改进版：渗漏整流单元(Leaky ReLU)、参数化整流线性单元(PReLU)、指数线性单元(ELU)、缩放指数线性单元(SELU)、级联整流线性单元(CReLU)、随机整流线性单元(RReLU)等。

下面介绍其中的参数化整流线性单元。

PReLU 的函数表达式及图形见表 10.4。

表 10.4　PReLU 的表达式及图形

表达式	图形
$f(x)=\begin{cases}ax, & x>0\\ bx, & x\leqslant 0\end{cases}$ (其中，$0<b<a$)	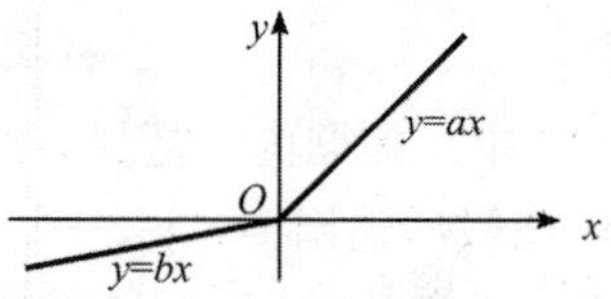

当 $a=1$，$b=0.01$ 时即为渗漏整流线性单元(leaky ReLU)。

从表达式即知，PReLU 具有以下特点。

优点：没有梯度消失，比 ReLU 更能加快训练速度。

缺点：有偏移现象。

如 ReLU 一样，PReLU(包括 leaky ReLU)也只能用于隐含层。

10.1.2　神经网络的极简入门

本节将对神经网络进行一个极简的入门介绍。

1. 坐标点所在象限的判别

如图 10.11 所示，已知四个数据点(1，1)、(−1，1)、(−1，−1)、(1，−1)分别属于Ⅰ、Ⅱ、Ⅲ和Ⅳ象限。这时候给一个新的坐标点，比如(2，2)，那么它应该属于哪个象限呢？

当然是第Ⅰ象限，但我们的任务是要让机器知道。该问题本质上是一个分类问题，四个象限就是四个类别，要判别坐标点(2，2)属于哪个类别。

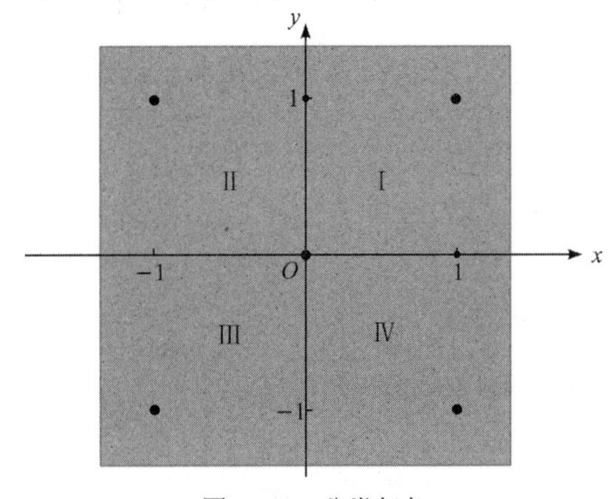

图 10.11　分类任务

2. 建立神经网络

因为两层神经网络已能解决复杂的分类问题，所以我们建立一个两层神经网络来解决坐标点所属象限的识别问题。为了说明激活函数在神经网络中的“灵魂”作用，首先给出没有赋以激活函数的网络，如图 10.12 所示。

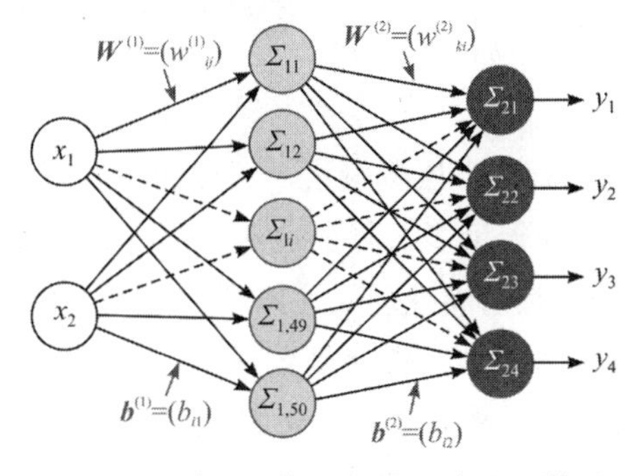

图 10.12　两层神经网络示意图(没有注入激活函数)

在图 10.12 所示的网络中，在隐藏层设置了 50 个神经元。建立神经网络的工作流程如下：

在图 10.12 所示的网络中，权重矩阵 $\boldsymbol{W}^{(i)}$和偏置向量 $\boldsymbol{b}^{(i)}$都是决策变量，$i=1$，2。

(1) 输入层：坐标值 $\boldsymbol{X}=(x_1, x_2)^{\mathrm{T}}$，是一个 2×1 的矩阵。

从输入层到隐藏层，连接输入层和隐藏层的是权重 $\boldsymbol{W}^{(1)}$和偏置项 $\boldsymbol{b}^{(1)}$。

(2) 隐藏层：神经元对传递过来的 $\boldsymbol{X}$ 进行聚合运算为，即

$$\boldsymbol{H}=\boldsymbol{W}^{(1)}\boldsymbol{X}+\boldsymbol{b}^{(1)} \tag{10.18}$$

其中，$\boldsymbol{W}^{(1)}=\left(w_{ij}^{(1)}\right)$是一个 50×2 的矩阵，偏置项 $\boldsymbol{b}^{(1)}=\left(b_{i1}\right)$是一个 50×1 的矩阵。

隐藏层聚合结果 $\boldsymbol{H}=\left(h_1, h_2, \cdots, h_{50}\right)^{\mathrm{T}}$ 是一个 50×1 的矩阵。

从隐藏层到输出层，连接隐藏层和输出层的是权重 $\boldsymbol{W}^{(2)}$和偏置项 $\boldsymbol{b}^{(2)}$。

(3) 输出层：神经元对传递过来的 $\boldsymbol{Z}$ 进行聚合运算，即

$$\boldsymbol{Y}=\boldsymbol{W}^{(2)}\boldsymbol{H}+\boldsymbol{b}^{(2)} \tag{10.19}$$

其中，$\boldsymbol{W}^{(2)}=\left(w_{ki}^{(2)}\right)$是一个 4×50 的矩阵，偏置项 $\boldsymbol{b}^{(2)}=\left(b_{i2}\right)$是一个 4×1 的矩阵。

将式(10.18)代入式(10.19)得

$$\boldsymbol{Y}=(\boldsymbol{W}^{(2)}\boldsymbol{W}^{(1)})\boldsymbol{X}+(\boldsymbol{W}^{(2)}\boldsymbol{b}^{(1)}+\boldsymbol{b}^{(2)})=\boldsymbol{W}\boldsymbol{X}+\boldsymbol{b} \tag{10.20}$$

其中，$\boldsymbol{W}=\boldsymbol{W}^{(2)}\boldsymbol{W}^{(1)}$，$\boldsymbol{b}=\boldsymbol{W}^{(2)}\boldsymbol{b}^{(1)}+\boldsymbol{b}^{(2)}$。

这样变换后，由式(10.20)我们发现，图 10.12 中的网络与图 10.13 所示的单层感知机完全等价。

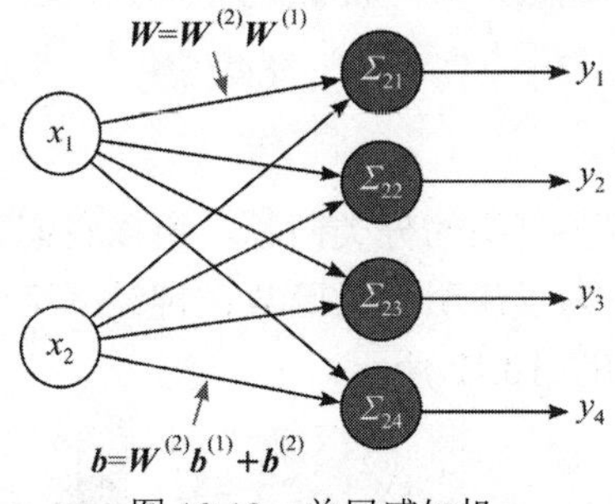

图 10.13 单层感知机

这样建立的神经网络无论有多少层隐藏层，每层无论有多少个神经元，最后都等价于图 10.13 所示的单层网络。这样无论多么复杂的神经网络都虚有其表、华而不实(因为功能上都等价于一个单层感知机)，且只能处理线性问题。如此，那神经网络还有何意义呢？

这个时候就需要向网络注入灵魂：**激活函数**。

图 10.12 中的神经网络注入了激活函数后如图 10.14 所示：隐藏层激活函数记为 f，输出层激活函数记为 g。那么，f 和 g 怎么选取呢？

因为使用 BP 算法训练网络，所以隐藏层激活函数选用 ReLU；输出层实际上输出的是“属于各象限的概率”，所以选用 SoftMax 函数。这样一个具体的网络就成形了，如图 10.15 所示。

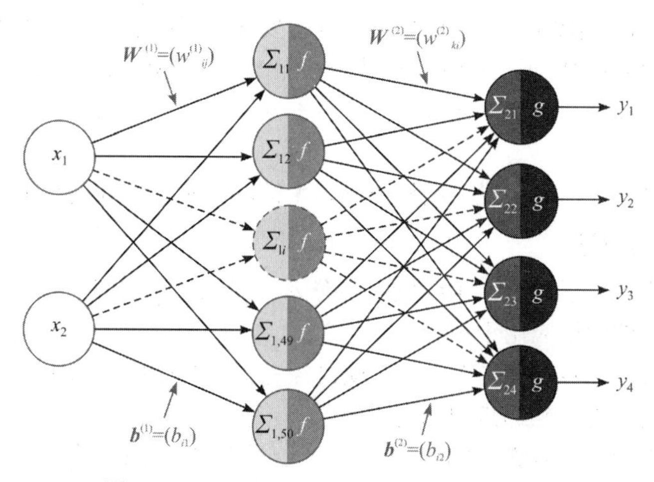

图 10.14　两层网络示意图(注入了激活函数)

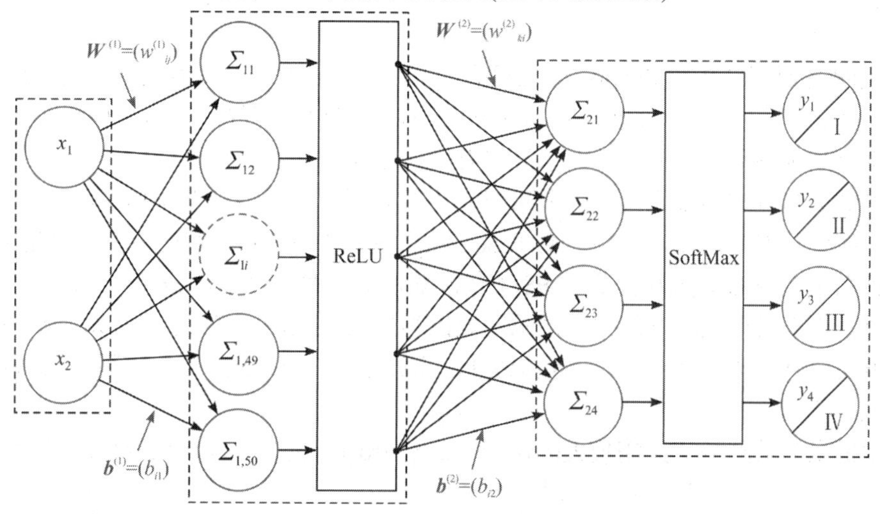

图 10.15　神经网络分解示意图

图 10.15 中，激活函数 ReLU 和 SoftMax 所在的层也称为**激活层**，如前所述，这是神经网络的灵魂。其本质是为聚合运算的结果添加一个非线性变换。

那激活函数具体是怎么计算的呢？

(1) 隐藏层。假设隐藏层聚合结果 $\boldsymbol{H}=(1,\ -2,\ 3,\ -4,\ 0.83,\ 0.92,\ -0.35,\ 7,\ \cdots)^{\mathrm{T}}$，经激活函数 ReLU 作用后结果 $\boldsymbol{S}=(1,\ 0,\ 3,\ 0,\ 0.83,\ 0.92,\ 0,\ 7,\ \cdots)^{\mathrm{T}}$，然后将 $\boldsymbol{S}$ 传递给输出层。

(2) 输出层。假设输出层将隐藏层传递过来的 $\boldsymbol{S}$ 聚合为 $\boldsymbol{Z}=(1.8,\ 5.2,\ 1.3,\ 1.7)^{\mathrm{T}}$，则通过激活函数 SoftMax 作用的过程为

$$\boldsymbol{Z}=\begin{bmatrix}1.8\\5.2\\1.3\\1.7\end{bmatrix}\xrightarrow{\text{exp}}\begin{bmatrix}6.0496\\181.2722\\3.6693\\5.4739\end{bmatrix}\xrightarrow{\text{归一化}}\boldsymbol{Y}=\begin{bmatrix}0.0308\\0.9227\\0.0187\\0.0279\end{bmatrix}\xrightarrow{\text{最大}}y_2=0.9227$$

需注意的是，每个隐藏层聚合运算之后都需要加一层激活层，否则该层就没有意义。

对输出项的解释：输出项 $\boldsymbol{y}_i/\boldsymbol{i}$ 中的 y_i 是坐标点 $\boldsymbol{X}=(x_1,x_2)^{\mathrm{T}}$ 属于第 i 象限的概率(i = Ⅰ，Ⅱ，Ⅲ，Ⅳ)，且由 SoftMax 原理知，$y_1+y_2+y_3+y_4=1$；若其中 y_k 最大，则坐标点 $\boldsymbol{X}=(x_1, x_2)^{\mathrm{T}}$ 就属于第 k 象限。

这就是神经网络输出的结果，按机器学习术语，可称之为预测结果。

3. 输出结果的衡量

如其他机器学习方法一样，神经网络也分为“训练”和“应用”两个步骤：先训练网络，然后将训练好的网络应用于预测。

如果是在“应用”步骤，则图 10.15 就已经完成整个过程了。在求得 $\boldsymbol{Y}$ 后，其分量最大者对应的类别就是当前坐标点归属的类别。

但是对于用于示意“训练”的网络，图 10.15 还不够。比如，上面说的“将训练好的网络应用于预测”，那么什么叫“训练好”？在图 10.15 中如何体现？这就是网络输出结果好坏的度量问题。

神经网络预测结果(SoftMax 给出的概率)与真实结果之间往往是有偏差的。比如，SoftMax 输出结果是(0.90，0.05，0.03，0.02)，而真实结果却是(1，0，0，0)。虽然 SoftMax 输出结果可以正确分类，但与真实结果也有明显差异。

预测结果与真实结果之间的偏差可以用来衡量网络的优劣：偏差越小，网络越好；偏差越大，网络越差。为此，我们需要将 SoftMax 输出结果的好坏程度做一个“量化”。

一种简单直观的量化方法是：1-SoftMax 输出的概率。比如，$1-0.9=0.1$。

不过，更为常用且巧妙的方法是求**对数的相反数**(也称为**负对数**)。例如，0.9 的负对数为 $-\ln 0.9=0.1054$。可以想象，概率越接近 1，其负对数就越接近于 0，预测结果也就越接近真实结果。

概率的负对数称为**交叉熵损失**(cross entropy error)。我们训练神经网络的目的就是尽可能地减少这个交叉熵损失。

这就需要在图 10.15 所示的网络中增加一个“交叉熵损失”层，相应网络如图 10.16 所示。

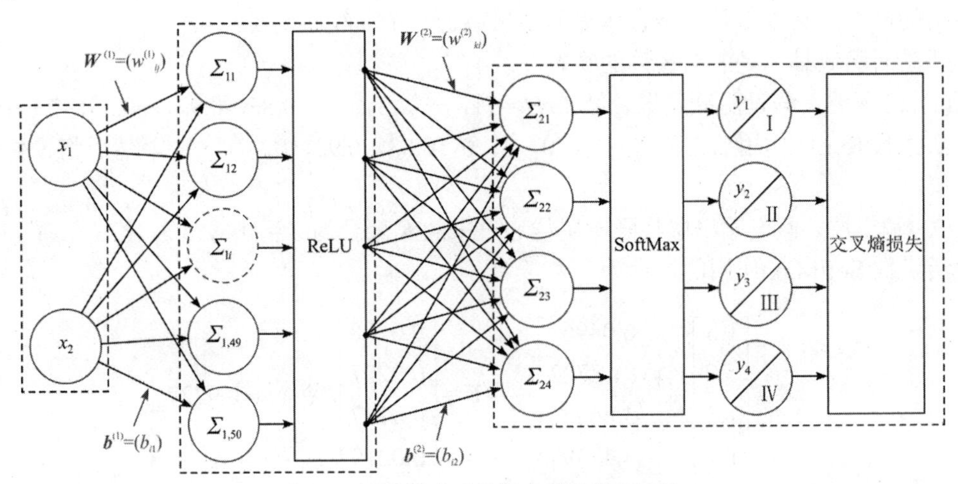

图 10.16 计算交叉熵损失后的神经网络

4. 网络训练

网络训练就是应用 BP 算法反复迭代优化参数的过程。

上述例子中，第一次 SoftMax 输出的最大概率是 0.9，交叉熵损失值是 0.1054，将该损失值反向传播，BP 算法对 $\boldsymbol{W}^{(1)}$，$\boldsymbol{b}^{(1)}$，$\boldsymbol{W}^{(2)}$，$\boldsymbol{b}^{(2)}$进行相应调整；再做第二次运算，此时 SoftMax 输出的最大概率可能就提高到了 0.92，相应的损失值下降为 0.0834；依次类推，损失值越来越小，直到我们满意为止(损失值小到我们设定的阈值为止)。

这样我们就得到了理想的 $\boldsymbol{W}^{(1)}$，$\boldsymbol{b}^{(1)}$，$\boldsymbol{W}^{(2)}$，$\boldsymbol{b}^{(2)}$，网络训练完成，可用来解决问题了。

此时若输入任意一组坐标，则利用图 10.15 或图 10.16 所示的流程，就能得到分类结果。

10.1.3 神经网络的 Python 实现

神经网络也是一类既能用于分类又能用于回归的机器学习方法。基于 Python 的神经网络实现模块比较多，我们主要介绍机器学习库的神经网络模块 sklearn.neural_network，其中的分类器是 MLPClassifier，回归器是 MLPRegressor。因为回归器的调用方法和主要参数与分类器几乎无差别，所以我们仅介绍分类器的用法。

MLPClassifier 使用 LBFGS 或随机梯度下降优化对数损失函数(即交叉熵损失)，其主要参数及其含义见表 10.5。

表 10.5 分类器的主要参数及其含义

<table>
<tr><td rowspan="3">MLPClassifier(hidden_layer_sizes=(100,),
activation='relu',
solver='adam',)</td><td>主要输入参数：
(1) hidden_layer_sizes：隐藏层神经元的数量。
(2) activation：激活函数，取值有四个，分别为“identity”“logistic”“tanh”“relu”，默认值是“relu”。
(3) solver：求解器，取值有三个，分别为“lbfgs”“sgd”“adam”</td></tr>
<tr><td>主要输出项：
(1) classes_：类别标签。
(2) loss_：由损失函数计算所得的当前损失。
(3) loss_curve_：损失曲线</td></tr>
<tr><td>主要方法：
(1) fit(X，y)：训练。
(2) get_params()：获取网络训练好的参数。
(3) predict(X)：使用 MLP 进行预测。
(4) predict_proba(X)：进行概率估计。
(5) score(X，y)：返回给定测试数据和标签上的平均准确度</td></tr>
</table>

下面举例说明输入参数对模型精度的影响。

【例 10.1】 已知四个点(1，1)、(−1，1)、(−1，−1)、(1，−1)分别属于Ⅰ、Ⅱ、Ⅲ和Ⅳ象限。试根据这四个点所属的象限信息判别点(2，2)属于哪个象限。

【问题分析】 四个象限就是四个类别，所以本例是一个分类问题，应用分类器求解。

【求解流程】

首先，输入四个点及所属象限的数据，并输入待识别点。

其次，建立神经网络分类模型，参数设置为 hidden_layer_sizes=(20，10)，样本数据太少，隐藏层的神经元个数适当设置大一点，以提高模型精度，其他参数按默认值设定。

然后，应用 fit 方法训练模型。

最后，将训练好的模型应用于识别点的象限。

【求解结果】 点(2，2)属于第 I 象限。

【求解程序】 本例求解程序如下：

```
#%% 例 10.1 ~ 坐标点所属象限识别问题
# 1. 导入分类器
from sklearn.neural_network import MLPClassifier
# 2. 输入数据
# 2.1 自变量
X = [[ 1,    1], [-1,    1], [-1, -1], [ 1, -1]]
# 2.2 类别标签
y = [1, 2, 3, 4]
# 2.3 待识别点
x_new = [[2,2]]
# 3. 分类流程
# 3.1 建模：按默认参数建模
model = MLPClassifier(hidden_layer_sizes=(5, 2))
# 3.2 训练
model.fit(X, y)
# 3.3 预测
y_new = model.predict(x_new)
```

【实验 10.1】 黄河含沙量与时间、水位、水流量的关系分析。

黄河是中华民族的母亲河。研究黄河水沙通量的变化规律对沿黄流域的环境治理、气候变化、人民生活，以及黄河流域水资源分配、人地关系协调、调水调沙、防洪减灾等方面都具有重要的理论指导意义。数据集文件“实验 10.1-黄河含沙量时间水位流量数据.xlsx”中的“黄河水文数据”表给出了位于小浪底水库下游黄河某水文站自 2016 年 1 月 1 日 0 时至 2021 年 12 月 31 日 8 时这 6 年的时刻、水位、水流量与含沙量的实际监测数据，共有 2154 条记录，其中前六条记录见表 10.6。

表 10.6 黄河水文数据

时 间	水 位/m	流 量/(m^3/s)	含 沙 量/(kg/m^3)
2016-01-01 00：00：00	42.79	357	0.825
2016-01-01 08：00：00	42.8	363	0.796
2016-01-02 08：00：00	42.78	351	0.84
2016-01-03 08：00：00	42.76	340	0.672
2016-01-04 08：00：00	42.7	304	0.651
2016-01-05 08：00：00	42.73	321	0.693

试建立该水文站黄河含沙量与时间、水位、水流量的关系模型，预测数据集中“待预测数据”表中给出的这段时间内另外一些时刻的水位和水流量对应的含沙量。

【实验过程】

首先，对数据集进行预处理。

(1) 将时间型数据变换为实数，在 Excel 中完成。

(2) 对时间型数据数值化后合并两张表中的时间、水位和水流量数据。

(3) 将合并后的时间、水位和水流量三个变量施行 MinMaxScaler 标准化，将三个变量的数据压缩至[0，1]区间。

然后，建立神经网络模型进行回归分析。

(1) 建模：参数设置为 hidden_layer_sizes=(600，150)，random_state=42。

(2) 训练：应用模型的 fit()方法训练模型。

(3) 评估：应用模型的 score()方法计算模型的可决系数。

最后，应用评估后的模型对“待预测数据”进行预测。

【实验结果】

(1) 模型评估结果。

① 训练集与测试集得分见表 10.7。

表 10.7 模型评估结果

评估集	训练集	测试集
可决系数	0.6091	0.6086

② 观测值与预测值的对比见图 10.17。

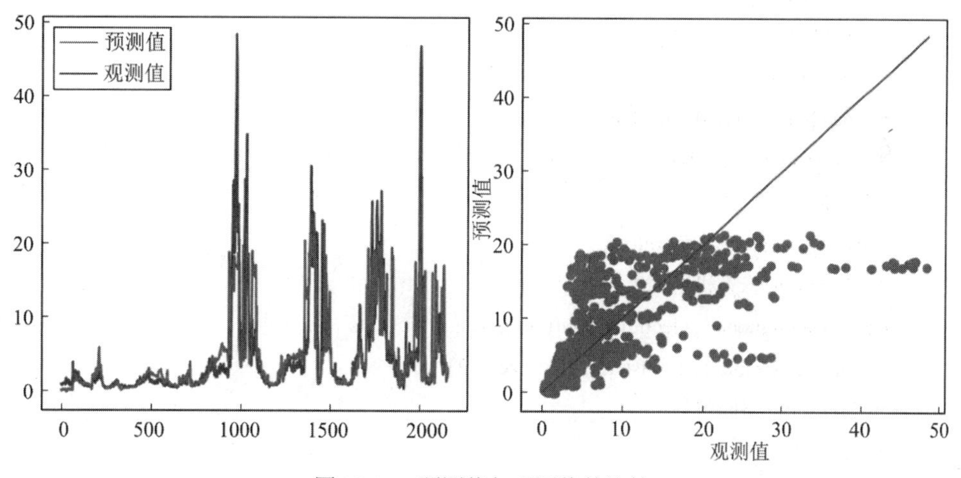

图 10.17 预测值与观测值的比较

从图 10.17 中可以看出，黄河含沙量的原始数据比较奇异，导致模型精度一般(也就是表 10.7 中的可决系数仅 0.6，不够优秀)。

(2) 预测。

应用神经网络回归模型对表“待预测数据”中数据对应的含沙量进行预测，结果见表 10.8(仅显示前后各三条信息)。

表 10.8 预 测 结 果

时 间	水 位/m	流 量/(m^3/s)	含 沙 量/(kg/m^3)
2016-01-01 04：00：00	42.8	363	0.018 431 5
2016-01-01 12：00：00	42.81	368	0.028 355 5
2016-01-01 14：00：00	42.84	384	0.062 280 5
…	…	…	…
2021-12-31 12：00：00	43.1	1120	3.057 23
2021-12-31 16：00：00	43.09	1110	3.023 25
2021-12-31 20：00：00	43.07	1070	2.853 02

【实验程序】 实验 10.1 的程序如下：

```
#%% 实验 10.1-黄河含沙量与时间、水位、流量关系分析
## 1. 关于数据
# 1.1 读入数据
import pandas as pd
file = r"..\第 10 章\实验 10.1-黄河含沙量时间水位流量数据.xlsx"
data = pd.read_excel(file)
# 1.2 标准化时间、水位、水流量
X0 = data.iloc[:,:-1]
from sklearn.preprocessing import MinMaxScaler
scaler = MinMaxScaler()
X1 = scaler.fit_transform(X0)
# 1.3 提取自变量 y、因变量 X
import numpy as np
y = data[data.iloc[:,-1]>0].iloc[:,-1]
X = X1[data.iloc[:,-1]>0]
# 1.4 提取预测集
xnew = X1[np.isnan(data.iloc[:,-1])]
# 1.5 分割训练集和测试集
from sklearn.model_selection import train_test_split as tts
xtrain,xtest,ytrain,ytest = tts(X,y, test_size=0.3)
## 2. 神经网络回归分析
# 2.1 建模
from sklearn.neural_network import MLPRegressor
model = MLPRegressor(hidden_layer_sizes=(600,150), random_state=42)
# 2.2 训练
model.fit(xtrain,ytrain)
# 2.3 评估
# 2.3.1 训练集评估
```

```
score_train = model.score(xtrain, ytrain)
# 2.3.2 测试集评估
score_test  = model.score(xtest,  ytest)
## 3. 对比观测值与预测值
ypred = model.predict(X)
import matplotlib.pyplot as plt
plt.rcParams['font.sans-serif'] = 'kaiti'
plt.rcParams['axes.unicode_minus'] = False
plt.figure(figsize=(10,5), dpi=150)
plt.subplot(1,2,1)
plt.plot(np.array(y),      color='b', label='观测值')
plt.plot(ypred, color='r', label='预测值')
plt.legend()
plt.subplot(1,2,2)
y_sorted = sorted(y)
idx = np.argsort(y)
plt.scatter(y_sorted, ypred[idx])
plt.plot([0,max(y)],[0,max(y)], color='r')
plt.xlabel('观测值', fontsize=11)
plt.ylabel('预测值', fontsize=11)
plt.suptitle('预测值与观测值的比较', fontsize=14)
plt.tight_layout()
## 4. 预测
ynew = model.predict(xnew)
```

10.2　深 度 学 习

当前流行的深度学习框架主要有：① TensorFlow，由 Google 开发并维护，支持静态图与动态图的执行模式，具有丰富的生态系统和社区支持；② PyTorch，由 Facebook 的 AI 研究团队开发，以其灵活的动态计算图和直观的 Python 接口受到开发者的喜爱；③ MXNet，由亚马逊 AWS 深度参与开发，具备高效能与灵活性，特别适用于大规模分布式训练；④ PaddlePaddle，百度研发的深度学习框架，在中国市场应用广泛。

我们主要介绍基于 PyTorch 的深度学习方法。

10.2.1　PyTorch 介绍

PyTorch 是一个基于 Torch 的 Python 开源机器学习库，也是简洁优雅、灵活易用、高效快速、功能强大的深度学习框架，已广泛应用于各种场景，如计算机视觉、自然语言处理、图像分类、目标检测、文本分类等。

PyTorch 的神经网络模块有两个：torch.nn 和 torch.nn.functional。两个模块都包含了前沿的深度学习模型，差别在于 torch.nn 下的都是层(layer)，参数都是经过训练得到；torch.nn.functional 下的都是函数，其参数可以人为设置。两个模块中的深度学习模型依然在快速地更新迭代中。在介绍这些模型的使用方法前，需要先了解一下 PyTorch 的主要特点，并学习其中的一些基本概念。

1. PyTorch 的特点

PyTorch 之所以功能强大、灵活易用，是因为它具有以下几个特点：

(1) 动态计算图：PyTorch 使用动态计算图，这意味着在模型训练过程中可以实时地进行计算图的构建和修改。这种灵活性使得 PyTorch 在处理复杂模型和动态数据时更加方便。

(2) GPU 加速：PyTorch 提供了对图形处理器(GPU)的原生支持，可以利用 GPU 的并行计算能力加速模型的训练和推理过程。使用 PyTorch，开发者可以轻松地将模型和数据迁移到 GPU 上进行加速计算。

(3) 简洁易用的 API：PyTorch 的 API 设计简洁易用，使开发者可以更快地搭建和调试模型。它提供了丰富的高级接口和模块，也允许用户以更底层的方式进行模型定义和操作。

(4) 强大的动态图优化：PyTorch 使用了一些优化技术，如自动微分、梯度裁剪和异步计算等，以提高计算效率和模型训练的稳定性。

(5) 大型生态系统：PyTorch 拥有一个庞大的生态系统，包括许多开源的库和工具，比如 Torchvision、Torchtext、Torchaudio，它们可以帮助开发者更方便地处理图像、文本和音频等。

(6) 兼容性：PyTorch 与 Python 生态系统紧密集成，并且与其他流行的 Python 库(如 NumPy 和 Pandas)兼容。这使得在 PyTorch 中使用现有的 Python 工具和库变得更加容易。

(7) 良好的可视化工具：PyTorch 提供了一些可视化工具，如 torchvision.utils.make_grid 和 TensorBoardX 等，它可以帮助开发者更好地理解和分析模型的训练过程和结果。

(8) 支持动态图追踪：PyTorch 可以将训练好的模型转换为 Torch 脚本或 Torch 模型，以便在没有 Python 环境的情况下进行推理。这为部署和移植模型提供了便利。

(9) 高度可扩展性：PyTorch 的设计理念是模块化和可扩展的，它允许用户自定义和扩展各种组件，如损失函数、优化器和数据加载器等，以满足各种特定需求。

PyTorch 的上述特点意味着它能够构建和训练复杂的深度学习模型，可以处理大规模的数据集。当前 PyTorch 仍在不断发展、持续更新之中。

2. 基本概念

1) 张量

张量(tensor)是 PyTorch 的核心组件，它是一个多维数组，可以用于存储和处理数据。PyTorch 的张量形式上与 NumPy 的数组类似，但具有比 NumPy 数组更丰富和更强大的功能，比如 GPU 加速、自动微分等功能。

在 PyTorch 中，张量的定义语句示例如下：

```
import torch
```

```
a = torch.ones((r,c))  # 生成一个 r 行 c 列的全 1 张量
b = torch.zeros((s,r,c))  # 生成一个 s 层、每层为 r 行 c 列的全 0 张量
c = torch.tensor([[2,3],[2,4]])  # 生成一个 2 行 2 列的张量
d = torch.tensor([[3,5],[4,1]])  # 生成一个 2 行 2 列的张量
e = c*d  # 张量的位乘法
print('{}*{}={}'.format(c,d,e))
```

上述语句中，将 torch 改为 numpy，tensor 改为 array，是否有种“原来如此”的顿悟！

2) 动态计算图

PyTorch 使用动态计算图(dynamic computational graph)，这与 TensorFlow 等框架的静态计算图不同。

动态计算图的特点是运算与网络搭建同时进行，这意味着在运行时可以修改计算图，从而允许更灵活的模型构建和调试。相比搭建网络结构时关注每一层的计算方式，计算图的主要视角是数据节点。动态图中的反向传播示意图如图 10.18 所示。

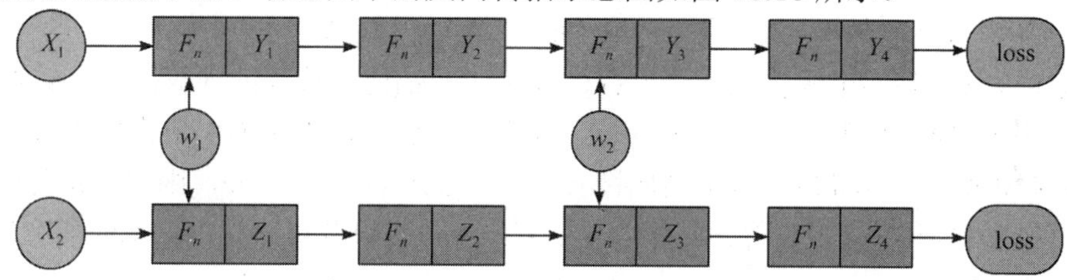

图 10.18 动态图中的反向传播示意图

图 10.18 中的 X_1 和 X_2 是两组输入数据，w_1 和 w_2 是网络的权重，Y 和 Z 是计算的中间结果，F_n 是得到中间结果的计算操作。

训练网络的目的是更新 w_1 和 w_2 的值，因此需要计算 loss 关于 w_1 和 w_2 的梯度，为了得到关于 w_1 和 w_2 的梯度，需要依次计算 loss 关于中间结果 Y 和 Z 的梯度。动态计算图就是这样，在程序前向传播的过程中构建起来而主要又是用来进行反向传播的。

使用 PyTorch 创建动态计算图，包括输入张量、各种层、激活函数、损失函数等。程序范本示意如下：

```
import torch
# 创建输入张量
input = torch.randn(10, 3, 224, 224)
# 创建卷积层(在卷积神经网络中介绍各输入项的含义)
conv1 = torch.nn.Conv2d(3, 64, kernel_size=3, stride=1, padding=1)
# 创建激活函数
relu = torch.nn.ReLU()
# 创建全连接层
fc = torch.nn.Linear(64 * 64 * 2, 10)
# 创建损失函数：以交叉熵损失建立损失函数
criterion = torch.nn.CrossEntropyLoss()
# 创建卷积网络模型
```

```
model = torch.nn.Sequential(conv1, relu, conv1, relu, conv1, relu, fc)
# 定义优化器
optimizer = torch.optim.Adam(model.parameters(), lr=0.001)
# 训练模型
for epoch in range(max_epochs):
    for inputs, targets in dataloader:
        optimizer.zero_grad()
        outputs = model(inputs)   # model=前面建立的卷积网络模型
        loss = criterion(outputs, targets)   # 计算损失
        loss.backward()   #
        optimizer.step()
```

3) 自动微分

PyTorch 支持自动微分(automatic differentiation)，可以方便地计算张量的梯度，这为构建和训练深度学习模型提供了便利。PyTorch 自动微分机的基本原理主要有两点：① 跟踪并记录从输入张量到输出张量的计算过程，并生成一幅前向传播的计算图，计算图中的节点与张量一一对应；② 基于计算图反向传播原理即可链式地求解输出节点关于各节点的梯度。简单来说就是，若将某 tensor 的属性.requires_grad 设置为 True，则 Torch 会跟踪针对该 tensor 的所有操作。完成计算后，可以调用.backward()来自动计算该张量的所有梯度，并记录在.grad 属性中。

PyTorch 的自动微分示例：

```
import torch
dtype = torch.float
device = torch.device("cpu")
# device = torch.device("cuda:0") # 取消注释以在 GPU 上运行
# N 是批量大小，D_in 是输入维度，H 是隐藏层维度，D_out 是输出维度
N, D_in, H, D_out = 64, 1000, 100, 10
# 创建随机输入和输出数据
x = torch.randn(N, D_in, device=device, dtype=dtype)
y = torch.randn(N, D_out, device=device, dtype=dtype)
# 随机初始化权重
w1 = torch.randn(D_in, H, device=device, dtype=dtype, requires_grad=True)
w2 = torch.randn(H, D_out, device=device, dtype=dtype, requires_grad=True)
learning_rate = 1e-6
for t in range(500):
# 前向传播：使用 tensors 上的操作计算预测值 y;
# 由于 w1 和 w2 设置有 requires_grad=True，涉及这些张量的操作 PyTorch 将构建计算图，
# 从而允许自动计算梯度。
y_pred = x.mm(w1).clamp(min=0).mm(w2)
```

```
# loss 是一个形状为(1,)的张量，loss.item()得到这个张量对应的 Python 数值
loss = (y_pred - y).pow(2).sum()
print(t, loss.item())
# 使用 autograd 计算反向传播。这个调用将计算 loss 对所有 requires_grad=True 的 tensor
# 的梯度。这次调用后，w1.grad 和 w2.grad 将分别是 loss 对 w1 和 w2 的梯度张量。
loss.backward()
# 使用梯度下降更新权重。对于这一步我们只想对 w1 和 w2 的值进行原地改变，不想为更
# 新阶段构建计算图，所以我们使用 torch.no_grad()上下文管理器防止 PyTorch 为更新构建
计算图
with torch.no_grad():
w1 -= learning_rate * w1.grad
w2 -= learning_rate * w2.grad
# 反向传播后手动将梯度设置为零
w1.grad.zero_()
w2.grad.zero_()
```

4) GPU 加速

PyTorch 可以利用 GPU 加速(GPU acceleration)，这意味着它可以处理大规模的数据集和复杂的深度学习模型。首先查看 GPU 是否可用：

```
device = torch.device("cuda" if torch.cuda.is_available() else "cpu")
```

若可用，则使用 tensor.to(device)方法转换到 GPU 进行加速。示例：

```
# 将 tensor 转入 GPU 示例：
x_train,y_train,x_valid,y_valid = map( torch.tensor, (x_train,y_train,x_valid,y_valid) )
x_train = x_train.to(device)
y_train = y_train.to(device)
x_valid = x_valid.to(device)
y_valid = y_valid.to(device)
# 模型也需转入 GPU：
model = model.to(device)
```

结束 GPU 计算后，必须切回 CPU 模式才能进行相应的 numpy 等计算，切换格式为

```
tensor.cpu()
```

示例如下：

```
a = 100. * train_r[0].cpu().numpy() / train_r[1]
print(a)
```

3. 分类与回归

如经典监督学习有分类和回归一样，深度学习中的监督学习也有分类和回归两种。与经典监督学习方法不同的是，PyTorch 中不再分为分类器和回归器，分类和回归的不同仅仅

在于损失函数的选择，而其他框架是一致的。

1) 分类任务的常用损失函数

(1) torch.nn.CrossEntropyLoss 或 torch.nn.functional.cross_entropy：交叉熵损失，用于多类别的分类任务，通常是最后一层为 SoftMax 输出的情况。

(2) torch.nn.BCEWithLogitsLoss 或 torch.nn.functional.binary_cross_entropy_with_logits：二元分类任务，适用于 sigmoid 激活函数后的输出。

(3) torch.nn.MultiLabelSoftMarginLoss：多标签分类，允许单个样本属于多个类别。

2) 回归任务的常用损失函数

(1) torch.nn.MSELoss 或 torch.nn.functional.mse_loss：均方误差(L2Loss)。

(2) torch.nn.L1Loss 或 torch.nn.functional.l1_loss：平均绝对误差(L1Loss)。

(3) torch.nn.SmoothL1Loss 或 torch.nn.functional.smooth_l1_loss：平滑 L1 损失，对于离群点有较强的鲁棒性。

还有其他一些损失函数，详见 torch.nn 或 torch.nn.functional 两个模块的 loss functions 部分。此外，由于技术不断地更新迭代，PyTorch 中的损失函数也在不停地新增或优化之中。

10.2.2　循环神经网络

1982 年，Hopfield 提出了霍普菲尔德网络(Hopfield network)，这是最早能够处理动态和循环信息的神经网络模型之一，被认为是循环神经网络(recurrent neural network，RNN)的开端。1986 年，Elman 在其论文中介绍了 Elman 网络，这是一种简单的循环神经网络结构，它通过在隐藏层引入循环连接来处理序列数据，允许信息在网络内部循环传递并影响后续时间步的计算。

2000 年，随着计算能力的提升和大数据时代的到来，以及诸如 Hinton 等人对深度学习研究的推动，RNN 及其变种(包括 LSTM、GRU 等)开始在众多领域崭露头角，特别是在自然语言处理、机器翻译、文本生成、情感分析、语音识别、视频分析等领域取得了显著成果。后来经过不断迭代优化，RNN 已成为处理序列数据和进行时间建模的核心技术之一，在人工智能和深度学习领域扮演着至关重要的角色。

1. 一般循环神经网络

1) 定义

循环神经网络是一类以序列数据为输入，在序列的演进方向进行递归，且所有神经元按链式连接的递归神经网络。简易图示如图 10.19 所示。

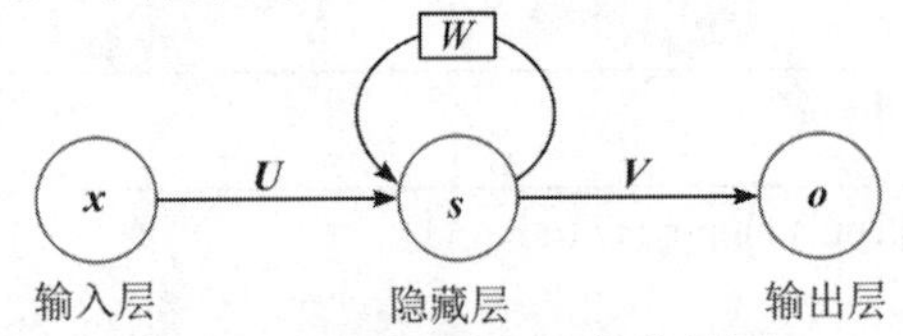

图 10.19　循环神经网络简易图

通过简易图 10.19，我们看到循环神经网络比传统的神经网络多了一个循环圈——隐藏层的循环单元，这个循环单元表示的就是在下一个时间步(time step)上会返回作为输入的一部分。把循环单元在时间点上展开，得到的示意图如图 10.20 所示。

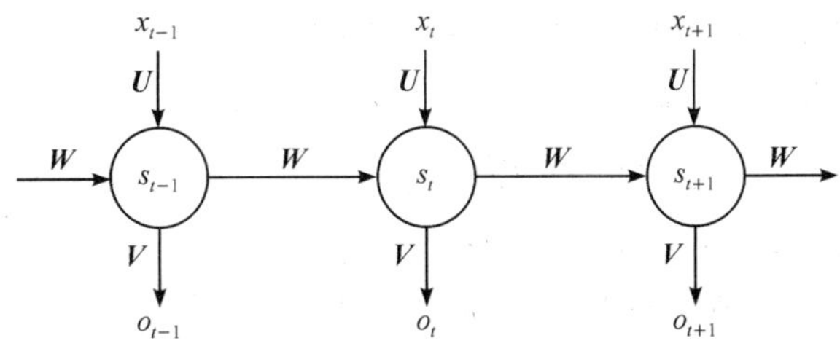

图 10.20 循环单元按时间展开后的结构

从图 10.20 可清晰地看到，循环神经网络在每一个时刻会有一个输入 x_t，然后根据循环神经网络当前的状态 $\boldsymbol{s}_t$ 提供一个输出 o_t。而 s_t 是根据上一时刻的状态 s_{t-1} 和当前时刻的输入 x_t 所共同决定的。由图 10.20 易得循环单元工作机制的数学模型为

$$o_t = g(\boldsymbol{V} \times s_t) \tag{10.21}$$

$$s_t = f(\boldsymbol{U} \times x_t + \boldsymbol{W} \times s_{t-1}) \tag{10.22}$$

式(10.21)是输出层的计算公式，输出层是一个全连接层，也就是它的每个神经元都和隐藏层的每个神经元相连。其中，$\boldsymbol{V}$ 是输出层的权重矩阵，g 是激活函数。式(10.22)是隐藏层(循环层)的计算公式。其中，$\boldsymbol{U}$ 是输入 $\boldsymbol{x}$ 的权重矩阵，$\boldsymbol{W}$ 是上一次的值作为这一次的输入的权重矩阵，f 是激活函数。循环层和全连接层的区别就是循环层多了一个权重矩阵 $\boldsymbol{W}$。下述三式是循环单元迭代两步的模型：

$$\begin{aligned} o_t &= g(\boldsymbol{V} \times s_t) \\ &= \boldsymbol{V} \cdot g(f(\boldsymbol{U} \times x_t + \boldsymbol{W} \times \boldsymbol{s}_{t-1})) \\ &= \boldsymbol{V} \cdot g(f(\boldsymbol{U} \times x_t + \boldsymbol{W} \times f(\boldsymbol{U} \times x_{t-1} + \boldsymbol{W} \times s_{t-2}))) \\ &= \cdots \end{aligned}$$

循环神经网络的概念决定了它具有下述几个特性：

(1) 具有记忆性：循环单元会记忆之前的信息，并和当前输入一起影响后面的输出。

(2) 参数共享：循环神经网络的参数在整个网络的不同时刻都是共享的。

上述特性表明，循环神经网络在对时间序列的非线性特征进行学习时具有明显的优势，借助这一优势循环神经网络在 21 世纪初发展为深度学习算法之一。

2) PyTorch 实现

PyTorch 中建立循环神经网络的类是 RNN，主要参数及其含义见表 10.9。

表 10.9 RNN 的主要参数及其含义

<table>
<tr><td rowspan="2">torch.nn.RNN(input_size,
hidden_size,
num_layers=1,
nonlinearity='tanh',
bias=True,
batch_first=False)</td><td>输入参数：
(1) input_size 表示输入项 x 中特征的数量。
(2) hidden_size 表示隐状态 h 中特征的数量。
(3) num_layers 表示循环网络的层数。
(4) nonlinearity 表示激活函数，取值为“tanh”或“relu”。
(5) bias 表示是否需要设置偏置权重，默认值为 True。
(6) batch_first 表示若值为 False，则输入和输出 tensor 的 shape 为(seq，batch，feature)；若值为 True，则为(batch，seq，feature)</td></tr>
<tr><td>输出项：
(1) output 表示 RNN 最后一层的输出特征。
(2) h_n 表示包含批处理中每个元素的最终隐藏状态</td></tr>
</table>

将具有 tanh 或 ReLU 非线性的多层 Elman RNN 应用于输入序列。当激活函数是 tanh 时，对于输入序列中的每个元素、每个层计算以下函数：

$$h_t = \tanh(x_t W_{ih}^{\mathrm{T}} + b_{ih} + h_{t-1} W_{hh}^{\mathrm{T}} + b_{hh}) \tag{10.23}$$

其中，h_t是 t 时刻隐藏层状态，x_t是 t 时刻输入，h_{t-1}是前一层 t−1 时刻或初始层 0 时刻的状态。若激活函数是 ReLU，则式(10.23)中 tanh 用 ReLU 代替。

深度学习与经典机器学习方法在实现上有很大的不同，且难度有陡峭的增加。下面我们用一个简单的实验来说明如何使用 PyTorch 构建 RNN 模型，在实验程序中详细注释每个语句的含义，以快速提升循环网络的应用能力。

【实验 10.2】 设 t：t_1，t_2，…，t_n是一列时间，构造正弦函数和余弦函数时间序列为

$$\begin{aligned} &\sin t : \sin t_1,\ \sin t_2,\ \cdots,\ \sin t_n \\ &\cos t : \cos t_1,\ \cos t_2,\ \cdots,\ \cos t_n \end{aligned} \tag{10.24}$$

我们的目的是通过正弦函数值来预测余弦函数值。

由关系$\sin^2 x + \cos^2 x = 1$知，式(10.24)中正弦函数值序列和余弦函数值序列之间并非一一对应的关系。传统的神经网络不再适用于这种同一个输入可能对应多个输出的情况。

下面我们通过构造 RNN 模型来学习正弦函数与余弦函数之间的映射关系，然后通过正弦函数值来预测对应的余弦函数值。

这是一个回归问题。基于 PyTorch 来构建 RNN 回归模型，RNN 网络的超参数设置为 1 个输入神经元(input_size=1)、20 个隐藏神经元(hidden_size=20)、1 个输出神经元(output_size=1)、批数据量为 5(batch_size=5)，以均方误差(nn.MSELoss)作为损失误差，使用 Adam 优化算法来训练 RNN 网络。完整程序如下(程序较长，有 180 余行，这是深度学习必须要过的难关。在程序中我们给予了详细的注解，以让大家快速入门。本程序可以作为 RNN 回归模型的范本)：

```
#%% 实验 10.2-通过正弦值预测余弦值
#### 1. 建立 RNN 回归模型类-以 RnnRegressor 类来表达 ~~~~~~~~~~~~~~~~
###   1.1 导库
import torch
from torch import nn
###   1.2 定义 RegRNN 类
class RnnRegressor(nn.Module):
    ## 1.2.1 nn.Module=在定义自己的网络时需要继承 nn.Module 类，
    #         因为 PyTorch 中一切自定义操作都是继承自 nn.Module 类来实现的。
    """
        类的超参数~~
        - input_size : 输入项的维度(特征的个数)
        - hidden_size: 隐藏层神经元个数
        - output_size: 输出项的维度
```

```
        - num_layers：隐藏层层数
    """
    ## 1.2.2 自定义网络需重新构造__init__构造函数和 forward 方法。
    def __init__(self, input_size, hidden_size=1, output_size=1, num_layers=1):
        # (1)super 声明继承 RnnRegressor 类
        super(RnnRegressor, self).__init__()
        # (2)应用 torch.nn.RNN 建立循环神经网络模型
        self.rnn = nn.RNN(input_size, hidden_size, num_layers)
        # (3)建立网络全连接层
        self.forwardCalculation = nn.Linear(hidden_size, output_size)
    def forward(self, _x):
        """
            输入项~~
            - _x：形状为(seq_len, batch_size, input_size)
            输出项~~
            -   x：形状为(seq_len, batch_size, hidden_size)
        """
        x, _ = self.rnn(_x)
        s, b, h = x.shape
        x = x.view(s*b, h)
        # (1)view()函数用来改变 tensor 的形状
        x = self.forwardCalculation(x)
        x = x.view(s, b, -1)
        # (2)其中-1 表示自适应调整剩余的维度
        return x
#### ---- 分割线 ------------------------------------------------------------
#### 2. 数据 ~~~~~~~~~~~~~~~
import numpy as np
###   2.1 生成数据
data_len = 1000
t = np.linspace(0, 16*np.pi, data_len)
dataset = np.c_[np.sin(t), np.cos(t)].astype('float32')
###   2.2 分割数据
train_ratio = 0.6
train_data_len = int(data_len*train_ratio)
test_data_len = data_len - train_data_len
```

```
#      2.2.1 训练集
x_train = dataset[:train_data_len, 0]
y_train = dataset[:train_data_len, 1]
t_train = t[:train_data_len]
#      2.2.2 测试集
x_test = dataset[train_data_len:, 0]
y_test = dataset[train_data_len:, 1]
t_test = t[train_data_len:]
###    2.3 将相关数据集转化为 tensor
##     2.3.1 RNN 模型超参数设置
#      (1)输入维度 = 特征数量
input_size = 1
#      (2)输入维度 = 特征数量
hidden_size = 20
#      (3)输出维度
output_size = 1
#      (4)数据批量
batch_size = 5
#      (5)隐藏层数量
num_layers = 2##     2.3.2 训练集转化为 tensor：from_numpy=将 numpy 数组转化为 tensor
x_train_tensor = torch.from_numpy(x_train.reshape(-1, batch_size, input_size))
y_train_tensor = torch.from_numpy(y_train.reshape(-1, batch_size, output_size))
##     2.3.3 测试集输入项转化为 tensor
x_test_tensor    = torch.from_numpy(x_test.reshape(-1,    batch_size, input_size))
#### 3. RNN 回归模型 ~~~~~~~~~~~~~~~~
###    3.1 建模
model = RnnRegressor(input_size, hidden_size, output_size, num_layers)
print('RNN 回归模型：', model)
print('模型参数：', model.parameters)
###    3.2 选择损失函数和优化器
loss_function = nn.MSELoss()
optimizer = torch.optim.Adam(model.parameters(), lr=1e-2)
###    3.3 训练模型
##     3.3.1 max_epochs = 最大训练步数
max_epochs = 1000
##     3.3.2 循环进行训练
LOSS = []
```

```
for epoch in range(max_epochs):
    # (1)通过模型计算 x_train_tensor 对应的输出 output
    output = model(x_train_tensor)
    # (2)计算相应的损失
    loss = loss_function(output, y_train_tensor)
    LOSS.append(loss.data.numpy())
    # (3)反向传播损失，并计算当前梯度
    loss.backward()
    # (4)根据梯度更新网络参数
    optimizer.step()
    # (5)清空过往梯度
    optimizer.zero_grad()
    # (6)将训练过程输出到控制台
    if loss.item() < 1e-4:
        print(f'Epoch [{epoch+1}/{max_epochs}], Loss:{loss.item() : .6f}')
        print("The loss value is reached！ ")
        break
    elif (epoch+1) % 100 == 0:
        print(f'Epoch [{epoch+1}/{max_epochs}], Loss:{loss.item() : .6f}')
###    3.4 将训练好的模型应用于计算训练集中的输入项 x_train_tensor 的值
##     3.4.1 通过 model 计算 x_train_tensor 的值，该值是一个 tensor
y_pred_for_training = model(x_train_tensor)
##     3.4.2 将值转化为 numpy 数组
y_pred_for_training = y_pred_for_training.view(-1, output_size).data.numpy()
###    3.5 测试模型
##     3.5.1 model.eval() = 模型从训练模式切换到测试模式
model = model.eval()
##     3.5.2 通过 model 计算 x_test_tensor 的值，并转化为 numpy 数组
y_pred_for_testing = model(x_test_tensor)
y_pred_for_testing = y_pred_for_testing.view(-1, output_size).data.numpy()
##     3.6 可视化训练中的损失
import matplotlib.pyplot as plt
plt.rcParams['font.sans-serif'] = 'Times New Roman'
plt.rcParams['axes.unicode_minus'] = False
plt.figure(figsize=(10,4),dpi=150)
plt.plot(LOSS,'b-')
```

```
plt.xlabel('epochs',fontdict={'fontstyle':'italic'})
plt.ylabel('loss',fontdict={'fontstyle':'italic'})
plt.title('训练过程中损失变化曲线',fontdict={'fontname':'kaiti'})
#### 4. 模型评估 ~~~~~~~~~~~~~~~~
import sklearn.metrics as sm
###    4.1 训练集
##     4.1.1 平均绝对误差 MAE
meanae_train = sm.mean_absolute_error(y_train, y_pred_for_training)
##     4.1.2 均方误差 MSE
mse_train = sm.mean_squared_error(y_train, y_pred_for_training)
##     4.1.3 均方根误差 RMSE
rmse_train = np.sqrt(mse_train)
##     4.1.4 R 方
rsq_train = sm.r2_score(y_train, y_pred_for_training)
##     4.1.5 可解释方差
evs_train = sm.explained_variance_score(y_train, y_pred_for_training)
##     4.1.6 中位数绝对误差
medianae_train = sm.median_absolute_error(y_train, y_pred_for_training)
##     4.1.7 汇总训练集结果 ~~~~~~~
values_train = [rsq_train, meanae_train, mse_train, rmse_train, evs_train, medianae_train]
###    4.2 测试集
meanae_test = sm.mean_absolute_error(y_test, y_pred_for_testing)
mse_test = sm.mean_squared_error(y_test, y_pred_for_testing)
rmse_test = np.sqrt(mse_test)
rsq_test = sm.r2_score(y_test, y_pred_for_testing)
evs_test = sm.explained_variance_score(y_test, y_pred_for_testing)
medianae_test = sm.median_absolute_error(y_test, y_pred_for_testing)
values_test = [rsq_test, meanae_test, mse_test, rmse_test, evs_test, medianae_test]
###    4.3 汇总评估结果 ~~~~~~~
import pandas as pd
items = ['(1)R 方',
         '(2)平均绝对误差',
         '(3)均方误差',
         '(4)均方根误差',
         '(5)可解释方差',
         '(6)中位数绝对误差']
temp = pd.DataFrame(data=[items, values_train, values_test])
```

```
results = temp.T
results.columns = ['评估指标','训练集指标得分','测试集指标得分']
#### 5. 可视化 ~~~~~~~~~~~~~~~~
###  5.0 导库并设置
plt.rc('text', usetex=True)
###  5.1 打开一张画布并设置
plt.figure(figsize=(10,4), dpi=150)
###  5.2 训练集预测结果
plt.plot(t_train, x_train, 'g', label='sin_train')
plt.plot(t_train, y_train, 'b', label='cos_train')
plt.plot(t_train, y_pred_for_training, 'y--', label='cos_train_pred')
###  5.3 测试集预测结果
plt.plot(t_test, x_test, 'c', label='sin_test')
plt.plot(t_test, y_test, 'k', label='cos_test')
plt.plot(t_test, y_pred_for_testing, 'm--', label='cos_test_pred')
###  5.4 分割线
plt.plot([t[train_data_len], t[train_data_len]], [-1.2, 4.0], 'r--', label='separation line')
###  5.5 图形修饰与说明
plt.xlabel('$t$')
plt.ylabel('$\sin(t)$ and $\cos(t)$')
plt.xlim(t[0]-0.2, t[-1]+0.2)
plt.ylim(-1.2, 4)
plt.legend(loc='upper left', prop={'style':'italic'})
plt.text(14, 2, "train", size = 15, alpha = 1.0, fontdict={'fontstyle':'italic'})
plt.text(39, 2, "test",   size = 15, alpha = 1.0, fontdict={'fontstyle':'italic'})
```

模型训练的均方误差为 loss=0.000 099，训练过程中损失变化曲线见图 10.21。

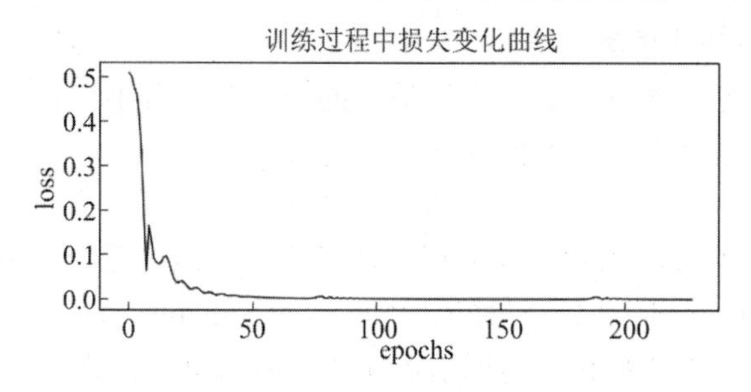

图 10.21　训练过程中损失变化示意图

网络训练集和测试集预测结果见图 10.22。

从图 10.22 可以看出，无论是对训练集还是对测试集的预测，在前期很小的一个时段预测效果较差，随后效果优良。

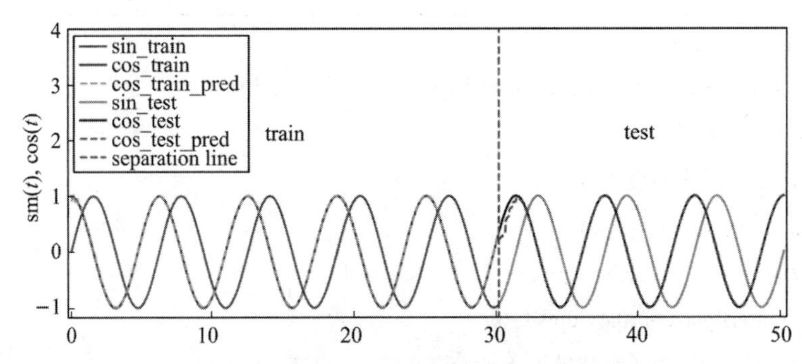

图 10.22 网络训练集和测试集预测结果

应用训练集和测试集对模型进行评估，结果见表 10.10。

表 10.10 RNN 模型评估结果

序号	评估指标	训练集指标得分	测试集指标得分
1	*R* 方(得分)	0.999 796 133	0.997 034 251
2	平均绝对误差	0.007 279 379	0.014 378 850
3	均方误差	0.000 100 821	0.001 499 733
4	均方根误差	0.010 040 965	0.038 726 390
5	可解释方差	0.999 805 629	0.997 258 067
6	中位数绝对误差	0.006 338 816	0.006 555 960

根据表 10.10 可知，RNN 模型学习正弦函数与余弦函数之间的映射效果惊人，通过正弦值预测余弦值精度很是理想。

2. 一类特殊的循环神经网络-长短时记忆网络

1997 年，为了解决传统循环神经网络在处理长序列数据时出现的长期依赖问题，德国计算机科学家 Sepp Hochreiter 和瑞士人工智能专家 Jürgen Schmidhuber 共同发明了长短时记忆网络(long short-term memory network，LSTM)。经过多年的优化和发展，LSTM 在解决序列建模问题上表现得更加出色，迄今在语音识别、自然语言处理、视频分析、音乐生成等方面取得了显著成果，已成为现代深度学习技术中的核心组件之一。

1) 长短时记忆网络的概念

LSTM 主要用于解决长期依赖，有用信息的间隔有大有小，长短不一的问题。比如现在有这样一个需求，根据现有文本预测下一个词语：

天上的云朵飘浮在______

通过间隔不远的位置就可以预测出来所填词语是天上。这就是所谓的信息短时依赖(short-term dependencies)，在网络中称为短时记忆(short-term memory)。

但对于有些情形，需要被预测的词语可能在很前的位置，比如 100 个词语之前，那么由于此时间隔非常大，可能会导致真实值对预测结果的影响变得非常小。这就是所谓的信息长时依赖(long-term dependencies)，在网络中称为长时记忆(long-term memory)。

长短时记忆网络就是为了解决这样的问题应运而生的。

长短时记忆网络是循环神经网络的一种特殊类型，主要是对循环单元的针对性进行改造。它可以学习长期依赖信息，在很多问题上已取得相当大的成功，并得到了广泛的应用。

长短时记忆网络隐藏层的循环单元如图 10.23 所示。

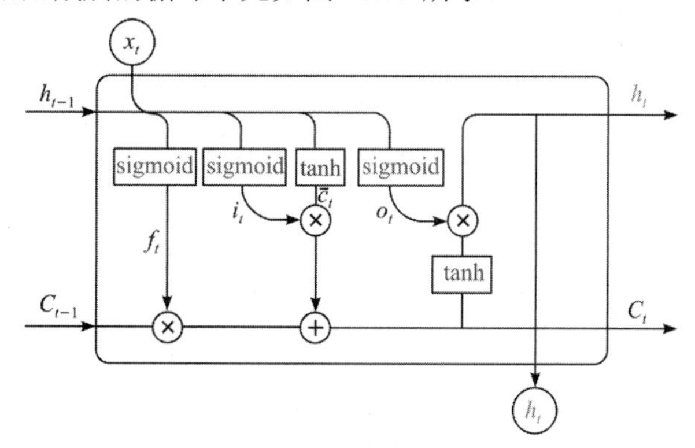

图 10.23　LSTM 时刻t对应的循环单元

下面对 LSTM 循环单元进行详细分解。

2) LSTM 的核心

LSTM 的核心在于单元中的状态，也就是图 10.23 中最下面C_t所在的那根线，该线序列 C 保存的就是记忆。LSTM 核心-状态线如图 10.24 所示。

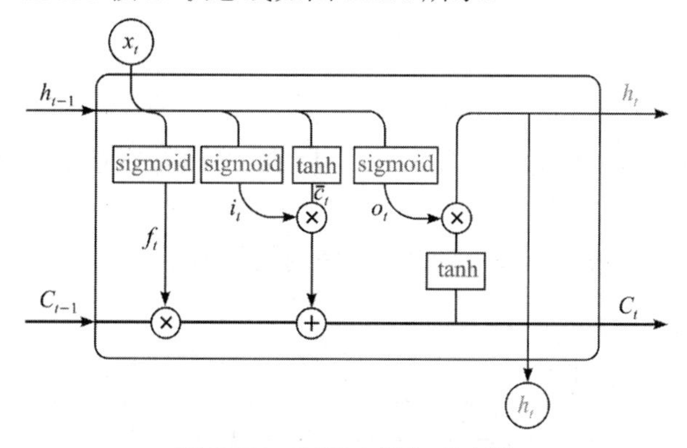

图 10.24　LSTM 核心-状态线

若只有记忆线，则 LSTM 将没有办法实现信息的增加或者删除，所以 LSTM 通过一个称为“门”的结构来实现这一功能：门可以选择让信息通过或者不通过。

这个门主要是通过 sigmoid 和点乘“×”来实现的，如图 10.25 所示。其工作机制是：sigmoid 的值域为(0，1)，若其值接近 0 则不让任何信息通过，若其值接近 1 则所有的信息都会通过。

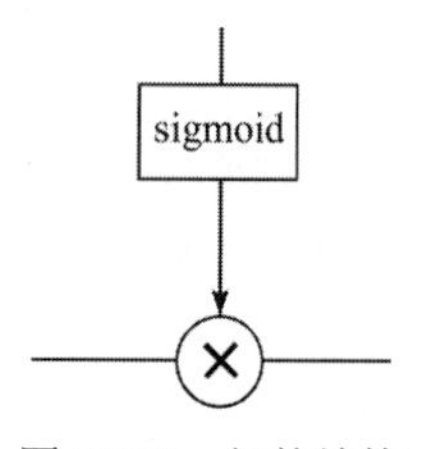

图 10.25　门的结构

3) 逐步理解 LSTM

LSTM 的循环单元主要由三个门构成：遗忘门、输入门和输出门。

(1) 遗忘门。

遗忘门让循环神经网络“忘记”之前没有用的信息。根据当前的输入 x_t、上一时刻状态 C_{t-1}、上一时刻的输出 h_{t-1} 共同决定哪一部分记忆需要被遗忘，如图 10.26 所示的遗忘门中的 h_{t-1}，x_t，f_t 所在的路径所示。

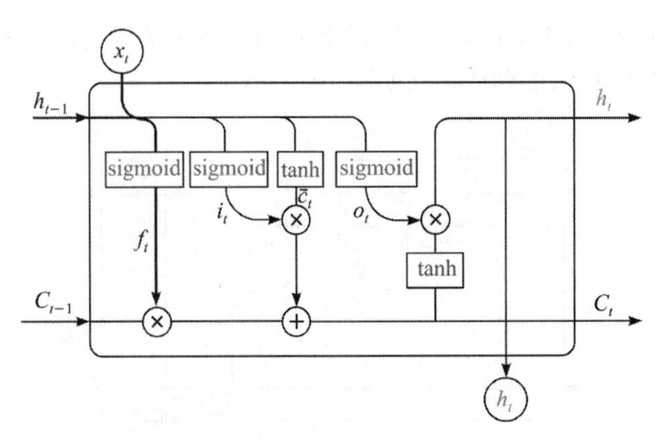

图 10.26　遗忘门

遗忘门的工作机制：h_{t-1} 和 x_t 合并后进行聚合运算，通过 sigmoid 函数输出 0～1 之间的一个值 f_t，该值会和前一次的单元状态 (C_{t-1})进行点乘“×”，从而决定遗忘或者保留的信息。

遗忘门的数学模型表达如下：

$$\begin{cases} f_t = \text{sigmoid}(W_f \cdot [h_{t-1}, x_t] + b_f) \\ F_t = f_t \times C_{t-1} \end{cases} \tag{10.25}$$

(2) 输入门。

“忘记”了部分之前的信息，循环单元需**从当前的输入补充最新的记忆**。实现这个功能的模块就是“输入门”。输入门会根据 x_t，C_{t-1}，h_{t-1} 决定进入当前时刻状态 C_t 的信息。

输入门在单元中的模块如图 10.27 输入门中的粗线所示。

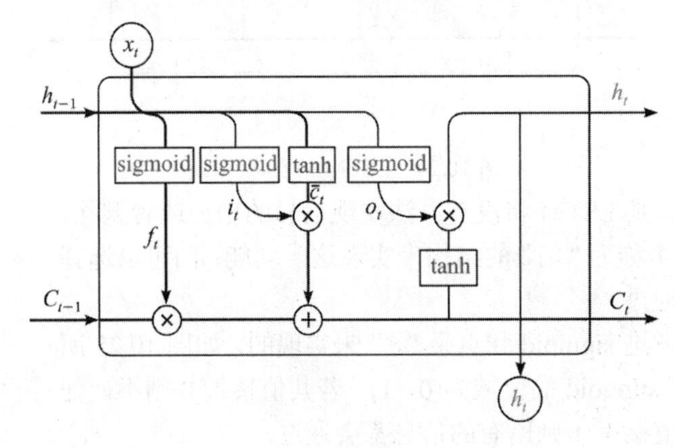

图 10.27　输入门

输入门的工作机制由下面三个步骤构成：

① sigmoid 层决定哪些信息会被更新，结果为 i_t。

② tanh 层会创造一个新的 $\tilde{C}_t$，后续可能会被添加到单元状态中。

③ 更新旧状态 C_{t-1} 为新状态 C_t。

上述三个步骤对应的数学模型为

$$\begin{cases} i_t = \text{sigmoid}(W_i \cdot [h_{t-1}, x_t] + b_i) \\ \tilde{C}_t = \tanh(W_C \cdot [h_{t-1}, x_t] + b_C) \\ C_t = f_t \times C_{t-1} + i_t \times \tilde{C}_t \end{cases} \tag{10.26}$$

总体来说，输入门决定哪些信息会被输入，其中：

① sigmoid：决定输入多少比例的信息。

② tanh：决定输入什么信息。

遗忘门和输入门至关重要。通过遗忘门和输入门，**LSTM 结构可以更加有效地**决定哪些信息应该被遗忘，哪些信息应该被保留。

(3) 输出门。

LSTM 单元在计算得到新的状态 C_t 后需要产生当前时刻的输出，这个功能由“输出门”来实现。输出门根据最新的状态 C_t、上一时刻的输出 h_{t-1} 和当前的输入 x_t 共同决定该时刻的输出 h_t。

输出门在单元中的模块如图 10.28 中 h_{t-1}，x_t，o_t，h_t 所在的路径所示。

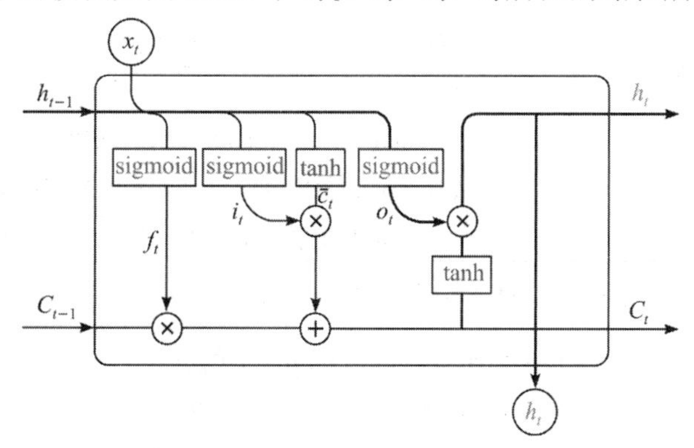

图 10.28　输出门

输出门的工作步骤如下：

① 前一次的输出 h_{t-1} 和当前时间步的输入 x_t 合并后进行聚合运算，再经过 sigmoid 层处理得到 o_t。

② 更新后的状态 C_t 经过 tanh 层的处理，把数据转化到(−1，1)的区间。

③ tanh 层结果与 o_t 的乘积，即为本单元的输出 h_t，同时传到下一个 LSTM 单元。上述步骤对应的数学模型如下：

$$\begin{cases} o_t = \text{sigmoid}(W_o \cdot [h_{t-1}, x_t] + b_o) \\ h_t = o_t \times \tanh(C_t) \end{cases} \tag{10.27}$$

(4) 门控循环单元

门控循环单元(gated recurrent unit，GRU)是 LSTM 的一种变形版本，它将遗忘门和输入门组合成一个“更新门”。它还合并了单元状态和隐藏状态，并进行了其他一些更改，由于其模型比标准 LSTM 模型简单，所以越来越受欢迎。

门控循环单元及其数学模型如图 10.29 所示。

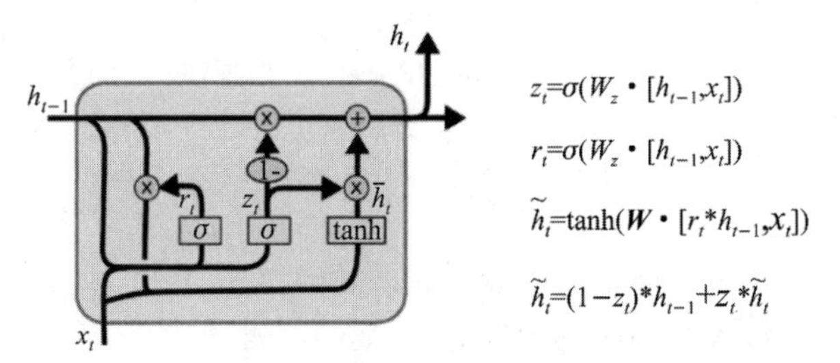

图 10.29　门控循环单元

4) 长短时记忆网络的 PyTorch 实现

PyTorch 中建立 LSTM 网络的类是 LSTM，其主要参数及其含义见表 10.11。

表 10.11　LSTM 的主要参数及其含义

<table>
<tr><td rowspan="2">torch.nn.LSTM(input_size,
hidden_size,
num_layers=1,
bias=True)</td><td>输入参数：
(1) input_size 表示输入项 x 中特征的数量。
(2) hidden_size 表示隐藏状态 h 中特征的数量。
(3) num_layers 表示循环层层数。
(4) bias 表示是否需要设置偏差项，默认是设置</td></tr>
<tr><td>输出项：
(1) output 表示 LSTM 最后一层的输出特征。
(2) h_n 表示序列中每个元素的最终隐藏状态。
(3) c_n 表示序列中每个元素的最终单元状态</td></tr>
</table>

将 LSTM 应用于输入序列。对于输入序列中的每个元素、每一层计算以下函数：

$$\begin{cases} i_t = \sigma(W_{ii}x_t + b_{ii} + W_{hi}h_{t-1} + b_{hi}) \\ f_t = \sigma(W_{if}x_t + b_{if} + W_{hf}h_{t-1} + b_{hf}) \\ g_t = \tanh(W_{ig}x_t + b_{ig} + W_{hg}h_{t-1} + b_{hg}) \\ o_t = \sigma(W_{io}x_t + b_{io} + W_{ho}h_{t-1} + b_{ho}) \\ c_t = f_t \odot c_{t-1} + i_t \odot g_t \\ h_t = o_t \odot \tanh(c_t) \end{cases} \tag{10.28}$$

其中，h_t 是 t 时刻隐藏层状态，c_t 是 t 时刻单元状态，x_t 是 t 时刻输入，h_{t-1} 是前一层 $t-1$ 时刻或初始层 0 时刻的状态，i_t，f_t，g_t，o_t 依次是输入门、遗忘门、门控循环单元、输出门，σ 是 sigmoid 函数，$\odot$是哈达玛乘积(Hadamard product)。

【实验 10.3】 今有空气质量数据集“实验 10.3-空气质量数据.xlsx”两张工作表：“空气质量已知”工作表和“空气质量未知”工作表。其中“空气质量已知”工作表记录了某地区的“两尘四气”(PM2.5、PM10、CO、NO_2、SO_2、O_3)在某段时间内的 2000 条数据及相应的空气质量。“两尘四气”数据已施行“平移-标准差”变换；空气质量 y 已二值化：0 表示空气质量好，1 表示空气质量差。数据集前五条记录见表 10.12。

“空气质量未知”工作表中“两尘四气”数据也已施行“平移-标准差”变换。

试根据“空气质量已知”工作表提供的信息预测“空气质量未知”工作表中“两尘四气”数据对应的空气质量。

表 10.12 观 测 数 据

PM2.5	PM10	CO	NO_2	SO_2	O_3	y
−0.3557	−2.3367	0.4639	−0.7177	−0.79	0.0313	0
−0.1309	0.8994	−0.3548	−1.7185	0.5815	−0.2876	1
−0.9178	−1.0438	0.6236	0.3803	0.8996	−1.5322	0
−0.4886	0.9637	0.5537	−2.0003	−0.9092	2.5102	1
−1.204	−0.7066	−0.1651	−0.7857	2.2313	−0.8636	0
…	…	…	…	…	…	…

【问题分析】

这个数据集中特征有 6 个，所以输入维度是 6(input_size=6)；本文是一个二分类问题，所以损失函数选 nn.BCEWithLogitsLoss。

分类问题，我们选用五个指标对模型进行评估。

LSTM 是一类特殊的 RNN，所以 LSTM 模型应用于解决分类或回归问题的程序框架与 RNN 差异甚微。与实验 10.2 程序相比，实验 10.3 的程序将训练、测试、评估和预测分别单独写为了函数供调用，详情见后面的程序。

【求解结果】

(1) 评估结果见表 10.13 及图 10.30，五项评估结果表明模型学习效果优秀。

表 10.13 LSTM 分类型评估结果

评估指标	训练集评估结果	测试集评估结果
accuracy_score	0.9220	0.9260
precision_score	0.9233	0.9265
recall_score	0.9220	0.9260
f1_score	0.9219	0.9260

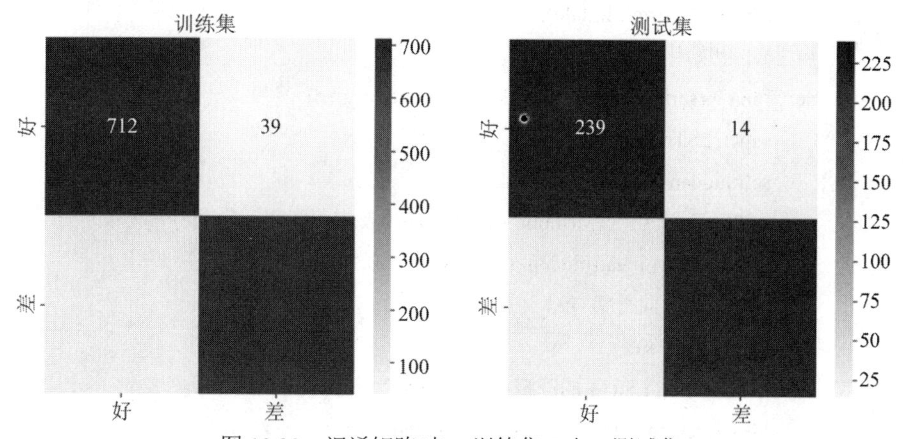

图 10.30 混淆矩阵(左：训练集，右：测试集)

(2) 预测结果。

模型对“空气质量未知”工作表中“两尘四气”对应的空气质量预测结果见表 10.14(仅展示前 10 条预测结果)。

表 10.14 LSTM 预测结果

PM2.5	PM10	CO	NO_2	SO_2	O_3	预测结果
−0.7211	−0.3046	−0.8016	−0.9814	-0.0155	0.6726	0
−0.6928	−0.4026	−0.664	−0.9814	0.1867	0.7145	0
−0.6361	−0.4222	−0.7733	−1.0223	0.1867	0.7145	0
−0.7777	−0.3046	−0.5608	−1.0223	0.5911	0.7145	0
−0.5795	−0.1087	−0.7368	−1.0223	1.2483	0.4839	0
−0.3812	−0.0499	−0.5446	−1.0223	2.5121	−0.2919	0
−0.4945	0.1461	−0.2795	−1.0631	2.967	−0.6692	1
−0.0414	0.538	−0.3807	−1.0223	2.7143	−0.7531	1
−0.183	0.0873	−0.5466	−1.0223	0.7933	0.0436	0
−0.2113	0.0089	−0.4009	−0.9814	0.6922	0.0855	0
…	…	…	…	…	…	…

【实验程序】

实验 10.3 的程序可以作为基于 PyTorch 的深度学习分类模型的范本。程序较长，有 230 余行，我们在程序中也做了详细的注解，以快速提升深度学习模型理解和应用能力。程序如下：

```
#%% 实验 10.3-空气质量识别
#### 1. 建立模型
###   1.1 定义 LSTM 分类模型
import torch
import torch.nn as nn
import numpy as np
class LSTMClassifier(nn.Module):
    ## 1.1.1 初始化方法
    def __init__(self, input_size, hidden_size, output_size):
        super(LSTMClassifier, self).__init__()
        self.hidden_size = hidden_size
        self.lstm = nn.LSTM(input_size, hidden_size, batch_first=True)
        self.fc = nn.Linear(hidden_size, output_size)
    ## 1.1.2 定义前向传播方法
    def forward(self, x):
        # (1)初始化 LSTM 的隐藏状态与记忆单元
        h0 = torch.zeros(1, x.size(0), self.hidden_size)
        c0 = torch.zeros(1, x.size(0), self.hidden_size)
        # (2)前向传播
        out, _ = self.lstm(x, (h0, c0))
        # (3)取最后一个时间步的输出
```

```
            out = self.fc(out[:, -1, :])
            return out
### 1.2 定义训练函数
def train(model, X_train, Y_train, criterion, optimizer, batch_size):
    """
    Parameters ~~~~
    ---------------
        model : 将被训练的模型
        X_train : 训练集中的自变量，是一个 pandas 数据框
        Y_train : 训练集中的因变量，是一个 pandas 数据框或序列
        criterion : 损失函数
        optimizer : 优化器
        batch_size : 训练时的数据批量
    Returns ~~~~
    ------------
        loss : 损失函数值，是一个正实数值
    """
    ## 1.2.0 将数据整理为 tensor，并添加训练数据加载器
    x_train = torch.from_numpy(np.reshape(X_train.values, (-1, 1, input_size))).float()
    y_train = torch.from_numpy(np.reshape(Y_train.values, (-1, 1))).float()
    train_dataset = torch.utils.data.TensorDataset(x_train, y_train)
    train_loader = torch.utils.data.DataLoader(dataset=train_dataset, batch_size=batch_size,
shuffle=True)
    ## 1.2.1 将模型设置为训练模式
    model.train()
    ## 1.2.2 通过循环进行训练
    for i, (inputs, labels) in enumerate(train_loader):
        #(1)清空过往梯度
        optimizer.zero_grad()
        #(2)训练预测
        outputs = model(inputs)
        #(3)计算损失
        loss = criterion(outputs, labels)
        #(4)反向传播,计算当前梯度
        loss.backward()
        #(5)根据梯度更新网络参数
        optimizer.step()
    return loss.item()
```

```
###  1.3 定义测试函数
def test(model, X_test, Y_test, batch_size):
    """
    Parameters ~~~~
    ---------------
        model : 训练好的模型
        X_test : 测试集中的自变量，是一个 pandas 数据框
        Y_test : 集中的因变量，是一个 pandas 数据框或序列
        batch_size : 测试数据批量
    Returns ~~~~
    ------------
        y_pred_test : 测试集预测结果，是一个 numpy 数组.
    """
    ## 1.3.0 将数据整理为 tensor，并添加测试数据加载器
    x_test = torch.from_numpy(np.reshape(X_test.values, (-1, 1, input_size))).float()
    y_test = torch.from_numpy(np.reshape(Y_test.values, (-1, 1))).float()
    test_dataset = torch.utils.data.TensorDataset(x_test, y_test)
    test_loader  =  torch.utils.data.DataLoader(dataset=test_dataset,  batch_size=batch_size,
shuffle=False)
    ## 1.3.1 将模型设置为评估模式
    model.eval()
    ## 1.3.2 预测
    results = []
    #(1)测试中不需要更新梯度
    with torch.no_grad():
        #(2)从 test_loader 中提取输入项和类别标签
        for inputs, labels in test_loader:
            #(3)逐项预测
            outputs = model(inputs)
            #(4)获取预测数据和索引
            predicted, _ = torch.max(outputs.data, 1)
            #(5)将预测结果添加到 results 中
            results.append(predicted)
        #(6)将 results 展平并转化为 numpy 数组
        results_flatten = []  # 定义空列表
        #(6.1)detach()的功能是从计算图中取出当前的 tensor
        [results_flatten.extend(result.detach().numpy().tolist()) for result in results]
        #(6.2)转为 0、1 标签数据
```

```
            y_pred_test = np.where(np.array(results_flatten) > 0.5, 1, 0)
        return y_pred_test
### 1.4 定义模型评估函数
import sklearn.metrics as sm
import seaborn as sns
import matplotlib.pyplot as plt
plt.rcParams['font.sans-serif'] = 'kaiti'
def model_evaluator(model, X_train, X_test, Y_train, Y_test, batch_size):
    """
    Parameters ~~~~
    ---------------
        model : 训练好的模型
        X_train : 训练集中的自变量，是一个 pandas 数据框
        X_test  : 测试集中的自变量，是一个 pandas 数据框
        Y_train : 训练集中的因变量，是一个 pandas 数据框或序列
        Y_test  : 测试集中的因变量，是一个 pandas 数据框或序列
        batch_size : 测试时的数据批量
    Returns ~~~~
    ------------
        results : 评估结果，是一个数据框
    """
    ## 1.4.1 训练集评估
    x_train = torch.from_numpy(np.reshape(X_train.values, (-1, 1, input_size))).float()
    y_pred_train = model(x_train).data.numpy()
    y_pred_train = np.where(np.array(y_pred_train)>0.5, 1, 0)
    #  (1)准确率
    acs_train = sm.accuracy_score(Y_train, y_pred_train)
    #  (2)查准率
    ps_train = sm.precision_score(Y_train, y_pred_train, average='weighted')
    #  (3)查全率
    rs_train = sm.recall_score(Y_train, y_pred_train, average='weighted')
    #  (4)f1 值
    f1_train = sm.f1_score(Y_train, y_pred_train, average='weighted')
    #  汇总训练集评估结果
    items_train = [acs_train, ps_train, rs_train, f1_train]
    ## 1.4.2 测试集预测
    y_pred_test = test(model, X_test, Y_test, batch_size)
    #  (1)准确率
```

```
        acs_test = sm.accuracy_score(Y_test, y_pred_test)
        #  (2)查准率
        ps_test = sm.precision_score(Y_test, y_pred_test, average='weighted')
        #  (3)查全率
        rs_test = sm.recall_score(Y_test, y_pred_test, average='weighted')
        #  (4)f1 值
        f1_test = sm.f1_score(Y_test, y_pred_test, average='weighted')
        #  汇总测试集评估结果
        items_test = [acs_test, ps_test, rs_test, f1_test]
        ## 1.4.3 汇总评估结果
        idx = ['accuracy_score', 'precision_score','recall_score','f1_score']
        results = pd.DataFrame()
        results['评估指标']= idx
        results['训练集评估结果'] = items_train
        results['测试集评估结果'] = items_test
        ## 1.4.4 混淆矩阵
        # (1)计算混淆矩阵
        cm_train = sm.confusion_matrix(Y_train, y_pred_train)
        cm_test   = sm.confusion_matrix(Y_test,    y_pred_test)
        # (3)将混淆矩阵转化为数据框
        cm_matrix_train = pd.DataFrame(data=cm_train, columns=['好','差'], index=['好','差'])
        cm_matrix_test = pd.DataFrame(data=cm_test, columns=['好','差'], index=['好','差'])
        # (4)可视化混淆矩阵
        plt.figure(figsize=(12,5), dpi=150)
        plt.subplot(1,2,1)
        sns.heatmap(cm_matrix_train,    annot=True, fmt='d', cmap='YlGnBu')
        plt.title('训练集')
        plt.subplot(1,2,2)
        sns.heatmap(cm_matrix_test,    annot=True, fmt='d', cmap='YlGnBu')
        plt.title('测试集')
        return results
###   1.5 定义预测函数
def predict(model, x_new):
        """
        Parameters ~~~~
        ---------------
          (1)model：训练好的 LSTM 分类模型
          (2)x_new：待预测的数据点，是一个 pandas 数据框.
```

```
    Returns ~~~~
    ------------
      y_new：二分类预测结果，是一个 numpy 数组.
    """
    x_new_tensor = torch.from_numpy(np.reshape(x_new.values, (-1, 1, input_size))).float()
    y_new = model(x_new_tensor).data.numpy()
    y_new = np.where(np.array(y_new)>0.5, 1, 0)
    return y_new
#### ---- 分割线 ------------------------------------------------------------
#### 2. 模型应用
###   2.1 数据
import pandas as pd
from sklearn.model_selection import train_test_split as tts
##    2.1.1 读取数据
file = r"D:\1 铜大教学\0 编写讲义\大数据分析技术\讲义所用数据集\第 10 章\实验 10.3-空气
质量数据.xlsx"
df = pd.read_excel(file)
##    2.1.2 提取特征变量和标签变量
X = df.iloc[:,:-1]
y = df.iloc[:, -1]
data_len = len(y)
##    2.1.3 定义 LSTMClassifier 模型的超参数
#     (1)输入维度=特征数量
input_size = X.shape[1]
#     (2)类别变量 y 是 1 维数组
output_size = 1
#     (3)隐藏层神经元数量
hidden_size = 128
#     (4)数据批量
batch_size = 100
##    2.1.4 划分训练集和测试集
test_size = 0.25
X_train, X_test, Y_train, Y_test = tts(X, y, test_size=test_size, random_state=42)
###   2.2 将 LSTMClassifier 模型应用于数据
##    2.2.1 实例化模型
model = LSTMClassifier(input_size, hidden_size, output_size)
##    2.2.2 定义损失函数
criterion = nn.BCEWithLogitsLoss()
```

```
##    2.2.3 定义优化器
learning_rate = 0.001
optimizer = torch.optim.Adam(model.parameters(), lr=learning_rate)
##    2.2.4 训练模型
max_epochs = 50
LOSS = []
for epoch in range(max_epochs):
    loss = train(model, X_train, Y_train, criterion, optimizer, batch_size)
    # 将训练过程中的损失输出到控制台
    if loss<10**-4:
        print(f'Epoch [{epoch+1}/{max_epochs}], Loss: {loss:.6f}')
        print("The loss value is reached！ ")
        break
    elif (epoch+1) % 10 == 0:
        print(f'Epoch [{epoch+1}/{max_epochs}], Loss: {loss:.6f}')
###    2.3 模型评估
results = model_evaluator(model, X_train, X_test, Y_train, Y_test, batch_size)
###    2.4 预测
x_new = pd.read_excel(file, sheet_name=1)
y_new = predict(model, x_new)
```

10.2.3 卷积神经网络

卷积神经网络(convolutional neural network，CNN)是现代深度学习技术中的又一个核心组件。1989 年，LeCun 提出的 LeNet-5 被认为是最早的 CNN 模型，它利用了卷积和池化操作来处理图像数据，展示了 CNN 在计算机视觉任务上的潜力。后来由于计算资源有限以及训练深层网络所需的数据量巨大，CNN 并未得到广泛应用。随着 2000 年后通用图形处理器的普及、并行计算能力的提升以及 2006 年后深度学习的发展，CNN 重新获得关注。2012 年，Krizhevsky 等人提出的 AlexNet 深度卷积神经网络取得了突破性的成果，极大地推动了深度学习和计算机视觉领域的发展。此后，一系列更为先进的 CNN 架构不断涌现，包括 VGGNet(2014 年)、GoogLeNet/Inception 系列(2014 年)、ResNet(2015 年)等，这些模型通过增加网络深度，引入残差学习，采用更高效的卷积模块等技术持续推动 CNN 性能的提升，筑牢了其作为现代机器学习核心技术的地位。

1. 原理

CNN 由三部分构成：第一部分是输入层；第二部分由 n 个卷积层和池化层的组合组成；第三部分是全连接层——多层感知机分类器。

输入层和全连接层前面已有介绍。我们重点介绍第二部分——卷积层和池化层的组合。CNN 最重要的应用是图像处理，其中卷积层用来提取图像的特征，池化层则用于对卷积层中提取的特征进行挑选。

1) 卷积运算

卷积层是通过卷积运算来提取特征的。那么什么是卷积运算呢？

【例 10.2】 设有如下一个 7×6 矩阵 $\boldsymbol{X}$ 和 3×3 矩阵 $\boldsymbol{W}$：

$\boldsymbol{X}$ =

2	23	19	1	11	26
4	2	9	25	2	14
19	27	19	1	5	6
7	17	18	24	29	4
25	26	6	12	17	23
9	8	18	9	4	26
4	19	19	4	3	20

，$\boldsymbol{W}$ =

0.2	0.8	0.3
0.3	0.7	0.9
0.6	0.4	0.4

$\boldsymbol{X}$ 和 $\boldsymbol{W}$ 之间的卷积运算，记为⊛，按照下述方法进行。

首先从 $\boldsymbol{X}$ 的左上角开始用 $\boldsymbol{W}$ 去覆盖 $\boldsymbol{X}$ 的第一个 3×3 子矩阵 $\boldsymbol{S}_{11}$，如下面阴影部分所示：

$\boldsymbol{X}$ =

2	23	19	1	11	26
4	2	9	25	2	14
19	27	19	1	5	6
7	17	18	24	29	4
25	26	6	12	17	23
9	8	18	9	4	26
4	19	19	4	3	20

然后 $\boldsymbol{S}_{11}$ 与 $\boldsymbol{W}$ 进行位乘运算再求和，作为卷积运算结果的第一个元素 y_{11}：

$$y_{11}=\begin{bmatrix}2&23&19\\4&2&9\\19&27&19\end{bmatrix}\circledast\begin{bmatrix}0.2&0.8&0.3\\0.3&0.7&0.9\\0.6&0.4&0.4\end{bmatrix}=65$$

随后 $\boldsymbol{W}$ 向右移一格去覆盖 $\boldsymbol{X}$ 的第二个 3×3 子矩阵 $\boldsymbol{S}_{12}$，如下面阴影部分所示：

$\boldsymbol{X}$ =

2	23	19	1	11	26
4	2	9	25	2	14
19	27	19	1	5	6
7	17	18	24	29	4
25	26	6	12	17	23
9	8	18	9	4	26
4	19	19	4	3	20

$\boldsymbol{S}_{12}$ 再与 $\boldsymbol{W}$ 进行位乘运算再求和，作为卷积运算结果的第二个元素 y_{12}：

$$y_{12}=\begin{bmatrix}23&19&1\\2&9&25\\27&19&1\end{bmatrix}\circledast\begin{bmatrix}0.2&0.8&0.3\\0.3&0.7&0.9\\0.6&0.4&0.4\end{bmatrix}=73.7$$

依次右移一格，当第三次右移时，$\boldsymbol{W}$覆盖的$\boldsymbol{X}$的子矩阵为$\boldsymbol{S}_{14}$，如下面阴影部分所示：

$\boldsymbol{X}$=

2	23	19	1	11	26
4	2	9	25	2	14
19	27	19	1	5	6
7	17	18	24	29	4
25	26	6	12	17	23
9	8	18	9	4	26
4	19	19	4	3	20

$\boldsymbol{S}_{14}$与$\boldsymbol{W}$进行位乘运算再求和，得y_{14}：

$$y_{14}=\begin{bmatrix}1 & 11 & 26\\25 & 2 & 14\\1 & 5 & 6\end{bmatrix}\circledast\begin{bmatrix}0.2 & 0.8 & 0.3\\0.3 & 0.7 & 0.9\\0.6 & 0.4 & 0.4\end{bmatrix}=43.3$$

此时$\boldsymbol{W}$已不可再右移，则将$\boldsymbol{W}$下移一格后从左边开始覆盖一个子矩阵$\boldsymbol{S}_{21}$，如下面阴影部分所示：

$\boldsymbol{X}$=

2	23	19	1	11	26
4	2	9	25	2	14
19	27	19	1	5	6
7	17	18	24	29	4
25	26	6	12	17	23
9	8	18	9	4	26
4	19	19	4	3	20

$\boldsymbol{S}_{21}$与$\boldsymbol{W}$进行位乘运算再求和，得y_{21}：

$$y_{21}=\begin{bmatrix}4 & 2 & 9\\19 & 27 & 19\\7 & 17 & 18\end{bmatrix}\circledast\begin{bmatrix}0.2 & 0.8 & 0.3\\0.3 & 0.7 & 0.9\\0.6 & 0.4 & 0.4\end{bmatrix}=65$$

这样逐格运算下去，得到一个5×4矩阵$\boldsymbol{Y}$，即$\boldsymbol{X}\circledast\boldsymbol{W}=\boldsymbol{Y}$：

$$\begin{bmatrix}2 & 23 & 19 & 1 & 11 & 26\\4 & 2 & 9 & 25 & 2 & 14\\19 & 27 & 19 & 1 & 5 & 6\\7 & 17 & 18 & 24 & 29 & 4\\25 & 26 & 6 & 12 & 17 & 23\\9 & 8 & 18 & 9 & 4 & 26\\4 & 19 & 19 & 4 & 3 & 20\end{bmatrix}\circledast\begin{bmatrix}0.2 & 0.8 & 0.3\\0.3 & 0.7 & 0.9\\0.6 & 0.4 & 0.4\end{bmatrix}\xlongequal{\text{步长}=1}\begin{bmatrix}65 & 73.7 & 43.7 & 43.3\\65 & 64.4 & 65.3 & 47.6\\89.1 & 83 & 69.6 & 60.3\\67.3 & 63.4 & 73 & 82.8\\69.7 & 57.3 & 45.4 & 63.4\end{bmatrix}\quad(10.29)$$

上述运算就称为卷积运算，其中矩阵$\boldsymbol{W}$每次移动的格数称为卷积运算的步长。例10.2中步长是1，结果是5×4矩阵；若步长为2，则结果为3×2矩阵，如下所示：

2	23	19	1	11	26
4	2	9	25	2	14
19	27	19	1	5	6
7	17	18	24	29	4
25	26	6	12	17	23
9	8	18	9	4	26
4	19	19	4	3	20

⊛

0.2	0.8	0.3
0.3	0.7	0.9
0.6	0.4	0.4

步长=2 ==

65	73.7
65	64.4
89.1	83

当步长为2时，$\boldsymbol{X}$最右列将无法被$\boldsymbol{W}$覆盖，从而将不参与卷积运算，导致信息的损失。为了克服这个不足，CNN在实现时添加了边缘扩充技术。

对于一般的$m \times n$矩阵$\boldsymbol{X}$和$p \times q$矩阵$\boldsymbol{W}$，当步长为s时卷积运算$\boldsymbol{Y}=\boldsymbol{X}\circledast\boldsymbol{W}$的结果$\boldsymbol{Y}$是一个$\left\lceil \frac{m-p}{s} \right\rceil \times \left\lceil \frac{n-q}{s} \right\rceil$矩阵，其中$m \geqslant p$，$n \geqslant q$，$\lceil \cdot \rceil$是向上取整函数。

卷积网络中$\boldsymbol{X}$是输入项。在图像处理中计算机看到的图像其实是一个个的矩阵，所以$\boldsymbol{X}$的类型是矩阵。$\boldsymbol{W}$称为卷积核，是一个特征提取器，是要学习的参数；卷积核的大小是超参数，普遍使用的卷积核大小为3×3或5×5等。

2) *池化运算*

在CNN中通常会在相邻的卷积层之间加入一个池化层，目的是缩小参数矩阵的尺寸，从而减小最后全连接层中参数的数量，以达到加快计算速度和防止过拟合的效果。

池化层中的运算称为池化运算，涉及两个概念：① 池化窗，一个$n \times n$空矩阵，n称为窗口大小；② 池化窗滑动步长。运算前须设定池化窗的大小和滑动步长。一般来说，池化窗的大小和步长设定成相同的值。

常见的池化运算有最大池化和平均池化。下面介绍它们的计算过程。

【例10.3】 以式(10.29)中卷积运算结果$\boldsymbol{Y}$来介绍最大池化运算。

首先设定池化窗大小和步长都为2。

(1) 从矩阵$\boldsymbol{Y}$的左上角开始，用池化窗去覆盖$\boldsymbol{Y}$的第一个2×2子矩阵，取该子矩阵的最大值作为池化结果的第一个元素z_{11}，示意如下：

65	73.7	43.7	43.3
65	64.4	65.3	47.6
89.1	83	69.6	60.3
67.3	63.4	73	82.8
69.7	57.3	45.4	63.4

$\xrightarrow{\text{最大}}$ $z_{11}=73.7$

(2) 将池化窗右移2格(因为步长为2)，覆盖$\boldsymbol{Y}$的子矩阵如下阴影部分所示：

65	73.7	43.7	43.3
65	64.4	65.3	47.6
89.1	83	69.6	60.3
67.3	63.4	73	82.8
69.7	57.3	45.4	63.4

$\xrightarrow{\text{最大}}$ $z_{12}=65.3$

取该子矩阵的最大值作为池化结果的第二个元素 z_{12}，结果是 z_{12}=65.3。

(3) 经(2)后池化窗已不能右移，此时将池化窗往下移 2 格，再从左边开始覆盖，如下面阴影部分所示：

65	73.7	43.7	43.3
65	64.4	65.3	47.6
89.1	83	69.6	60.3
67.3	63.4	73	82.8
69.7	57.3	45.4	63.4

$\xrightarrow{\text{最大}}$　z_{21}=89.1

取该子矩阵的最大值作为池化结果的第三个元素 z_{21}，结果是 z_{21}=89.1。

(4) 将池化窗右移 2 格，所覆盖的子矩阵如下面阴影部分所示：

65	73.7	43.7	43.3
65	64.4	65.3	47.6
89.1	83	69.6	60.3
67.3	63.4	73	82.8
69.7	57.3	45.4	63.4

$\xrightarrow{\text{最大}}$　z_{22}=82.8

取该子矩阵的最大值作为池化结果的第四个元素 z_{22}，结果是 z_{22}=89.1。

经过(4)之后，池化窗既不能右移也不能下移，最大池化运算到此结束，结果如下：

65	73.7	43.7	43.3
65	64.4	65.3	47.6
89.1	83	69.6	60.3
67.3	63.4	73	82.8
69.7	57.3	45.4	63.4

$\xrightarrow{\text{最大}}$

73.7	65.3
89.1	82.8

此时，***Y*** 的最下一行因为没有被池化窗覆盖而没有参与池化运算，从而导致信息损失。

平均池化运算则是取子矩阵中所有元素的平均值。对式(10.29)中卷积运算结果施行平均池化运算，结果如下：

65	73.7	43.7	43.3
65	64.4	65.3	47.6
89.1	83	69.6	60.3
67.3	63.4	73	82.8
69.7	57.3	45.4	63.4

$\xrightarrow{\text{最大}}$

67.025	49.975
75.7	71.425

两种池化方法中，最大池化的优点是能够减小卷积层参数误差造成估计值均值的偏移，更多地保留图片的纹理信息。而平均池化的优点则是能减小邻域大小受限造成的估计值方差增大，更多地保留图像背景信息。

2. 基于 PyTorch 的实现

按输入数据 ***X*** 的形状，torch.nn 模块中卷积算子有三个：Conv1d、Conv2d 和 Conv3d。

我们主要介绍 torch.nn 中的卷积算子 Conv2d 和池化算子 MaxPool2d。

(1) Conv2d 的主要参数及其含义见表 10.15。

表 10.15 Conv2d 的主要参数及其含义

torch.nn.conv2d(in_channels, out_channels, kernel_size, stride=1, padding=0, padding_mode='zeros')	输入参数： (1) in_channels 表示输入图像中的通道数。 (2) out_channels 表示卷积产生的通道数。 (3) kernel_size 表示卷积核的大小。 (4) stride 表示步长。 (5) padding 表示边界扩充数量(克服边界不参与卷积运算的问题)。 (6) padding_mode 表示边界扩充方式，默认是全部填充 0

将 2D 卷积应用于由几个输入平面组成的信号。

在最简单的情形下，大小为(N, C_{in}, H, W)的输入和大小为$(N, C_{\text{out}}, H_{\text{out}}, W_{\text{out}})$的输出之间可被精确地描述如下：

$$\text{out}(N_i, C_{\text{out}_j}) = \text{bias}(C_{\text{out}_j}) + \sum_{k=0}^{C_{\text{in}}-1} \text{weight}(C_{\text{out}_j}, k) \circledast \text{input}(N_i, k) \tag{10.29}$$

其中，$\circledast$是 2D 卷积运算，N 是数据批量，C 是通道数，H 和 W 分别是输入平面以像素为单位的高度和宽度。

(2) MaxPool2d 的主要参数及其含义见表 10.16。

表 10.16 MaxPool2d 的主要参数及其含义

torch.nn.MaxPool2d(kernel_size, stride=None, padding=0)	输入参数： (1) kernel_size 表示池化窗的大小。 (2) stride 表示步长。 (3) padding 表示边界扩充数量

平均池化类与最大池化类用法差异甚微，介绍从略。

在实验 10.4 中用到了 Sequential 类，在此做一个介绍。Sequential 是一个模块容器，其中的模块将按顺序添加并链接，成为一个深度网络。Sequential 的 forward 方法接受任何输入并将其转发到它包含的第一个模块，然后将该模块的输出按顺序输入到后续模块，返回最后一个模块的输出。

【实验 10.4】 CNN 在手写数字识别中的应用。

MNIST 手写数字识别是一个比较简单的深度学习入门项目，可做这样的类比：MNIST 手写数字识别项目之于深度学习相当于“print('Hello World!')”之于 Python。

1. 手写数据集介绍

MNIST 手写数字数据集由 Yann LeCun 搜集，是一个大型的手写体数字数据库，通常用于训练各种图像处理系统，也被广泛用于机器学习领域的训练和测试。数据集中的数字来自于 250 人手写的数字。这些人中，一半是高中生，一半是美国人口普查局工作人员。

数据集共有训练样本 60 000 张图像、测试样本 10 000 张图像。每张图像都是灰度图像，大小为 28×28 像素，位深度为 8(灰度图像是 0～255)。

数据集包含 4 个压缩文件，文件名有“train”的表示训练集图像及标签，“t10k”则是训练集图像及标签。4 个文件须解压后才能被使用。

2. 建立 CNN

(1) 建立 CnnClassifier 模型，定义训练函数、测试函数及预测函数：

```
# 建立 CnnClassifier 模型
import torch
import torch.nn as nn
import torch.nn.functional as F
class CnnClassifier(nn.Module):
    def __init__(self):
        super().__init__()
        self.conv1=nn.Conv2d(1,10,5)
        self.conv2=nn.Conv2d(10,20,3)
        self.fc1 = nn.Linear(20*10*10,500)
        self.fc2 = nn.Linear(500,10)
    def forward(self, x):
        input_size = x.size(0)
        out = self.conv1(x)
        out = F.relu(out)
        out = F.max_pool2d(out, 2, 2)
        out = self.conv2(out)
        out = F.relu(out)
        out = out.view(input_size, -1)
        out = self.fc1(out)
        out = F.relu(out)
        out = self.fc2(out)
        out = F.log_softmax(out, dim=1)
        return out
# 定义训练函数
def train(model, train_loader, optimizer, epoch):
    model.train()
    for batch_idx, (data, target) in enumerate(train_loader):
        optimizer.zero_grad()
        output = model(data)
        loss = F.nll_loss(output, target)
        loss.backward()
        optimizer.step()
```

```
            if(batch_idx+1)%30 == 0:
                print('Train Epoch: {} [{}/{} ({:.0f}%)]\t Loss: {:.6f}'.format(
                    epoch, batch_idx * len(data), len(train_loader.dataset),
                    100. * batch_idx / len(train_loader), loss.item()))
# 定义测试函数
def test(model, test_loader):
    model.eval()
    test_loss = 0
    correct = 0
    with torch.no_grad():
        for data, target in test_loader:
            output = model(data)
            test_loss += F.nll_loss(output, target, reduction='sum').item() # 将同一批数据的损
失相加
            pred = output.max(1, keepdim=True)[1] # 找到概率最大的下标
            correct += pred.eq(target.view_as(pred)).sum().item()
    test_loss /= len(test_loader.dataset)
    print('\n Test set: Average loss: {:.4f}, Accuracy: {}/{} ({:.0f}%)\n'.format(
        test_loss, correct, len(test_loader.dataset),
        100. * correct / len(test_loader.dataset)))
# 定义预测函数
def predict(model, x_new):
    output = model(x_new)
    y_new = output.max(1, keepdim=True)[1] # 找到概率最大的下标
    return y_new.data.numpy()
```

(2) 下载数据、添加数据加载器，并可视化一批数据。可视化结果见图 10.31。

```
from torchvision import datasets, transforms
batch_size= 64
# 下载数据并添加数据加载器
train_loader = torch.utils.data.DataLoader(
        datasets.MNIST('data',
                    train=True,
                    download=True,
                    transform=transforms.Compose([
                        transforms.ToTensor(),
                        transforms.Normalize((0.1307,), (0.3081,))
                    ])),
```

```
            batch_size=batch_size,
            shuffle=True)
test_loader = torch.utils.data.DataLoader(
            datasets.MNIST('data',
                        train=False,
                        transform=transforms.Compose([
                            transforms.ToTensor(),
                            transforms.Normalize((0.1307,), (0.3081,))
                        ])),
            batch_size=batch_size,
            shuffle=True)
# 可视化一批数据
images, labels = next(iter(train_loader))
import torchvision
img = torchvision.utils.make_grid(images)
img = img.numpy().transpose(1, 2, 0)
std = [0.5, 0.5, 0.5]
mean = [0.5, 0.5, 0.5]
img = img * std + mean
print(labels)
import cv2
cv2.imshow('win', img)
key_pressed = cv2.waitKey(0)
```

图 10.31 手写数字的可视化

(3) 实例化模型，进行训练和测试：

```
# 实例化模型
model = CnnClassifier()
# 选择优化器
optimizer = torch.optim.Adam(model.parameters())
# 设置最大训练次数
max_epochs = 10
# 循环进行训练和测试
for epoch in range(1, max_epochs+1):
    train(model, train_loader, optimizer, epoch)
    test(model, test_loader)
```

当最大训练次数设置为 10 时，第 10 轮训练误差见图 10.32。

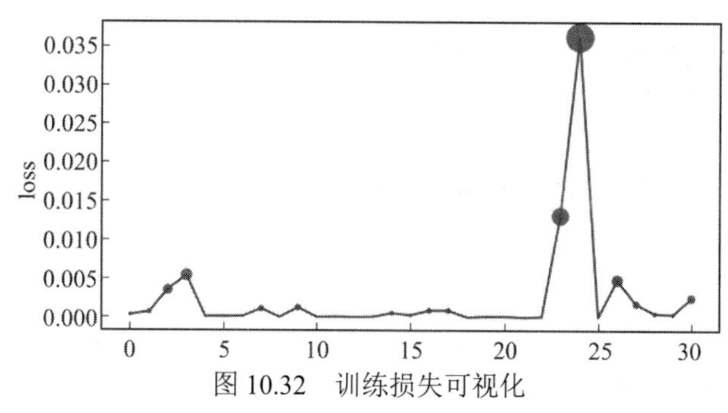

图 10.32　训练损失可视化

测试精度见表 10.17。

表 10.17　测 试 精 度

测试轮次	1	2	3	4	5	6	7	8	9	10
测试精度	0.9816	0.9872	0.9849	0.9872	0.9895	0.9875	0.9882	0.9903	0.9890	0.9894

测试精度在 0.9816～0.9903 之间，平均精度为 0.9875，模型优异。

实验的完整程序如下：

```
#%% 实验 10.4-手写数字的识别
## 1.建立 CNN 模型，并定义训练、测试和预测函数
#   1.1  建模
import torch
import torch.nn as nn
import torch.nn.functional as F
class CnnClassifier(nn.Module):
    def __init__(self):
        super().__init__()
        self.conv1=nn.Conv2d(1, 10, 5)
        self.conv2=nn.Conv2d(10, 20, 3)
        self.fc1 = nn.Linear(20*10*10, 500)
        self.fc2 = nn.Linear(500, 10)
    def forward(self, x):
        input_size = x.size(0)
        out = self.conv1(x)
        out = F.relu(out)
        out = F.max_pool2d(out, 2, 2)
        out = self.conv2(out)
        out = F.relu(out)
        out = out.view(input_size, -1)
        out = self.fc1(out)
        out = F.relu(out)
        out = self.fc2(out)
```

```
            out = F.log_softmax(out, dim=1)
            return out
# 1.2 训练
def train(model, train_loader, optimizer, epoch):
    """
    输入项 ~~~~
    ---------------
        model : 待训练的模型
        train_loader : 训练数据加载器
        optimizer : 优化器
        epoch : 训练轮次
    输出项 ~~~~
    ------------
        loss_train : 训练损失
    """
    model.train()
    loss_train = [] # 记录训练损失
    for batch_idx, (data, target) in enumerate(train_loader):
        optimizer.zero_grad()
        output = model(data)
        loss = F.nll_loss(output, target)
        loss.backward()
        optimizer.step()
        if (batch_idx+1)%30 == 0:
            print('Train Epoch: {} [{}/{} ({:.0f}%)]\t Loss: {:.6f}'.format(
                epoch, batch_idx * len(data), len(train_loader.dataset),
                100. * batch_idx / len(train_loader), loss.item()))
            loss_train += [ loss.item() ]
    return loss_train
# 1.3 测试
def test(model, test_loader):
    """
    输入项 ~~~~
    ---------------
        model : 训练好的模型
        test_loader : 测试数据加载器
    输出项 ~~~~
    ------------
```

```
        accuracy : 测试准确率
    """
    model.eval()
    loss_test = 0
    correct = 0
    with torch.no_grad():
        for data, target in test_loader:
            output = model(data)
            loss_test += F.nll_loss(output, target, reduction='sum').item() # 将一批的损失相加
            pred = output.max(1, keepdim=True)[1] # 找到概率最大的下标
            correct += pred.eq(target.view_as(pred)).sum().item()
    loss_test /= len(test_loader.dataset)
    accuracy = correct / len(test_loader.dataset)
    print('\n Test set: Average loss: {:.4f}, Accuracy: {}/{} ({:.4f})\n'.format(
        loss_test, correct, len(test_loader.dataset), accuracy ))
    return accuracy
#   1.4 定义预测函数
def predict(model, x_new):
    """
    输入项 ~~~~
    ----------
        (1) model : 训练好的 CNN 分类模型
        (2) x_new : 待预测的数据点，是一个 tensor
    输出项 ~~~~
    ----------
        y_new : 二分类预测结果，是一个 numpy 数组
    """
    output = model(x_new)
    y_new = output.max(1, keepdim=True)[1] # 找到概率最大的下标
    return y_new.data.numpy()
## 2. 数据
from torchvision import datasets, transforms
#   2.1 下载数据并添加数据加载器
batch_size= 64
train_loader = torch.utils.data.DataLoader(
        datasets.MNIST('data',
                        train=True,
                        download=True,
```

```
                    transform=transforms.Compose([
                        transforms.ToTensor(),
                        transforms.Normalize((0.1307,), (0.3081,))
                    ])),
        batch_size=batch_size,
        shuffle=True)
test_loader = torch.utils.data.DataLoader(
        datasets.MNIST('data',
                    train=False,
                    transform=transforms.Compose([
                        transforms.ToTensor(),
                        transforms.Normalize((0.1307,), (0.3081,))
                    ])),
        batch_size=batch_size,
        shuffle=True)
# 2.2 可视化数据，并对各语句进行详细解释
images, labels = next(iter(train_loader)) #(1)
import torchvision #(2)
img = torchvision.utils.make_grid(images) #(3)
img = img.numpy().transpose(1, 2, 0) #(4)
std = [0.5, 0.5, 0.5]   #(5)
mean = [0.5, 0.5, 0.5] #(6)
img = img * std + mean #(7)
print(labels)
import cv2 #(8)
cv2.imshow('win', img) #(9)
key_pressed = cv2.waitKey(0) #(10)
"""
```

(1) next(iter(train_loader))获取迭代器的下一个批次数据，即一批(按照指定的 batch_size)图像及其对应的标签。

images 是形状为(batch_size, channels, height, width)的张量，包含了一批次图像数据；labels 是图像标签。

(2) torchvision 是 PyTorch 的一个图形库

(3) torchvision.utils.make_grid()是 PyTorch 中的一个函数，它将一批图像堆叠成一个网格状的大图像，便于可视化。

输入参数 images 是一批图像张量，输出是一个形状为(channels, grid_height, grid_width)的新张量 img，表示堆叠在一起的小图像网格。

(4)首先，.numpy()将 PyTorch 张量转换成 NumPy 数组，方便后续操作。

```
    接着，.transpose(1, 2, 0)对这个数组进行了转置，将其维度从(channels, grid_height, grid_width)转换为(grid_height, grid_width, channels)，这是因为 OpenCV 图像格式默认为(height, width, channels)。
(5)~(7)这三句是逆标准化操作
(8) cv2 是 OpenCV 的 Python 版本，意为开源计算机视觉库
(9)使用 OpenCV 的 imshow 函数打开一个新的窗口，窗口名称为'win'，并在其中显示已转换为正确格式的图像 img。
(10) cv2.waitKey(0)是 OpenCV 的一个功能，它会让窗口保持打开状态直到用户按键才返回。
"""
## 3. 实例化模型，并训练和测试
#  3.1 实例化模型
model = CnnClassifier()
#  3.2 选择优化器
optimizer = torch.optim.Adam(model.parameters())
#  3.3 设置总训练次数
max_epochs = 10
#  3.4 循环进行训练和测试
LOSS_train = {}
accuracy_score = []
for epoch in range(1, max_epochs+1):
    LOSS_train['第'+str(epoch)+'轮训练'] = train(model, train_loader, optimizer, epoch)
    accuracy_score += [ test(model, test_loader) ]
import pandas as pd
LOSS_train = pd.DataFrame(LOSS_train)
#  可视化训练损失
import matplotlib.pyplot as plt
plt.rcParams['font.sans-serif'] = 'Times New Roman'
plt.figure(figsize=(8,4), dpi=150)
y = LOSS_train.iloc[:,-1]
x = list(range(len(y)))
plt.scatter(x, y, s=10000*y, c='r', marker='o')
plt.plot(x,y,'b-')
plt.ylabel('loss', fontdict={'fontstyle':'italic'})
## 4. 预测
from torch.autograd import Variable
x_new = Variable(images)
y_new = predict(model, x_new)
```

习 题 10

1. 选择题

(1) 被誉为现代神经科学之父的科学家是__________。

A. 麦卡洛克　B. 皮茨　C. 卡哈尔　D. 罗森布拉特

(2) 1943 年__________和__________提出了人工神经元模型。

A. 麦卡洛克. 皮茨　B. 卡哈尔. 罗森布拉特

C. 皮尔森. 斯皮尔曼　D. 明斯基. 沃伯斯

(3) 被誉为深度学习之父的科学家是__________。

A. 麦卡洛克　B. 辛顿　C. 明斯基　D. 沃伯斯

(4) 可能导致“神经元死亡”的激活函数是__________。

A. sigmoid　B. tanh　C. SoftMax　D. ReLU

(5) 有梯度消失风险的激活函数是__________。(双选)

A. sigmoid　B. tanh　C. SoftMax　D. ReLU

(6) 下列各选项中属于 PyTorch 的神经网络模块的是__________。(双选)

A. torch.nn　B. torch.autograd

C. torch.utils　D. torch.nn.functional

(7) 循环神经网络是深度学习网络核心模块之一，它诞生于__________年。

A. 1980　B. 1982　C. 1984　D. 1986

(8) 循环神经网络的显著特性有__________。(双选)

A. 时滞型　B. 记忆性　C. 参数共享　D. 自动微分

(9) LSTM 是一类特殊的 RNN。下列选项中不属于它的循环单元的是__________。

A. 遗忘门　B. 输入门　C. 输出门　D. 门控循环单元

(10) 卷积神经网络是深度学习网络又一核心模块，它诞生于__________年。

A. 1980　B. 1989　C. 2006　D. 2012

2. 简答题

(1) 以 ReLU 为例简述激活函数在神经网络信息传递中的作用。

(2) 简述卷积神经网络中卷积运算和池化运算的原理及作用。

(3) 试编程实现卷积运算和池化运算，并举例说明其用法。

参 考 文 献

[1] 吴茂贵，郁明敏，杨本法，等. Python 深度学习：基于 PyTorch [M]. 3 版. 北京：机械工业出版社，2023.
[2] 李航. 机器学习方法[M]. 北京：清华大学出版社，2022.
[3] SKIENA S S. 大数据分析：理论、方法及应用[M]. 北京：机械工业出版社，2022.
[4] 李金洪. PyTorch 深度学习和图神经网络[M]. 北京：人民邮电出版社，2021.
[5] 吴振宇，李春忠，李建峰. Python 数据处理与挖掘[M]. 北京：人民邮电出版社，2020.
[6] 李子奈，潘文卿. 计量经济学[M]. 5 版. 北京：高等教育出版社，2020.
[7] MARR B. 大数据实践：45 家知名企业超凡入圣的真实案例[M]. 北京：电子工业出版社，2020.
[8] 石胜飞. 大数据分析与挖掘[M]. 北京：人民邮电出版社，2018.
[9] 余本国. 基于 Python 的大数据分析基础及实战[M]. 北京：水利水电出版社，2018.
[10] 刘强. 大数据时代的统计学思维[M]. 北京：水利水电出版社，2018.
[11] COMBS A. Python 机器学习实践指南[M]. 黄申，译. 北京：人民邮电出版社，2017.
[12] 周志华. 机器学习[M]. 北京：清华大学出版社，2016.
[13] 高惠璇. 应用多元统计分析[M]. 北京：北京大学出版社，2005.
[14] 汪朗，刘勇飞，许麟彰. 基于 PSO-LightGBM 的能源管理系统数据分析[J]. 软件工程，2023，26(12): 33-37.
[15] 马祥，杨庆峰，肖先勇. 基于独立成分分析与 FFT 的火焰检测算法[J]. 化工自动化及仪表，2023，50(04)：538-544.
[16] 王少卿，南一楠，朱文浩，等. 基于关联规则及复杂网络分析探讨古代中风方剂用药规律[J]. 世界中医药，2023，18(18)：2675-2679.

后　　记

“数据是与物质、能源一样重要的战略资源，数据的采集和分析涉及每一个行业，是带有全局性和战略性的技术。”编者在此再次提及李国杰院士的这段论述，意在强调大数据时代挖掘数据宝藏的重要性和迫切性，开启“科学始于数据”的科学研究新范式和“技术始于数据”的工程实践新模式。

本书是在使用了三年的自编讲义上完稿的。即便如此，笔者也觉得成书仓促、心怀忐忑。希望在今后的教学中不断完善、优化本书的内容，让本书成为同学们在数据分析这片天地上仗剑驰骋的“剑”。